デジタルコンテンツの紹介

JN107557

第1章 運動の表し方

1 直線運動

a 変位

(1) 位置を表すには ① 座標で示す。 ② 矢印（ベクトル）で示す。

(2) **変位** 物体がどの向きにどれだけ移動したかを表す量。

$\Delta x = x_2 - x_1$ （変化＝終わり－はじめ）

リードAの確認問題

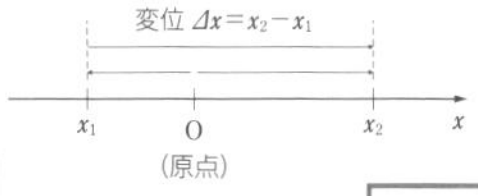

■リード A(要項)の確認問題

- 各節のリード A(要項)に確認問題を用意しています。
- 紙面上部の **QR** コードから取り組むことができます。
- 公式や重要事項の確認問題で知識を整理できます。

例題 1 平均の速さと瞬間の速さ ➡5 解説動画

右図は，x 軸上を運動する物体の位置 x〔m〕と時間 t〔s〕の関係を表す x-t 図である。点Pを通る直線は，点Pにおける接線を表している。

(1) 8.0 秒間の平均の速さ $\overline{v}$ は何 m/s か。

(2) 時刻 4.0 秒における瞬間の速さ v は何 m/s か。

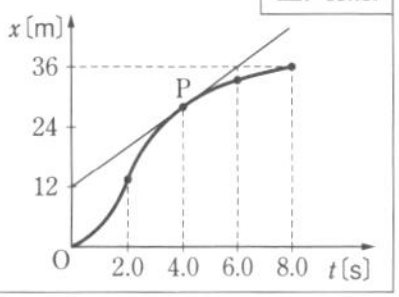

■例題の解説動画

- すべての例題に解説動画を用意しています。
- 各例題の右上の **QR** コードから視聴することができます。
- 紙面上には掲載されていない解説や補足説明もあり，より理解を深めることができます。

4. 等速直線運動のグラフ 知 右の図は，x 軸上を一定の速さで運動する物体の x-t 図である。

(1) この物体の速さ v は何 m/s か。

(2) この物体が10 秒間に移動する距離 s は何 m か。

(3) 時刻 $t=10$s のとき，物体の位置の x 座標は何 m か。

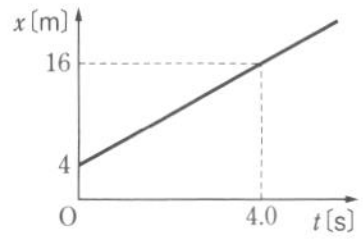

(1)　　　(2)　　　(3)

■グラフの問題の解説動画

- **Let's Try!** と編末問題のうちグラフに関する問題(一部の問題を除く)に解説動画を用意しています。
- 解説動画がある問題には，問題番号の左に ▶ マークがついており，紙面右下の **QR** コードから視聴することができます。
- グラフの読み取り方などを重点的に解説しています。

5. 平均の速さと瞬間の速さ 知 右の図は，x 軸上を運動する物体の位置 x〔m〕と経過時間 t〔s〕の関係を表す x-t 図である。図中の点B，Cを通る直線は，それぞれ点B，Cにおける接線である。

(1) 0～2.0 秒の間，2.0～4.0 秒の間の平均の速さ $\overline{v_{AB}}$〔m/s〕，$\overline{v_{BC}}$〔m/s〕を求めよ。

(2) 時刻 2.0 秒，時刻 4.0 秒における瞬間の速さ，v_B〔m/s〕，v_C〔m/s〕を求めよ。

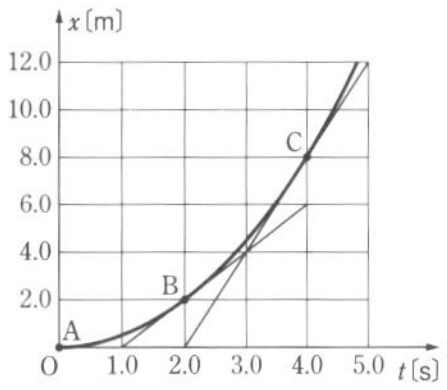

(1) $\overline{v_{AB}}$：　　$\overline{v_{BC}}$：　　(2) v_B：　　v_C：

・解説動画のある問題には ▶ 印がついています。

▶例題1 ▶の解説動画

デジタルコンテンツのご利用について 下のアドレスまたは右の QR コードから，本書のデジタルコンテンツ（例題とグラフの問題の解説動画，リード A(要項)の確認問題，略解の PDF）を利用することができます。

https://cds.chart.co.jp/books/y240gw4iwg

なお，インターネット接続に際し発生する通信料等は，使用される方の負担となりますのでご注意ください。

目 次

第1章 運動の表し方

1 直線運動

リードAの確認問題

a 変位

(1) 位置を表すには　① 座標で示す。　② 矢印（ベクトル）で示す。

(2) **変位**　物体がどの向きにどれだけ移動したかを表す量。

$\Delta x = x_2 - x_1$　（変化＝終わり－はじめ）

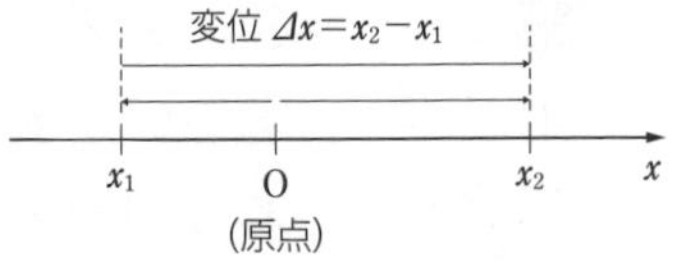

注　Δ は物理量の変化を表す。$\Delta \times x$ とはならない。

b 等速直線運動

(1) **等速直線運動**　一直線上を一定の速さで進む運動。一定の速さ v で時間 t の間に移動した距離を x とすると

$$x = vt$$

(2) **等速直線運動のグラフ**

① **x-t 図**　直線となり，その傾きは速さを表す。

② **v-t 図**　t 軸に平行な直線で，直線と横軸，縦軸に囲まれた面積は移動距離を表す。

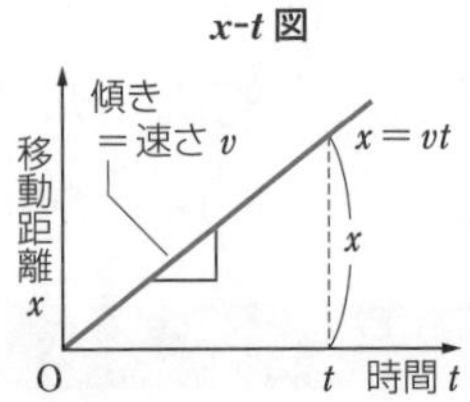

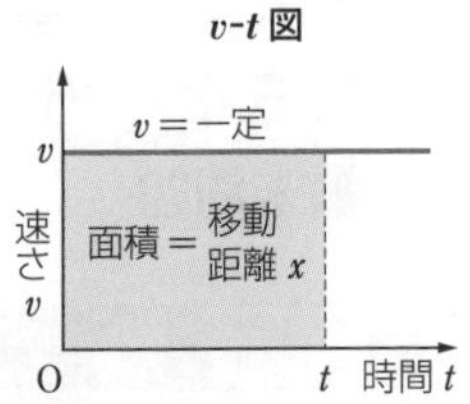

c 速度

(1) **平均の速度**　時間 $\Delta t = t_2 - t_1$ の間の変位が $\Delta x = x_2 - x_1$ のとき

$$\text{平均の速度}\quad \bar{v} = \frac{\text{変位}}{\text{経過時間}} = \frac{x_2 - x_1}{t_2 - t_1} = \frac{\Delta x}{\Delta t}$$

(2) **瞬間の速度**　経過時間 Δt をきわめて短くとったときの平均の速度が瞬間の速度である。x-t 図の接線の傾きは瞬間の速度を表す。

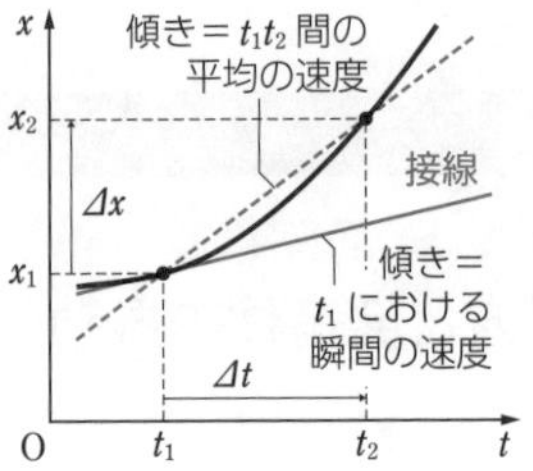

物理量	主な記号	単位
時間・時刻	t	s，h
移動距離	x	m，km
速度	$\vec{v}$，$\vec{V}$	m/s，km/h
速さ	v，V	m/s，km/h

(3) **速さ**　「大きさ」のみで表され，「向き」は考えない。

(4) **速度**　「大きさ」（速さ）だけでなく「向き」も考える。

リードB

基礎 CHECK

1. 自動車が一定の速さ 15m/s でまっすぐに進むとき，4.0 秒間の移動距離 x は何 m か。

〔　　　　　　〕

2. 10m/s は何 km/h か。

〔　　　　　　〕

3. 右図で東向きを正の向きと定める。A，B の速度はそれぞれどのように表されるか。

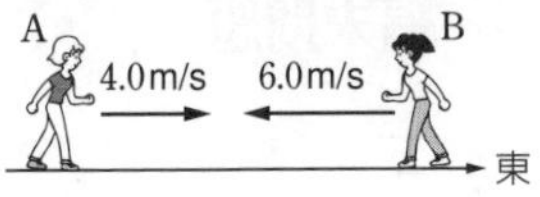

A：〔　　　　　　〕
B：〔　　　　　　〕

4. 右の x-t 図で，
(1) だんだん速くなる運動
(2) 速さが変わらない運動
(3) だんだん遅くなる運動
を表すグラフはそれぞれどれか。

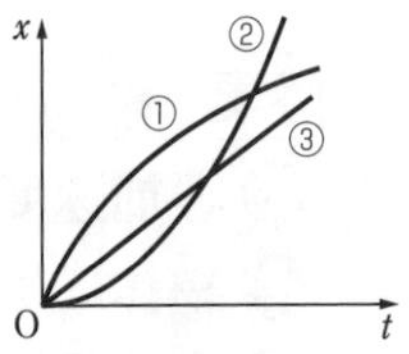

(1)〔　　〕　(2)〔　　〕　(3)〔　　〕

解答

1. 等速直線運動の式「$x = vt$」より　$x = 15 \times 4.0 =$ **60m**

2. 1h＝60×60s であるから，10m/s の速さで 1 時間に
10m/s×60×60s＝36000m
進む。1km＝1000m であるから，この距離は
$\frac{36000}{1000} = 36$km
である。したがって，1 時間に 36km 進むから
10m/s＝**36km/h**

3. A は東向きに 4.0m/s　よって **4.0m/s**
B は西向きに 6.0m/s　よって **−6.0m/s**

4. x-t 図のグラフに引いた接線の傾きは，瞬間の速さを表している。よって
(1) だんだん速くなる運動は②
(2) 速さが変わらない運動は③
(3) だんだん遅くなる運動は①

Let's Try!

例題 1 平均の速さと瞬間の速さ

➡ 5

解説動画

右図は，x 軸上を運動する物体の位置 x〔m〕と時間 t〔s〕の関係を表す x-t 図である。点Pを通る直線は，点Pにおける接線を表している。

(1) 8.0 秒間の平均の速さ $\bar{v}$ は何 m/s か。

(2) 時刻 4.0 秒における瞬間の速さ v は何 m/s か。

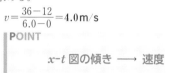

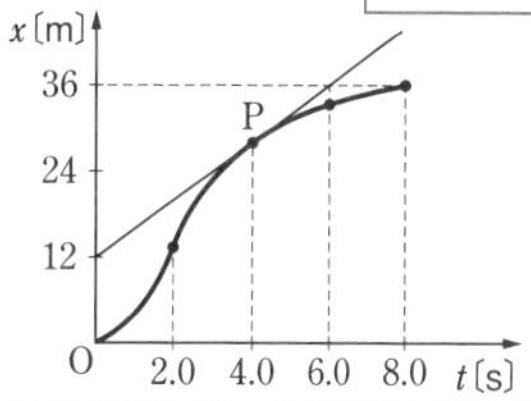

指針 瞬間の速さは，x-t 図の曲線グラフに引いた接線の傾きから求める。

解答 (1) 8.0 秒間に 36m 移動しているから，平均の速さは

$$\bar{v}=\frac{\text{移動距離}}{\text{経過時間}}=\frac{36}{8.0}=\mathbf{4.5\,m/s}$$

(2) 時刻 4.0 秒の点Pでグラフに引いた接線の傾きがその時刻の瞬間の速さ v を表すから

$$v=\frac{36-12}{6.0-0}=\mathbf{4.0\,m/s}$$

POINT

x-t 図の傾き ⟶ 速度

1. 等速直線運動 知 自動車が直線道路を一定の速さ 90km/h で走行している。

(1) 90km/h は何 m/s か。

(2) この自動車が 3.0 分間に進む距離 x は何 m か。

(1) ＿＿＿＿＿＿ (2) ＿＿＿＿＿＿

2. 平均の速さ 知 金沢駅で新幹線に乗り，2 時間 30 分後に東京駅に到着した。金沢駅と東京駅の間の新幹線の走行距離は 4.5×10^2km であるとする。この新幹線の平均の速さは何 km/h か。

＿＿＿＿＿＿

3. 等速直線運動のグラフ 知 作図 右の図は，一直線上を一定の速度で走っている自動車の速さ v〔m/s〕と経過時間 t〔s〕の関係を表している。

(1) 自動車の移動距離 x〔m〕と経過時間 t〔s〕の関係を表すグラフをかけ。

(2) 自動車の移動距離 x〔m〕と経過時間 t〔s〕の関係を表す式をつくれ。

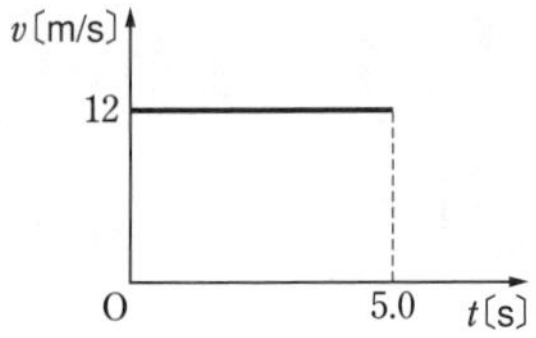

(1)
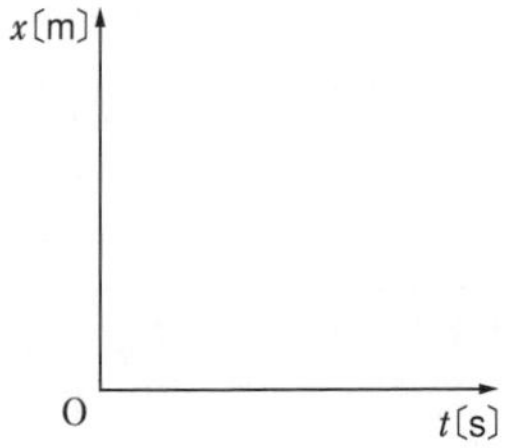

(2)

4. 等速直線運動のグラフ 知 右の図は，x 軸上を一定の速さで運動する物体の x-t 図である。

(1) この物体の速さ v は何 m/s か。

(2) この物体が10 秒間に移動する距離 s は何 m か。

(3) 時刻 $t=10$ s のとき，物体の位置の x 座標は何 m か。

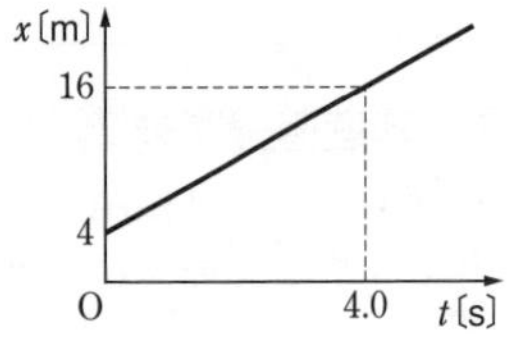

(1) (2) (3)

5. 平均の速さと瞬間の速さ 知 右の図は，x 軸上を運動する物体の位置 x〔m〕と経過時間 t〔s〕の関係を表す x-t 図である。図中の点 B，C を通る直線は，それぞれ点 B，C における接線である。

(1) 0～2.0 秒の間，2.0～4.0 秒の間の平均の速さ $\overline{v_{AB}}$〔m/s〕，$\overline{v_{BC}}$〔m/s〕を求めよ。

(2) 時刻 2.0 秒，時刻 4.0 秒における瞬間の速さ，v_B〔m/s〕，v_C〔m/s〕を求めよ。

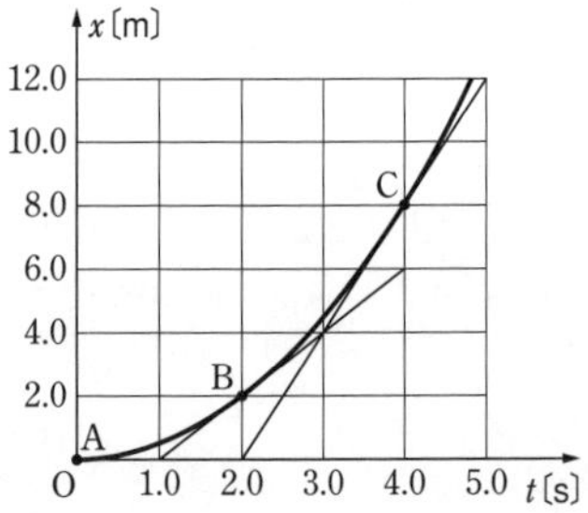

(1) $\overline{v_{AB}}$： $\overline{v_{BC}}$： (2) v_B： v_C：

▷例題 1

の解説動画

2 速度の合成と分解・相対速度

❖＝上位科目「物理」の内容を含む項目　リードAの確認問題

a 速度の合成と分解

(1) **直線上の速度の合成**　互いに平行な速度 v_1, v_2 の合成速度 v は　$\boldsymbol{v} = \boldsymbol{v}_1 + \boldsymbol{v}_2$

❖ (2) **平面上の速度の合成**　2方向の速度 $\vec{v_1}$, $\vec{v_2}$ の合成速度 $\vec{v}$ は, $\vec{v_1}$ と $\vec{v_2}$ とを隣りあう2辺とする平行四辺形の対角線で表される。速度 $\vec{v_1}$, $\vec{v_2}$ が直角をなす場合，合成速度 $\vec{v}$ は

$\boldsymbol{v} = \sqrt{\boldsymbol{v}_1^{\,2} + \boldsymbol{v}_2^{\,2}}$

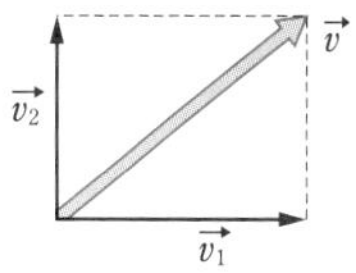

❖ (3) **速度の分解**　速度 $\vec{v}$ を互いに直角な2方向に分解するとき

$\vec{v}$ の x 成分　$\boldsymbol{v}_x = \boldsymbol{v}\cos\theta$

y 成分　$\boldsymbol{v}_y = \boldsymbol{v}\sin\theta$

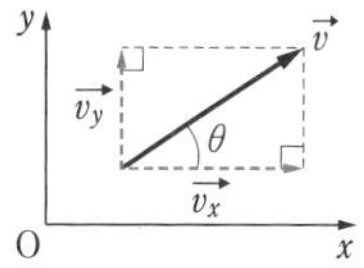

b スカラーとベクトル

(1) **スカラー**　大きさだけで定まる量（例：速さ，時間，距離，質量）

(2) **ベクトル**　大きさと向きをもつ量（例：速度，変位，加速度，力）

c 相対速度

(1) **直線上の相対速度**　速度 v_B の物体Bを速度 v_A の観測者Aが見たとき，Aに対するBの相対速度 v_{AB} は

$$\boldsymbol{v}_{AB} = \boldsymbol{v}_B - \boldsymbol{v}_A$$

❖ (2) **平面上の相対速度**　$\vec{v_{AB}} = \vec{v_B} - \vec{v_A}$

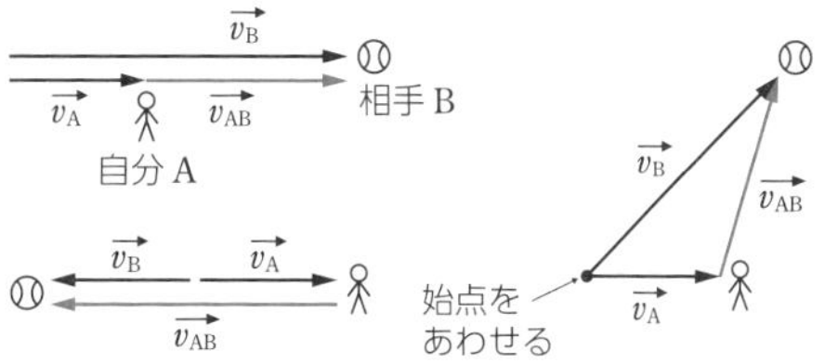

リード B

基礎CHECK

❖＝上位科目「物理」の内容を含む問題

❖ **1.** ある物体の速度の x 成分が 4.0m/s，y 成分が 3.0m/s であった。このとき，物体の速さ v は何 m/s か。

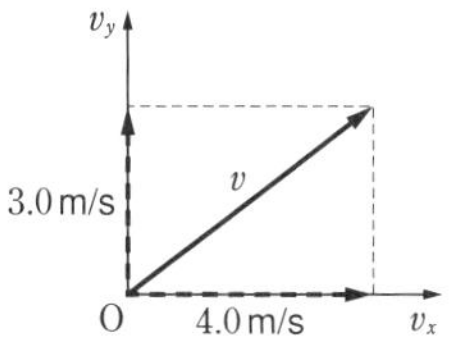

〔　　　　〕

2. 次の①から⑤の量のうち，ベクトルはどれか。2つ以上選んでもよい。

① 距離　② 速度　③ 変位　④ 時間
⑤ 質量

〔　　　　〕

3. x 軸上を自動車A，Bが正の向きにそれぞれ 5.0m/s，8.0m/s の速さで進んでいるとき，Aから見たBの相対速度はどの向きに何 m/s か。

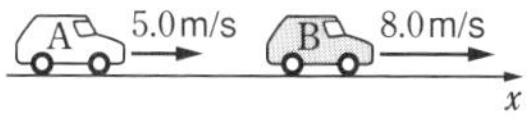

〔　　　　〕

4. x 軸上を自動車Aが正の向きに 7.0m/s，自動車Bが負の向きに 9.0m/s の速さで進んでいるとき，Bから見たAの相対速度はどの向きに何 m/s か。

〔　　　　〕

解答

1. 速度の合成によって，速さ v は
$v = \sqrt{4.0^2 + 3.0^2} = \sqrt{25} = $ **5.0m/s**

2. ①から⑤の量で大きさと向きをもつ量は，速度と変位の2つ。
よって　**②，③**

3. 相対速度の式「$v_{AB} = v_B - v_A$」より
$v_{AB} = 8.0 - 5.0 = 3.0$m/s
よって　**正の向きに 3.0m/s**

4. $v_A = 7.0$m/s，$v_B = -9.0$m/s より
$v_{BA} = 7.0 - (-9.0) = 16.0$m/s
よって　**正の向きに 16.0m/s**

Let's Try!

❖＝上位科目「物理」の内容を含む問題

例題 2 速度の合成

➡ 6, 7

解説動画

流れの速さが 2.0m/s のまっすぐな川がある。この川を，静水上を 4.0m/s の速さで進む船が，同じ岸の上流と下流にある，72m 離れた点Aと点Bを往復する。

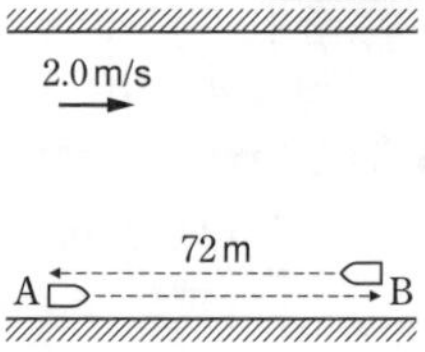

(1) 船の上りの速度を求めよ。
(2) 上りに要する時間 t_1〔s〕を求めよ。
(3) 船の下りの速度を求めよ。
(4) 下りに要する時間 t_2〔s〕を求めよ。

指針 川の流れの向きと船の速度の向きの関係を，上りと下りで分けて考える。

解答 (1) 上りの向きは，B→A になる。
よって，上りのときの岸に対する船の速度は
B→A の向きに
$4.0+(-2.0)=$ **2.0m/s**

(2) (1)より，上りに要する時間 t_1〔s〕は

$$t_1=\frac{72}{2.0}=\mathbf{36\,s}$$

(3) 下りの向きは，A→B になる。
よって，下りのときの岸に対する船の速度は
A→B の向きに
$4.0+2.0=$ **6.0m/s**

(4) (3)より，下りに要する時間 t_2〔s〕は

$$t_2=\frac{72}{6.0}=\mathbf{12\,s}$$

6. 速度の合成 知 流水の速さが 2.0m/s のまっすぐな川を静水時の速さが 4.5m/s の船が進んでいる。下流に向かって進んでいるときと，上流に向かって進んでいるときの，川岸から見た船の速さ(速度の大きさ)はそれぞれ何 m/s か。

下流：＿＿＿＿ 上流：＿＿＿＿

▶ 例題 2

7. 速度の合成 知 岸壁に平行に速さ 1.6m/s で東向きに進む船がある。岸壁に立っている人Aが，船上の人B，C を見ている。

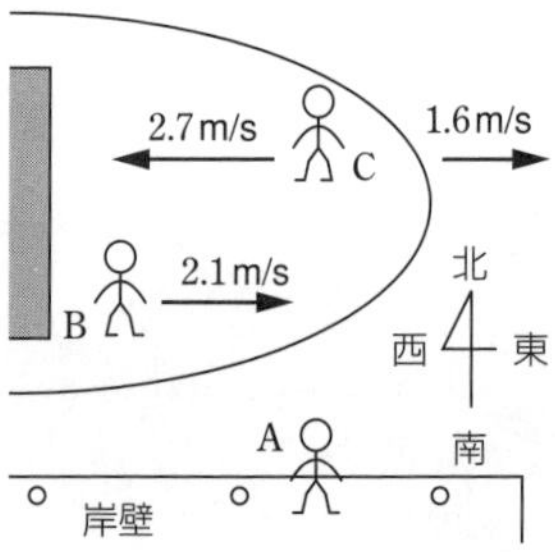

(1) B が船の進む向きと同じ向きに，船に対して 2.1m/s の速さで動いているとき，A から見たBの速度はどちら向きに何 m/s か。
(2) C が船の進む向きと逆向きに，船に対して 2.7m/s の速さで動いているとき，A から見たCの速度はどちら向きに何 m/s か。
(3) C は 3.0 秒間に岸壁に対してどちら向きに何 m 移動するか。

(1)＿＿＿＿ (2)＿＿＿＿ (3)＿＿＿＿

▶ 例題 2

例題 3 速度の合成

➡8

解説動画

流れの速さが2.0m/sのまっすぐな川がある。この川を，静水上を4.0m/sの速さで進む船で川を直角に横切りながら，対岸まで進む。このとき，川の流れの方向をx方向，対岸へ向かう方向をy方向とする。

(1) 静水上における，船の速度のx成分を求めよ。
(2) 静水上における，船の速度のy成分を求めよ。
❖(3) へさきを向けるべき図の角θの値を求めよ。

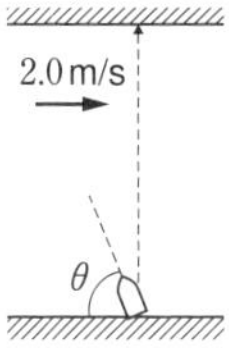

指針 川の流れの速度と船(静水上)の速度の合成速度の向きが，川の流れと垂直になる。

解答 (1) 船が川を直角に横切るとき，船の速度のx成分と，川の流れの速度は打ち消しあっている。
よって，船の速度のx成分は **−2.0m/s**

(2) 船が川の流れに対して直角に進むので，右図のように，船(静水上)の速度と川の流れの速度の合成速度が，川の流れと垂直になる。ここで，△PQRは辺の比が$1:2:\sqrt{3}$の直角三角形である。

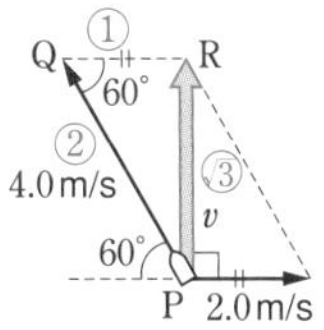

よって $PR=2.0\sqrt{3}\fallingdotseq3.5$
ゆえに，船の速度のy成分は **3.5m/s**

別解 三平方の定理より
$PR=\sqrt{4.0^2-2.0^2}=\sqrt{12}=2\sqrt{3}\fallingdotseq3.5$

(3) (2)より **$\theta=60°$**

注 川を横切る船はへさきの向きとは異なる向きに進む。

注 $\sqrt{3}=1.732\cdots$ や，$\sqrt{2}=1.414\cdots$ などの値は覚えておこう。

8. 速度の合成 知 静水上を4.0m/sの速さで進むボートが，流れの速さ3.0m/sの川を進んでいる。次の各場合について，川岸の人から見たボートの速さを求めよ。$\sqrt{7}=2.6$ とする。

(1) 川の上流に向かって進むとき
❖(2) へさきを川の流れに直角に保って進むとき
❖(3) 川の流れに対して直角に進むとき

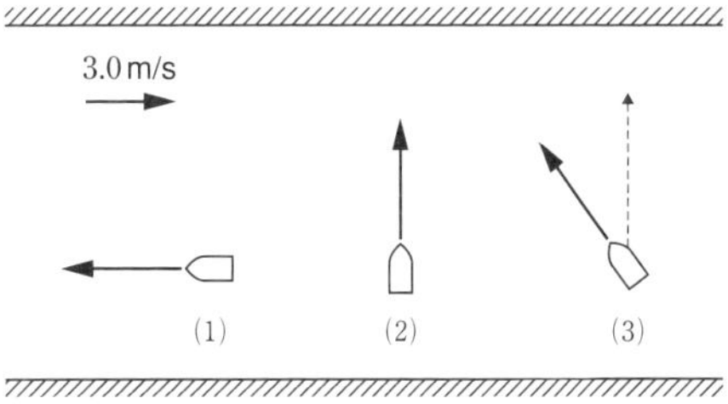

(1)
(2)
(3)

▷例題3

リード C

例 題 4 相対速度

➡ 9, 10

解説動画

湖を東西に横切る橋を，自動車Aが東向きに 10m/s，自動車Bが西向きに 15m/s の速さで進んでいる。

(1) Aに対するBの相対速度はどの向きに何 m/s か。

❖(2) この橋の下をモーターボートCが北向きに 10m/s の速さで進んだ。Aに対するCの相対速度はどの向きに何 m/s か。

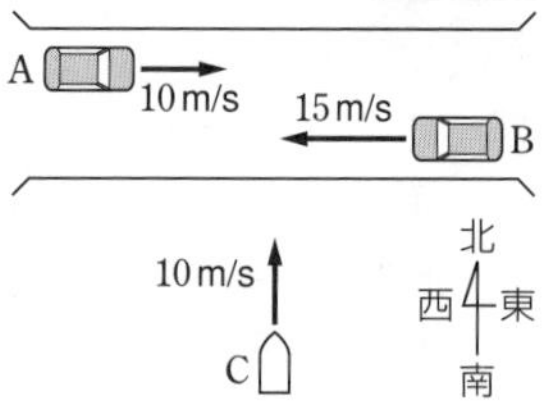

指針 一直線上の運動の場合，AとBの速度をそれぞれ v_A，v_B とすると，Aに対するBの相対速度は $v_{AB}=v_B-v_A$ である。平面上の運動の場合には，ベクトルを用いて $\vec{v_{AB}}=\vec{v_B}-\vec{v_A}$ となる（$\vec{v_{AB}}$ は，$\vec{v_A}$ と $\vec{v_B}$ の始点をそろえて，$\vec{v_A}$ の終点から $\vec{v_B}$ の終点にベクトルをかく）。

解答 (1) 東向きを正とすると，$v_A=+10$m/s，$v_B=-15$m/s だから

$v_{AB}=v_B-v_A=(-15)-(+10)=-25$m/s

よって **西向きに 25m/s**

(2) $\vec{v_{AC}}$ は右図のようになる。A，Cの速さは等しく，$v_A=v_C$ であるから，$\vec{v_{AC}}$ の大きさは，直角三角形の辺の比より

$v_{AC}=\sqrt{2}\,v_A=10\sqrt{2}=10\times1.41$
$=14.1\fallingdotseq14$m/s

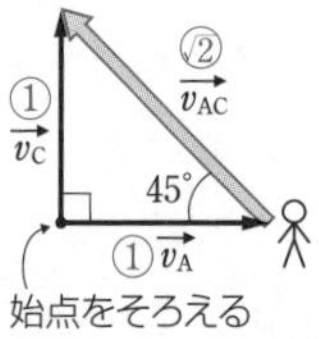

よって **北西の向きに 14m/s**

別解 $\vec{v_{AC}}=\vec{v_C}-\vec{v_A}=\vec{v_C}+(-\vec{v_A})$ より，$\vec{v_C}$ と $-\vec{v_A}$ を合成して考えることもできる。

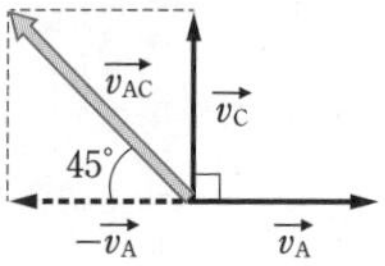

9. 相対速度 知 東西方向に直線の鉄道と道路が並行している。西向きに速さ 30m/s の列車A，東向きに速さ 15m/s の自動車B，速度のわからない自動車Cが同時に走っている。

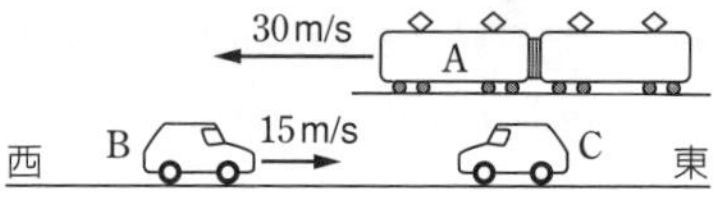

(1) Aから見たBの速度はどの向きに何 m/s か。

(2) Bから見たAの速度はどの向きに何 m/s か。

(3) Cから見たAの速度が西向きに 10m/s であった。C の速度はどの向きに何 m/s か。

(1) ＿＿＿＿ (2) ＿＿＿＿ (3) ＿＿＿＿

▷ 例題 4

❖ **10. 相対速度** 知 列車Aが東向きに速さ 20m/s で進み，自動車Bが南向きに速さ 20m/s で進んでいる。

(1) Aに対するBの相対速度の大きさと向きを求めよ。

(2) 自動車Cが北向きに進んでいる。Aに対するCの相対速度の大きさは 25m/s であった。Cの速さ v_C [m/s] を求めよ。

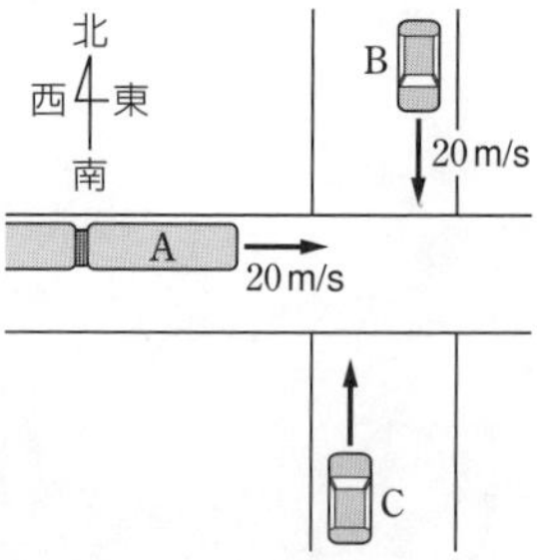

(1) ＿＿＿＿ (2) ＿＿＿＿

▷ 例題 4

3 加速度・等加速度直線運動

リードAの確認問題

a 加速度

(1) **平均の加速度**　一直線上を運動する物体の速度が，時間 $\Delta t = t_2 - t_1$ に $\Delta v = v_2 - v_1$ 変化したとき

$$\textbf{平均の加速度}\ \bar{a} = \frac{\textbf{速度の変化}}{\textbf{経過時間}} = \frac{v_2 - v_1}{t_2 - t_1} = \frac{\Delta v}{\Delta t}$$

(2) **瞬間の加速度**　Δt をきわめて短くとったときの平均の加速度が瞬間の加速度。v-t 図の接線の傾きは瞬間の加速度を表す。加速度は大きさと向きをもつベクトル量。

物理量	主な記号	単位
加速度	a	m/s^2

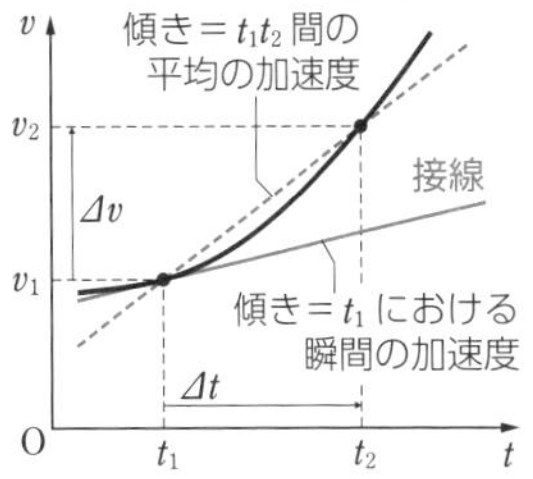

b 等加速度直線運動

(1) **等加速度直線運動**　一直線上を一定の加速度で進む運動。
はじめの位置を原点O，初速度を v_0，加速度を a とし，時間 t の間の変位を x，時刻 t での速度を v とすると

$\boldsymbol{v = v_0 + at}$ （速度と時間の式）

$\boldsymbol{x = v_0 t + \frac{1}{2}at^2}$ （変位と時間の式）

$\boldsymbol{v^2 - v_0^2 = 2ax}$ （速度と変位の式：時間 t が現れない式）

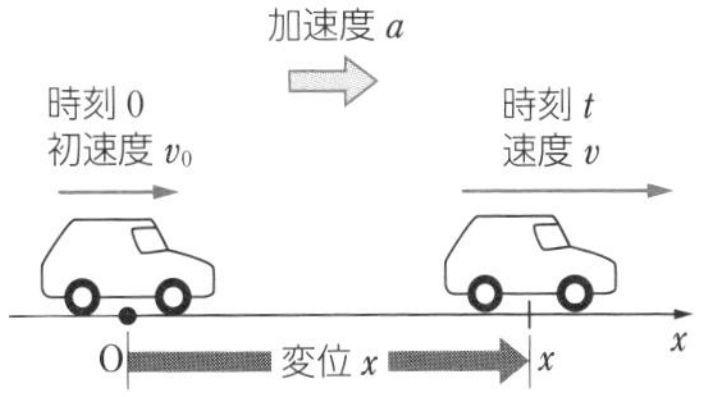

(2) **等加速度直線運動のグラフ**

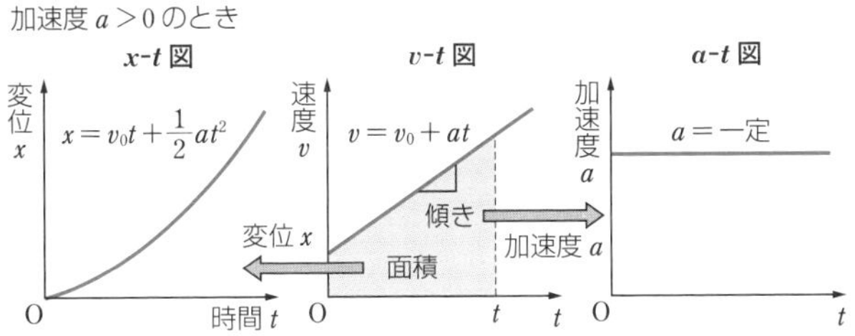

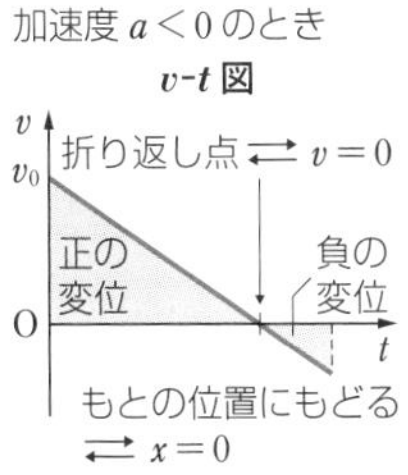

リード B

基礎 CHECK

1. 静止していた物体が動きだし，右向きに $2.0\,m/s^2$ の一定の加速度で進むとき，4.0 秒後の物体の速度はどの向きに何m/s か。

[　　　　　　]

2. x 軸上を正の向きに等速直線運動している物体が，時刻 0 に原点Oを速度 4.0m/s で通過した。時刻 0 から 6.0 秒の間に一定の加速度 $3.0\,m/s^2$ で進んだとき，この物体の 6.0 秒後の x 座標を求めよ。

[　　　　　　]

解答

1. 等加速度直線運動の式「$v = v_0 + at$」より
$v = 0 + 2.0 \times 4.0 = 8.0\,m/s$
よって　**右向きに 8.0m/s**

2. 変位と時間の式「$x = v_0 t + \frac{1}{2}at^2$」より
$x = 4.0 \times 6.0 + \frac{1}{2} \times 3.0 \times 6.0^2 = 78\,m$
よって，**78m**

リード C

Let's Try!

例題 5 加速度

➡11

解説動画

斜面に台車を置き，静かに手をはなして台車を運動させ，このようすを1秒間に50打点打つ記録タイマーでテープに記録した。

このテープの5打点ごとの長さを測定したところ，右下図のようになった。この数値を分析して，台車の加速度の大きさを求めよ。

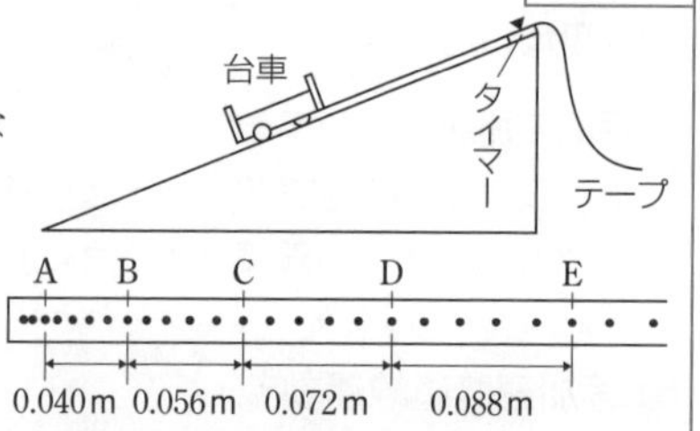

指針 5打点の時間は0.10秒である。0.10秒ごとの平均の速さを，各区間の中央の時刻における瞬間の速さとみなしてその差をとると，同じく0.10秒ごとの速さの変化が得られる。

解答 0.10秒ごとの平均の速さを求め，その差を0.10秒で割ると，平均の加速度が得られる(右表)。

よって **1.6m/s²**

	0.10秒ごとの移動距離(m)	各区間の平均の速さ(m/s)	0.10秒ごとの速さの変化(m/s)	平均の加速度(m/s^2)
AB	0.040	0.40	0.16	1.6
BC	0.056	0.56	0.16	1.6
CD	0.072	0.72	0.16	1.6
DE	0.088	0.88		

11. 加速度 考 一直線上を，静止の状態から動き始めた物体の，時刻 t〔s〕とそのときの位置 x〔m〕の関係をまとめた結果が次の表である。

作図 実験

時刻 t〔s〕	0	0.10	0.20	0.30	0.40	0.50	0.60	0.70
位置 x〔m〕	0	0.03	0.12	0.27	0.48	0.75	1.08	1.47
変位(m)								
平均の速度(m/s)								

(1) 各0.10秒間の変位と平均の速度を求め，表の中に書きこめ。

(2) 物体の速度 v〔m/s〕と時間 t〔s〕の関係を表す v-t 図をかけ。

(3) 物体の加速度 a〔m/s^2〕を求めよ。

(4) 時刻0.50秒における物体の速度 v〔m/s〕を求めよ。

(2)
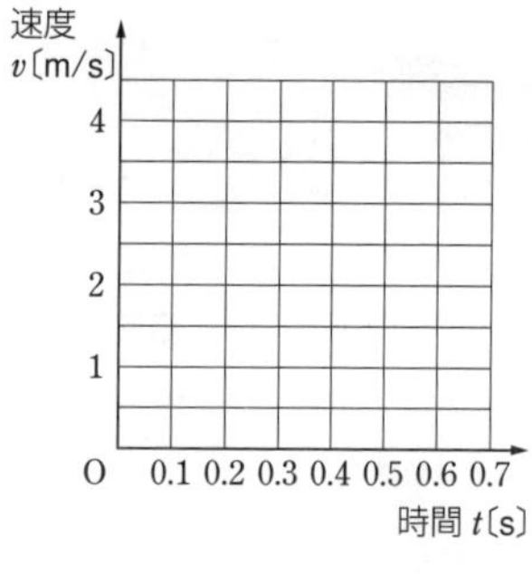

(3) ______ (4) ______

▶例題 5

12. 平均の加速度 知 次のような x 軸上の運動について，平均の加速度 $\overline{a}$ はそれぞれどの向きに何 m/s^2 か。

(1) 自動車が正の向きに動きだしてから4.0秒後に16m/sの速さになった。

(2) 正の向きに1.0m/sの速さで進んでいた力学台車が，4.0秒後に負の向きに3.0m/sの速さになった。

(1) ______ (2) ______

の解説動画

例題 6 等加速度直線運動

➡ 13, 14, 15, 16, 17

解説動画

東西に通じる直線道路を東向きに 8.0m/s の速さで進んでいた自動車が，点 O を通過した瞬間から東向きに $2.0\,m/s^2$ の一定の加速度で 3.0 秒間加速し，その後一定の速度で進んだ。

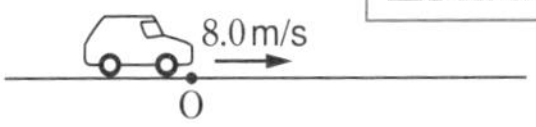

(1) 加速し始めてから 3.0 秒後の自動車の速度はどの向きに何 m/s か。
(2) 加速し始めてから 3.0 秒間に自動車が進んだ距離は何 m か。
(3) (1)の速度で進んでいた自動車はある瞬間から一定の加速度で減速し，20m 進んだときに東向きに 6.0m/s の速さになった。加速度はどの向きに何 m/s^2 か。

指針 $v=v_0+at$ ……①，　$x=v_0t+\frac{1}{2}at^2$ ……②，　$v^2-v_0{}^2=2ax$ ……③

t が関係する(与えられている，または求める)場合は①式か②式，そうでない場合は③式を使う。①式と②式は v と x のいずれが関係するかで判断する。

解答 東向きを正の向きとする。
(1) 速度を v〔m/s〕とすると，①式より
$v=8.0+2.0\times3.0=14.0\,m/s$
よって，**東向きに 14.0m/s**
(2) x〔m〕進んだとすると，②式より
$x=8.0\times3.0+\frac{1}{2}\times2.0\times3.0^2=$ **33m**
(3) 加速度を a〔m/s^2〕とすると，③式より
$6.0^2-14.0^2=2a\times20$
$36-196=40a$
よって　$a=-4.0\,m/s^2$
したがって，**西向きに 4.0 m/s^2**

13. 等加速度直線運動 知　x 軸上を正の向きに進む物体が，原点を初速度 12m/s で通過してから，初速度と同じ向きに $1.5\,m/s^2$ の加速度で運動をする。
(1) 原点を通過してから 2.0 秒後の物体の速度 v〔m/s〕を求めよ。
(2) 原点を通過してから 2.0 秒間に物体が進む距離 l〔m〕を求めよ。

(1) ＿＿＿＿　(2) ＿＿＿＿

▷例題 6

14. 等加速度直線運動 知　速さ 7.0m/s の速さで進んでいた自動車が，一定の加速度で速さを増し，5.0 秒後に 15.0m/s の速さになった。
(1) このときの加速度の大きさを求めよ。
(2) 自動車が加速している間に進んだ距離を求めよ。
(3) このの ち自動車が急ブレーキをかけて，一定の加速度で減速し，25m 進んで停止した。このときの加速度の向きと大きさを求めよ。

(1) ＿＿＿＿　(2) ＿＿＿＿　(3) ＿＿＿＿

▷例題 6

リード C

15. **等加速度直線運動** 知 速さ 6.0m/s で右向きに進み始めた物体が，等加速度直線運動をして 2.0 秒後に左向きに速さ 4.0m/s となった。

(1) 物体の加速度の大きさと向きを求めよ。
(2) 物体の速さが 0m/s になるのは，物体が進み始めてから何秒後か。
(3) 物体が速さ 0m/s になるまでに進む距離を求めよ。

(1) ＿＿＿＿ (2) ＿＿＿＿ (3) ＿＿＿＿

▷例題 6

16. **等加速度直線運動** 知 x 軸上を正の向きに進む物体が，原点を初速度 14m/s で通過してから，一定の加速度で減速しながら，5.0 秒間に 45m 進んだ。

(1) 物体の加速度はどの向きに何 m/s^2 か。
(2) 速度が 0m/s になるまでに物体が進んだ距離 l〔m〕を求めよ。

(1) ＿＿＿＿ (2) ＿＿＿＿

▷例題 6

17. **等加速度直線運動** 知 直線道路を走る自動車が，10m/s の速さから 20m/s の速さまで一定の加速度で加速する間に 60m 進んだ。

(1) 自動車の加速度はどの向きに何 m/s^2 か。
(2) 自動車が 60m 進むのにかかった時間 t〔s〕を求めよ。

(1) ＿＿＿＿ (2) ＿＿＿＿

▷例題 6

例題 7 等加速度直線運動のグラフ

➡ 18

解説動画

図は，電車がA駅を出てから直線状線路を通ってB駅に着くまでの，速さと時間の関係を示すグラフである。

(1) A駅を出てからB駅に着くまでの，加速度と経過時間の関係を示すグラフ（a-t 図）をつくれ。

(2) A駅を出てから 40 秒間に進んだ距離は何 m か。

(3) A駅とB駅の距離は何 m か。

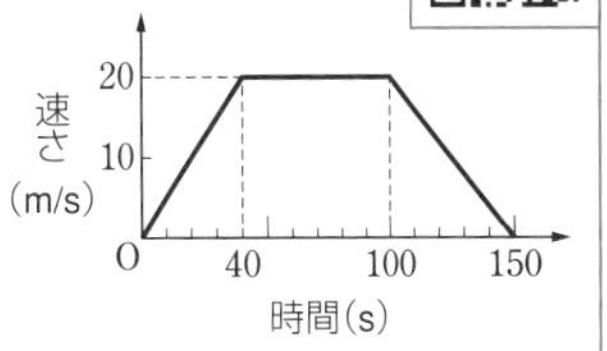

指針 v-t 図の傾きは加速度を表し，グラフが t 軸と囲む面積は移動距離を表す。

解答 (1) v-t 図の直線の傾きから加速度を求める。

$0 \sim 40\,\mathrm{s}$：$\dfrac{20}{40} = 0.50\,\mathrm{m/s^2}$

$40 \sim 100\,\mathrm{s}$：$0\,\mathrm{m/s^2}$（等速直線運動）

$100 \sim 150\,\mathrm{s}$：$\dfrac{0-20}{50} = -0.40\,\mathrm{m/s^2}$　答えは**右図**

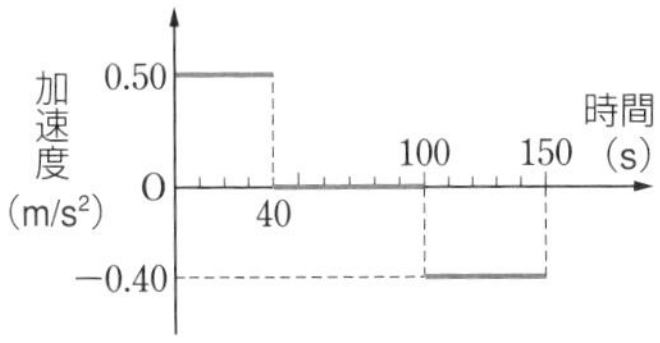

(2) 0〜40 秒までのグラフが t 軸と囲む面積を求めて

$\dfrac{1}{2} \times 40 \times 20 = 400 = 4.0 \times 100 = \mathbf{4.0 \times 10^2\,m}$

(3) (2)と同様にして　$\dfrac{1}{2} \times (60+150) \times 20 = 2100 = 2.1 \times 1000 = \mathbf{2.1 \times 10^3\,m}$

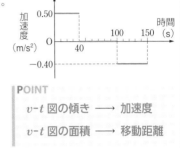

POINT

v-t 図の傾き ⟶ 加速度

v-t 図の面積 ⟶ 移動距離

---

18. 等加速度直線運動のグラフ 考

作図

右の図は，止まっていたエレベーターが上昇し，停止するまでの加速度 a〔m/s²〕の時間変化を表したグラフである。

(1) エレベーターの速度 v〔m/s〕と時間 t〔s〕との関係をグラフに表せ。

(2) エレベーターが上昇し始めてから 7.0 秒後の速度 v'〔m/s〕を求めよ。

(3) 9.0 秒間にエレベーターが上昇した高さ h は何 m か。

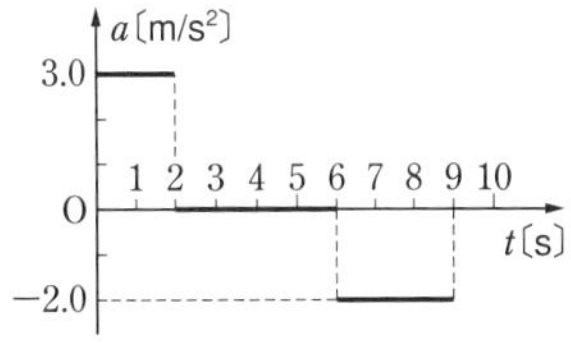

(1)

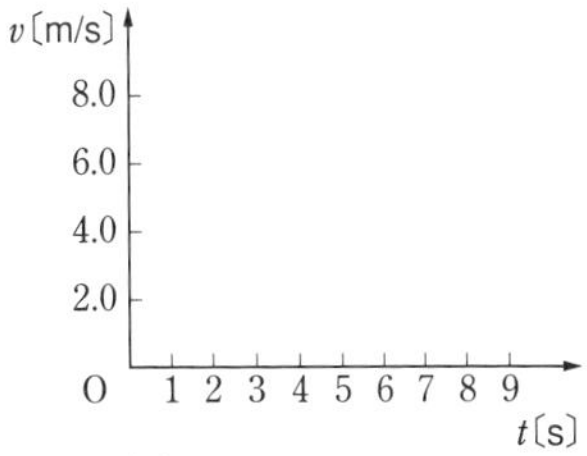

(2)＿＿＿＿＿＿　(3)＿＿＿＿＿＿

▷ 例題 7

19. 負の等加速度直線運動のグラフ 考

右の図は，x 軸上を運動する物体が原点Oを正の向きに通過してからの速度 v〔m/s〕と，経過時間 t〔s〕の関係を示すグラフ（v-t 図）である。

(1) この物体の加速度 a はどの向きに何 m/s² か。

(2) 物体が原点から最も遠ざかった位置 x_1 はどこか。

(3) $t = 12.0\,\mathrm{s}$ の瞬間の物体の位置 x_2 はどこか。

(4) この物体が 12.0 秒間に運動した距離（通過距離）l は何 m か。

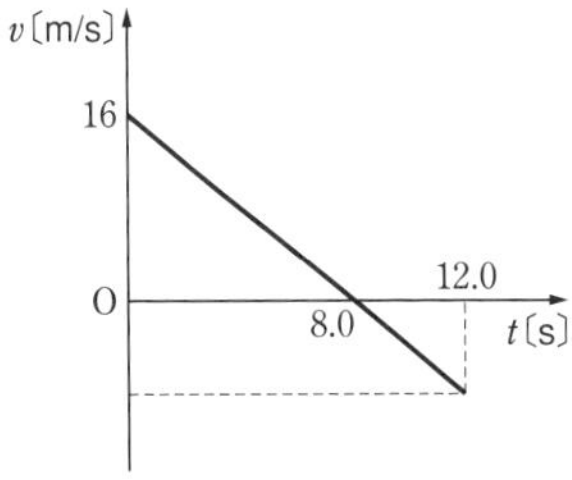

(1)＿＿＿＿＿＿　(2)＿＿＿＿＿＿

(3)＿＿＿＿＿＿　(4)＿＿＿＿＿＿

の解説動画

第2章 落体の運動

リードA

1 重力加速度と鉛直方向の運動

リードAの確認問題

a 重力加速度　重力による運動の加速度は，空気抵抗が無視できれば，運動物体の形状や質量によらず一定で，鉛直下向きである。その大きさは「g」の文字で表される。$g=9.8\,\mathrm{m/s^2}$

b 鉛直方向だけの運動　鉛直方向に y 軸をとり，時刻 $t=0$ での物体の位置を原点O，物体が運動を始める向きを正の向きとして，右に示す等加速度直線運動の3公式を用いる。

$$\begin{cases} v=v_0+at \\ x=v_0t+\dfrac{1}{2}at^2 \\ v^2-v_0{}^2=2ax \end{cases}$$

(1) **自由落下**（初速度0の落下運動）…下向きを正とする。

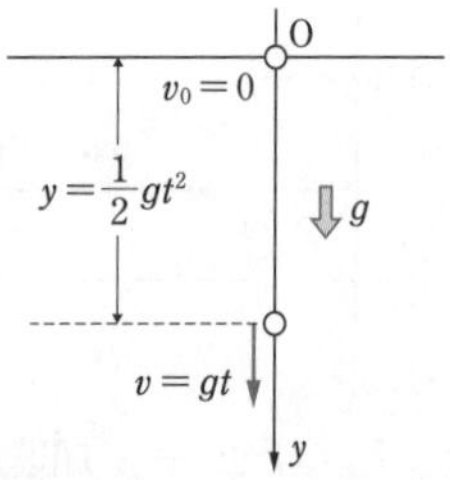

$v_0=0$，$a=+g$，$x=y$

$$\begin{cases} v=gt \\ y=\dfrac{1}{2}gt^2 \\ v^2=2gy \end{cases}$$

(1) 自由落下

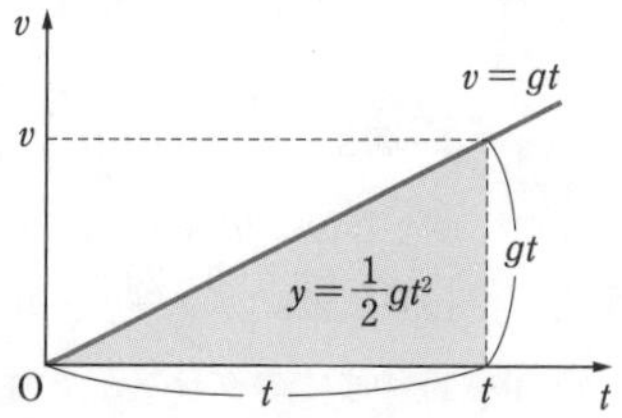

(2) **鉛直投げ下ろし**（初速度 v_0 で投げ下ろす）…下向きを正とする。

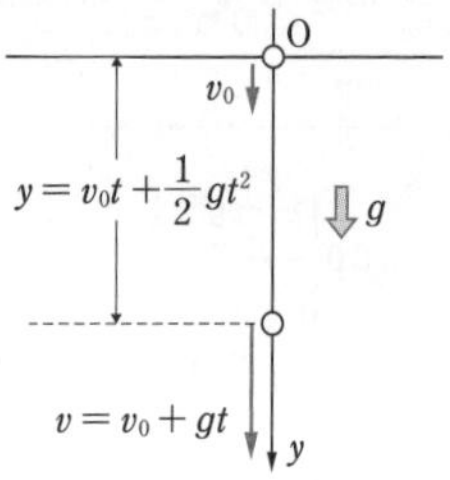

$a=+g$，$x=y$

$$\begin{cases} v=v_0+gt \\ y=v_0t+\dfrac{1}{2}gt^2 \\ v^2-v_0{}^2=2gy \end{cases}$$

(2) 鉛直投げ下ろし

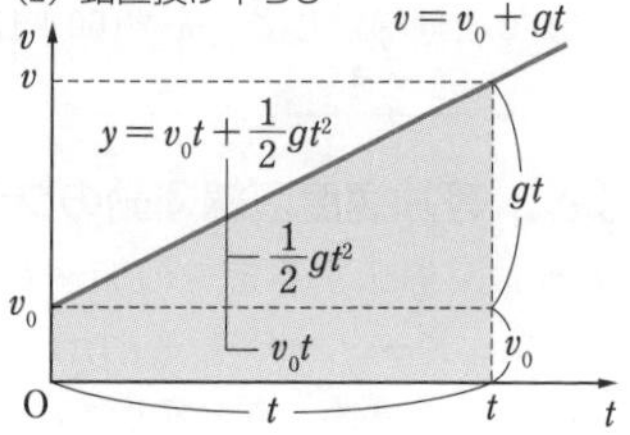

(3) **鉛直投げ上げ**（初速度 v_0 で投げ上げる）…**上向きを正**とする。

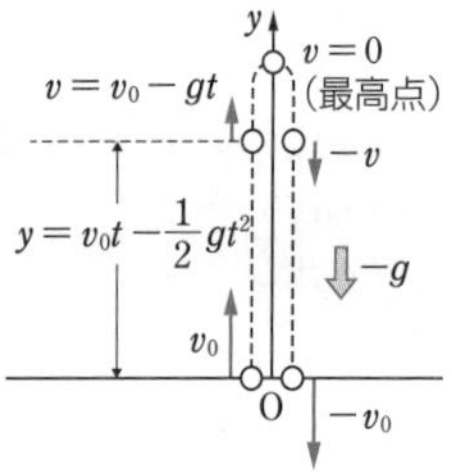

$a=-g$，$x=y$

$$\begin{cases} v=v_0-gt \\ y=v_0t-\dfrac{1}{2}gt^2 \\ v^2-v_0{}^2=-2gy \end{cases}$$

・**最高点** ⇆ $v=0$　　$t_1=\dfrac{v_0}{g}$，$h=\dfrac{v_0{}^2}{2g}$

・**落下点** → $y=0$　　$t_2=2t_1=\dfrac{2v_0}{g}$　　$v=-v_0$

(3) 鉛直投げ上げ

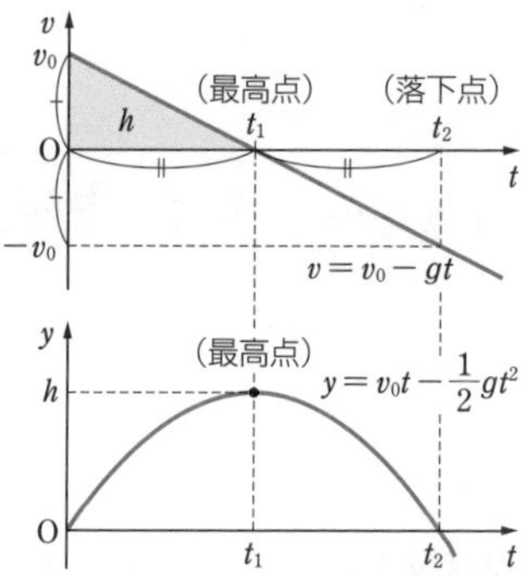

リードB

基礎 CHECK

1. 小球を初速度9.8m/sで鉛直上方に投げ上げた。重力加速度の大きさを9.8m/s² とする。

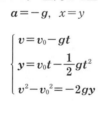

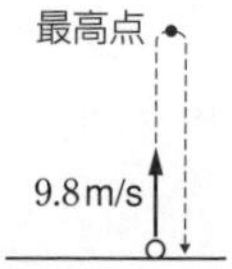

(1) 最高点での小球の加速度はどの向きに何 m/s² か。

(2) 最高点での小球の速さ v は何 m/s か。

(3) 最高点に達するまでの時間 t は何秒か。

(1)[　　　　　　　　]

(2)[　　　　]　(3)[　　　　]

解答

1. (1) 加速度は常に**鉛直下向きに 9.8m/s²**

(2) 最高点での速さは $v=$**0m/s**

(3) 鉛直上方を正の向きにとる。
「$v=v_0-gt$」より $0=9.8-9.8\times t$
よって $t=$**1.0s**

Let's Try!

例題 8 自由落下

➡ 20, 21

解説動画

地上 19.6m の高さから小球を自由落下させる。重力加速度の大きさを $9.8\,\mathrm{m/s^2}$ とする。

(1) 半分の高さ 9.8m だけ落下する時間 t_1 は何秒か。

(2) 半分の高さの地点を通過する速さ v_1 は何 m/s か。

(3) 地面に衝突する直前の速さ v_2 は何 m/s か。

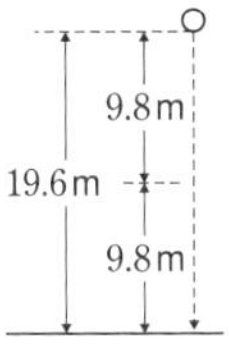

指針 自由落下は，初速度 0，加速度 $g=9.8\,\mathrm{m/s^2}$ の等加速度直線運動である。

解答 (1) 自由落下の変位と時間の関係式「$y=\frac{1}{2}gt^2$」より

$9.8=\frac{1}{2}\times 9.8\times t_1^2$　　よって　$t_1=\sqrt{2.0}=1.41\fallingdotseq$ **1.4 s**

(2) 速度と時間の関係式「$v=gt$」より

$v_1=gt_1=9.8\times 1.41=13.8\cdots\fallingdotseq$ **14 m/s**

(3) 時間 t を含まない式「$v^2=2gy$」より

$v_2^2=2\times 9.8\times 19.6=19.6\times 19.6$

よって　$v_2=19.6\fallingdotseq$ **20 m/s**

20. **自由落下** 知　物体を自由落下させる。重力加速度の大きさを $9.8\,\mathrm{m/s^2}$ とする。

(1) 物体の 3.0 秒後の速さ v〔m/s〕を求めよ。

(2) 3.0 秒間の物体の落下距離 y〔m〕を求めよ。

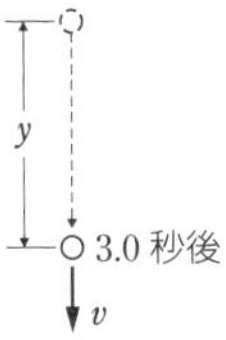

(1) ＿＿＿＿＿＿　(2) ＿＿＿＿＿＿

▷ 例題 8

21. **自由落下** 知　高さ 78.4m のビルの屋上から小石を静かに落とした。重力加速度の大きさを $9.8\,\mathrm{m/s^2}$ とする。

(1) 小石が着地するまでの時間 t〔s〕を求めよ。

(2) 着地直前の小石の速さ v〔m/s〕を求めよ。

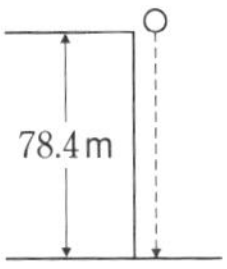

(1) ＿＿＿＿＿＿　(2) ＿＿＿＿＿＿

▷ 例題 8

リード C

例題 9 鉛直投げ下ろし

➡ 22, 24

解説動画

高さ 39.2m のビルの屋上から，小球を初速度 9.8m/s で鉛直下向きに投げ下ろした。小球が地面に達するまでの時間と，地面に達する直前の小球の速さを求めよ。重力加速度の大きさを 9.8m/s² とする。

指針 投げ下ろした点を原点，鉛直下向きを y 軸の正の向きとし，「$v=v_0+gt$」，「$y=v_0t+\frac{1}{2}gt^2$」の式をもとに考える。

解答 小球が地面に達するまでの時間を t〔s〕，地面に達する直前の小球の速さを v〔m/s〕とする。

「$y=v_0t+\frac{1}{2}gt^2$」より　$39.2=9.8\times t+\frac{1}{2}\times 9.8\times t^2$

両辺を 4.9 でわると

$8=2t+t^2$　　$t^2+2t-8=0$　　$(t-2)(t+4)=0$

$t>0$ であるから　$t=$ **2.0s**

また，このときの速さ v〔m/s〕は「$v=v_0+gt$」より

$v=9.8+9.8\times 2.0=29.4\fallingdotseq$ **29m/s**

22. **鉛直投げ下ろし** 知　地上 25m の高さからボールを投げ下ろしたところ，1.0 秒後に地面に落下した。重力加速度の大きさを 9.8m/s² とする。

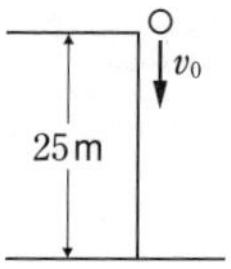

(1) ボールの初速度の大きさ v_0〔m/s〕を求めよ。

(2) ボールが地面に達したときの速さ v〔m/s〕を求めよ。

(1) ＿＿＿＿＿＿　(2) ＿＿＿＿＿＿

▷ 例題 9

23. **鉛直投げ下ろし** 考　5.0m/s の一定の速さで鉛直に降下しつつある気球から，静かに小球を落としたら，3.0 秒後に地面に達した。小球が地面に衝突する速さ v〔m/s〕，小球を落とした点の高さ h〔m〕を求めよ。重力加速度の大きさを 9.8m/s² とする。

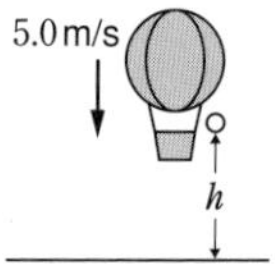

v： ＿＿＿＿＿＿　h： ＿＿＿＿＿＿

24. **自由落下と鉛直投げ下ろし** 知　ビルの屋上から小石Aを静かに落下させ，2.0 秒後に屋上から別の小石Bを初速度 24.5m/s で投げ下ろしたところ，2つの小石は同時に地面に落ちた。重力加速度の大きさを 9.8m/s² とする。

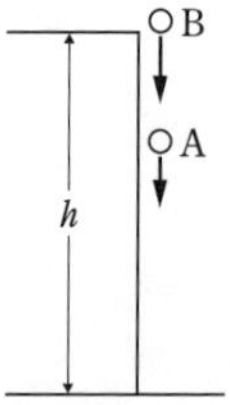

(1) 小石Bを投げ下ろしてから地面に落ちるまでの時間 t〔s〕を求めよ。

(2) ビルの高さ h〔m〕を求めよ。

(1) ＿＿＿＿＿＿　(2) ＿＿＿＿＿＿

▷ 例題 9

例題10 鉛直投げ上げ

➡ 25, 26

解説動画

あるビルの屋上から，小球を鉛直上方に 29.4m/s の速さで投げ上げた。重力加速度の大きさを $9.8\,\mathrm{m/s^2}$ とする。

(1) 小球が最高点に達するまでの時間 t_1 は何秒か。

(2) 最高点の高さ h は屋上から何 m か。

(3) 投げてから小球が屋上にもどるまでの時間 t_2 は何秒か。

(4) 投げてから 9.0 秒後に小球が地上に落下した。ビルの高さ H は何 m か。

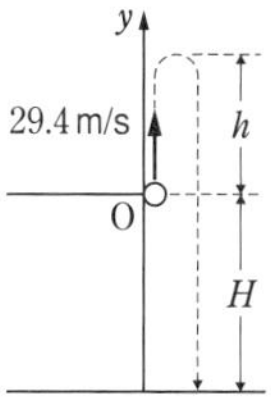

指針　屋上を原点とし，上向きを正とする。**最高点は $v=0$**。9.0 秒後の $|y|$ がビルの高さ。

解答　(1) 最高点では速度 v が 0 になるので，「$v=v_0-gt$」より

$0=29.4-9.8\times t_1$　　$t_1=\mathbf{3.0\,s}$

(2)「$y=v_0t-\frac{1}{2}gt^2$」より

$h=29.4\times3.0-\frac{1}{2}\times9.8\times3.0^2$

$=88.2-44.1=44.1≒\mathbf{44\,m}$

(3)「$y=v_0t-\frac{1}{2}gt^2$」において $y=0$ だから

$0=29.4\times t_2-\frac{1}{2}\times9.8\times t_2^2$

$0=6t_2-t_2^2$　　$t_2(t_2-6)=0$

$t_2>0$ より　$t_2=\mathbf{6.0\,s}$

別解　最高点を境に上り下りが対称的なので

$t_2=2t_1=2\times3.0=\mathbf{6.0\,s}$

(4) ビルの高さとは，9.0 秒後の $|y|$ である。

$y=v_0t-\frac{1}{2}gt^2=29.4\times9.0-\frac{1}{2}\times9.8\times9.0^2$

$=-132.3≒-1.3\times10^2\,\mathrm{m}$　よって　$H=\mathbf{1.3\times10^2\,m}$

POINT

鉛直投げ上げ

最高点 ⟶ $v=0$

もとの高さ ⟶ $y=0$

25. 鉛直投げ上げ 知　地上から小球を初速度 24.5m/s で真上に投げ上げた。重力加速度の大きさを $9.8\,\mathrm{m/s^2}$ とする。

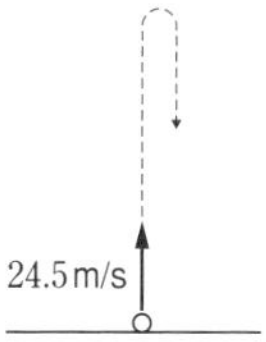

(1) 小球が最高点に達するのは何秒後か。

(2) 3.0 秒後の小球の高さ y〔m〕を求めよ。

(3) 小球が 19.6m の高さを通過するのは，投げ上げてから何秒後か。

(1)＿＿＿＿　(2)＿＿＿＿　(3)＿＿＿＿

▷ 例題10

記述 **26. 鉛直投げ上げ** 考　右の図は初速度 v_0 で小石を真上に投げ上げたときの v-t 図である。

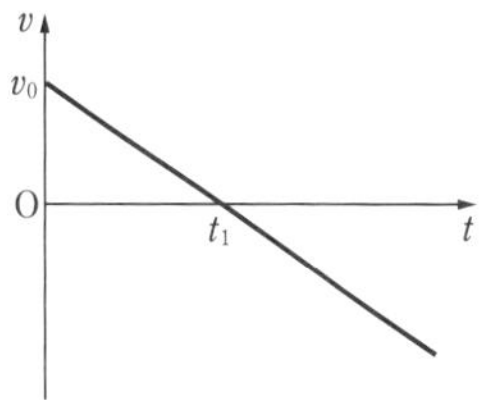

(1) 図中の t_1 は，小石がどんな位置に達する時刻を示すか。

(2) 重力加速度の大きさ g は，グラフの何に示されているか。

(3) v 軸，t 軸および v-t 直線が囲む三角形の面積は何を示すか。

(4) 小石がもとの位置にもどる時刻 t_2 を，右の v-t 図に記入せよ。

(1)＿＿＿＿　(2)＿＿＿＿　(3)＿＿＿＿

▷ 例題10

の解説動画

基礎トレーニング 1 等加速度直線運動の式の使い方

わかっている量と求めたい量を整理する(表中の○は式に含まれる量)。

等加速度直線運動	v_0	a	t	v	x	自由落下	鉛直投げ下ろし	鉛直投げ上げ
$v=v_0+at$	○	○	○	○	×	$v=gt$	$v=v_0+gt$	$v=v_0-gt$
$x=v_0t+\frac{1}{2}at^2$	○	○	○	×	○	$y=\frac{1}{2}gt^2$	$y=v_0t+\frac{1}{2}gt^2$	$y=v_0t-\frac{1}{2}gt^2$
$v^2-v_0{}^2=2ax$	○	○	×	○	○	$v^2=2gy$	$v^2-v_0{}^2=2gy$	$v^2-v_0{}^2=-2gy$

① 自由落下では，$v_0=0$，$a=g$，$x=y$ とする。
② 鉛直投げ下ろしでは，$a=g$，$x=y$ とする。
③ 鉛直投げ上げでは $a=-g$，$x=y$ とする。
どの式にも v_0，a が含まれるので，v，t，x に注目して式を選ぶとよい。

例 等加速度直線運動

右向きに 6.0m/s の速さで原点Oを通過した物体が，左向きに $1.0\,\mathrm{m/s^2}$ の加速度で運動した。
(1) 原点Oを通過してから 2.0 秒後の物体の速さは何 m/s か。
(2) 物体はある点Aで折り返した後，左向きに進んだ。OA 間の距離は何 m か。

整理してみよう!

	v_0	a	t	v	x
(1)	6.0	−1.0	2.0	?	×
(2)	6.0	−1.0	×	0	?

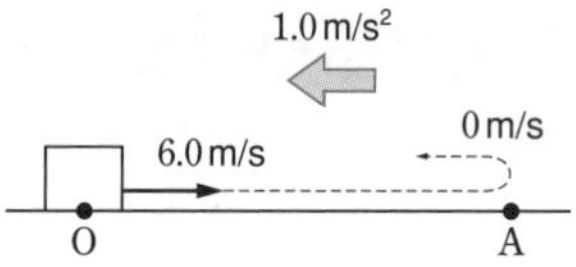

指針 右向きを正の向きとする。折り返し地点では速度が 0m/s になる。
(1) t，v に関する式「$v=v_0+at$」を用いる。
(2) v，x に関する式「$v^2-v_0{}^2=2ax$」を用いる。

解答 (1) $v_0=6.0\,\mathrm{m/s}$，$a=-1.0\,\mathrm{m/s^2}$，$t=2.0\,\mathrm{s}$ を「$v=v_0+at$」に代入すると，2.0s 後の速度 v〔m/s〕は
$v=6.0+(-1.0)\times2.0=4.0\,\mathrm{m/s}$
よって **4.0m/s**

(2) $v_0=6.0\,\mathrm{m/s}$，$a=-1.0\,\mathrm{m/s^2}$，$v=0\,\mathrm{m/s}$ を「$v^2-v_0{}^2=2ax$」に代入すると，求める距離 x〔m〕は
$0^2-6.0^2=2\times(-1.0)\times x$
$x=\frac{36}{2.0}=$ **18m**

1. 等加速度直線運動 ● 時刻 0s に 9.0m/s の速さで原点Oを右向きに通過した物体が，左向きに $1.5\,\mathrm{m/s^2}$ の加速度で運動し，点Aで運動の向きを変えた。
(1) 時刻 2.0s での物体の速さは何 m/s か。
(2) 点OからAまでの移動にかかった時間は何 s か。

整理してみよう!

	v_0	a	t	v	x
(1)					
(2)					

(1) ________ (2) ________

以下の問題では，重力加速度の大きさを 9.8 m/s² とする。

2. 自由落下　橋の上から小石を静かに落とした。

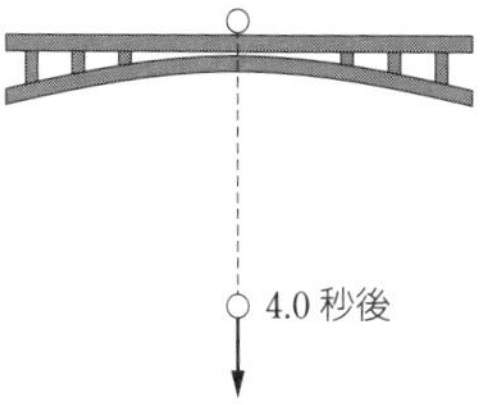

(1) 落としてから 4.0 秒後の小石の速さは何 m/s か。
(2) 落としてから 4.0 秒後までに小石は何m落下したか。

整理してみよう！

	v_0	a	t	v	y
(1)					
(2)					

(1)＿＿＿＿＿　(2)＿＿＿＿＿

3. 自由落下　上空で静止していたヘリコプターから荷物が初速度 0 で落とされた。地面に達する直前の速さは 16 m/s であった。荷物が落とされたときのヘリコプターの地面からの高さは何mか。

整理してみよう！

v_0	a	t	v	y

＿＿＿＿＿

4. 鉛直投げ下ろし　ビルの屋上からボールをある速さで投げ下ろしたところ，5.0 秒後に速さが 60 m/s になった。投げ下ろした直後のボールの速さは何 m/s か。

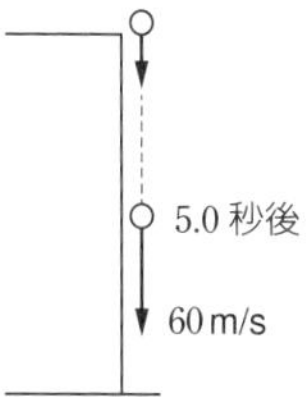

整理してみよう！

v_0	a	t	v	y

＿＿＿＿＿

5. 鉛直投げ上げ　ボールを地上から真上に 35 m/s の速さで投げ上げるとき，最高点に達するまでにかかる時間は何 s か。

整理してみよう！

v_0	a	t	v	y

＿＿＿＿＿

6. 鉛直投げ上げ　ボールを地上から真上に投げ上げたところ，3.0 秒後に地上にもどってきた。投げ上げた直後のボールの速さは何 m/s か。

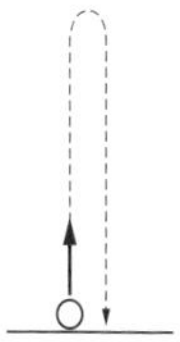

整理してみよう！

v_0	a	t	v	y

＿＿＿＿＿

リードA

❖ 2 経路が放物線になる運動

❖＝上位科目「物理」の内容を含む項目　リードAの確認問題

a 水平投射

物体を初速度 v_0 で水平方向に投げ出す水平投射の運動では，投げた点を原点O，初速度 v_0 の向きに x 軸，鉛直下向きに y 軸をとる。

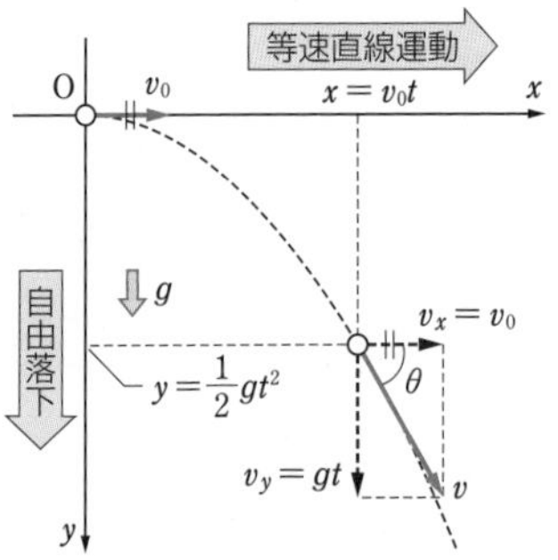

(1)

水平方向（x 軸方向）		鉛直方向（y 軸方向）
等速直線運動	運動	自由落下
0	加速度	$+g$
v_0	初速度	0
$v_x=v_0$	時刻 t での速度	$v_y=gt$
$x=v_0t$	時刻 t での位置	$y=\frac{1}{2}gt^2$

(2) **軌道の式**　$y=\frac{g}{2v_0^2}\cdot x^2$（放物線の式）

(3) **物体の速度**（軌道の接線方向）

$$v=\sqrt{v_x^2+v_y^2},\quad \tan\theta=\left|\frac{v_y}{v_x}\right|$$

b 斜方投射

物体を初速度 v_0 で水平から角度 θ の方向に投げ出す斜方投射の運動では，投げた点を原点O，水平方向の分速度の向きに x 軸，**鉛直上向きに y 軸**をとる。

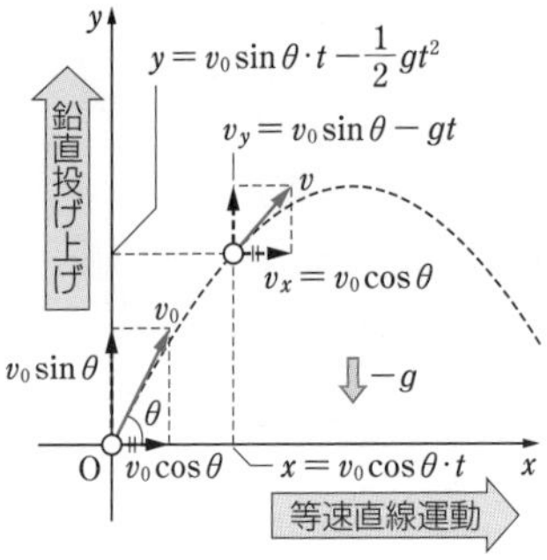

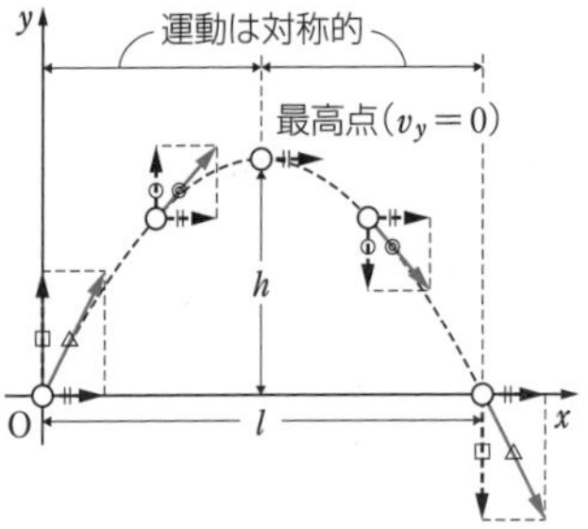

(1)

水平方向（x 軸方向）		鉛直方向（y 軸方向）
等速直線運動	運動	鉛直投げ上げ
0	加速度	$-g$
$v_0\cos\theta$	初速度	$v_0\sin\theta$
$v_x=v_0\cos\theta$	時刻 t での速度	$v_y=v_0\sin\theta-gt$
$x=v_0\cos\theta\cdot t$	時刻 t での位置	$y=v_0\sin\theta\cdot t-\frac{1}{2}gt^2$

(2) **軌道の式**　$y=\tan\theta\cdot x-\frac{g}{2v_0^2\cos^2\theta}\cdot x^2$

(3) **物体の速度**（軌道の接線方向）　$v=\sqrt{v_x^2+v_y^2}$

(4) **最高点** ⇆ $v_y=0$, $t_1=\frac{v_0\sin\theta}{g}$, $h=\frac{(v_0\sin\theta)^2}{2g}$

(5) **落下点** → $y=0$,　$t_2=2t_1=\frac{2v_0\sin\theta}{g}$

水平到達距離 $l=v_xt_2=(v_0\cos\theta)\left(\frac{2v_0\sin\theta}{g}\right)$

$$=\frac{2v_0^2\cos\theta\cdot\sin\theta}{g}=\frac{v_0^2\sin2\theta}{g}$$

リードB

基礎CHECK

❖＝上位科目「物理」の内容を含む問題

❖ **1.** 水平面上の点Oから，水平方向より60°上方に初速度20m/sで小球を投げた。

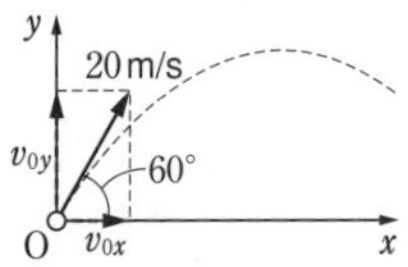

(1) 初速度の水平成分 v_{0x}，鉛直成分 v_{0y} はそれぞれ何m/sか。

(2) 0.50秒後の速度の水平成分 v_x，鉛直成分 v_y はそれぞれ何m/sか。

(1) v_{0x}：[　　　　]　v_{0y}：[　　　　]

(2) v_x：[　　　　]　v_y：[　　　　]

解答

1. (1) 解法1 直角三角形の辺の長さの比より

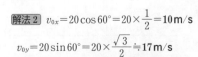

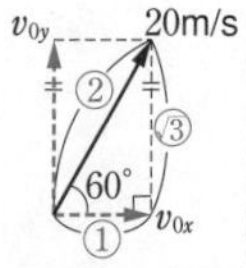

$20：v_{0x}=2：1$

よって　$v_{0x}=20\times\frac{1}{2}=$ **10m/s**

$20：v_{0y}=2：\sqrt{3}$

よって　$v_{0y}=20\times\frac{\sqrt{3}}{2}=10\sqrt{3}=10\times1.73=17.3≒$ **17m/s**

解法2　$v_{0x}=20\cos60°=20\times\frac{1}{2}=$ **10m/s**

$v_{0y}=20\sin60°=20\times\frac{\sqrt{3}}{2}≒$ **17m/s**

(2) 水平成分は変わらず　$v_x=$ **10m/s**

鉛直成分は「$v=v_0-gt$」より

$v_y=17.3-9.8\times0.50=12.4≒$ **12m/s**

Let's Try!

❖＝上位科目「物理」の内容を含む問題

例題 11 ❖ 水平投射

➡ 27

解説動画

地上 14.7m の高さから小球を水平方向に初速度 9.8m/s で投げた。重力加速度の大きさを 9.8m/s^2 とする。

(1) 小球が地面に当たるまでの時間 t〔s〕を求めよ。

(2) 地面に当たるまでに水平方向に飛んだ距離 x〔m〕を求めよ。

(3) 小球が地面に当たるときの速度の大きさ V〔m/s〕と，地面となす角 θ を求めよ。

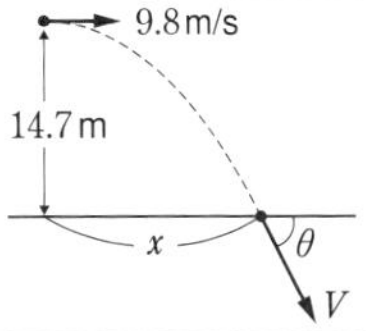

指針 投げた点から水平 (x) 方向に等速直線運動，鉛直下 (y) 向きに自由落下をする。

解答 (1) y 方向について

「$y=\dfrac{1}{2}gt^2$」 より $14.7=\dfrac{1}{2}\times 9.8\times t^2$

$t=\sqrt{3}=1.73\fallingdotseq$ **1.7s**

(2) x 方向について

$x=v_0t=9.8\times\sqrt{3}$

$=9.8\times 1.73$

$\fallingdotseq$ **17m**

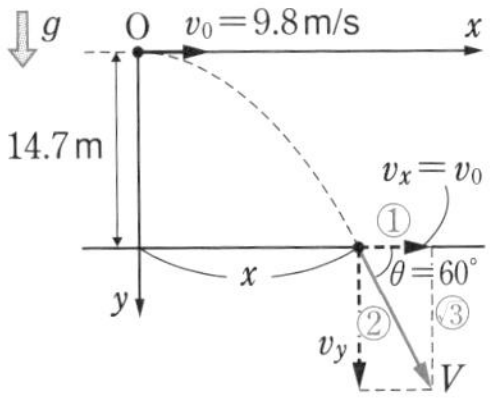

(3) $v_x=v_0=9.8$m/s

$v_y=gt=9.8\sqrt{3}$ m/s

図のように，v_x，v_y，V からなる三角形は $1:2:\sqrt{3}$ の直角三角形なので

$V=v_x\times 2\fallingdotseq$ **20m/s**

$\theta=$ **60°**

POINT

水平投射

水平方向：等速直線運動

鉛直方向：自由落下

❖ **27. 水平投射** 知 高さ 40m のがけの上から，海に向かって小石を水平に速さ 21m/s で投げ出した。重力加速度の大きさを 9.8m/s^2 とする。

(1) 投げ出してから小石が海面に落下するまでの時間 t〔s〕を求めよ。

(2) 海面に落下するまでに，小石が水平方向に飛んだ距離 x〔m〕を求めよ。

(3) 海面に落下するときの，小石の鉛直方向の速さ v_y〔m/s〕を求めよ。

(4) 海面に落下するときの，小石の速さ v〔m/s〕を求めよ。

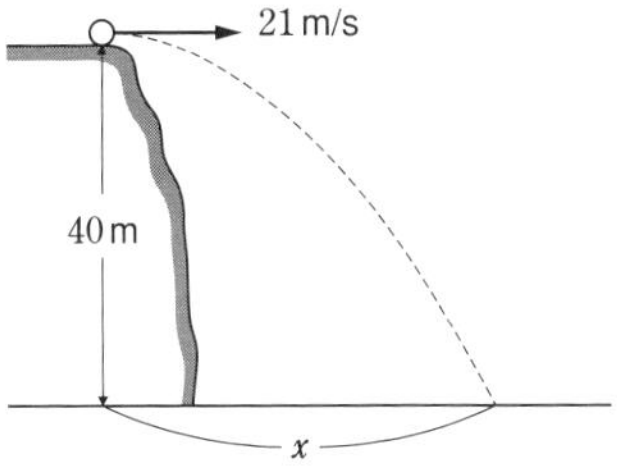

(1) ______ (2) ______ (3) ______ (4) ______

▷ 例題11

リード C

例題12 ❖斜方投射

➡ 28

解説動画

地上から水平より30°上向きに，初速度20m/sで小球を投げ上げた。重力加速度の大きさを9.8m/s²とする。

(1) 初速度の水平成分 v_{0x}，鉛直成分 v_{0y} を求めよ。

(2) 最高点に達するまでの時間 t_1〔s〕と，最高点の高さ h〔m〕を求めよ。

(3) 再び地上にもどるまでの時間 t_2〔s〕と，水平到達距離 x〔m〕を求めよ。

指針 投げた点から水平(x)方向に等速直線運動，鉛直上(y)向きに加速度 $-g$ の等加速度運動をする。**最高点($v_y=0$ の点)** を境に上りと下りが対称になることに注目する。

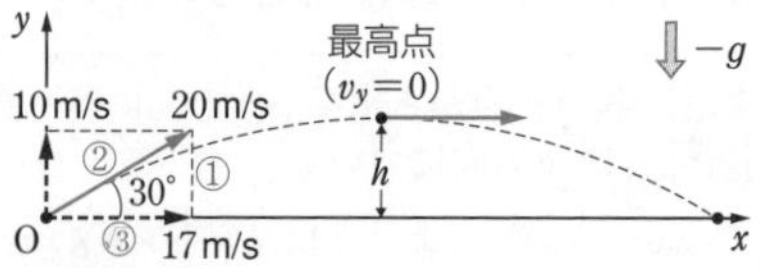

解答 (1) **解法1** 直角三角形の辺の長さの比より　$20 : v_{0x}=2 : \sqrt{3}$

よって　$v_{0x}=20\times\dfrac{\sqrt{3}}{2}=10\sqrt{3}=10\times1.73=17.3\fallingdotseq$ **17m/s**

$20 : v_{0y}=2 : 1$　　よって　$v_{0y}=20\times\dfrac{1}{2}=$ **10m/s**

解法2 $v_{0x}=20\cos30°$，$v_{0y}=20\sin30°$ からも導ける。

(2) 鉛直投げ上げの式「$v=v_0-gt$」を y 成分について立てると，最高点では $v_y=0$ より

$0=10-9.8t_1$　　$t_1=1.02\cdots\fallingdotseq$ **1.0s**

「$v^2-v_0{}^2=-2gy$」より　$0^2-10^2=-2\times9.8\times h$

$h=\dfrac{100}{2\times9.8}=5.10\cdots\fallingdotseq$ **5.1m**

(3) 対称性より　$t_2=2t_1=2.04\fallingdotseq$ **2.0s**

x 方向には等速直線運動をするから「$x=vt$」より

$x=17.3\times2.04=35.2\cdots\fallingdotseq$ **35m**

POINT

斜方投射

水平方向：等速直線運動

鉛直方向：鉛直投射

❖28. 斜方投射 知

地上39.2mの高さの塔の上から，小球を水平から30°上方に初速度19.6m/sで投げた。重力加速度の大きさを9.8m/s²とし，次の問いに有効数字2桁で答えよ。

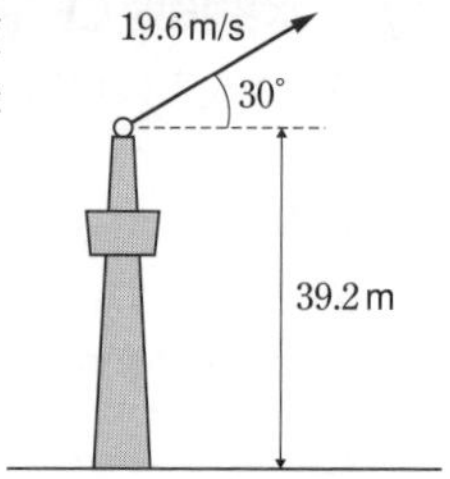

(1) 投げてから最高点に達するまでの時間 t_1 は何秒か。

(2) 最高点の高さ H は地上何mか。

(3) 投げてから地面に達するまでの時間 t_2 は何秒か。

(4) 小球が地上に落下した点と塔の間の水平距離 l は何mか。

(1) ______　(2) ______　(3) ______　(4) ______

▶例題12

第3章 力のつりあい

1 物体にはたらく力

リードAの
確認問題

a 力とは

(1) 力は，物体を変形させる。
力は，物体の運動状態を変える。

(2) 物体にはたらく力(物体が受ける力)には，重力のように接触していなくてもはたらく力と，接触している物体からの力の2種類がある。

(3) **力の三要素**：力の大きさ，向き，作用点

(4) **力の図示**：矢印をもつ線分（ベクトル）で表す。

(5) **力の単位　ニュートン（N）**
質量1kgの物体に作用して，1m/s^{2}の加速度を生じさせる力の大きさを1Nと定める。

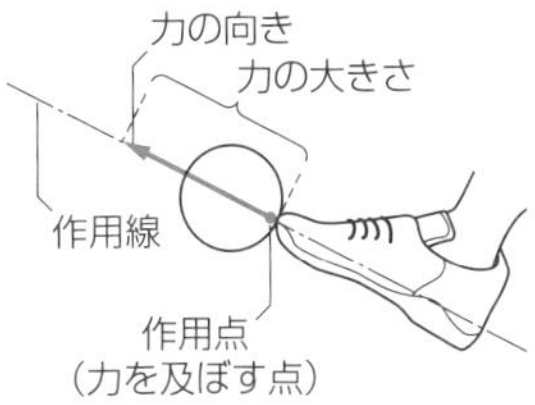

物理量	主な記号	単位
力	$\vec{f}$，$\vec{F}$	N
質量	m，M	kg

b 重力

重力 W：地球が物体を引く力。
鉛直下向きで，重心が作用点。
質量 m〔kg〕の物体にはたらく重力の大きさは

$$W = mg \text{〔N〕}$$

重力の大きさを物体の**重さ**という。

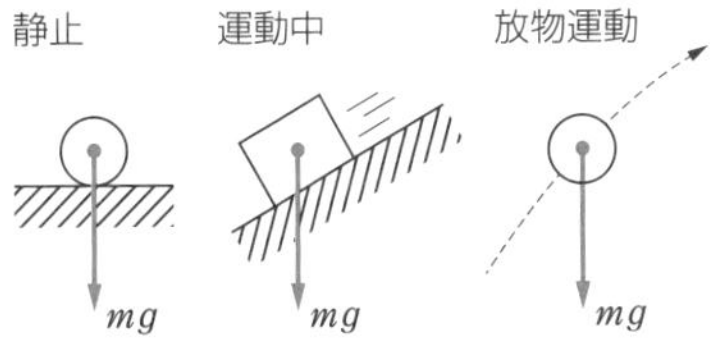

c 接触している物体からの力

(1) **張力 T，S**：糸が物体を引く力。1本の糸の張力の大きさはどこでも等しい。

(2) **垂直抗力 N**：面が物体を垂直に押す力。

(3) **弾性力 kx**：ばねが物体を引く（押す）力。

(4) **浮力**：流体が物体を押し上げる力。

(5) **摩擦力**：あらい面上にある物体の運動を妨げる力。面に平行にはたらく。
・**静止摩擦力 F**：物体が動きだすのを妨げる力
・**動摩擦力 F'**：物体の運動を妨げる力
一般に，物体が面から受ける力のことを**抗力（R）**という。垂直抗力と摩擦力の合力が抗力である。

(6) **空気の抵抗力**：物体の運動を妨げるように，空気が物体に及ぼす力。

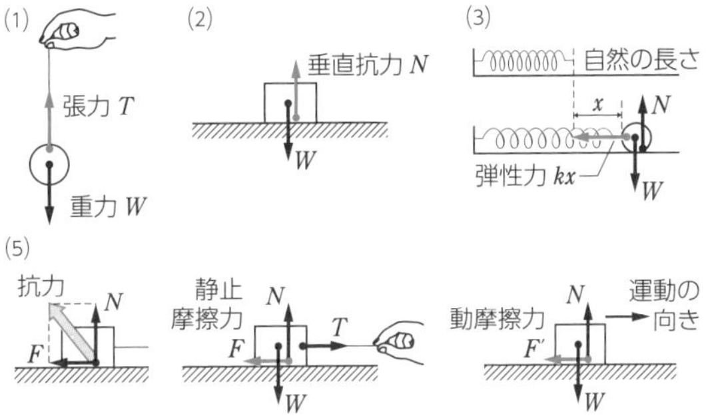

d フックの法則

ばねの弾性力の大きさ F〔N〕は，自然の長さからの伸び（または縮み）x〔m〕に比例する。向きは，ばねが伸びる（縮む）向きと逆向き。

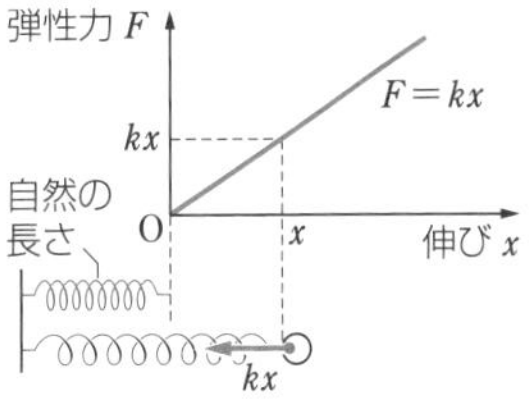

$$F = kx$$　（k：ばね定数，単位N/m）

e 物体にはたらく力の大きさ

(1) 他の力とは無関係に大きさが求められる力。重力 mg，弾性力 kx など。

(2) 他の力との関係から大きさが決まる力。その大きさは，「力のつりあい」などから求められる。張力 T，垂直抗力 N，静止摩擦力 F など。

リードB

基礎CHECK

1. 質量5.0kgの物体にはたらく重力の大きさ W は何Nか。

〔　　　　　　〕

2. ばね定数10N/mのつる巻きばねに2.0Nの力を加えたとき，ばねの伸び x は何mか。

〔　　　　　　〕

解答

1. 「$W = mg$」より
$W = 5.0 \times 9.8 =$ **49N**

2. フックの法則「$F = kx$」より
$2.0 = 10 \times x$　よって　$x =$ **0.20m**

基礎トレーニング ❷ 物体にはたらく力の見つけ方

物体の運動を考えるには，物体にはたらく力をもれなく見つけることが重要である。ここでは，物体にはたらく力を見つけ出す練習をしよう。

接触していなくてもはたらく力の例　接触している物体からの力の例

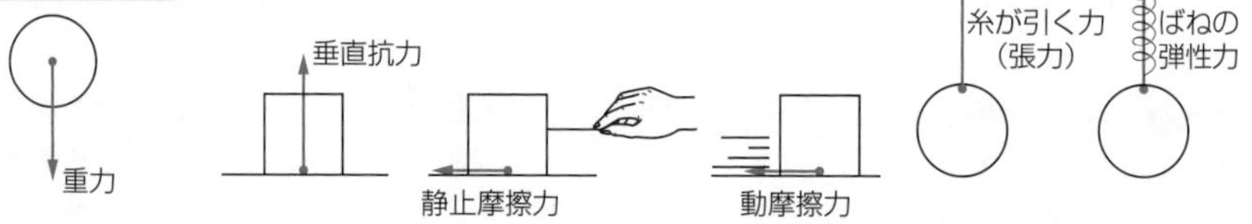

例 力の図示

床に置いた荷物に軽いばねをとりつけて，ばねを鉛直上向きに引く。荷物にはたらく力を図示せよ。

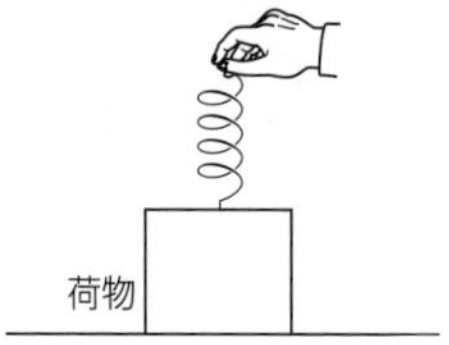

指針 荷物に接触しているのは，ばねと床であり，荷物はこれらの物体から力を受ける。また，荷物には重力がはたらく。

解答

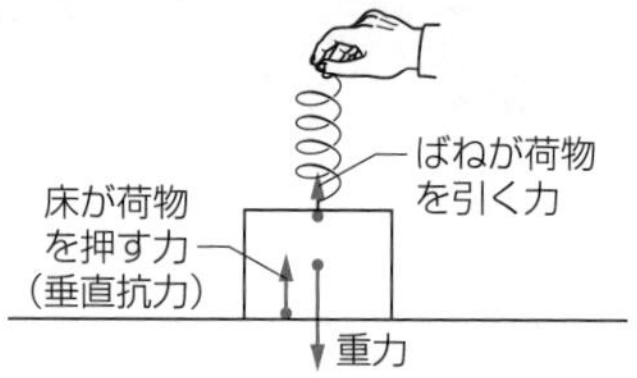

作図 1. 力の図示 ● 次の各場合について，指定された物体にはたらく力をすべて図示せよ。

(1) 投げ上げられた小球（上昇中）

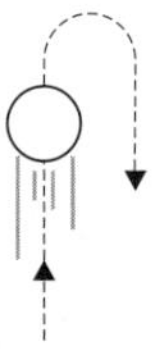

(2) 投げ上げられた小球（最高点）

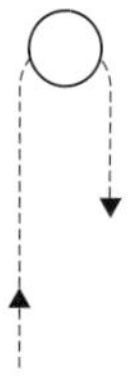

(3) ロープにつかまる人

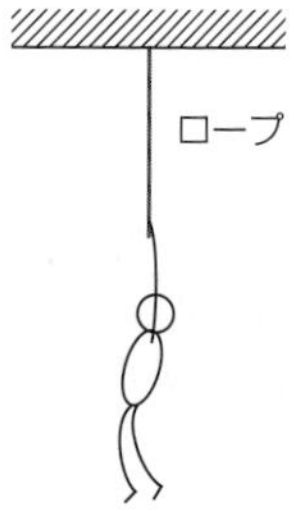

(4) ばねにつるした小球

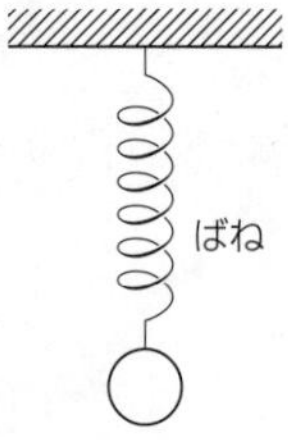

(5) 床の上で静止する物体（真上に糸で引く）

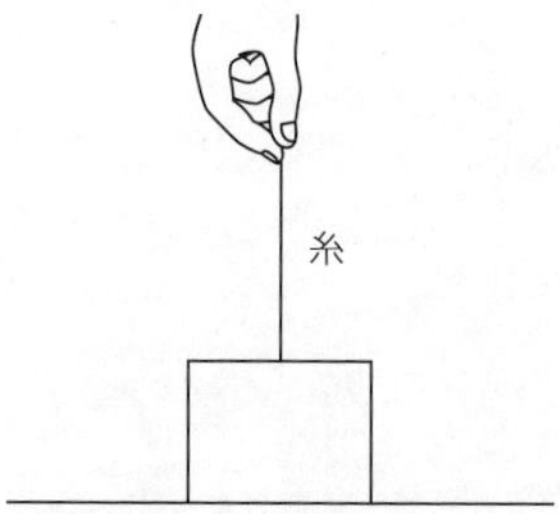

(6) 床の上で静止する物体（真下に手で押す）

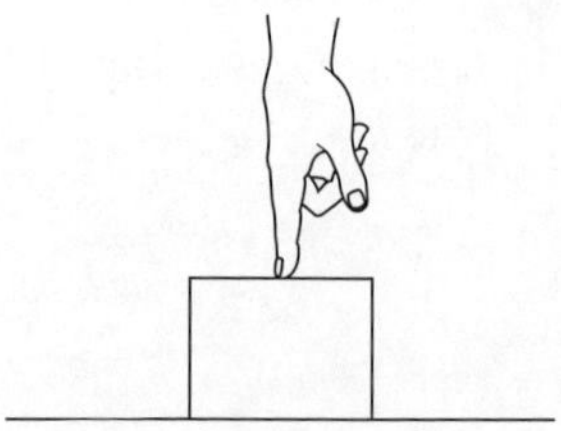

(7) なめらかな床の上で静止する物体
(糸で引いてばねを伸ばしている)

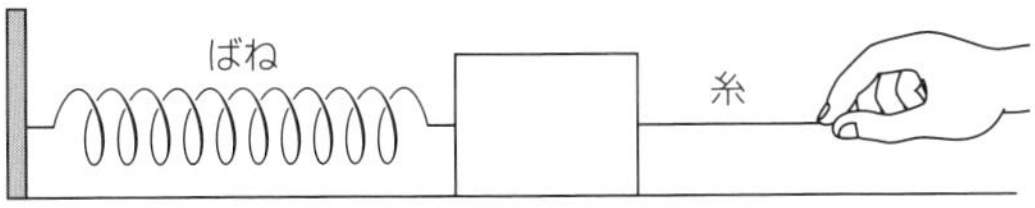

(8) なめらかな床の上で静止する物体
(手で押してばねを縮めている)

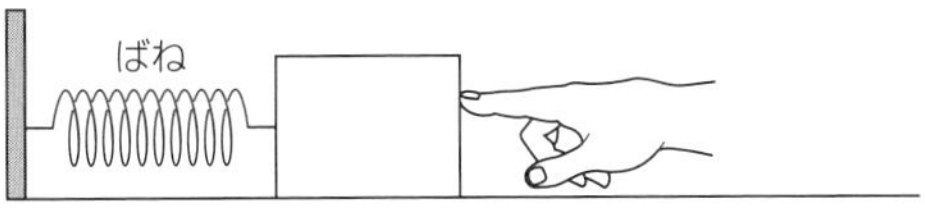

(9) 床の上に机Bを置き，その上に荷物Aをのせる。

① 荷物A

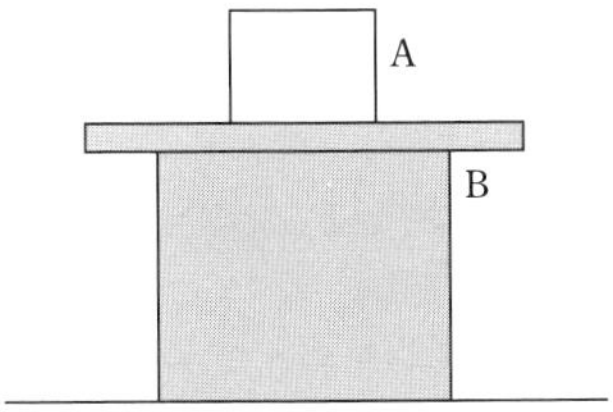

② 机B

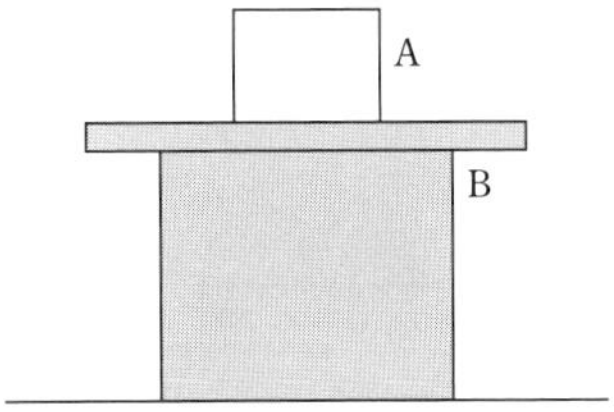

(10) 床の上に置いた荷物Aに軽い糸をつけ，糸を定滑車に通して，小球Bをつるす。

① 荷物A

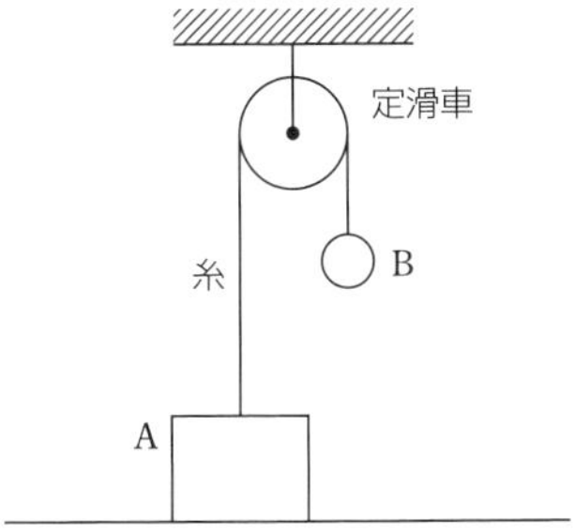

② 小球B

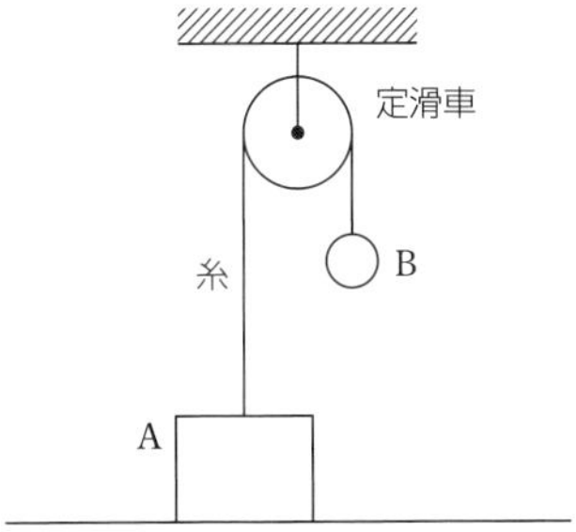

(11) なめらかな斜面上をすべり上がる物体

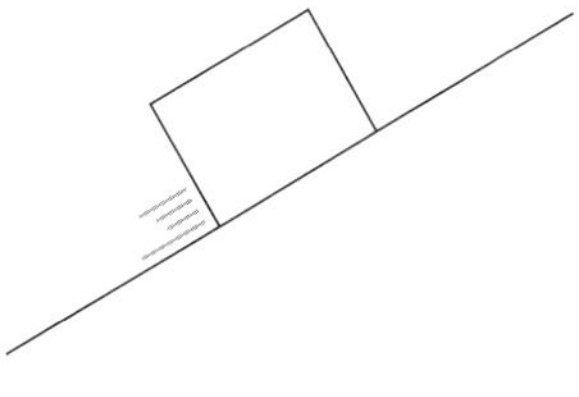

(12) なめらかな斜面上で静止する物体
(糸で斜面上方に引いている)

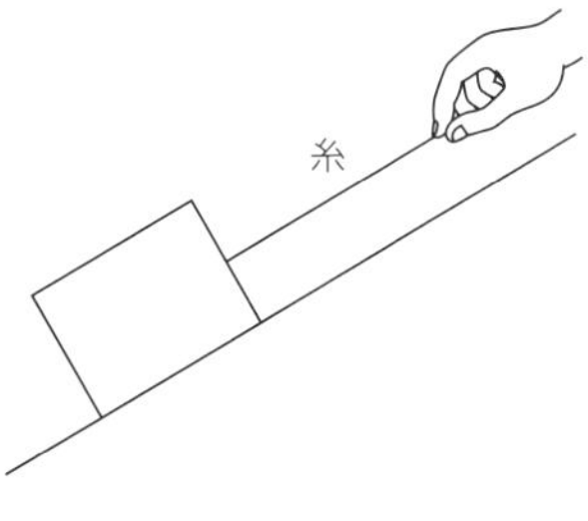

(13) なめらかな斜面上で静止する物体

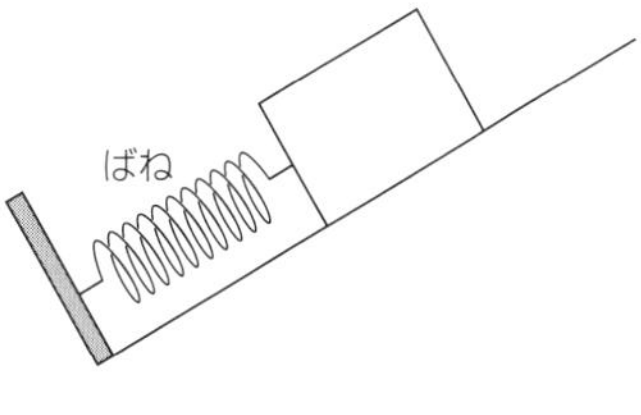

(14) あらい床の上で静止する物体
(糸で水平に引いている)

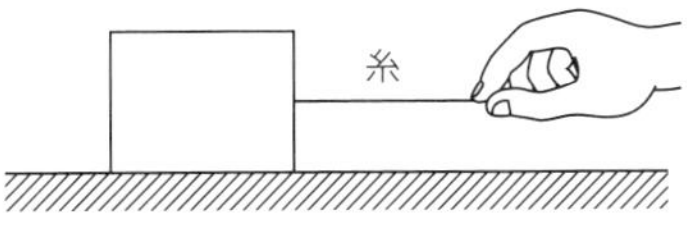

(15) あらい床の上を右向きにすべる物体

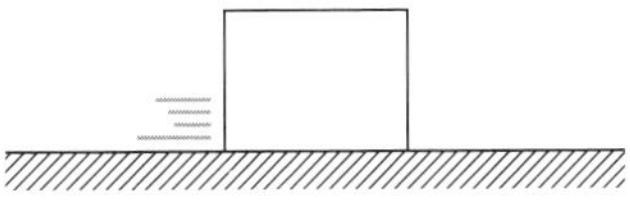

(16) あらい斜面上で静止する物体

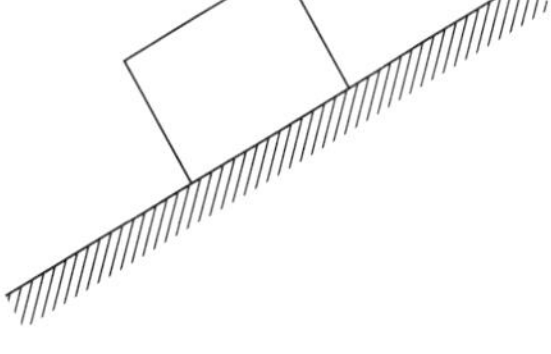

2 1点にはたらく力

リードAの確認問題

a 力の合成

(1) 力の合成

1つの物体にはたらく複数の力を，同じ効果をもつ1つの力（**合力**）に置きかえること。

(2) 平行四辺形の法則

2つの力の合力は，2つの力を隣りあう辺とする平行四辺形の対角線によって表される。

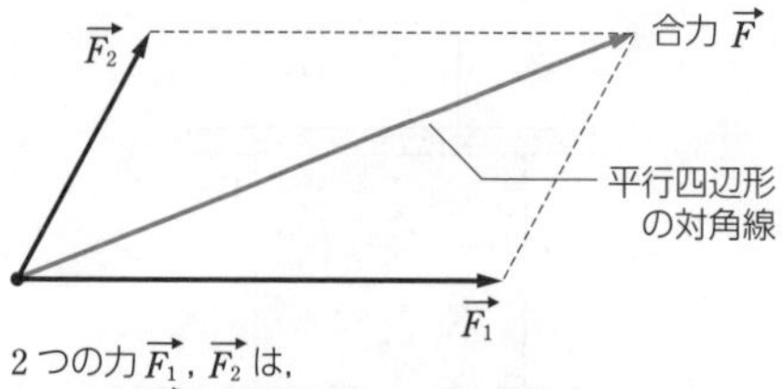

2つの力 $\vec{F_1}$, $\vec{F_2}$ は，1つの力 $\vec{F}$ に置きかえられる

b 力の分解

(1) 力の分解

物体にはたらく1つの力を，同じ効果をもついくつかの方向の力（**分力**）の組に置きかえること。

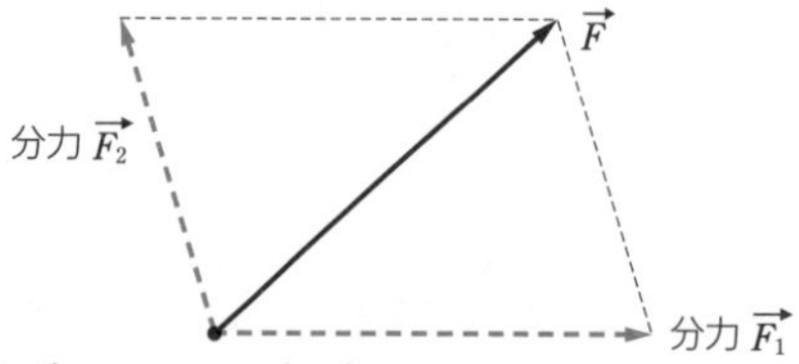

力 $\vec{F}$ は2つの力 $\vec{F_1}$, $\vec{F_2}$ に置きかえられる

(2) 力の成分

力 $\vec{F}$ を互いに垂直な x 軸方向と y 軸方向に分解したとき

$\vec{F}$ の x 成分 $F_x = F\cos\theta$

y 成分 $F_y = F\sin\theta$

$\vec{F}$ の大きさ $F = \sqrt{F_x{}^2 + F_y{}^2}$

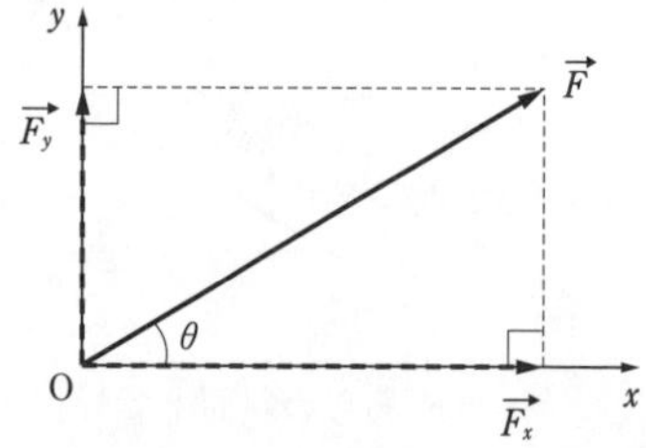

c 力のつりあい

1つの物体にはたらく力の関係。

(1) 2力のつりあい

作用点は同一物体内，作用線が一致，大きさが等しく逆向き

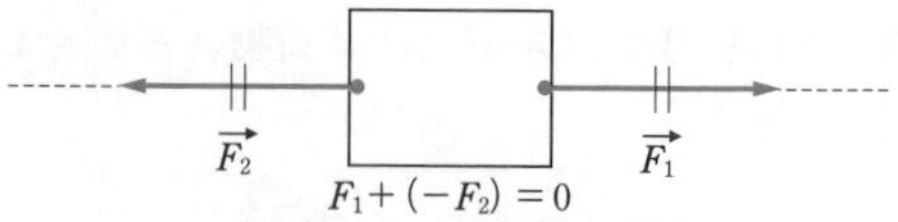

$F_1 + (-F_2) = 0$

または　$F_2 = F_1$　(左＝右)

(2) 3力のつりあい

2力の合力が，残る1力とつりあう。

(3) 多くの力のつりあい

x, y 成分に分解して考える。

$$\begin{cases} F_{1x} + F_{2x} + F_{3x} + \cdots\cdots = 0 & (x\text{軸方向のつりあい}) \\ F_{1y} + F_{2y} + F_{3y} + \cdots\cdots = 0 & (y\text{軸方向のつりあい}) \end{cases}$$

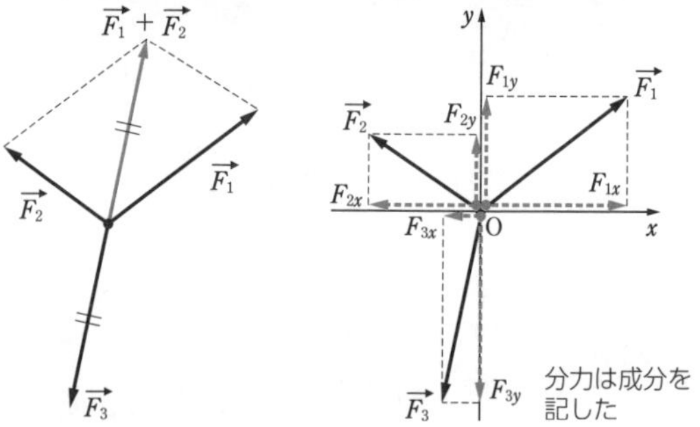

d 作用反作用の法則

2つの物体間での力の関係。

2つの物体間で互いに及ぼしあう力（一方を**作用**，他方を**反作用**という）は，作用線が一致し，大きさが等しく逆向き。

注 つりあいの2力は**1つの物体**にはたらく力の関係。

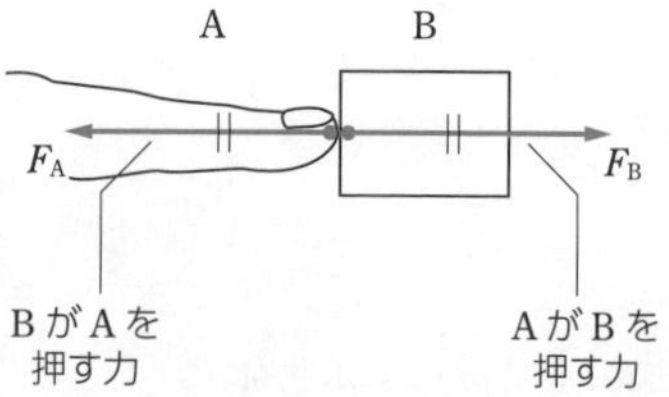

基礎 CHECK

1. 大きさ 10N の 2 力 $\vec{F_1}$, $\vec{F_2}$ が 1 点にはたらいている。この 2 力のなす角が次の各場合について，それぞれ合力 $\vec{F}$ を下図中に示し，その大きさを求めよ。

(1) 0°　(2) 60°　(3) 90°

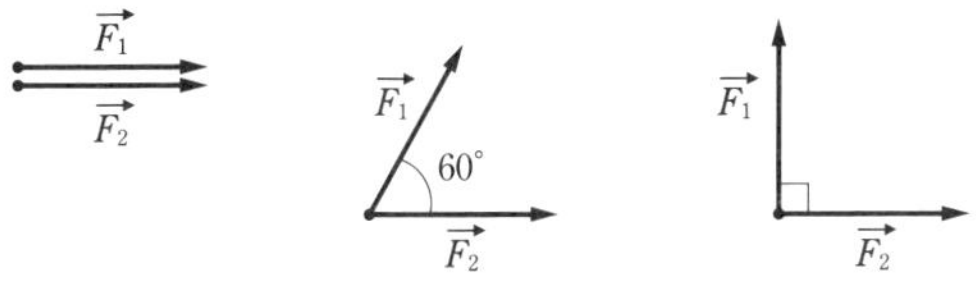

力の大きさ：

(1)〔　　　〕 (2)〔　　　〕 (3)〔　　　〕

2. 大きさ 20N の力 $\vec{F}$ を垂直な 2 方向に分解する。次の各場合について，分力 $\vec{F_x}$, $\vec{F_y}$ の大きさ F_x, F_y はいくらか。

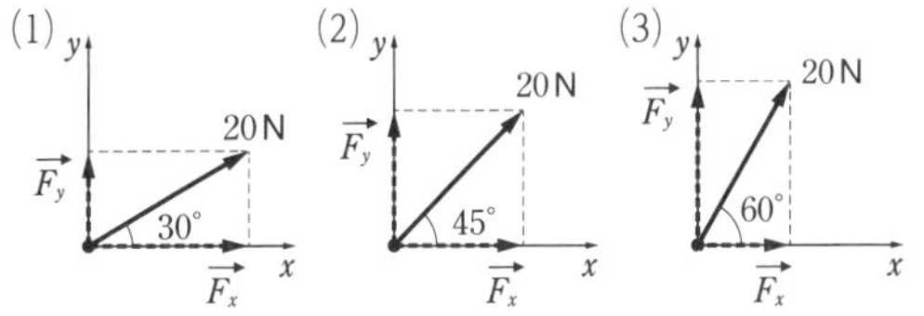

(1) F_x：〔　　　〕 F_y：〔　　　〕

(2) F_x：〔　　　〕 F_y：〔　　　〕

(3) F_x：〔　　　〕 F_y：〔　　　〕

3. 傾き 30° の斜面上にある質量 m〔kg〕の物体にはたらく重力について，斜面に平行な成分 W_x〔N〕，斜面に垂直な成分 W_y〔N〕をそれぞれ求めよ（重力加速度の大きさを g〔m/s²〕として表せ）。

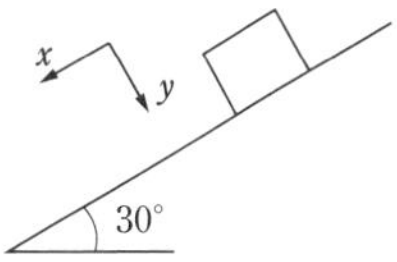

W_x：〔　　　〕

W_y：〔　　　〕

4. 図のように，物体が床の上に置かれて静止している。$\vec{F_1}$, $\vec{F_2}$, $\vec{F_3}$ は力を表す。

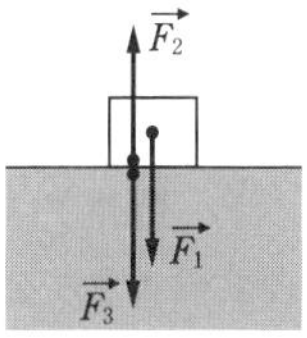

(1) 物体が受けている力は $\vec{F_1}$～$\vec{F_3}$ のうちどれか。

(2) 物体が受ける力はつりあっている。つりあいの関係になっている力はどれとどれか。

(3) 作用反作用の関係になっている力はどれとどれか。

(1)〔　　　〕 (2)〔　　　〕 (3)〔　　　〕

解答

1. (1)

(2)　(3)

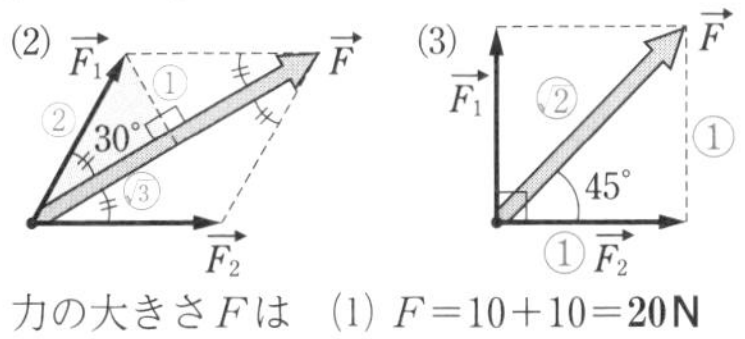

力の大きさ F は　(1) $F=10+10=$**20N**

(2) $F=10\times\frac{\sqrt{3}}{2}\times2=10\times1.73=17.3\fallingdotseq$**17N**

(3) $F=10\times\sqrt{2}=10\times1.41=14.1\fallingdotseq$**14N**

2. (1) $F_x=20\times\frac{\sqrt{3}}{2}=10\times1.73=17.3\fallingdotseq$**17N**

$F_y=20\times\frac{1}{2}=$**10N**

(2) $F_x=F_y=20\times\frac{\sqrt{2}}{2}=10\times1.41=14.1\fallingdotseq$**14N**

(3) $F_x=20\times\frac{1}{2}=$**10N**

$F_y=20\times\frac{\sqrt{3}}{2}=10\times1.73=17.3\fallingdotseq$**17N**

3. 重力の大きさは　$W=mg$〔N〕

$W_x=W\times\frac{1}{2}=\boldsymbol{\frac{1}{2}mg}$〔N〕

$W_y=W\times\frac{\sqrt{3}}{2}=\boldsymbol{\frac{\sqrt{3}}{2}mg}$〔N〕

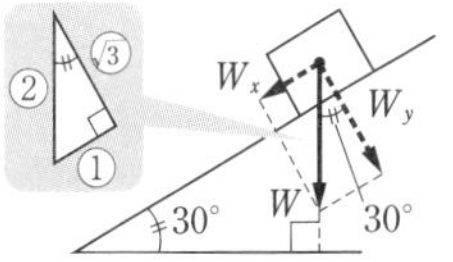

4. (1) $\vec{F_1}$, $\vec{F_2}$

(2) つりあいの関係にあるのは，物体が外から受けている力についてである。
よって，$\vec{F_1}$ と $\vec{F_2}$

(3) 物体が床から受けている垂直抗力と，床が物体から受けている力が作用反作用の関係にある。よって，
$\vec{F_2}$ と $\vec{F_3}$

注　地球が物体を引く力 $\vec{F_1}$ は物体が地球を引く力と作用反作用の関係にある。

第3章

Let's Try!

例題 13 ばねの弾性力

➡ 29

解説動画

98N の力を加えたとき，0.14m 伸びるばねがある。

(1) このばねのばね定数 k〔N/m〕を求めよ。
(2) このばねを 6.0cm 伸ばすには，何 N の力を加えなければならないか。
(3) このばねの一端を天井に固定し，下端に質量 5.0kg のおもりをつるして静止させる。ばねの伸びは何 cm か。重力加速度の大きさを $9.8\,\mathrm{m/s^2}$ とする。

指針 弾性力の大きさ F は，自然の長さからの伸び（縮み）x に比例する。「$F=kx$」
(2) ばね定数の単位，ばねの伸びの単位に注意する。 6.0cm＝0.060m

解答 (1)「$F=kx$」より $98=k\times0.14$
ゆえに $k=700=7.0\times100=$ **7.0×10^2 N/m**
(2) $F=(7.0\times10^2)\times0.060=$ **42N**
(3) ばねの伸びを x〔m〕とする。鉛直上向きで大きさ $(7.0\times10^2)\times x$〔N〕の弾性力と鉛直下向きで大きさ 5.0×9.8N の重力がつりあう。
$(7.0\times10^2)\times x-5.0\times9.8=0$ $x=49\div700=0.070\,\mathrm{m}$ より **7.0cm**

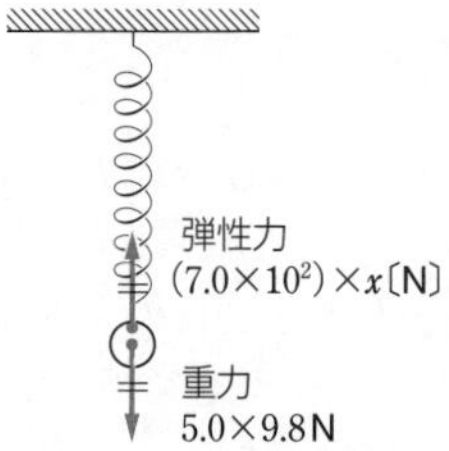

29. 弾性力 知 質量 2.00kg のおもりをつるすと，10.0cm 伸びるつる巻きばねがある。重力加速度の大きさを $9.80\,\mathrm{m/s^2}$ とする。

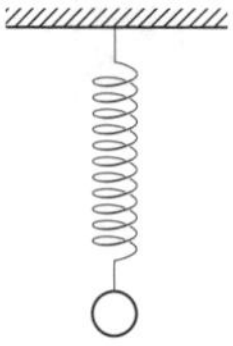

(1) このばねのばね定数 k は何 N/m か。
(2) このばねを 15.0cm 伸ばすときの力の大きさ F は何 N か。

(1) ＿＿＿＿＿＿ (2) ＿＿＿＿＿＿

▶ 例題 13

30. 弾性力 知 ばね定数が 70N/m のつる巻きばねの一端に質量 1.0kg のおもりをつけ，おもりを水平な台上にのせ，ばねの他端を静かに引き上げる。重力加速度の大きさを $9.8\,\mathrm{m/s^2}$ とする。

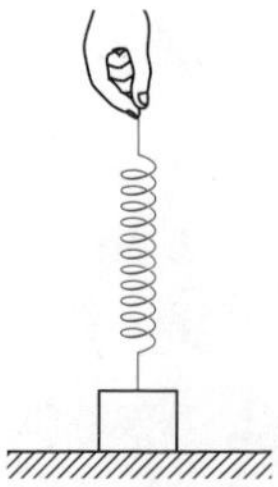

(1) ばねの伸びが 5.0cm のとき，台がおもりを支えている力の大きさ N〔N〕を求めよ。
(2) おもりが台から離れるときのばねの伸び x〔m〕を求めよ。

(1) ＿＿＿＿＿＿ (2) ＿＿＿＿＿＿

31. 弾性力 知　軽いつる巻きばねの一端を天井に固定し，他端に質量 2.0kg のおもりAをつるしたら長さが 0.38m になり，質量 3.0kg のおもりBをつるしたら長さが 0.45m になった。重力加速度の大きさを $9.8 m/s^2$ とする。ばねの自然の長さ l は何 m か。また，ばね定数 k は何 N/m か。

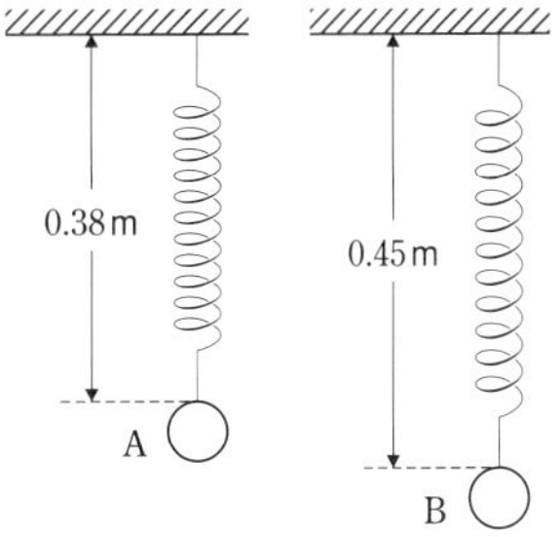

l：　　　　k：

32. 弾性力 考 実験　2つの軽いばね A，B がある。それぞれの一端を固定して他端を大きさ F〔N〕の力で引いて，自然の長さからのばねの伸び x〔cm〕を測定すると，図のようなグラフになった。

(1) ばね A，B のうち伸ばしやすいばねはどちらか。

(2) ばね A，B のばね定数 k_A〔N/m〕，k_B〔N/m〕を求めよ。

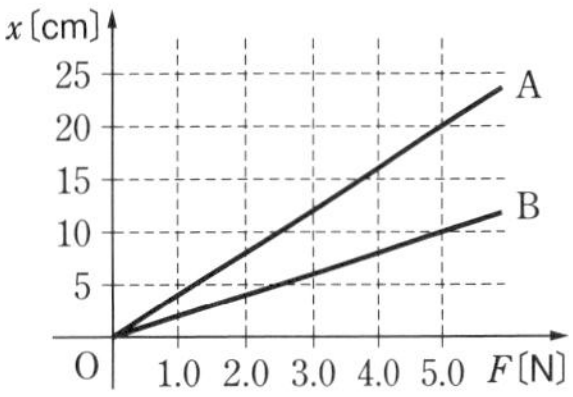

(1)　　　　(2) k_A：　　　　k_B：

33. 作用反作用の法則 考　次の文の空所□に入る適当な数値を入れよ。

図1のように，一端を壁に固定した軽いばね K_1 の他端に軽い糸をつけて滑車にかけ，糸におもりAを取りつけたところ，ばねは自然の長さから L〔m〕だけ伸びて静止した。次に，図2のように，K_1 の両端に軽い糸をつけて滑車にかけ，それぞれの糸にAおよびAと重さの等しいおもりBを取りつけて静止させた。このとき，K_1 の自然の長さからの伸びは［ア］$\times L$〔m〕となる。また，図3のように，図1の K_1 と壁との間に，K_1 の3倍のばね定数をもつ軽いばね K_2 を取りつけて静止させると，K_1 と K_2 の自然の長さからの伸びの合計は［イ］$\times L$〔m〕となる。

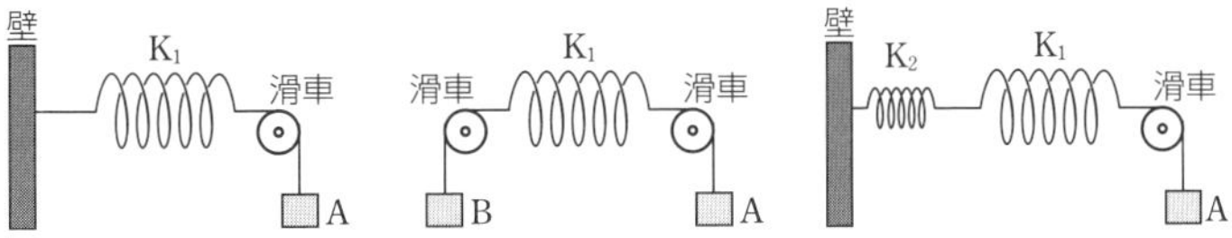

図1　　図2　　図3

〔19 北里大〕

(ア)　　　　(イ)

の解説動画

基礎トレーニング ❸ 力の分解

互いに垂直な 2 方向への力の分解

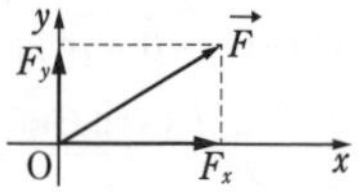

x 軸，y 軸方向の分力の大きさに，向きを表す正・負の符号をつけた値が力の x 成分，y 成分となる。

⑴ **特別な角の場合**

角の大きさが 30°，45°，60° の場合，直角三角形の辺の長さの比を利用して，分力を求めることができる。

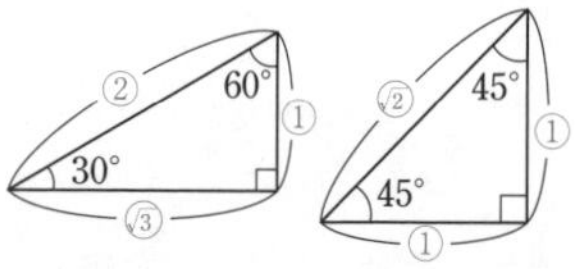

⑵ **三角比（三角関数）を用いる場合**

三角比を利用すると，角の大きさにかかわらず分力を求めることができる。

右のような直角三角形では

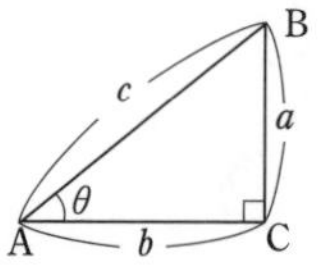

$$\sin\theta=\frac{a}{c},\ \cos\theta=\frac{b}{c},\ \tan\theta=\frac{a}{b}$$

すなわち，斜辺の長さと三角比によって，対辺と底辺の長さが表せる。

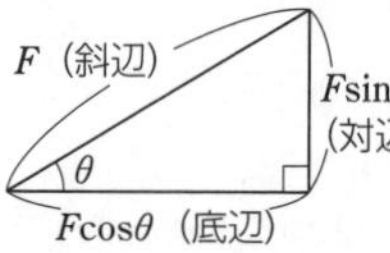

例 力の分解

図に示した力の x 成分，y 成分を求めよ。

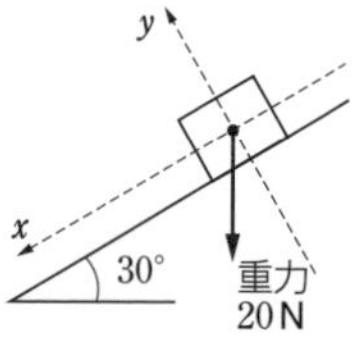

解答 **解法1** x 軸，y 軸方向の分力の大きさをそれぞれ F_x〔N〕，F_y〔N〕とする。直角三角形の辺の長さの比より

$F_x : 20 = 1 : 2$

よって　$F_x=20\times\frac{1}{2}=10\text{N}$　　また　$F_y : 20=\sqrt{3} : 2$

よって　$F_y=20\times\frac{\sqrt{3}}{2}=10\sqrt{3}=10\times1.73=17.3\fallingdotseq17\text{N}$

符号を考慮して，x 成分は **10N**，y 成分は **−17N**

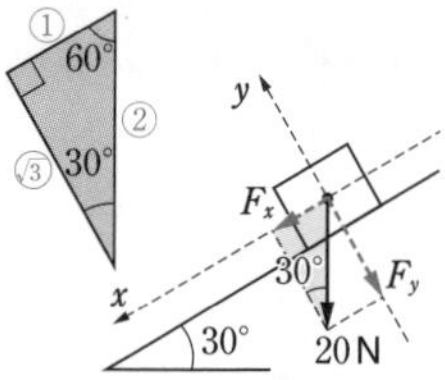

解法2 三角比を用いると

$F_x=20\sin30°=20\times\frac{1}{2}=10\text{N}$　　$F_y=20\cos30°=20\times\frac{\sqrt{3}}{2}=10\sqrt{3}\fallingdotseq17\text{N}$

よって，x 成分は **10N**，y 成分は **−17N**

1. 力の分解（特別な角の場合）● 図に示した力の x 成分，y 成分を求めよ。

(1)

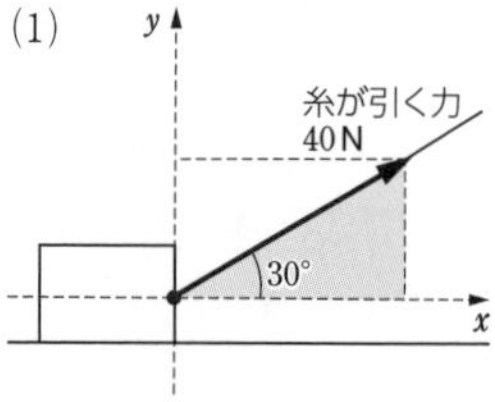

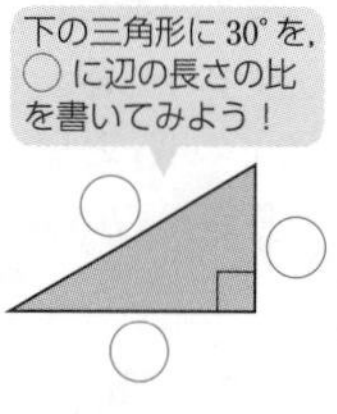

(2)

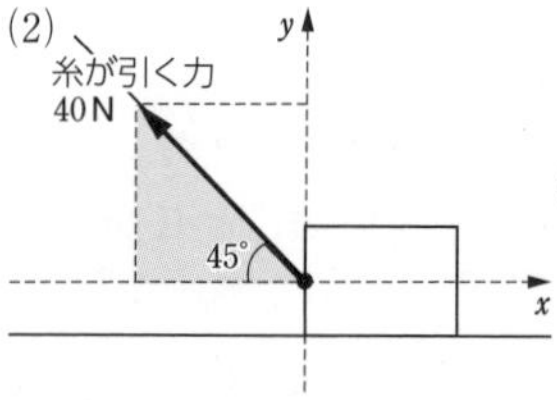

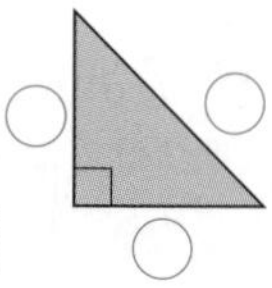

(1) x 成分：＿＿＿＿

　y 成分：＿＿＿＿

(2) x 成分：＿＿＿＿

　y 成分：＿＿＿＿

(3)

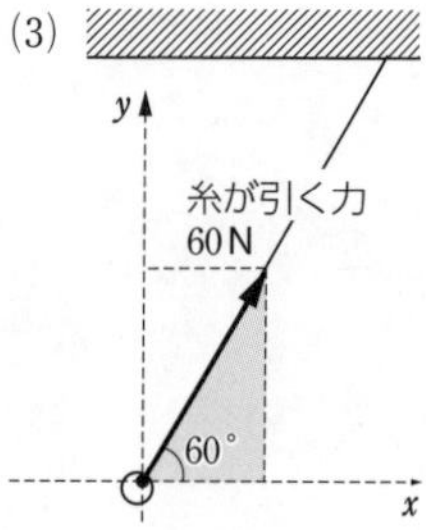

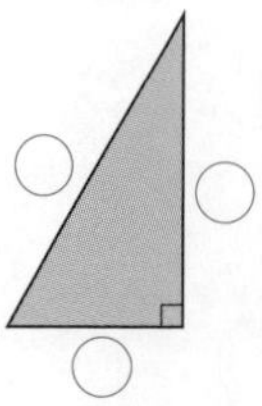

(4)

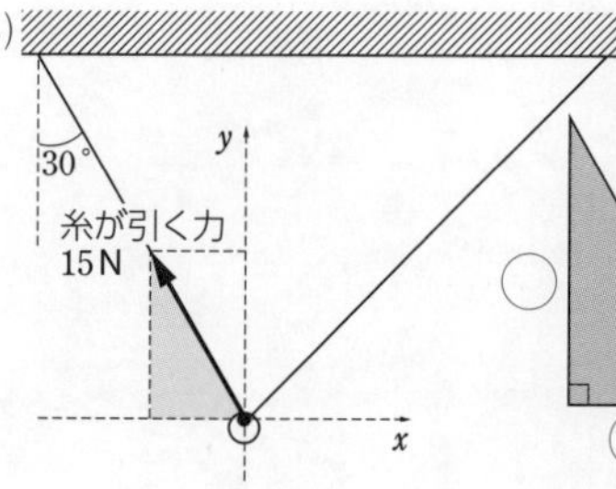

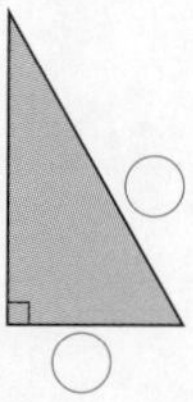

(3) x 成分：＿＿＿＿

　y 成分：＿＿＿＿

(4) x 成分：＿＿＿＿

　y 成分：＿＿＿＿

(5)

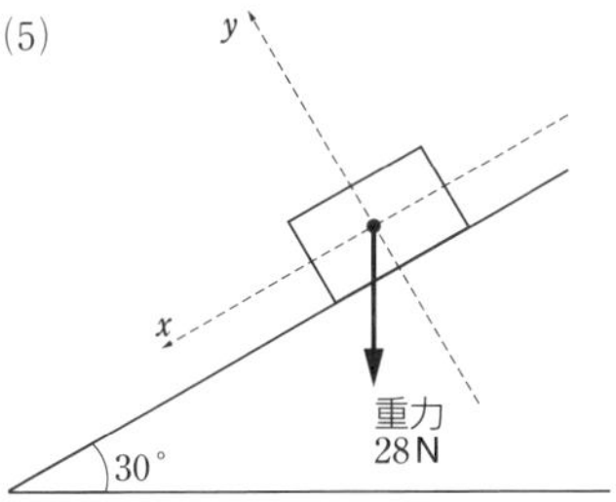

(6)

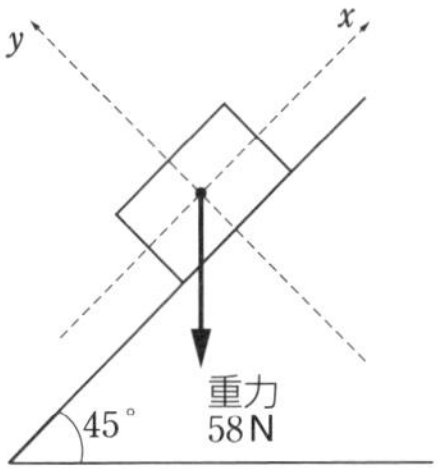

(5) x 成分：

y 成分：

(6) x 成分：

y 成分：

(7)

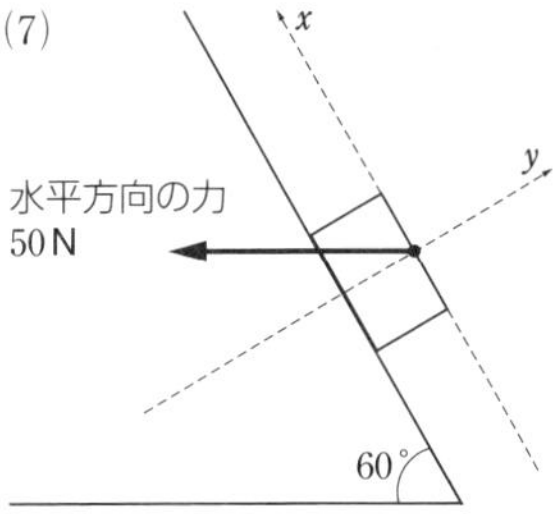

(8)

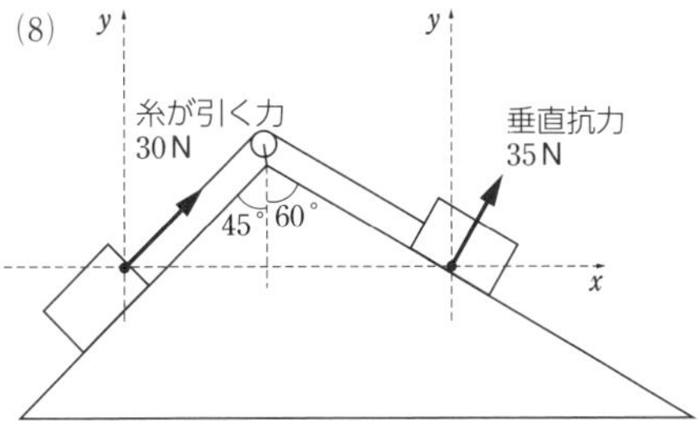

(7) x 成分：

y 成分：

(8)糸が引く力

x 成分：

y 成分：

垂直抗力

x 成分：

y 成分：

(9)

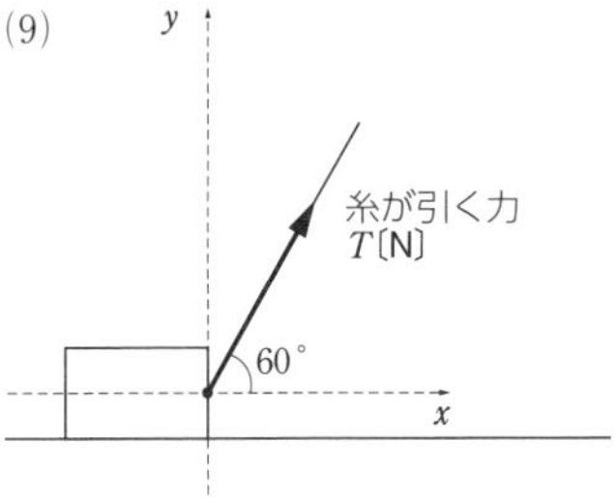

(10)

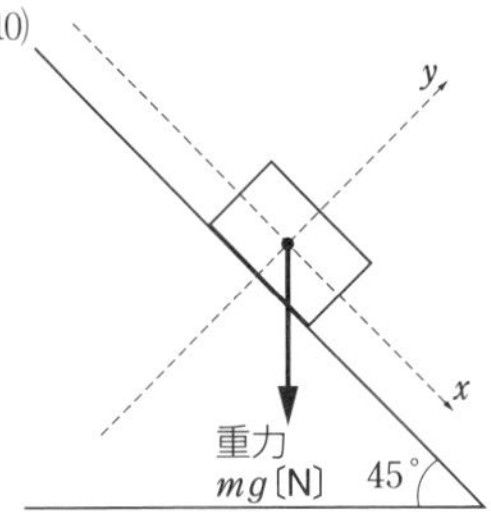

(9) x 成分：

y 成分：

(10) x 成分：

y 成分：

2. 力の分解

図に示した力の x 成分，y 成分を求めよ。

(1)

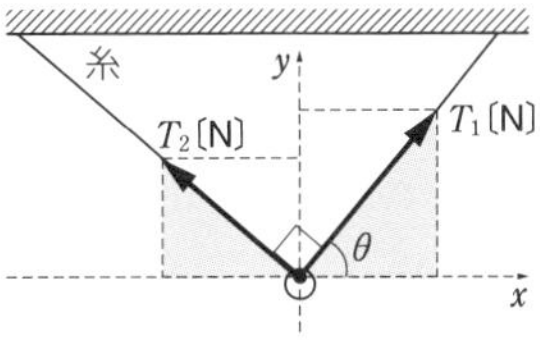

(2)

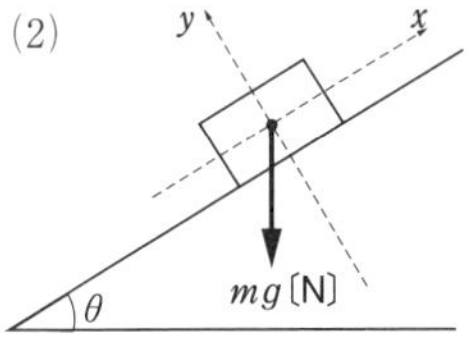

(1) T_1 について

x 成分：

y 成分：

T_2 について

x 成分：

y 成分：

(2) x 成分：

y 成分：

Let's Try!

例題 14 力の合成

➡ 36

解説動画

右の図で1目盛りは1Nを表す。図のように，原点にはたらく2力 $\vec{F_1}$，$\vec{F_2}$ があるとき，

(1) $\vec{F_1}$，$\vec{F_2}$ の合力を作図せよ。

(2) 合力の x 成分，y 成分を求めよ。

(3) 合力の大きさ F〔N〕を求めよ。

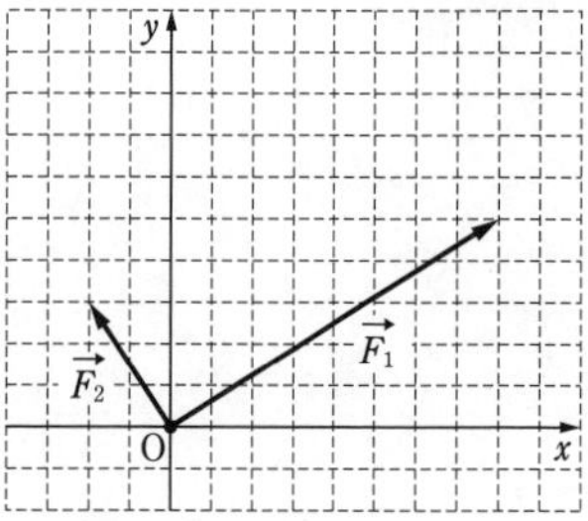

指針 (1) 合力の x 成分，y 成分は，2つの力 $\vec{F_1}$，$\vec{F_2}$ の x 成分，y 成分それぞれの和に等しい。

解答 (1)

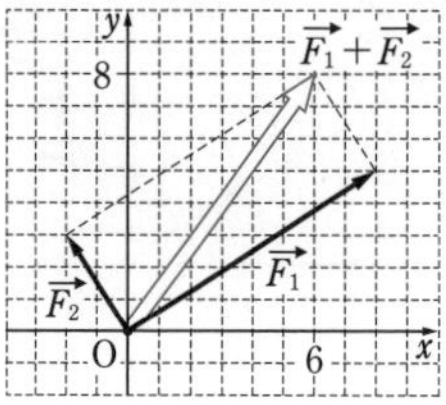

(2) x 成分：$8+(-2)=$ **6N**
　y 成分：$5+3=$ **8N**

(3) 三平方の定理を用いて

$$F=\sqrt{6^2+8^2}=\sqrt{100}=\mathbf{10N}$$

作図 34. 力の合成 知　次の各場合について，合力 $\vec{F}$ を下図中に作図し，その大きさ F〔N〕を求めよ。

(1)

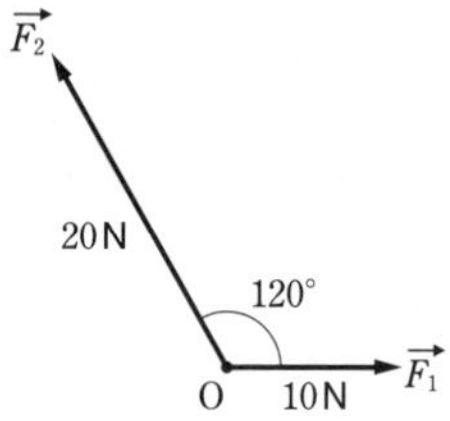

(1) ＿＿＿＿＿＿

(2)

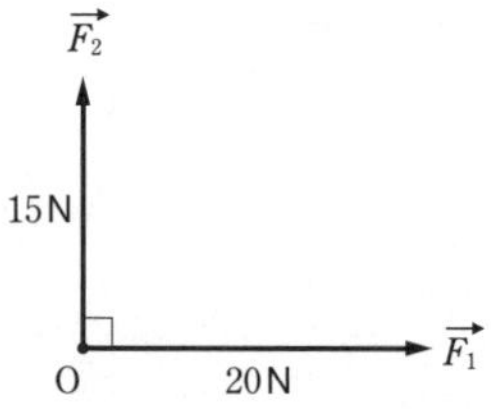

(2) ＿＿＿＿＿＿

(3)

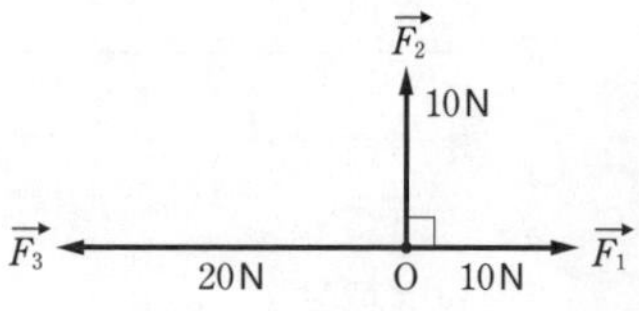

(3) ＿＿＿＿＿＿

作図 35. 力の分解 知　次の各場合について，力 $\vec{F}$ を破線の２方向に分解し，下図中に分力をかきこめ。また，それぞれの方向の分力の大きさを求めよ。

(1)

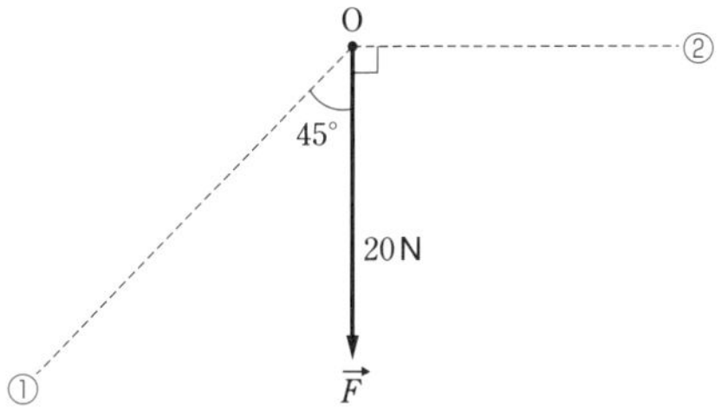

(1) ①：　　　　②：

(2)

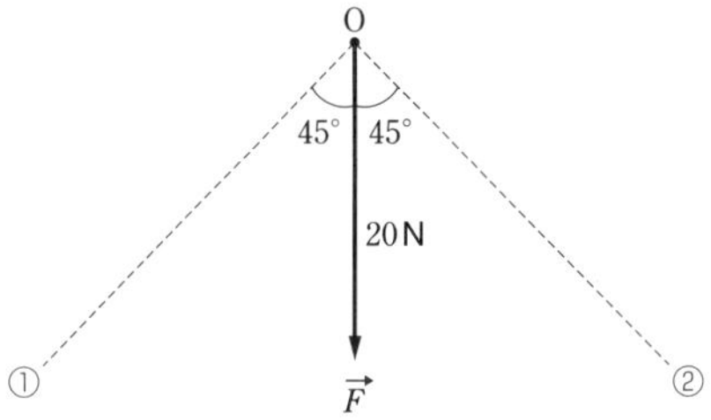

(2) ①：　　　　②：

(3)

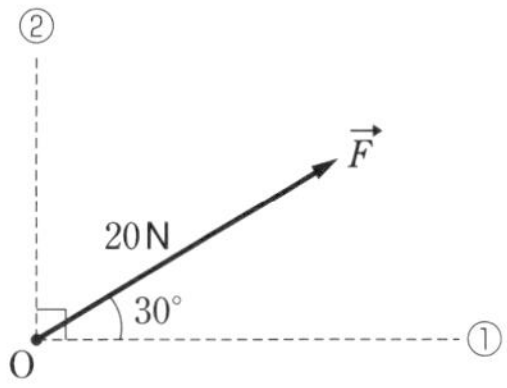

(3) ①：　　　　②：

36. 力の成分 知　右の図で１目盛りは 10N を表す。図のように，原点に $\vec{F_1}$ ～ $\vec{F_5}$ の５力がはたらいている。

(1) 合力の x 成分，y 成分を求めよ。

(2) 合力の大きさ F〔N〕を求めよ。

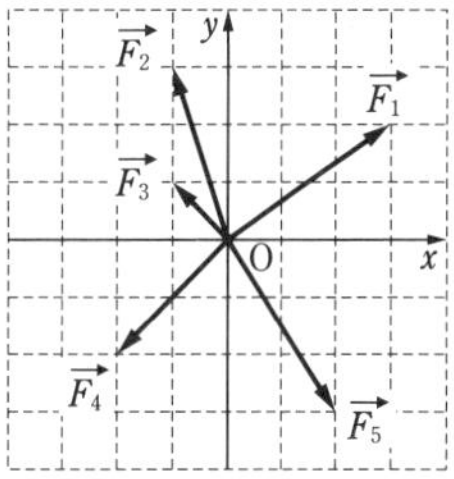

(1) x 成分：　　　　y 成分：　　　　(2)

▷ 例題 14

例題 15 力のつりあい

➡ 37, 38 解説動画

図のように，軽い糸の両端 A，B を天井にとりつけ，途中の点Cに質量 m〔kg〕のおもりをつるした。このとき，糸 AC および糸 BC が鉛直線となす角度はそれぞれ 60° と 30° であった。糸 AC と糸 BC がおもりを引く力（張力）の大きさ T_A，T_B〔N〕を求めよ。重力加速度の大きさを g〔m/s²〕とする。

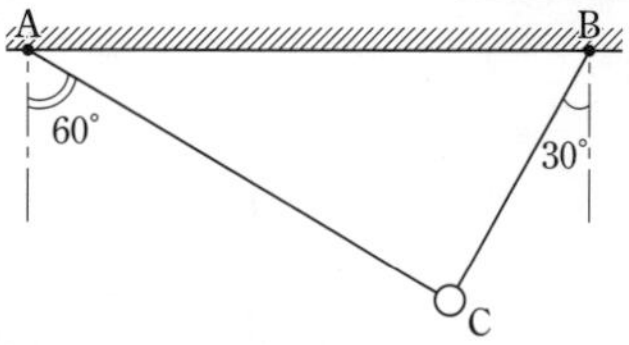

指針 T_A，T_B，重力の 3 力がつりあっておもりが静止している。T_A と T_B を合成した力が重力とつりあうように作図する。

解答 T_A と T_B の合力は，mg と同じ大きさで向きが逆になる（図 a）。直角三角形の辺の長さの比より

$T_A : mg = 1 : 2$

よって　$T_A = mg \times \frac{1}{2} = \boldsymbol{\frac{1}{2}mg}$〔N〕

$T_B : mg = \sqrt{3} : 2$

よって　$T_B = mg \times \frac{\sqrt{3}}{2} = \boldsymbol{\frac{\sqrt{3}}{2}mg}$〔N〕

別解 T_A，T_B を水平，鉛直方向に分解する（図 b）。水平方向の力のつりあいの式は

$T_B \times \frac{1}{2} - T_A \times \frac{\sqrt{3}}{2} = 0$

よって　$T_B = \sqrt{3}\,T_A$　……①

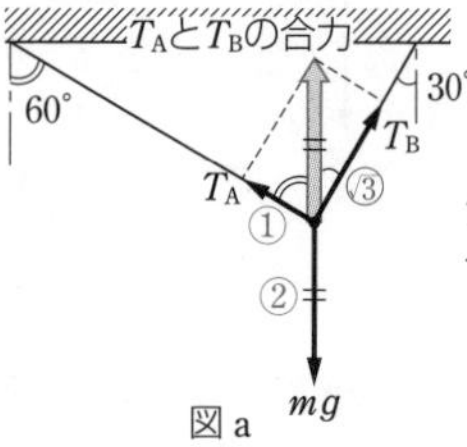

図 a

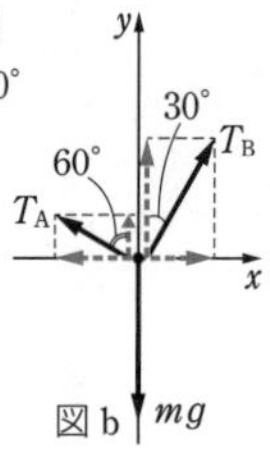

図 b

鉛直方向の力のつりあいの式は

$T_A \times \frac{1}{2} + T_B \times \frac{\sqrt{3}}{2} - mg = 0$

よって　$T_A + \sqrt{3}\,T_B = 2mg$　……②

①，②式より

$T_A = \boldsymbol{\frac{1}{2}mg}$〔N〕，$T_B = \boldsymbol{\frac{\sqrt{3}}{2}mg}$〔N〕

37. 力のつりあい 知　軽い糸 1 に重さ 3.0N の小球をつけ，天井からつるす。小球を糸 2 で水平方向に引き，糸 1 が天井と 60° の角をなす状態で静止させた。

(1) 糸 1 が小球を引く力の大きさ T_1〔N〕を求めよ。

(2) 糸 2 が小球を引く力の大きさ T_2〔N〕を求めよ。

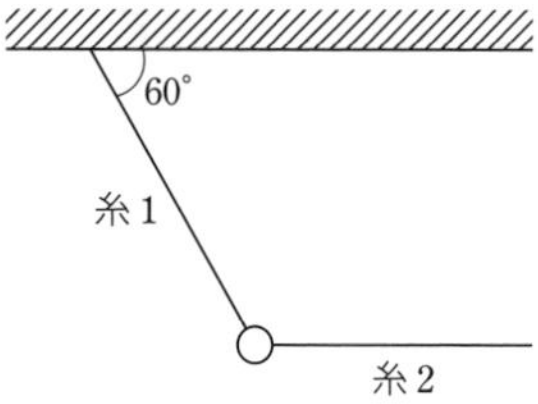

(1) T_1：　　　　(2) T_2：

▶ 例題 15

38. 力のつりあい 知　重さ W〔N〕の荷物に 2 本のひもをつけ，2 人の人がこのひもを持って支えるとき，2 本のひもは鉛直線と 45°，および 30° をなした。各ひもが引く力の大きさ F_1〔N〕，F_2〔N〕を求めよ。

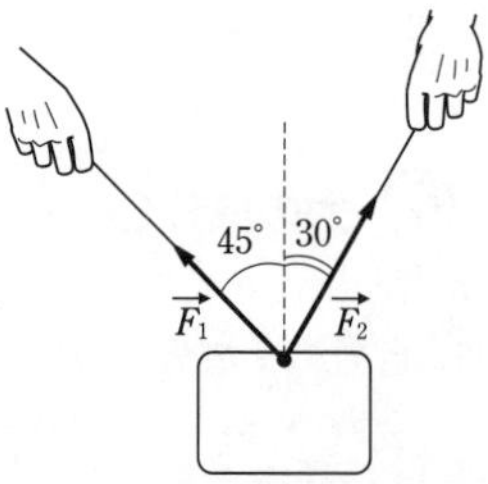

F_1：　　　　F_2：

▶ 例題 15

例題16 斜面上のつりあい

➡ 39, 40, 41

解説動画

傾きの角 30° のなめらかな斜面上に質量 2.0kg の物体を置き，一端を固定した糸が斜面に平行になるように物体につけて支えた。重力加速度の大きさを $9.8\,\mathrm{m/s^2}$ とする。

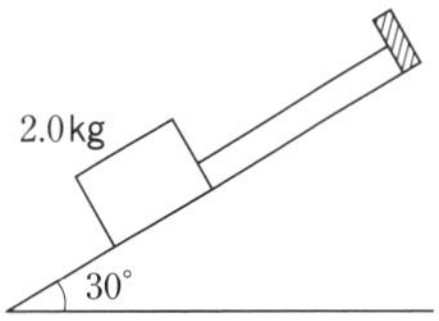

(1) 物体にはたらく重力の大きさ W〔N〕を求めよ。

(2) 物体にはたらく糸の張力の大きさ T〔N〕，垂直抗力の大きさ N〔N〕を求めよ。

指針 重力 W を斜面に平行な成分，垂直な成分に分解し，それぞれの方向のつりあいの式を立てる。

解答 (1)「$W=mg$」より
$W=2.0\times9.8=19.6\fallingdotseq$ **20N**

(2) 物体にはたらく力は，重力 W，垂直抗力 N，糸の張力 T である。

解法1 重力を図のように W_x，W_y に分解する。直角三角形の辺の長さの比より

$W_x : W : W_y = 1 : 2 : \sqrt{3}$

よって

$$W_x = W\times\frac{1}{2}=19.6\times\frac{1}{2}=9.8$$

$$W_y = W\times\frac{\sqrt{3}}{2}=9.8\sqrt{3}=9.8\times1.73=16.954\fallingdotseq17$$

それぞれの方向の力のつりあいより

$T=W_x=$ **9.8N**

$N=W_y\fallingdotseq$ **17N**

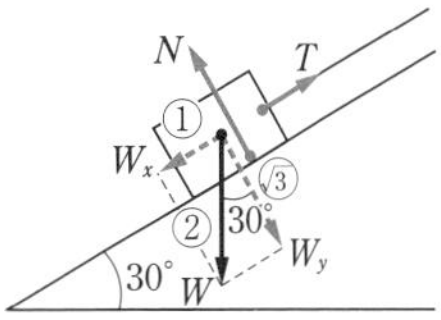

解法2 それぞれの方向の力のつりあいより

$T=19.6\sin30°=$ **9.8N**

$N=19.6\cos30°\fallingdotseq$ **17N**

39. 斜面上のつりあい 知　傾き 45° のなめらかな斜面の下端にばね定数 $49\,\mathrm{N/m}$ の軽いばねの一端をつけ，他端に質量 0.20kg のおもりをつけて斜面で静止させた。重力加速度の大きさを $9.8\,\mathrm{m/s^2}$ とする。

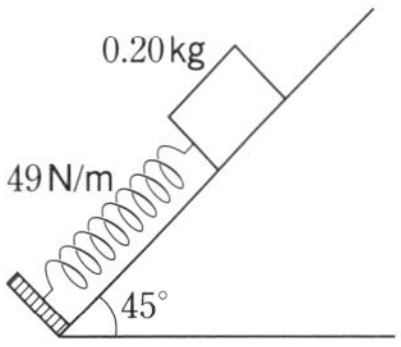

(1) おもりが受ける弾性力の大きさ F〔N〕，垂直抗力の大きさ N〔N〕を求めよ。

(2) ばねの自然の長さからの縮み x〔cm〕を求めよ。

(1) F：　　　　N：　　　　(2)

▷ 例題16

作図 **40. 斜面上のつりあい** 知 水平面より30°傾いているなめらかな斜面上に質量 m〔kg〕の物体をのせ，1つの力を加えて静止させた。次の2つの場合について，物体にはたらいている力のベクトルを図中に記入し，各力の大きさを求めよ。重力加速度の大きさを g〔m/s^2〕とする。

(1) 斜面に平行な方向に力を加えたとき
(2) 水平方向に力を加えたとき

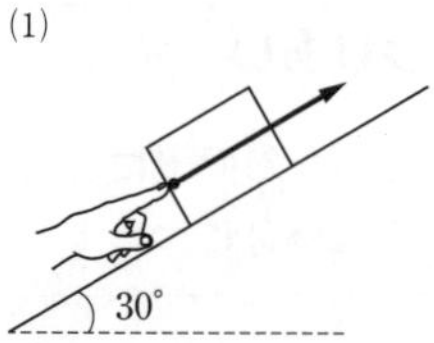

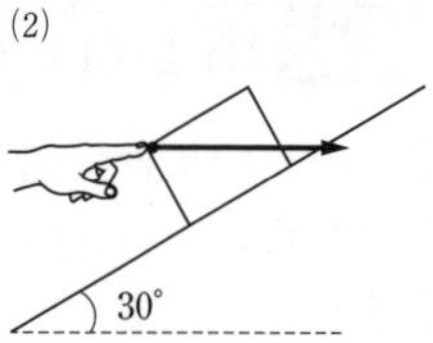

(1) ______

(2) ______

▶例題16

41. 斜面上のつりあい 知 図のように，傾き30°のなめらかな斜面の上端に滑車を取りつけ，この滑車にかけた糸の一端に質量0.20kgの物体Aを，他端におもりBをつるし，物体Aを斜面上に静止させたい。おもりBの質量 m を何kgにすればよいか。また，物体Aが斜面から受ける抗力の大きさ N は何Nか。重力加速度の大きさを9.8m/s^{2}とする。

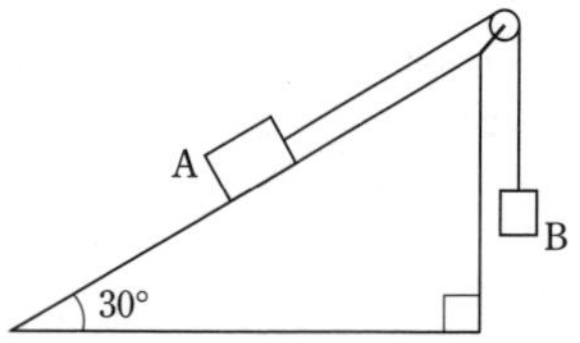

m： ______ N： ______

▶例題16

第4章 運動の法則

1 ニュートンの運動の3法則，運動方程式

リードAの確認問題

a 慣性の法則（運動の第一法則）

(1) **慣性**　物体が運動の状態を保とうとする性質。
質量が大きいほど慣性が大きい。

(2) **物体に力がはたらかないか 力がはたらいても合力が0**

⇄ **物体は静止のままか等速直線運動を続ける**

b 運動の法則（運動の第二法則）

(1) 質量 m の物体にいくつかの力がはたらいているとき，物体にはそれらの合力 $\vec{F}$ の向きに加速度 $\vec{a}$ が生じ，次の関係式が成りたつ。

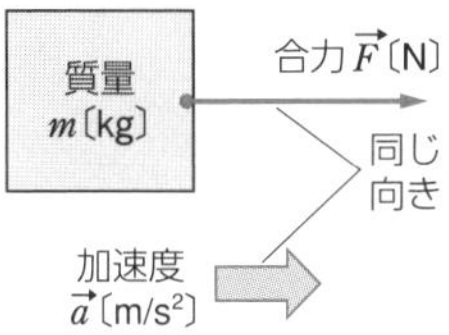

$$\vec{a}=k\frac{\vec{F}}{m}\quad (k：比例定数)$$

(2) **力の単位N（ニュートン）**　1kg の物体に作用して，1 m/s² の加速度を生じさせる力の大きさを1N と定める。

(3) **運動方程式**　$m\vec{a}=\vec{F}$ **（合力）**
（m の単位：kg，$\vec{a}$ の単位：m/s²，$\vec{F}$ の単位：N）

c 作用反作用の法則（運動の第三法則）

(1) 力は2つの物体間で**互いに**及ぼしあってはたらく。

(2) （作用）**AからBに力が作用する**

⇄（反作用）**BからAに力が作用する**

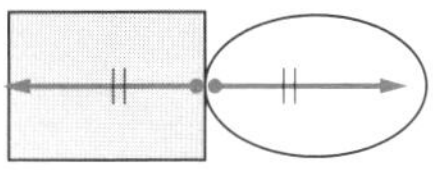

大きさは等しく，逆向き

d 運動方程式の立て方

注目する物体の質量 m と，注目する物体にはたらく力だけを考える。

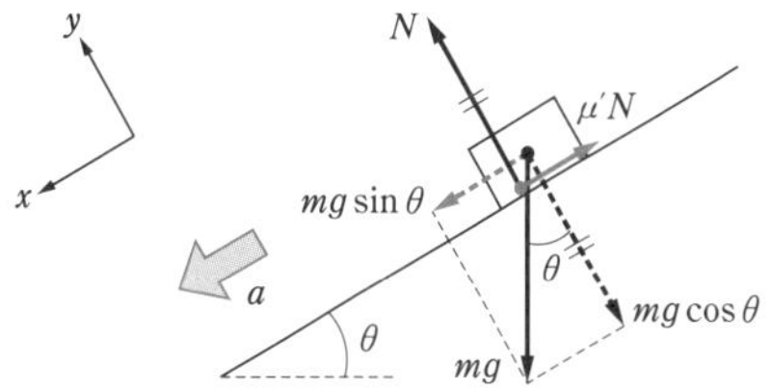

力のつりあいの式（y 軸方向）
$N=mg\cos\theta$

運動方程式（x 軸方向）
$ma=\ mg\sin\theta\ -\ \mu'N$
正の向きの力 − 負の向きの力
（斜面下向き）（斜面上向き）

Step⓪ 注目する物体を決める。

Step❶ 物体が受けている力だけをかきこむ。
・力の向きを矢印で示し，力の大きさを記す。
・運動方向に x 軸，垂直な方向に y 軸をとり，物体にはたらいている力を2方向に分解する。
・このとき，y 軸方向の力はつりあっている。

Step❷ x 軸方向に正の向きを定めて，加速度 a を仮定する。

Step❸ 物体にはたらく力の x 成分の和を求め，運動方程式を立てる。
$ma=F$（合力：x 成分の和）
または　**$ma=x$ 軸の正の向きの力 − 負の向きの力**

e 2物体の運動方程式

① 物体ごとにはたらく力をかき，別々に運動方程式を立てる。
② 2つの運動方程式を連立させて解く。

リード B

基礎CHECK

1. 質量 2.0 kg の物体が速さ 3.0 m/s で等速直線運動をしている。この物体にはたらく力の合力はいくらか。

〔　　　　〕

2. 質量 2.0 kg の物体に 3.0 N の力を加えたときの加速度の大きさ a は何 m/s² か。

〔　　　　〕

解答

1. 等速であるので，物体にはたらく力はつりあっており，合力は **0N**

2. 「$ma=F$」より
$2.0\times a=3.0$　よって　$a=$**1.5m/s²**

第4章

基礎トレーニング ④ 運動方程式の立て方

運動方程式の立て方

Step⓪ どの物体について運動方程式を立てるかを決める。

Step❶ その物体が受けている力をかきこむ。

Step❷ 正の向きを定め，その向きの加速度を a とする。

Step❸ 物体にはたらく力の，運動方向の成分の和を求め，運動方程式

$$ma = F$$

の右辺に代入する。

例 1物体の運動方程式

5.0kg の小球をつるした軽い糸の上端を 70N の力で引き上げた。小球の加速度はどの向きに何 m/s^2 か。重力加速度の大きさを $9.8 m/s^2$ とする。

解答 Step⓪ 小球について運動方程式を立てる。

Step❶ 小球にはたらく力は，重力（鉛直下向きに 5.0×9.8N）と，糸が引く力（鉛直上向きに 70N）である。

Step❷ 鉛直上向きを正とし，小球の加速度を a〔m/s^2〕とする。

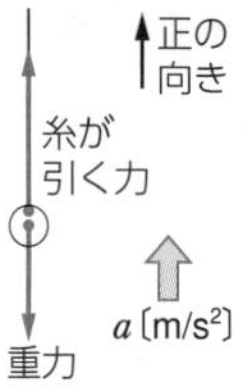

Step❸ 小球にはたらく力の合力 F〔N〕は

$F = 70 - 5.0 \times 9.8$

$= 70 - 49 = 21$ N

ここで，運動方程式「$ma = F$」に質量 $m = 5.0$ kg，力 $F = 21$ N を代入して

$5.0 \times a = 21$　　よって　$a = 4.2 m/s^2$

$a > 0$（正の向き）であるから，加速度は

鉛直上向きに $4.2 m/s^2$

1. 1物体の運動方程式 ● なめらかな水平面上に質量 0.40kg の物体を置いて，糸1を物体の左側に，糸2を物体の右側につないだ。糸1を水平左向きに 5.0N，糸2を水平右向きに 8.0N の力で引いたところ，物体は運動を始めた。物体の加速度はどの向きに何 m/s^2 か。

Step❶ 図に力をかきこもう！

Step❷ a に加速度の向きを表す矢頭（矢印の向き ← か → ）を記入しよう！

Step❸ 運動方程式を立ててみよう！

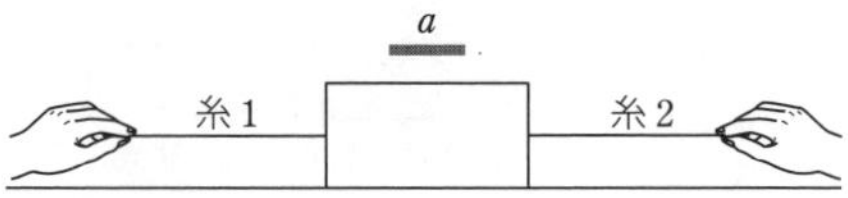

2. 1物体の運動方程式 ● なめらかな水平面上で，ばね定数 25N/m のばねの一端を固定し，他端に質量 2.0kg の物体をつけた。物体に力を加えて，ばねが自然の長さから 0.20m 伸びた位置まで移動させ，静かに手をはなした。手をはなした瞬間の物体の加速度はどの向きに何 m/s^2 か。

Step❶ Step❷ Step❸

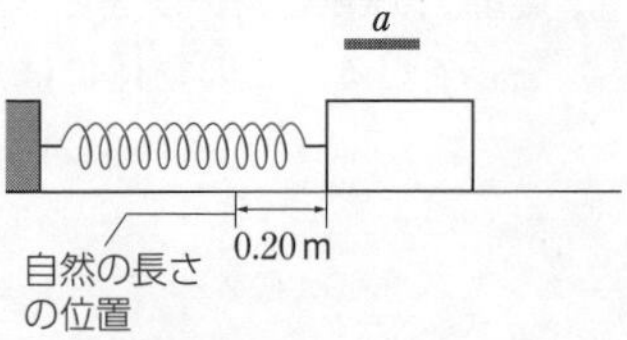

3. **1物体の運動方程式** ● 傾きの角が45°のなめらかな斜面を，質量4.0kgの小物体がすべり下りている。このときの小物体の加速度はどの向きに何 $\mathrm{m/s^2}$ か。重力加速度の大きさを $9.8\mathrm{m/s^2}$ とする。

Step❶ Step❷ Step❸

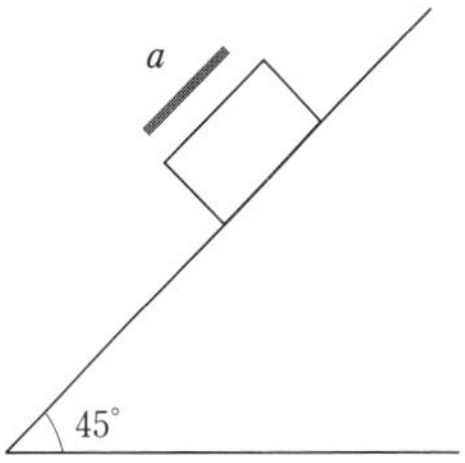

4. **2物体の運動方程式** ● なめらかな水平面上に質量5.0kgの物体Aと質量3.0kgの物体Bを接触させて置き，Aを16Nの力で水平右向きに押したところ，AとBは同じ加速度で運動した。加速度はどの向きに何 $\mathrm{m/s^2}$ か。

Step⓪ Aについて
Step❶ Step❷ Step❸

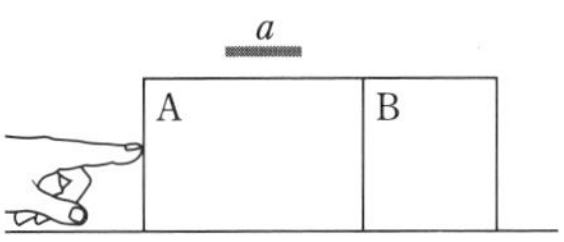

Step⓪ Bについて
Step❶ Step❷ Step❸

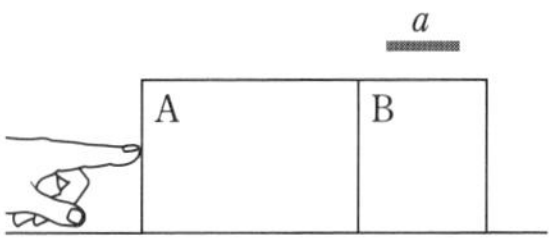

5. **1物体の運動方程式** ● あらい水平面上に質量3.0kgの物体を置き，初速度を与えて右向きに運動させた。物体の加速度はどの向きに何 $\mathrm{m/s^2}$ か。重力加速度の大きさを $9.8\mathrm{m/s^2}$，物体と水平面との間の動摩擦係数を0.50とする。

Step❶ Step❷ Step❸

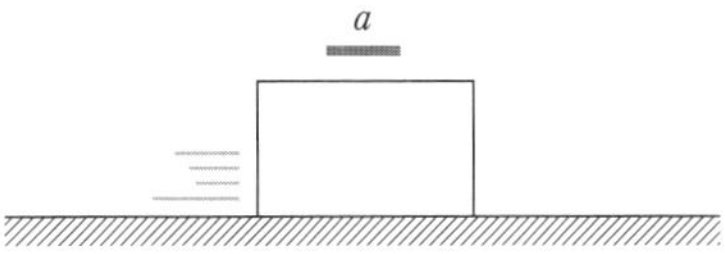

Let's Try!

例題 17 運動方程式

➡ 42, 43　解説動画

質量 10kg の物体に糸をつけてぶら下げ，鉛直方向に上げ下げする。重力加速度の大きさを 9.8m/s² とする。

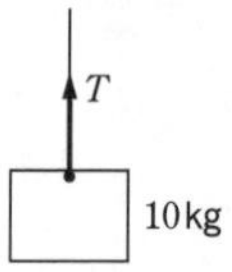

(1) 糸の張力 T が 148N のとき，物体の加速度 a〔m/s²〕の大きさと向きを求めよ。
(2) 物体が鉛直下向きに 2.0m/s² の加速度で下降しているときの糸の張力の大きさ T〔N〕を求めよ。
(3) 物体が一定の速さ 4.0m/s で上昇しているときの糸の張力の大きさ T〔N〕を求めよ。

指針 物体にはたらく力は，重力 98N と糸が物体を引く力 T の2力である。正の向きを定めて，運動方程式を立てる。

解答 (1) 鉛直上向きを正の向きとすると，
「$ma=F$」より
$10\times a=148-98$
よって　$a=$**5.0m/s²**
向きは**鉛直上向き**

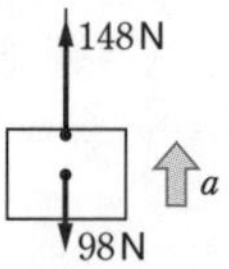

(2) 鉛直下向きを正の向きとすると，
「$ma=F$」より
$10\times 2.0=98-T$
よって　$T=$**78N**

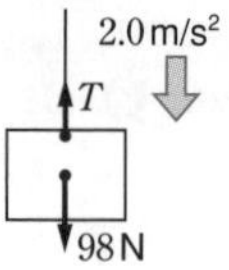

(3) 速度が一定の場合，物体にはたらく力はつりあっている。
$T-98=0$
よって　$T=$**98N**

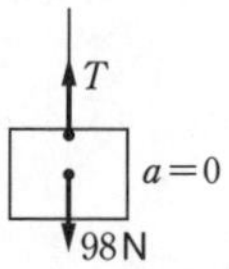

POINT
運動方程式
$m\quad a\ =\ F$
質量　加速度　合力

42. 運動方程式 知　小球を鉛直に投げ上げる。小球の質量を 1.5kg，小球にはたらく重力の大きさを 14.7N とし，空気の抵抗は考えないとする。鉛直上向きを正とする。
(1) 小球の加速度を a〔m/s²〕として，小球の運動方程式を立てよ。　(2) a〔m/s²〕を求めよ。

(1) ＿＿＿＿　(2) ＿＿＿＿

▶ 例題17

43. 運動方程式 知　質量 5.0kg の物体に糸をつけて鉛直上向きに 65N の力で引くときの加速度 a はどの向きに何 m/s² か。重力加速度の大きさを 9.8m/s² とする。

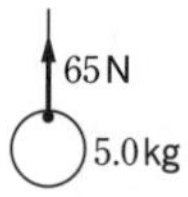

＿＿＿＿

▶ 例題17

44. 運動方程式 考　実験　水平でなめらかな机の上で，力学台車Aにゴムひもをつけ，水平方向に一定の力で引いたとき，台車の速度-時間のグラフ(v-t 図)は右図のようになった。

次に，台車Aを質量の異なる台車Bに取りかえて，同じ力で引いたときの速度-時間のグラフは右図のようになった。台車Bの質量は，台車Aの質量の何倍か。

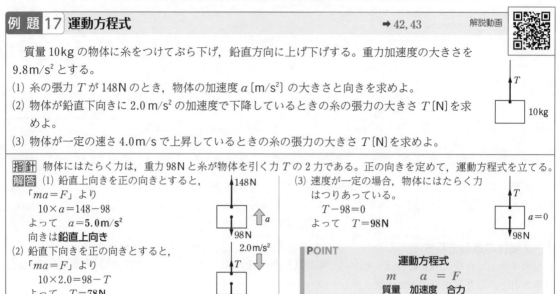

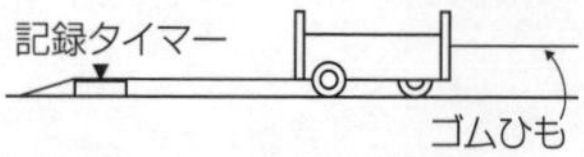

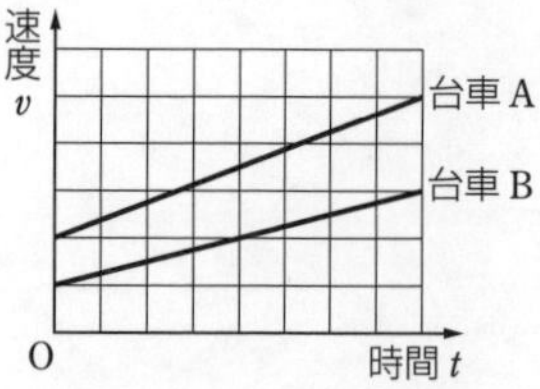

＿＿＿＿

の解説動画

例題 18 斜面上の運動

➡ 45, 46

解説動画

傾きの角が30°のなめらかな斜面ABにそって上向きに，9.8m/s の速さで点Aから物体をすべらせた。重力加速度の大きさを $9.8\,\mathrm{m/s^2}$ とする。

(1) 上昇中と下降中のそれぞれについて物体の加速度を求めよ。

(2) 物体が達した斜面上の最高点をPとするとき，AP間の距離 d〔m〕を求めよ。

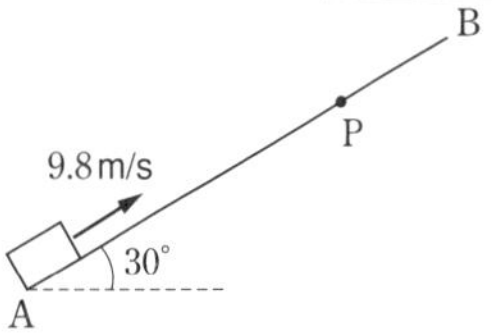

指針 斜面に垂直な方向では力がつりあっている。一方，斜面に平行な方向では重力の分力によって加速度が生じる。上昇中と下降中とで加速度の向きと大きさは同じである。

解答 (1) 物体にはたらく力は右図となる。物体の質量を m，加速度を a とし，初速度の向きを正の向きとする。運動方程式は，直角三角形の辺の長さの比を用いて

$$ma=-mg\times\frac{1}{2}$$

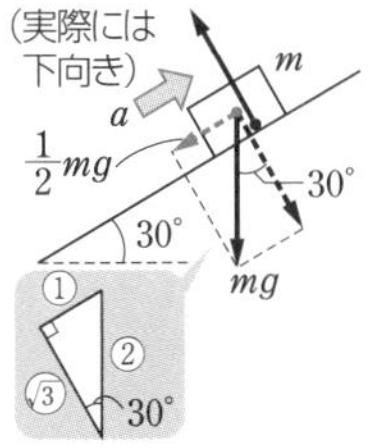

$$a=-\frac{1}{2}g=-\frac{1}{2}\times9.8=-4.9\,\mathrm{m/s^2}$$

よって，上昇中も下降中も加速度は**斜面方向下向きに $4.9\,\mathrm{m/s^2}$**

(2)「$v^2-v_0{}^2=2ax$」において，点Pでは，$v=0$，$x=d$ より

$$-9.8^2=2\times(-4.9)d$$

よって　$d=$**9.8m**

45. 斜面上の運動 知　傾きの角が30°のなめらかな斜面に質量2.0kgの物体Aを置いたところ，物体Aはゆっくりとすべり始めた。重力加速度の大きさを $9.8\,\mathrm{m/s^2}$ とする。

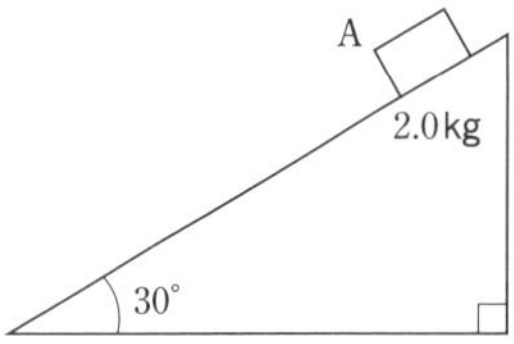

(1) 物体Aが斜面にそって下向きに受ける力の大きさ F〔N〕を求めよ。

(2) 物体Aの加速度の大きさ a_A〔$\mathrm{m/s^2}$〕を求めよ。

(3) 物体Aのかわりに質量1.0kgの物体Bを置いた。加速度の大きさ a_B〔$\mathrm{m/s^2}$〕を求めよ。

(1)＿＿＿＿　(2)＿＿＿＿　(3)＿＿＿＿

▷ 例題18

46. 斜面上の運動 知　傾きの角が30°のなめらかな斜面上に質量5.0kgの物体を置き，これに糸をつけ，斜面に平行に上向きの力を加えて，物体を引き上げたり下ろしたりした。重力加速度の大きさを $9.8\,\mathrm{m/s^2}$ とする。

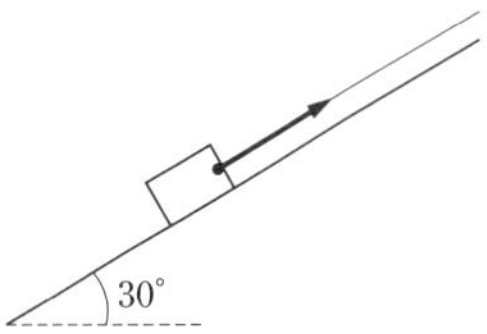

(1) 糸の張力の大きさが40Nのとき，物体の加速度 a はどの向きに何 $\mathrm{m/s^2}$ か。

(2) 物体の加速度が斜面下方に $1.9\,\mathrm{m/s^2}$ のとき，糸の張力の大きさ T は何Nか。

(1)＿＿＿＿　(2)＿＿＿＿

▷ 例題18

例題 19 2物体の運動

➡ 47, 49

解説動画

なめらかな水平面上に質量 4.0kg，2.4kg の物体 A，B を互いに接して置き，水平方向から A を B のほうへ一定の力 F〔N〕で押し続けた。このとき，2物体は加速度 1.5m/s² で運動した。

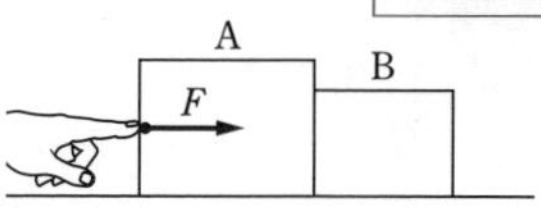

(1) A が B を押している力の大きさ f〔N〕を求めよ。

(2) 外部から A を押す力の大きさ F〔N〕を求めよ。

指針 (1) B は力 f によって加速度 1.5m/s² で運動する。
(2) A は力 F と B に押し返される力 f の合力によって加速度 1.5m/s² で運動する。

解答 (1) B の運動方程式は「$ma=F$」より
$2.4\times1.5=f$　$f=$ **3.6N**

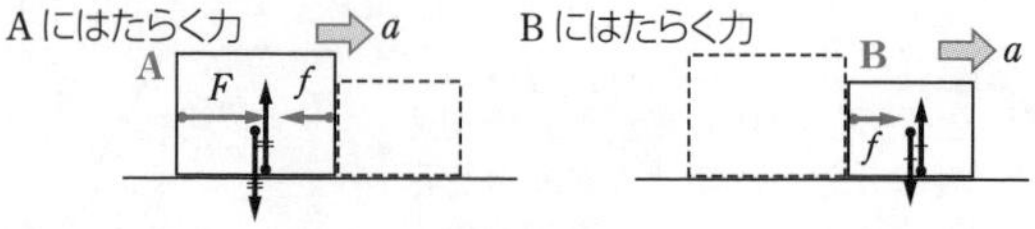

(2) A の運動方程式は　$4.0\times1.5=F-f$
$F=4.0\times1.5+3.6=$ **9.6N**

注 (1)と(2)の式を加えると，$6.4\times1.5=F$
これは全体ひとまとめの運動方程式で，F は求められるが，力 f は求められない。

POINT
2物体の運動方程式
物体ごとに分けて力を図示 ⟶ 物体ごとに $ma=F$

47. **2物体の運動** 知　なめらかな水平面上に質量 2.0kg，3.0kg の物体 A，B を置いて，軽い糸でつなぐ。A を水平に 8.0N の力で引く。

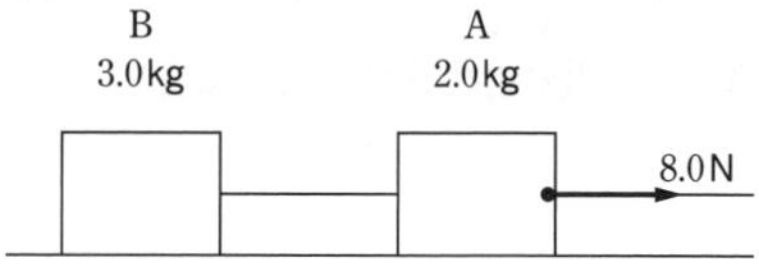

(1) A，B の加速度の大きさ a は何 m/s² か。

(2) AB 間の糸の張力の大きさ T は何 N か。

(1) ________　(2) ________

▶ 例題 19

48. **2物体の運動** 知　定滑車に軽い糸をかけ，その一方の端には質量 4.0kg の物体A，他方の端には質量 3.0kg の物体Bをつるした。静かに手をはなしたところ，A は下方に，B は上方に同じ大きさの加速度で運動した。重力加速度の大きさを 9.8m/s² とする。

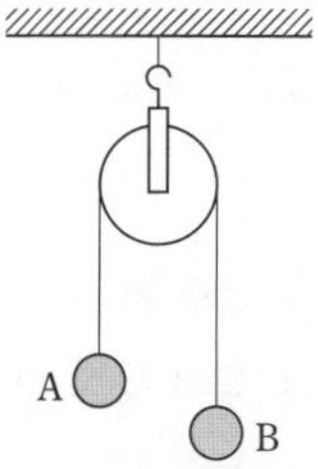

(1) 物体に生じた加速度の大きさ a〔m/s²〕を求めよ。

(2) 糸が引く力の大きさ T〔N〕を求めよ。

(1) ________　(2) ________

49. **2物体の運動** 考 なめらかで水平な氷の上で，質量 40kg の子どもと 80kg の大人が接近して，どちらも静止していた。この子どもが大人を押すと，大人と子どもはそれぞれ反対向きに運動し始めた。大人は押されている間は加速度が $0.25\,\mathrm{m/s^2}$ の等加速度直線運動をした。

(1) 子どもが大人を押した力 F は何 N か。

(2) 大人を押しているときの子どもの加速度の大きさ a は何 $\mathrm{m/s^2}$ か。

(1) ＿＿＿＿＿＿ (2) ＿＿＿＿＿＿

▷例題19

50. **2物体の運動** 知 なめらかな水平面上に物体Aを置き，糸をつけ，滑車を通して図のように質量 2.0kg のおもりBをつるしたところ，おもりBは加速度 $5.6\,\mathrm{m/s^2}$ で降下した。重力加速度の大きさを $9.8\,\mathrm{m/s^2}$ とする。

(1) おもりBが降下中の糸の張力の大きさ T は何 N か。

(2) 物体Aの質量 M は何 kg か。

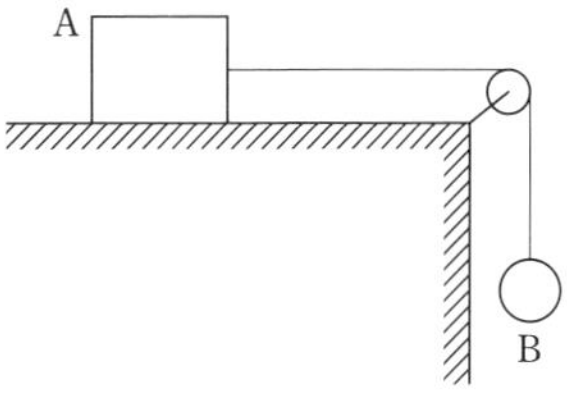

(1) ＿＿＿＿＿＿ (2) ＿＿＿＿＿＿

51. **おもりに引かれる斜面上の物体** 知 質量 0.80kg の物体Aを，傾きの角が 30° のなめらかな斜面上に置く。物体Aに軽くて伸びない糸をつけ，これを斜面の上端に固定した軽い滑車に通し，糸の端に質量 0.60kg のおもりBをつるす。重力加速度の大きさを $9.8\,\mathrm{m/s^2}$ とする。

(1) Aは斜面を上昇するか，下降するか。

(2) Aの加速度の大きさと，糸がAを引く力の大きさを求めよ。

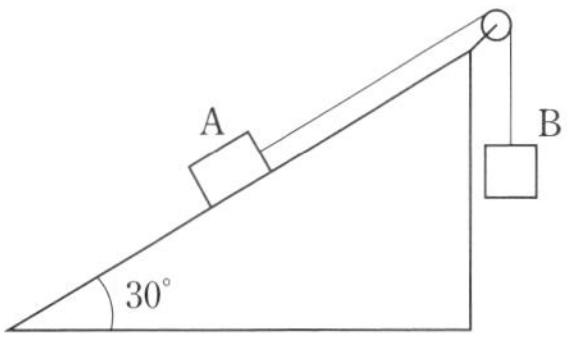

(1) ＿＿＿＿＿＿

(2) 加速度の大きさ： 糸が引く力の大きさ：

リード A

2 摩 擦

リードAの確認問題

a 静止摩擦力

(1) **静止摩擦力 F** あらい面上に物体が静止しているとき，物体が動きだすのを妨げる向きにはたらく力。引く力を大きくすると，静止摩擦力も大きくなる。

(2) **最大摩擦力 F_0** すべりだす直前の静止摩擦力。

$F_0 = \mu N$ （μ：静止摩擦係数，N：垂直抗力）

(3) **摩擦角 θ_0** 面を傾けたとき，物体がすべりだす直前の傾きの角。 $\mu = \tan\theta_0$

(4) **抗力** 物体が面から受ける力。垂直抗力Nと摩擦力Fの合力が抗力である。

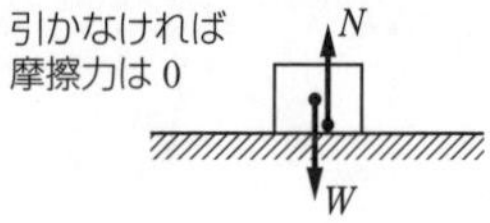

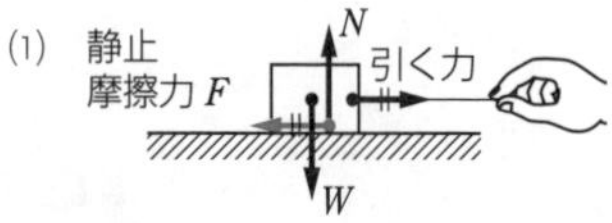

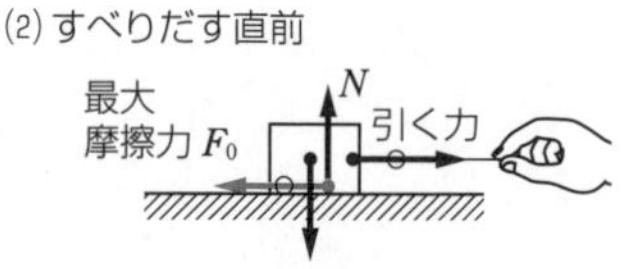

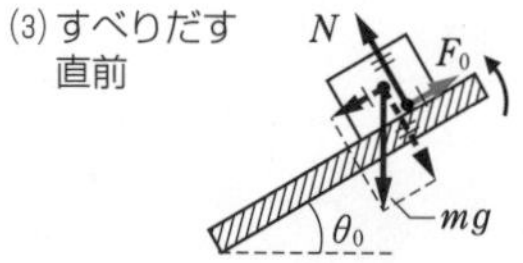

b 動摩擦力

動摩擦力 F' あらい面上を物体が運動しているとき，物体の運動を妨げる向きにはたらく力。すべる速さには依存せず，一定の大きさ。

$F' = \mu' N$ （μ'：動摩擦係数，N：垂直抗力）

一般に，$\mu' < \mu$ となる。

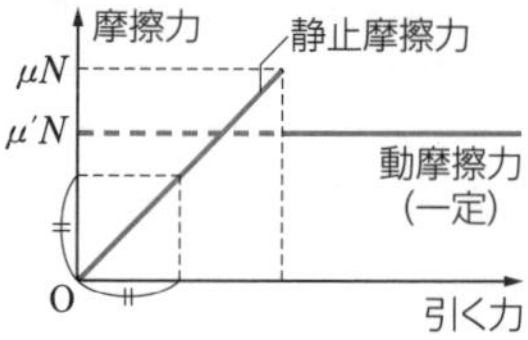

リード B

基礎 CHECK

1. あらい水平面上に質量 2.0kg の物体を置く。物体と面との間の静止摩擦係数を 0.50，動摩擦係数を 0.25，重力加速度の大きさを 9.8 m/s² とする。

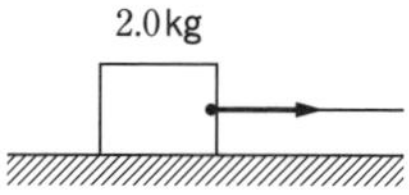

(1) 物体を水平方向に 5.0N の力で引いたところ，物体は動かなかった。このとき，物体にはたらく摩擦力の大きさFは何Nか。

(2) 水平に引く力を大きくしていくと物体はすべりだす。物体がすべりだす直前の摩擦力の大きさ F_0 は何Nか。

(3) 水平方向に 15N の力で引いたとき，摩擦力の大きさ F' は何Nか。

(1)［　　　］ (2)［　　　］ (3)［　　　］

解答

1. (1) 水平方向の力のつりあいより $F = $**5.0N**

注 9.8N ではない。

(2) すべりだす直前は最大摩擦力となっているから，「$F_0 = \mu N$」より

$F_0 = 0.50 \times 2.0 \times 9.8 = $**9.8N**

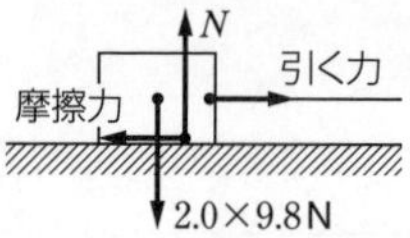

(3) 物体がすべっているときは動摩擦力がはたらく。「$F' = \mu' N$」より

$F' = 0.25 \times 2.0 \times 9.8 = $**4.9N**

Let's Try!

例題 20　静止摩擦力と動摩擦力

➡ 52, 53

解説動画

あらい水平面上に質量 2.0kg の物体を置く。物体と水平面の間の静止摩擦係数を 0.50，動摩擦係数を 0.25，重力加速度の大きさを $9.8\,\mathrm{m/s^2}$ とする。

(1) 物体を水平方向に大きさ f〔N〕の力で引く。物体がすべりだす直前の力の大きさ f〔N〕を求めよ。

(2) 物体を水平方向に大きさ $f_1=9.9\,\mathrm{N}$ の力で引く。f_1 は最大摩擦力より大きいものとして，このときの摩擦力の大きさ F'〔N〕，物体の加速度の大きさ a〔$\mathrm{m/s^2}$〕を求めよ。

指針 (1) 最大摩擦力 $F_0=\mu N$ をこえると，物体はすべりだす。

(2) 動摩擦力は常に $F'=\mu' N$ である。この力を考慮して，運動方程式より加速度を求める。

解答 (1) 物体にはたらく力は，重力 W，垂直抗力 N，引く力 f，摩擦力 F の 4 力である。

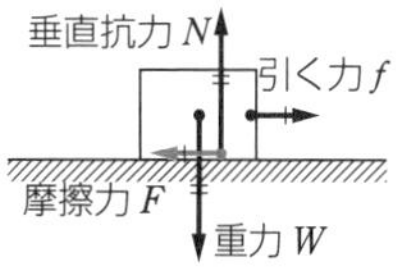

鉛直方向の力のつりあいより

$N-W=0$　　よって　$N=W=2.0\times9.8\,\mathrm{N}$

最大摩擦力 F_0 は　$F_0=\mu N=0.50\times2.0\times9.8=9.8\,\mathrm{N}$

最大摩擦力 F_0 をこえると，物体はすべりだすので　$f=F_0=$ **9.8N**

(2) f_1 は最大摩擦力より大きいので，物体はすべっている。

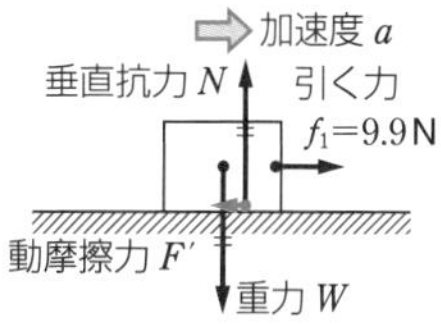

このときの摩擦力 F' は動摩擦力であるから

$F'=\mu' N=0.25\times2.0\times9.8=$ **4.9N**

したがって，物体にはたらく水平方向の力の合力 F は，右向きを正とすると

$F=f_1-F'=9.9-4.9=5.0\,\mathrm{N}$

よって，運動方程式「$ma=F$」より　$a=\dfrac{F}{m}=\dfrac{5.0}{2.0}=$ **2.5m/s²**

52. 静止摩擦力 知　あらく水平な床に質量 2.5kg の物体を置き，水平な向きに加えた力 F をしだいに大きくしていったところ，力 F が 9.8N になったところで物体はすべりだした。重力加速度の大きさを $9.8\,\mathrm{m/s^2}$ とする。

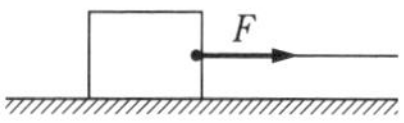

(1) 力 F が 5.0N になったとき，物体にはたらいている静止摩擦力の大きさ f〔N〕を求めよ。

(2) 物体と床との間の静止摩擦係数 μ を求めよ。

(1) ＿＿＿＿＿＿＿＿　(2) ＿＿＿＿＿＿＿＿

▶ 例題 20

53. あらい水平面上の運動 知　あらい水平面上に質量 m〔kg〕の物体を置き，糸をつけて水平に引く。物体と水平面の間の静止摩擦係数を 2μ，動摩擦係数を μ，重力加速度の大きさを g〔$\mathrm{m/s^2}$〕，進行方向を正とする。

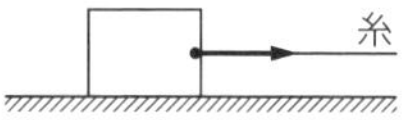

(1) 糸の張力 T が何 N より大きいと物体はすべりだすか。

(2) 張力 T が(1)の 2 倍のとき，物体がすべる加速度 a_1〔$\mathrm{m/s^2}$〕を求めよ。

(1) ＿＿＿＿＿＿＿＿　(2) ＿＿＿＿＿＿＿＿

▶ 例題 20

第4章

リード A

3 圧力と浮力

リードAの確認問題

a 圧力

(1) **圧力 p** 単位面積当たりに，面に垂直にはたらく力の大きさ。面積 S〔m²〕に F〔N〕の力が垂直にはたらくとき

$$p=\frac{F}{S}$$ （圧力の単位：N/m²＝Pa（パスカル））

(2) **水圧 p** 水圧は深さ h〔m〕に比例する。水の密度を ρ〔kg/m³〕，重力加速度の大きさを g〔m/s²〕とすれば

$$p=\rho hg$$

水面での大気圧を p_0〔Pa〕とすると，深さ h〔m〕での圧力は $p'=p_0+\rho hg$

物理量	主な記号	単位
圧力	p	Pa＝N/m²
密度	ρ	kg/m³
面積	S	m²
体積	V	m³

b 浮力

(1) **浮力** 流体が，流体中の物体を押し上げる力。

(2) **アルキメデスの原理** 流体中の物体は，それが排除している流体の重さに等しい大きさの浮力 F〔N〕を受ける。流体の密度を ρ〔kg/m³〕，物体が排除した流体の体積を V〔m³〕として

$$F=\rho Vg$$

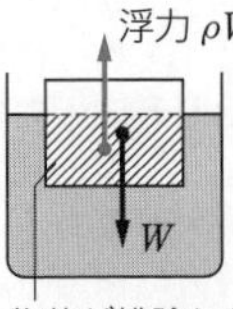

リード B

基礎 CHECK

以下の問題 1, 2 では，重力加速度の大きさを 9.8 m/s² とする。

1. 水平な床の上に，図のような，質量 500 g の直方体のおもりを置く。

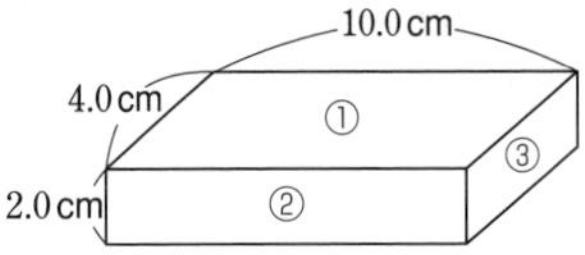

(1) 床がおもりから受ける圧力が最も大きくなるのは，①，②，③のどの面を下にして置いたときか。

〔　　　　〕

(2) (1)のとき，床がおもりから受ける圧力 p〔Pa〕を求めよ。

〔　　　　〕

2. 水深 5.0 m における圧力 p は何 Pa か。大気圧を 1.0×10^5 Pa，水の密度を 1.0×10^3 kg/m³ とする。

〔　　　　〕

3. 体積 V〔m³〕の物体を水（密度 ρ〔kg/m³〕）に浮かべたところ，物体の体積の $\frac{3}{4}$ が水面より下に沈んだ。物体にはたらく浮力の大きさ F〔N〕を求めよ。重力加速度の大きさを g〔m/s²〕とする。

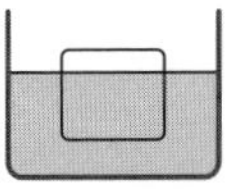

〔　　　　〕

解答

1. (1)「$p=\frac{F}{S}$」より，F が等しければ，面積 S が小さいほど圧力 p は大きくなる。おもりの各面の面積はそれぞれ① 40 cm²，② 20 cm²，③ 8.0 cm² なので，③を下にしたときに圧力は最も大きくなる。
よって，③

(2)「$p=\frac{F}{S}$」より

$$p=\frac{(500\times10^{-3})\times9.8}{8.0\times10^{-4}}=6.125\times10^3\ \text{Pa}$$
$$\fallingdotseq \mathbf{6.1\times10^3\ Pa}$$

2. 水中での圧力は大気圧を p_0 として「$p=p_0+\rho hg$」と表される。よって

$$p=1.0\times10^5+(1.0\times10^3)\times5.0\times9.8$$
$$=1.0\times10^5+49\times10^3=1.0\times10^5+0.49\times10^5$$
$$=1.49\times10^5\ \text{Pa}$$
$$\fallingdotseq \mathbf{1.5\times10^5\ Pa}$$

3. 浮力の式「$F=\rho Vg$」より

$$F=\rho\cdot\frac{3}{4}V\cdot g=\frac{3}{4}\rho Vg\ \text{〔N〕}$$

Let's Try!

例題 21 浮力

➡ 55

解説動画

質量 m〔kg〕, 密度 ρ〔kg/m^3〕の鉄球を軽い糸でつるし，つり下げた状態で密度 ρ_0〔kg/m^3〕の液体の中に全体を沈めた。このとき，糸が鉄球を引く力の大きさ T〔N〕を求めよ。ただし，重力加速度の大きさを g〔m/s^2〕とする。

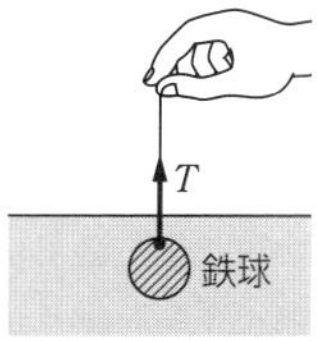

指針 鉄球が液面下に沈んでいるとき，重力，糸が引く力，浮力の3力がつりあう。

解答 鉄球が受ける浮力の大きさは，鉄球が排除した液体の重さに等しい。

よって浮力 F〔N〕は，鉄球の体積を V〔m^3〕とおくと　$F=\rho_0 Vg$

ここで，鉄球の体積は　$V=\dfrac{m}{\rho}$　より　$F=\rho_0\cdot\dfrac{m}{\rho}\cdot g=\dfrac{\rho_0}{\rho}mg$

鉄球にはたらく力のつりあいの式より　$T+F-mg=0$

よって　$T=mg-F=mg-\dfrac{\rho_0}{\rho}mg=\boldsymbol{\left(1-\dfrac{\rho_0}{\rho}\right)mg}$〔N〕

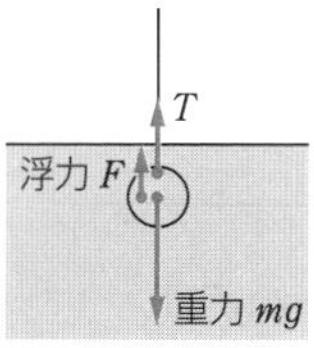

54. 液体の圧力 考　一様な太さのU字管に入れた水と油が図の位置でつりあっている。水と油の境界面から液面までの高さはそれぞれ 6.0cm，7.5cm である。水の密度を 1.0×10^3kg/m^3 として，油の密度を求めよ。

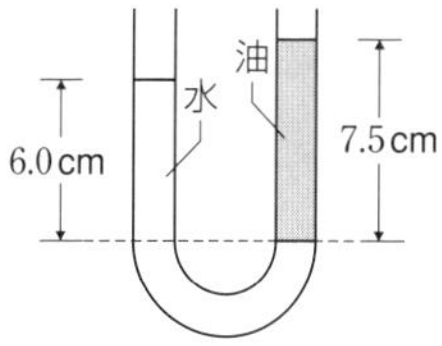

55. 浮力 考　ビーカーに水を入れ，台はかりでその重さをはかったら，6.86N であった。質量 0.400kg のガラス球をばねはかりにつるし，右図のようにビーカーの水中に完全に入れたところ，ばねはかりは 1.96N を示した。重力加速度の大きさを 9.80m/s^2 とする。

(1) ガラス球が受けている浮力の大きさ F〔N〕を求めよ。

(2) (1)の浮力の反作用は何から何にはたらいているか。

(3) このときの台はかりに加わる力は何Nか。

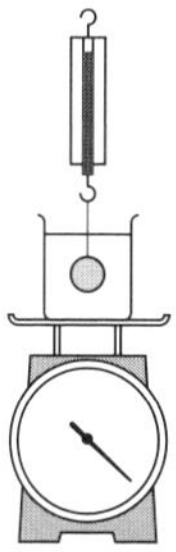

(1)　(2)　(3)

▷ 例題21

第5章 仕事と力学的エネルギー

リード A

1 仕事と仕事率

リード Aの確認問題

a 仕事

(1) **仕事**　物体に一定の大きさの力 F〔N〕を加えて，その力の向きに距離 x〔m〕だけ動かすとき，$\boldsymbol{W=Fx}$ の仕事をしたという。

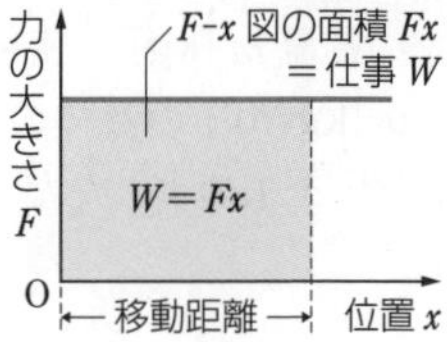

(2) **仕事の単位**　1N×1m＝1N·m＝1J（ジュール）

(3) ① 力の向きと動く向きが同じ　$\boldsymbol{W=Fx>0}$

② 力の向きと動く向きが逆　$\boldsymbol{W=-Fx<0}$（負の仕事）

③ 力の向きと動く向きが垂直　$\boldsymbol{W=0}$（仕事をしない）

④ 力の向きと動く向きの角が θ　$\boldsymbol{W=Fx\cos\theta}$

（Fを，動く方向と，それに垂直な方向とに分解して考えるとよい。）

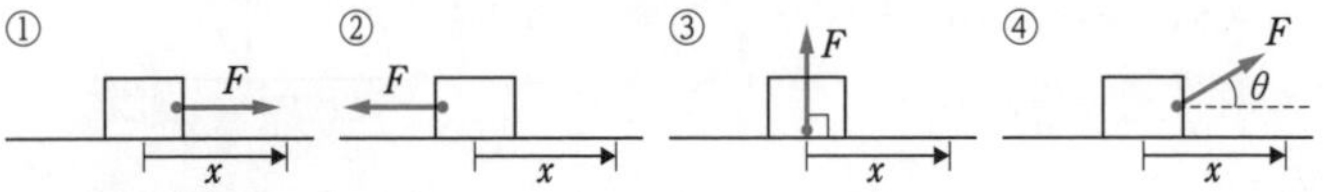

b 仕事の原理

仕事の原理　道具の利用で，必要な力を小さくできるが，移動距離は長くなり，仕事の量は変わらない。

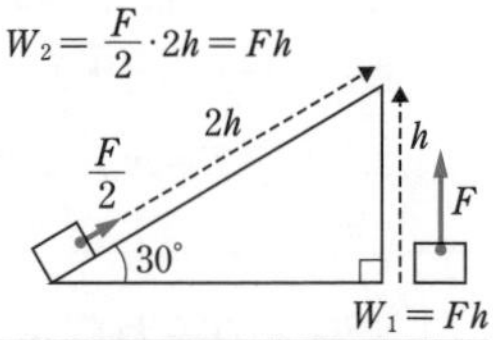

c 仕事率

(1) **仕事率**　単位時間当たりの仕事。時間 t〔s〕で仕事 W〔J〕をするときの仕事率 P〔W〕は　$\boldsymbol{P=\dfrac{W}{t}}$　（仕事率の単位：J/s＝W（ワット））

(2) **仕事率と速さの関係**　一定の力を加え，抵抗力に逆らって一定の速さで動かすとき　$\boldsymbol{P=\dfrac{W}{t}=\dfrac{Fx}{t}=Fv}$

物理量	主な記号	単位
仕事	W	J，Wh，kWh
仕事率	P	W，kW
運動エネルギー	K	J
位置エネルギー	U	J

リード B

基礎CHECK

1. 右図に示した各力は，①正の仕事をした　②負の仕事をした　③仕事をしていない　のいずれか答えよ。

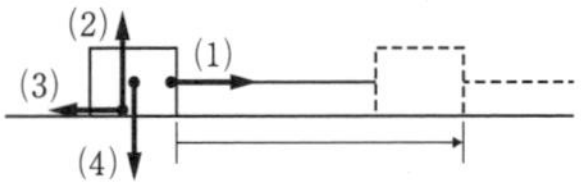

(1)〔　　〕(2)〔　　〕(3)〔　　〕(4)〔　　〕

2. 物体に大きさ 2N の力を加えながら，その力の向きに 3m 動かすとき，力が物体にする仕事 W は何 J か。

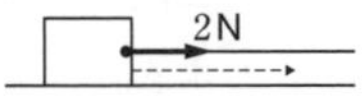

〔　　　　〕

3. 右図のような軽い滑車を使い，ロープを引いて一定の速さで荷物を引き上げる。

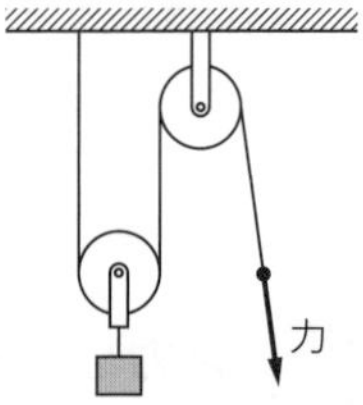

(1) ロープを引く距離は，荷物が上がる高さの何倍か。

(2) ロープを引く力は，荷物を直接持ち上げるのに必要な力の何倍か。

(1)〔　　〕(2)〔　　〕

4. 1.0 分間に 300J の仕事をするときの仕事率 P は何 W か。〔　　　　〕

解答

1. (1) 力の向きが移動の向きと同じなので，正の仕事をした。よって，①

(2),(4) 力の向きが移動の向きと垂直なので，仕事をしていない。よって，③

(3) 力の向きが移動の向きと逆なので，負の仕事をした。よって，②

2. 「$W=Fx$」より　$W=2\times3=\boldsymbol{6}$**J**

3. (1) 荷物が上がる高さを d とすると，動滑車を支えるロープは $2d$ だけ短くなり，ロープを引く距離は $2d$ となる。よって，**2倍**。

(2) 仕事の原理により，ロープを引く距離が 2 倍になると，引く力は $\boldsymbol{\dfrac{1}{2}}$ **倍**になる。

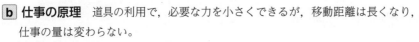

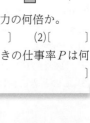

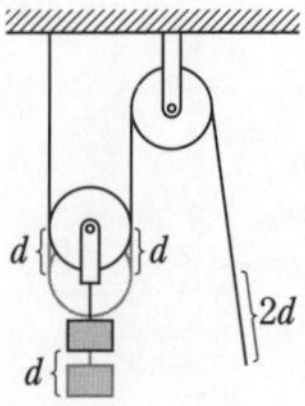

4. 1.0 分は 60 秒であるから，仕事率の式「$P=\dfrac{W}{t}$」より　$P=\dfrac{300}{60}=\boldsymbol{5.0}$**W**

Let's Try!

例題22 仕事

➡ 56

解説動画

水平なあらい床上で，質量25kgの物体に水平な力を加えて一定の速度で動かした。物体が5.0m動く間に，加える力が物体にする仕事 W〔J〕を求めよ。ただし，物体と床との間の動摩擦係数は0.40とし，重力加速度の大きさは $9.8\,\text{m/s}^2$ とする。

指針 仕事の式「$W=Fx$」を用いる。物体は一定の速度で動いているので，水平方向の力は，物体に加えている力と動摩擦力でつりあっている。

解答 物体には図のように，水平方向に外部から加えている力 F と動摩擦力 F' がはたらく。動摩擦力は「$F'=\mu' N$」より

$F'=0.40\times25\times9.8=98\,\text{N}$

水平方向の力はつりあっているので，つりあいの式より

$F=F'=98\,\text{N}$

よって，仕事の式「$W=Fx$」より

$W=98\times5.0=490=4.9\times100=\mathbf{4.9\times10^2\,J}$

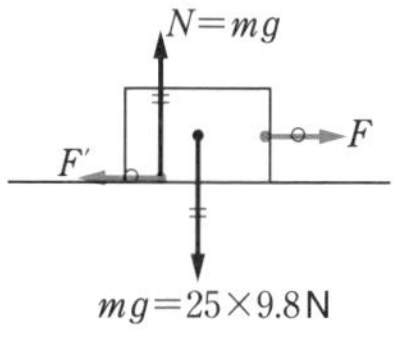

56. 仕事の原理 知 水平面と30°の角をなすなめらかな斜面にそって質量20kgの物体をゆっくり引き上げる。重力加速度の大きさを $9.8\,\text{m/s}^2$ とする。

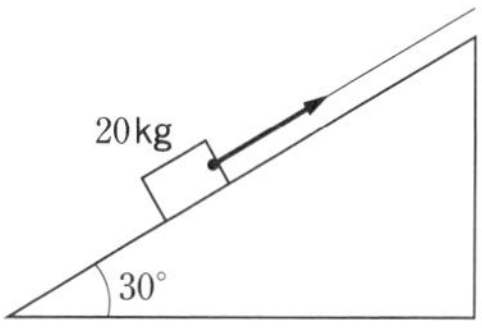

(1) 引き上げるために必要な力 F〔N〕を求めよ。

(2) 斜面にそって10m引き上げるのに必要な仕事 W〔J〕を求めよ。

(3) この物体を同じ高さまで斜面を利用せず，鉛直上方に引き上げるのに必要な仕事 W'〔J〕を求めよ。

(4) 斜面と物体との間に摩擦があり，動摩擦力が22Nであった。斜面にそって10m引き上げるのに必要な仕事 W''〔J〕を求めよ。

(1)＿＿＿＿ (2)＿＿＿＿ (3)＿＿＿＿ (4)＿＿＿＿

▶例題22

57. 仕事率 知 リフトが質量 $2.0\times10^3\,\text{kg}$ の荷物を，一定の速さで4.0秒かけて3.0mの高さまで持ち上げた。このリフトの仕事率 P は何Wか。重力加速度の大きさを $9.8\,\text{m/s}^2$ とする。

＿＿＿＿

リードA

2 力学的エネルギー

リードAの確認問題

a 力学的エネルギー

(1) **エネルギー** 物体がもっている仕事をする能力。単位は J で，仕事と同じ単位。

(2) **力学的エネルギー** 物体がもつ運動エネルギーと位置エネルギーの和。

b 運動エネルギー

質量 m の物体が，速さ v で運動しているときにもっている運動エネルギー K は $K=\frac{1}{2}mv^2$

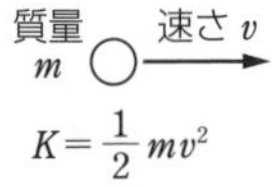

c 重力による位置エネルギー

基準水平面より高さ h にある質量 m の物体のもつ位置エネルギー U は $U=mgh$

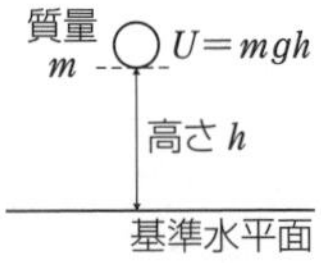

注 基準水平面はどの高さに定めてもよい。物体が基準水平面より下にあれば，$U<0$ となる。

d 弾性力による位置エネルギー

ばね定数 k のばねが，自然の長さから x だけ伸びて（縮んで）いるときに，ばねにつけられた物体がもっている位置エネルギー U は

$$U=\frac{1}{2}kx^2$$

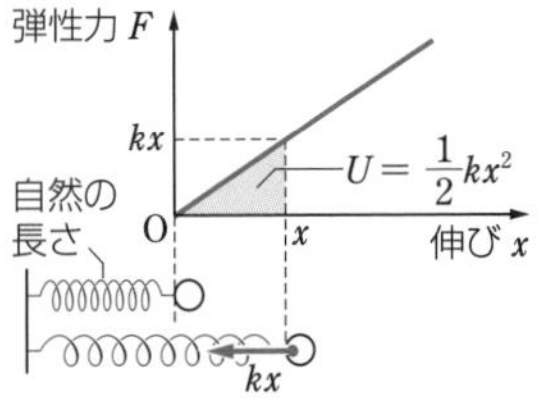

これは，変形したばね自身に蓄えられているエネルギーとも考えられる（**弾性エネルギー**）。

e 仕事と運動エネルギーの関係

(1) （運動エネルギーの変化）＝（物体がされた仕事）

$$\frac{1}{2}mv^2-\frac{1}{2}mv_0{}^2=W$$

(2) （はじめの運動エネルギー）＋（物体がされた仕事）＝（終わりの運動エネルギー）

$$\frac{1}{2}mv_0{}^2+W=\frac{1}{2}mv^2$$ （(1)の式を変形）

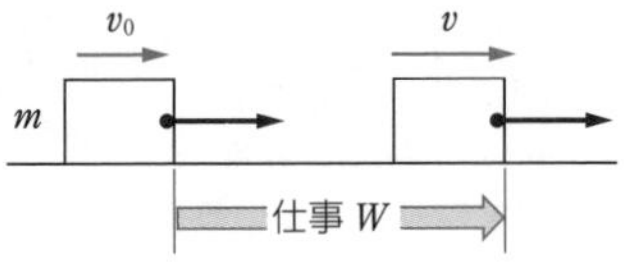

f 保存力と位置エネルギー

物体が動くとき，物体にはたらく力のする仕事が経路に関係なく，始点と終点の位置だけで決まるような場合，その力を**保存力**という。保存力のする仕事は位置エネルギーの差に対応する（保存力の例：重力，弾性力）。

g 力学的エネルギー保存則

保存力だけが仕事をする物体の運動では，力学的エネルギーは一定に保たれる。

$$\left(\begin{matrix}\text{はじめの}\\\text{力学的エネルギー}\end{matrix}\right)=\left(\begin{matrix}\text{終わりの}\\\text{力学的エネルギー}\end{matrix}\right)$$

$$K_1+U_1 \quad = \quad K_2+U_2 \quad =\text{一定}$$

h 保存力以外の力が仕事をする場合

物体が保存力以外の力（摩擦力・空気の抵抗力など）に仕事をされると，物体の力学的エネルギーはその分だけ変化する。

リードB

基礎 CHECK

1. 5.0m/s の速さで進んでいる質量 2.0kg の物体がもつ運動エネルギー K は何 J か。

〔　　　　　〕

2. ばね定数 20N/m のつる巻きばねを 0.30m 引き伸ばしたとき，ばねのもつ弾性エネルギー U は何 J か。

〔　　　　　〕

3. 地上 25m の所にある質量 2.0kg の物体がもつ重力による位置エネルギー U は何 J か。位置エネルギーの基準を地面にとり，重力加速度の大きさを 9.8m/s² とする。

〔　　　　　〕

解答

1. 運動エネルギーの式「$K=\frac{1}{2}mv^2$」より　$K=\frac{1}{2}\times2.0\times5.0^2=$ **25 J**

2. 弾性エネルギーの式「$U=\frac{1}{2}kx^2$」より　$U=\frac{1}{2}\times20\times0.30^2=$ **0.90 J**

3. 重力による位置エネルギーの式「$U=mgh$」より　$U=2.0\times9.8\times25=490=4.9\times100=$ **4.9×10^2 J**

Let's Try!

例題 23 重力による位置エネルギー

➡ 58, 59

解説動画

質量 5.0kg の物体Aが高さ 10m の建物の屋上にあり，同じ質量の物体Bが地下 5.0m の地下室の床上にある。次の各場合について，物体Aと物体Bの重力による位置エネルギー U_A〔J〕，U_B〔J〕とその差 $\varDelta U$〔J〕を求めよ。重力加速度の大きさを 9.8m/s^2 とする。

(1) 地面を基準としたとき

(2) 地下室の床を基準としたとき

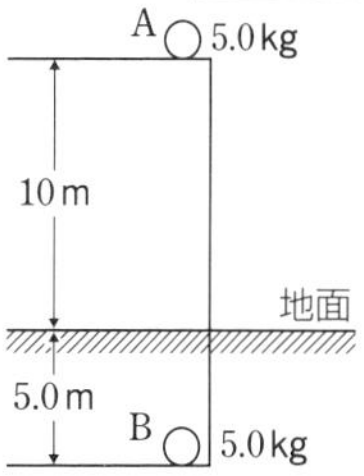

指針 重力による位置エネルギーは，基準をどこにとるかによって大きさが異なるが，２点間の位置エネルギーの差は基準をどこにとるかにはよらず一定となる。

解答 (1) 重力による位置エネルギーの式「$U=mgh$」より

$U_A=5.0\times9.8\times10=490=4.9\times100=\mathbf{4.9\times10^2\ J}$

$U_B=5.0\times9.8\times(-5.0)=-245=-2.45\times100=-2.45\times10^2\fallingdotseq\mathbf{-2.5\times10^2\ J}$

$\varDelta U=4.9\times10^2-(-2.45\times10^2)=(4.9+2.45)\times10^2=7.35\times10^2\fallingdotseq\mathbf{7.4\times10^2\ J}$

参考 物体Bは基準面（地面）よりも下にあるので，高さには − の符号をつけなければならない。

(2) 重力による位置エネルギーの式「$U=mgh$」より

$U_A=5.0\times9.8\times15=735=7.35\times100=7.35\times10^2\fallingdotseq\mathbf{7.4\times10^2\ J}$

$U_B=5.0\times9.8\times0=\mathbf{0\ J}$

$\varDelta U=\mathbf{7.4\times10^2\ J}$

参考 (1)，(2)の結果より，２点間の位置エネルギーの差は，基準をどこにとっても同じ値になる。

58. 仕事 知 長さ 0.20m の軽い糸に質量 5.0kg のおもりをつけた振り子がある。図のように，糸が鉛直線と 60° の角をなす位置Aからおもりを静かにはなした。重力加速度の大きさを 9.8m/s^2 とする。おもりがAからBまで移動する間に，糸が引く力がおもりにする仕事 W_1〔J〕，重力がおもりにする仕事 W_2〔J〕をそれぞれ求めよ。

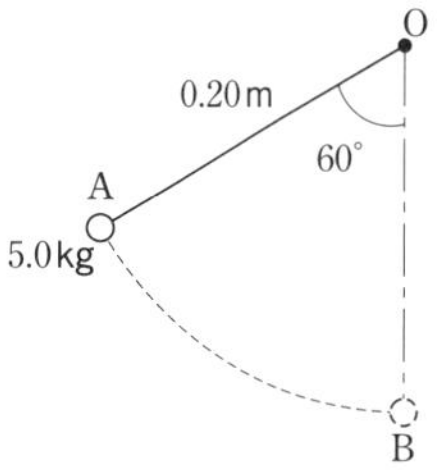

W_1：＿＿＿＿＿＿ W_2：＿＿＿＿＿＿

▷例題23

59. 仕事 知 ともになめらかな，曲面と水平面がつながっている。水平面から 2.0m の高さの曲面上の点Aに質量 0.50kg の小球を置き，静かにすべらせたところ，小球は水平面上の点Bを通過した。小球がAからBまで移動する間に，面が及ぼす力が小球にする仕事 W_1〔J〕，重力が小球にする仕事 W_2〔J〕をそれぞれ求めよ。重力加速度の大きさを 9.8m/s^2 とする。

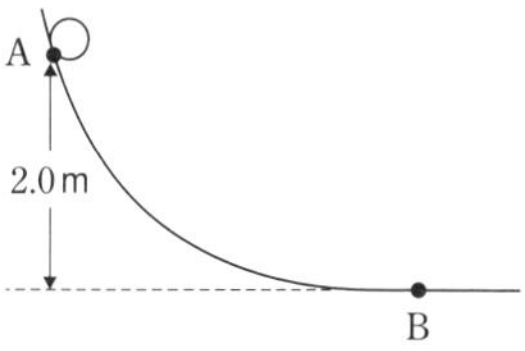

W_1：＿＿＿＿＿＿ W_2：＿＿＿＿＿＿

▷例題23

例題24 仕事と運動エネルギー

➡ 60, 61

解説動画

あらい水平面上で質量 4.0kg の物体を初速度 5.0m/s ですべらせた。物体と水平面との間の動摩擦係数を 0.20，重力加速度の大きさを $9.8\,m/s^2$ とする。

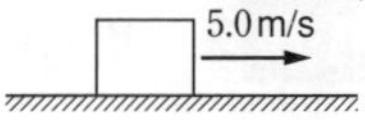

(1) この物体が止まるまでに，動摩擦力がする仕事 W は何 J か。

(2) この物体が止まるまでにすべる距離 x は何mか。

指針 (1) 物体の運動エネルギーの変化が動摩擦力がした仕事に等しい。
(2) 動摩擦力の向きは移動の向きと反対なので，仕事は $W=-Fx$

解答 (1) $W=\frac{1}{2}m\times0^2-\frac{1}{2}mv_0{}^2=0-\frac{1}{2}\times4.0\times5.0^2=$ **−50 J**

(2) 動摩擦力の大きさは　$F=0.20\times(4.0\times9.8)$N

「$W=-Fx$」より　$x=\frac{W}{-F}=\frac{-50}{-0.20\times(4.0\times9.8)}=6.37\cdots\fallingdotseq$ **6.4m**

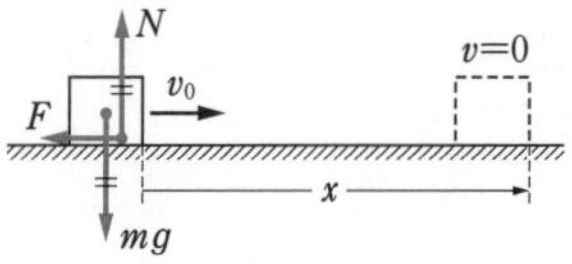

60. 仕事と運動エネルギー 知　3.0m/s の速さで等速直線運動をする質量 6.0kg の物体に，48 J の正の仕事を加えると，物体の速さ v は何 m/s になるか。

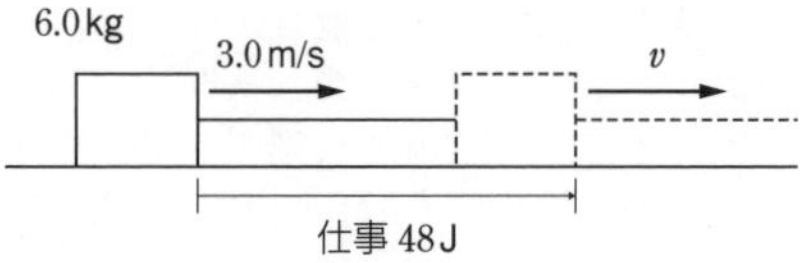

▷例題24

61. 仕事と運動エネルギー 知　均質で水平な路上を速さ 20m/s で走っていた質量 2.0×10^3kg の自動車が急ブレーキをかけた。車輪の回転が止まり，自動車は路面を 50m すべって停止した。

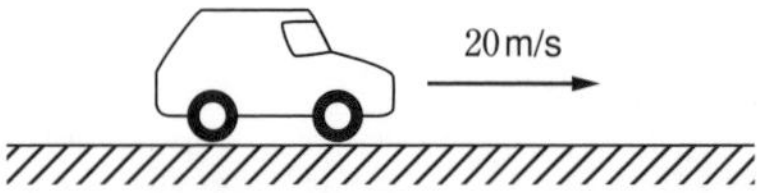

(1) 自動車がすべり始めてから停止するまでの間に，タイヤにはたらく摩擦力が自動車にした仕事 W〔J〕を求めよ。

(2) 自動車がすべっている間，タイヤにはたらいていた摩擦力の大きさ F〔N〕を求めよ。

(1)　　　　(2)

▷例題24

62. 仕事と運動エネルギー 考　質量5.0kgの物体に水平方向の力を加えて，力の向きに直線運動を行わせた。物体の移動距離 x〔m〕と力の大きさ F〔N〕との関係は，図のグラフで表される。$x=0$m における物体の速さは6.0m/sであった。

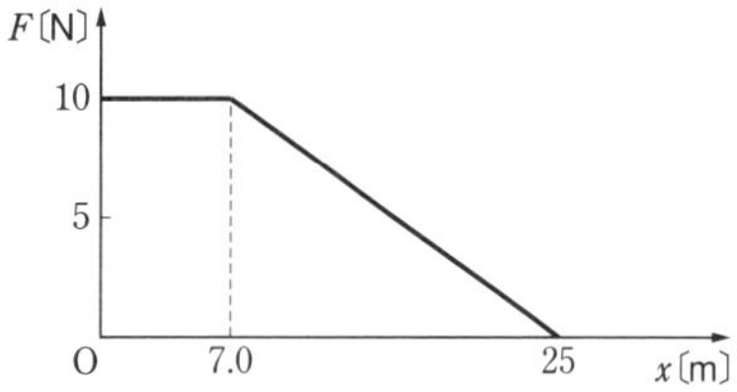

(1) $x=0$m から $x=7.0$m までの間に，力が物体にした仕事 W_1〔J〕を求めよ。
(2) $x=7.0$m における物体の速さ v_1〔m/s〕を求めよ。
(3) $x=7.0$m から $x=25$m までの間に，力が物体にした仕事 W_2〔J〕を求めよ。
(4) $x=25$m における物体の速さ v_2〔m/s〕を求めよ。

(1)＿＿＿＿　(2)＿＿＿＿　(3)＿＿＿＿　(4)＿＿＿＿

63. 弾性エネルギー 知　ばね定数10N/mのつる巻きばねについて次の問いに答えよ。

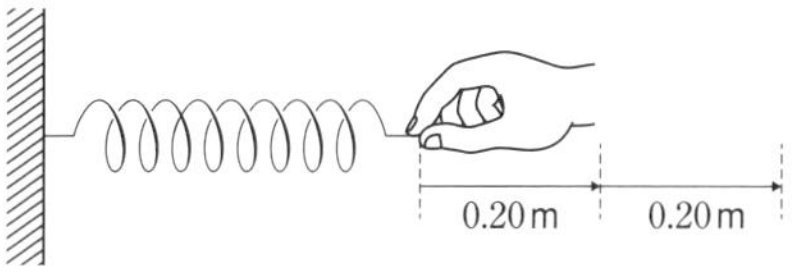

(1) このばねを自然の長さから0.20m引き伸ばしたとき，ばねのもつ弾性エネルギー U_1〔J〕を求めよ。
(2) このばねを，さらに0.20m引き伸ばしたとき，ばねのもつ弾性エネルギー U_2〔J〕を求めよ。このとき，ばねを0.20m引き伸ばすのに要した仕事 W〔J〕を求めよ。

(1)＿＿＿＿　(2) U_2：＿＿＿＿　W：＿＿＿＿

の解説動画

例題25 力学的エネルギーの保存

➡ 64, 65

解説動画

ともになめらかな，斜面ABと水平面BCがつながっており，点Cにばね定数50N/mの長いばねがつけてある。

水平面BCから2.5mの高さの点Aに質量2.0kgの物体を置き，静かにすべり落とした。ただし，重力加速度の大きさを$9.8\,\mathrm{m/s^2}$とし，水平面BCを高さの基準にとる。

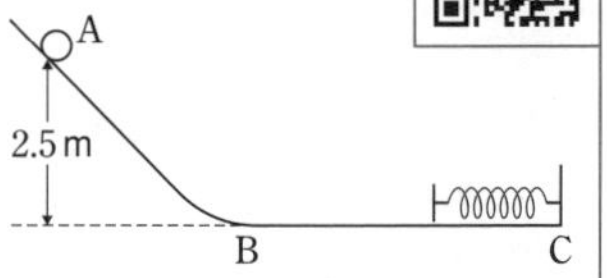

(1) 点Aでの物体の力学的エネルギーは何Jか。

(2) 水平面BCに達したときの物体の速さvは何m/sか。

(3) 物体がばねに当たり，ばねを押し縮めていくとき，ばねの最大の縮みxは何mか。

指針 (2),(3) 重力や弾性力(ともに保存力)による運動では，力学的エネルギー(運動エネルギーKと位置エネルギーUの和)は一定に保たれる。すなわち **$K+U=$一定**

解答 (1) $K_A+U_A=0+2.0\times9.8\times2.5=$**49J**

(2) 力学的エネルギー保存則により

$K_B+U_B=K_A+U_A$

よって　$\frac{1}{2}\times2.0\times v^2+0=49$

$v^2=49$　　ゆえに　$v=$**7.0m/s**

(3) (2)と同様に，$K+U=K_A+U_A$

ばねが最も縮んだとき，物体の速さは0であるから　$K=0$

よって　$0+\frac{1}{2}\times50\times x^2=49$

$x^2=\frac{49}{25}=\frac{7.0^2}{5.0^2}$　　ゆえに　$x=$**1.4m**

POINT

①運動エネルギー	②重力による位置エネルギー	③弾性力による位置エネルギー
$K=\frac{1}{2}mv^2$	$U=mgh$	$U=\frac{1}{2}kx^2$

64. 力学的エネルギーの保存 知　長さlの糸に質量mのおもりをつけた振り子がある。糸が鉛直方向と30°をなす位置からおもりを静かにはなした。重力加速度の大きさをgとする。

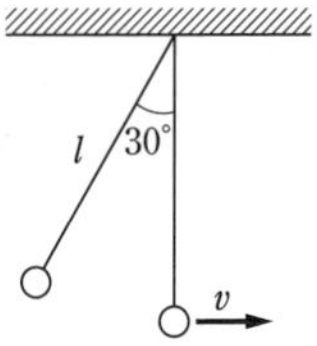

(1) はじめの位置において，おもりがもつ重力による位置エネルギーUを求めよ。ただし，おもりの最下点を位置エネルギーの基準とする。

(2) おもりが最下点を通過するときの速さvを求めよ。

(1) ＿＿＿＿＿＿　(2) ＿＿＿＿＿＿

▷例題25

65. 力学的エネルギーの保存 知　ばね定数$1.0\times10^2\,\mathrm{N/m}$のばねの一端を固定してなめらかな水平面上に置き，他端に質量0.25kgの物体を押しつけ，ばねを0.20mだけ縮めて手をはなした。ばねが自然の長さになったときの物体の速さv[m/s]を求めよ。

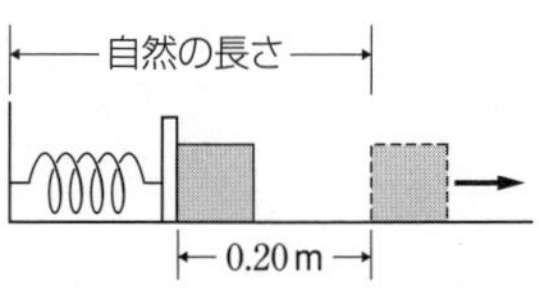

＿＿＿＿＿＿

▷例題25

例題 26 保存力以外の力の仕事

➡ 66, 67

解説動画

点Aを境に左側がなめらかで右側があらい水平面がある。点Aより左側のなめらかな水平面上で，ばね定数 100N/m のばねの一端を固定し，他端に質量 1.0kg の物体を置く。ばねを 0.70m だけ縮めて手をはなすと，物体はばねが自然の長さになった位置でばねから離れた。重力加速度の大きさを $9.8\,\mathrm{m/s^2}$ とする。

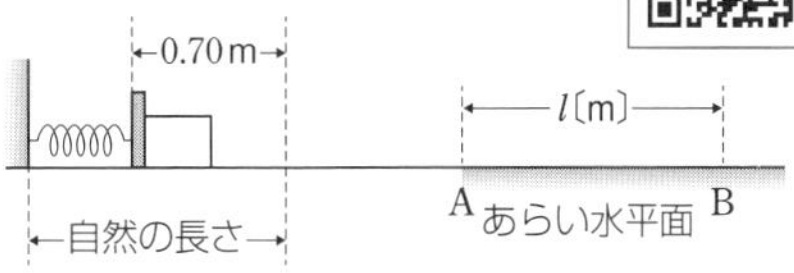

(1) 物体がばねから離れるときの速さ v は何 m/s か。

物体はばねから離れた後右に進み，点Aを通過して点Bで停止した。

(2) 物体とあらい面との間の動摩擦係数が 0.50 のとき，AB 間の距離 l は何 m か。

指針 (2) 力学的エネルギーの変化＝動摩擦力がした仕事 ($W=-Fx$)

解答 (1) 最初に物体のもつ弾性力による位置エネルギーは　$U=\frac{1}{2}\times100\times0.70^2$ J

ばねから離れた後に物体のもつ運動エネルギーは

$K=\frac{1}{2}\times1.0\times v^2$〔J〕

力学的エネルギー保存則より

$0+\frac{1}{2}\times100\times0.70^2=\frac{1}{2}\times1.0\times v^2+0$

ゆえに　$v=\sqrt{100\times0.70^2}=$ **7.0m/s**

(2) 動摩擦力が物体にした仕事は

$W=-0.50\times1.0\times9.8\times l=-4.9l$〔J〕

物体の力学的エネルギーの変化＝W より

$\frac{1}{2}\times1.0\times0^2-\frac{1}{2}\times1.0\times7.0^2=-4.9l$

ゆえに　$l=\frac{7.0^2}{2\times4.9}=$ **5.0m**

66. 保存力以外の力の仕事 知　図のように，なめらかな斜面とあらい水平面がつながっている。水平面から高さ 0.25m の斜面上の点Aに質量 2.0kg の小物体を置き，静かにすべらせたところ，物体は水平面上に達してから 0.70m の距離をすべって点Bで停止した。重力加速度の大きさを $9.8\,\mathrm{m/s^2}$ とする。

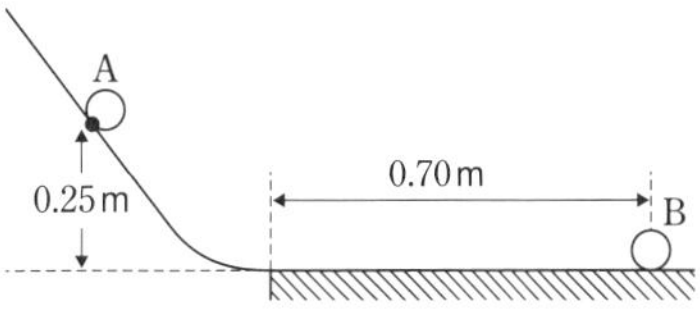

(1) 物体がAからBまで移動する間の，物体の力学的エネルギーの変化を求めよ。

(2) 物体と水平面との間の動摩擦力の大きさ f〔N〕を求めよ。

(1)　　　　(2)

▷ 例題26

67. 保存力以外の力の仕事 知　図のように，床と斜面がつながれている。床の AB 間はあらいが，他はなめらかである。床の一部分にばね定数 k のばねをつけ，一端に質量 m の物体を押しあてて，ばねを l 縮めた。AB 間の物体と床との間の動摩擦係数を μ'，距離を S，重力加速度の大きさを g とする。

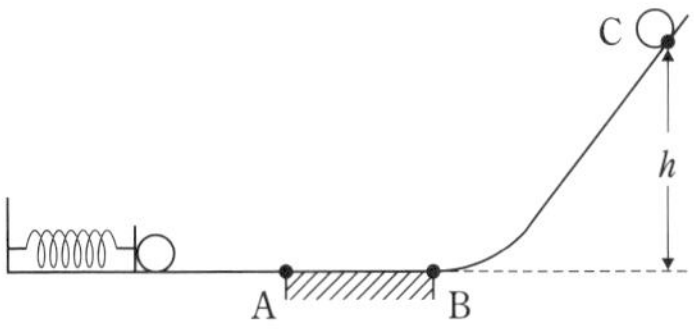

(1) ばねを解放したとき，物体が点Aに達する直前の速さ v_A を求めよ。

(2) 物体は点Bを通過後，斜面を上り，最高点Cに達した。Cの床からの高さ h を求めよ。

(1)　　　　(2)

▷ 例題26

編末問題

68. 等加速度直線運動のグラフ 考 図1のように，ある物体が x 軸上を点A(原点O)から出発し，点Bに到達した後，点Cまで引きかえした。この物体の運動は図2の速度と時間の関係で表される。物体は，時刻 0s にAを出発し15.0秒後にCに達した。ここで，x 軸上の正の向きを速度と加速度の正の向きとする。次の問いに答えよ。

(1) 物体がBに達したときの時刻を答えよ。
(2) 物体がBからCへもどったときのCにおける速度を答えよ。
(3) この物体の加速度を答えよ。　(4) Bの x 座標を答えよ。
(5) Cの x 座標を答えよ。

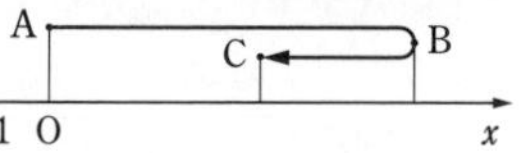

図1

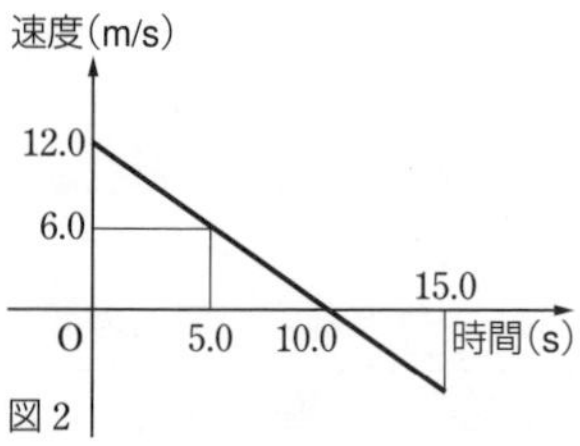

図2

〔20 金沢医大〕

(1) ＿＿＿＿　(2) ＿＿＿＿
(3) ＿＿＿＿　(4) ＿＿＿＿　(5) ＿＿＿＿

69. 鉛直投げ上げ 考 地上から鉛直上方に花火玉を打ち上げ，地上 H〔m〕の所で最高点に達した瞬間に破裂させたい。このとき，花火玉を打ち上げてから，何秒後に破裂させるようにすればよいか。ただし，重力加速度の大きさを g〔m/s^2〕として，空気抵抗は無視し，上昇中に花火玉からの火やガスの噴出はないものとする。

〔広島工大 改〕

＿＿＿＿

70. 動滑車を含む力のつりあい 知 次の文章中の空欄 □ に入れる数値を求めよ。

なめらかに回転する定滑車と動滑車を組み合わせた装置を用いて，質量 50kg の荷物を，質量 10kg の板にのせて床から持ち上げたい。質量 60kg の人が，図のように板に乗って鉛直下向きにロープを引いた。ロープを引く力を徐々に強めていったところ，引く力が □ N より大きくなると，初めて荷物，板および自分自身を一緒に持ち上げることができた。ただし，動滑車をつるしているロープは常に鉛直であり，板は水平を保っていた。滑車およびロープの質量は無視できるものとする。また，重力加速度の大きさを 9.8m/s^2 とする。

〔21 共通テスト〕

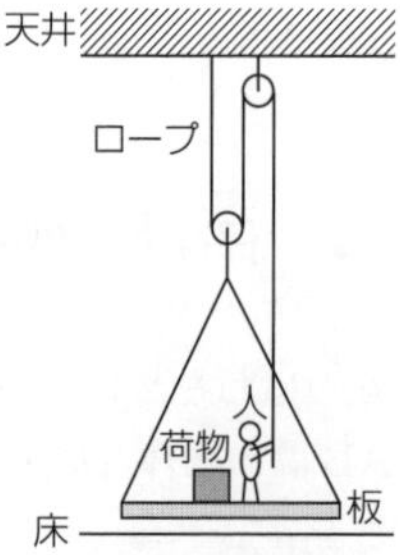

＿＿＿＿

71. 慣性の法則 考 作図 初めに速度を与え，図1のような斜面のあるなめらかな経路にそって，質量 m の物体を一定の速さで進ませたい。経路にそった方向に，どのような力を加えればよいか。横軸に物体の水平方向の位置 x を，縦軸に加える力 F をとったグラフを図2にかけ。ただし，物体の大きさは無視でき，物体の進む向きを正の向きとする。また，重力加速度の大きさを g とする。

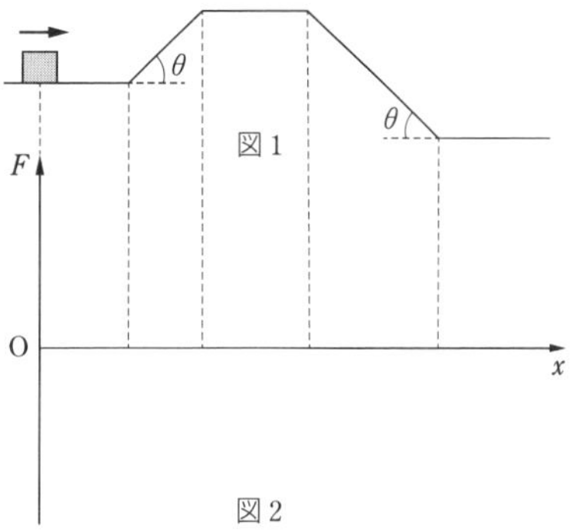

図1
図2

72. 運動方程式 考 図はエレベーターが上昇したときの v-t 図である。

このエレベーターにのっている質量 50kg の人が，エレベーターの加速，等速，および減速中に，それぞれ床に及ぼす力の大きさは何 N か。ただし，重力加速度の大きさを 9.8 m/s² とする。

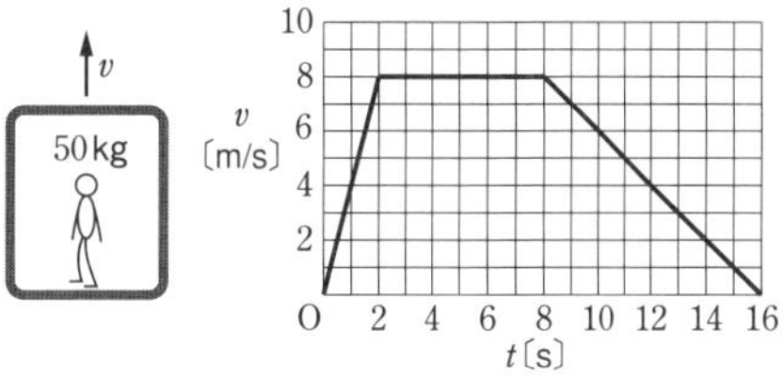

加速中：　　　等速中：　　　減速中：

73. 静止摩擦力と動摩擦力 知 水平な板の上に物体を置く。物体と板との間の静止摩擦係数を μ，動摩擦係数を μ'，重力加速度の大きさを g とする。

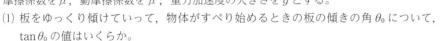

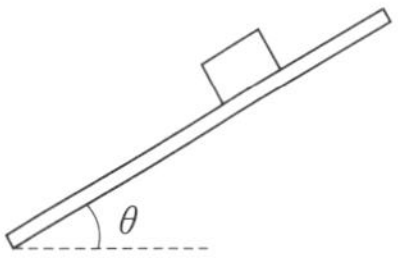

(1) 板をゆっくり傾けていって，物体がすべり始めるときの板の傾きの角 θ_0 について，$\tan\theta_0$ の値はいくらか。

(2) 板の傾きの角を θ_0 より大きい角 θ に保ち，その上で物体をすべらせる。すべり下りるときの加速度の大きさ a を求めよ。

(1)　　　(2)

74. 動く板上での物体の運動 知 図に示すように，水平でなめらかな床の上に質量 $2m$ の板状の物体Aをおき，さらに，Aの上に質量 m の物体Bをのせる。AとBとの間には摩擦があり，静止摩擦係数を μ，動摩擦係数を μ' とする。Aにひもを取りつけ，水平な力を図の右向きに加えて引っ張り続けるときのA，Bの運動を考える。重力加速度の大きさを g とし，右向きを正とする。また，床やAの水平方向の長さは十分長いとして，次の問いに答えよ。

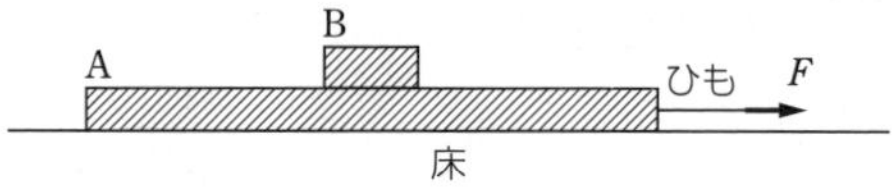

(1) 加える力の大きさが一定で F であるとき，BはAの上ですべらずに，A，Bは一体となって運動した。ただし，A，Bは静かに動きはじめたとする。
(a) A，Bの加速度の大きさを求めよ。 (b) AとBとの間にはたらいている摩擦力の大きさを求めよ。
(2) 加える力の大きさ F をゆっくり増加させると，AとBとの間ですべりが生じ，A，Bは別々に運動を始めた。A，Bが別々に運動を始める瞬間の F の値 F_0 を求めよ。
(3) F を F_0 より大きい一定値に保って，Aを水平右向きに引っ張り続けた。
(a) BがAから受ける動摩擦力の大きさと向きを求めよ。 (b) A，Bの加速度の大きさを求めよ。

〔福井工大 改〕

(1) (a) A： B： (b) (2)

(3) (a) 大きさ： 向き： (b) A： B：

75. 浮力 知 図のように，密度が ρ_1，一片の長さが a である一様な立方体の木片を，水深 $2l$ の水槽の底に固定された長さ l の軽い糸につけて上面を水平にして沈ませ静止させた。l は a に比べて十分大きいとする。また，水の密度を ρ_2 とすると，$\rho_1 < \rho_2$ である。重力加速度の大きさを g とし，次の問いに答えよ。

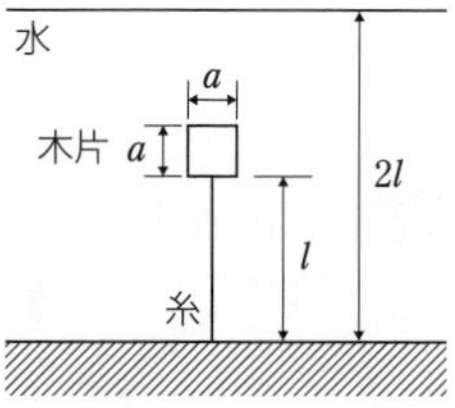

(1) 糸の張力の大きさを求めよ。
(2) 糸を切ると，木片は浮く。木片の上面が水平になって静止したとき，木片が水面よりも出ている部分の高さを求めよ。

〔19 兵庫医大〕

(1) (2)

76. 力学的エネルギー保存則 知 図のように，天井から長さ l〔m〕の伸び縮みしない軽い糸でつるされた質量 m〔kg〕の小球がある。小球を糸がたるまないように，最下点Aから水平方向に糸をつないだばねはかりで引っ張った。糸が鉛直方向と 60° をなす点Bまで持ち上げたとき，次の問いに答えよ。ただし，重力加速度の大きさを g〔m/s²〕，最下点Aを含む水平面を重力による位置エネルギーの基準とし，$\sqrt{3}=1.7$ とする。

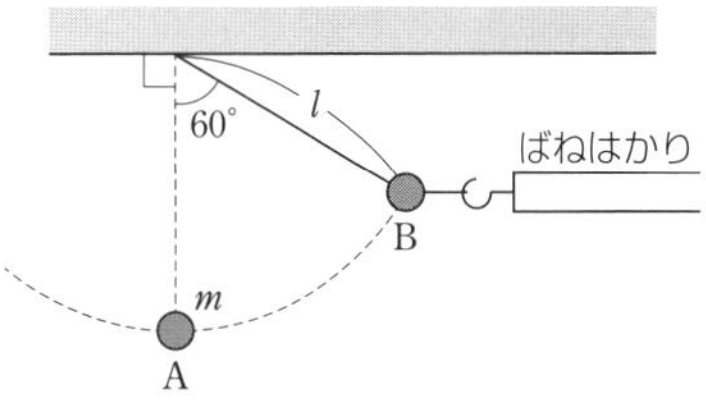

(1) 天井からの糸が小球を引く張力の大きさ T〔N〕を求めよ。　(2) ばねはかりの目盛り F〔N〕を求めよ。

小球とばねはかりの間の糸を切り，点Bから小球を静かにはなした。

(3) 点Bにおける小球の重力による位置エネルギー U〔J〕を求めよ。

(4) 最下点Aを通過するときの小球の速さ v〔m/s〕を求めよ。

〔18 九州産大 改〕

(1)　(2)　(3)　(4)

77. 保存力以外の力の仕事 知 図のように，水平面から高さが H〔m〕の点Aから，質量 m〔kg〕の小物体がなめらかな斜面を初速 0m/s ですべり下り，あらい水平面 BC 上で動摩擦力を受けて減速した。小物体が点Bを通過するときの速さを v〔m/s〕，重力加速度の大きさを g〔m/s²〕，空気抵抗の影響は無視できるものとして，次の問いに答えよ。

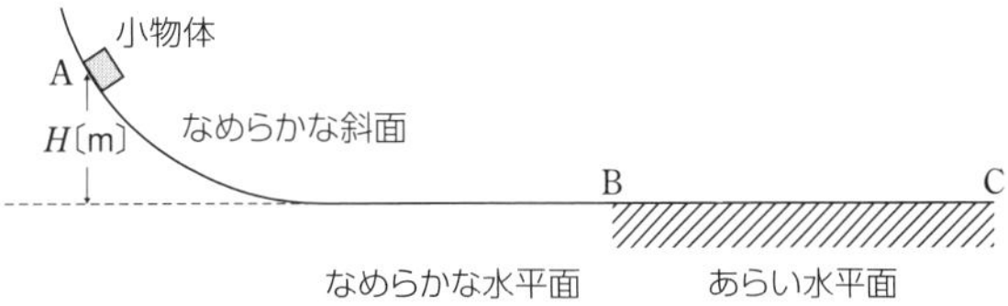

(1) 小物体がAにあるときの力学的エネルギー E〔J〕を m，g および H を用いて表せ。ただし，重力による位置エネルギーの基準面を水平面にとる。

(2) 小物体がBを通過するときの速さ v〔m/s〕を g と H を用いて表せ。

(3) 小物体がCを通過したときの速さは $\frac{1}{2}v$〔m/s〕であった。動摩擦力が BC 間で小物体にした仕事 W〔J〕を m，g および H を用いて表せ。

(4) BC 間の距離を L〔m〕とする。(3)のとき，物体と水平面の間にはたらく動摩擦力の大きさ F'〔N〕と動摩擦係数 μ' を m，g，H，L の中から必要なものを用いて表せ。

〔23 広島工大 改〕

(1)　(2)　(3)

(4) F'：　μ'：

第6章 熱とエネルギー

リード A

1 熱と熱量

リードAの確認問題

a 熱と温度

(1) **熱運動**　物質を構成する分子や原子は不規則な運動（**熱運動**）をしている。熱運動する分子などが微粒子に衝突して，微粒子がゆれ動く現象を**ブラウン運動**という。

(2) **絶対温度（熱力学温度）**　t〔℃〕に 273 を加えた温度 T〔K〕　$\boldsymbol{T=t+273}$

(3) **比熱（比熱容量）**　単位質量の物質の温度を 1K だけ上昇させるのに必要な熱量。

(4) **熱容量**　物体の温度を 1K だけ上昇させるのに必要な熱量。比熱 c〔J/(g·K)〕の物質からなる，質量 m〔g〕の物体の熱容量 C〔J/K〕は　$\boldsymbol{C=mc}$

(5) **温度変化と熱量**　比熱 c〔J/(g·K)〕，質量 m〔g〕の物体の温度を ΔT〔K〕上昇させるときに必要な熱量 Q〔J〕は

$$Q=C\Delta T=mc\Delta T$$

物理量	主な記号	単位
絶対温度	T	K
熱量	Q	J，cal
比熱	c	J/(g·K)，J/(kg·K)
熱容量	C	J/K

b 熱量の保存

高温物体Aと低温物体Bを接触させたとき

Aが失った熱量 Q_A＝Bが得た熱量 Q_B

最終的に両者の温度が等しくなり，熱のやりとりが行われなくなった状態を**熱平衡**という。

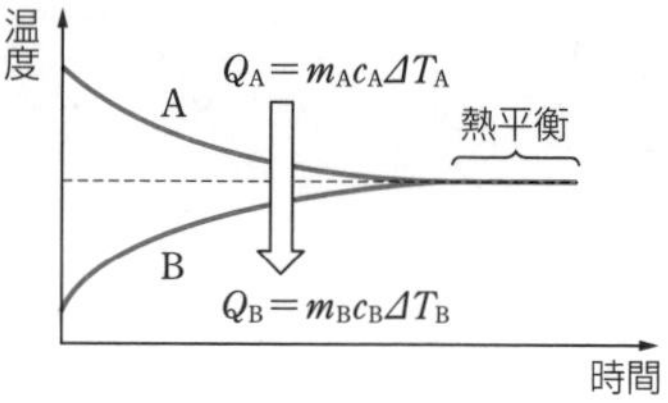

リード B

基礎 CHECK

1. 水中で花粉を観察すると，花粉が破裂して出てきた微粒子が不規則にゆれ動く。この現象を［ア］運動という。これは，水分子が不規則に運動して，微粒子に衝突するためであり，このような分子の運動を［イ］という。

ア：〔　　　〕　イ：〔　　　〕

2. 0℃ は何Kか。また，400K は何 ℃ か。

0℃：〔　　　〕　400K：〔　　　〕

3. 比熱 0.38 J/(g·K) の銅 20g の温度を，5.0K だけ上げるのに必要な熱量 Q は何 J か。

〔　　　〕

4. 10g の水の温度を 15℃ から 30℃ に上げるのに必要な熱量は何 J か。水の比熱を 4.2 J/(g·K) とする。

〔　　　〕

5. 同じ質量の，アルミニウム製の鍋（比熱 0.90 J/(g·K)）と鉄製の鍋（比熱 0.45 J/(g·K)）がある。等しい熱量を与えたとき，温度上昇が大きいのはどちらか。

〔　　　〕

6. ある金属の塊 5.0×10^2 g に 3.8×10^2 J の熱を与えたら，温度が 2.0 K だけ上昇した。次の値を求めよ。

(1) この金属の塊の熱容量 C〔J/K〕

(2) この金属の比熱 c〔J/(g·K)〕

(1)〔　　　〕　(2)〔　　　〕

解答

1. (ア) **ブラウン**　(イ) **熱運動**

2. 0℃ は　0＋273＝**273K**
400K は　400－273＝**127℃**

3. 「$Q=mc\Delta T$」より　$Q=20\times0.38\times5.0=\mathbf{38}$ **J**

4. 「$Q=mc\Delta T$」より，必要な熱量 Q は
$Q=10\times4.2\times(30-15)=630=6.3\times100$
$=\mathbf{6.3\times10^2}$ **J**

5. 「$Q=mc\Delta T$」より，質量 m，熱量 Q が等しいので，比熱 c が小さいほど温度上昇 ΔT が大きくなる。
よって　**鉄製の鍋**

6. (1) 「$Q=C\Delta T$」より　$C=\dfrac{Q}{\Delta T}=\dfrac{3.8\times10^2}{2.0}=\mathbf{1.9\times10^2}$ **J/K**

(2) 「$C=mc$」より　$c=\dfrac{C}{m}=\dfrac{1.9\times10^2}{5.0\times10^2}=\mathbf{0.38}$ **J/(g·K)**

Let's Try!

例題 27 熱量の保存

➡ 78, 79, 80

解説動画

熱量計の中へ 140 g の水を入れたとき，容器も水も一様に温度が 27 °C になった。

(1) 図 1 のように，この中へ 47 °C の水 40 g を追加したところ，全体の温度が 31 °C になった。容器の熱容量 C は何 J/K か。水の比熱を 4.2 J/(g·K) とする。

(2) さらにこの中へ，図 2 のように，100 °C に熱した 150 g の金属球を入れてかきまぜたところ，全体の温度が 40 °C になった。金属球の比熱 c は何 J/(g·K) か。

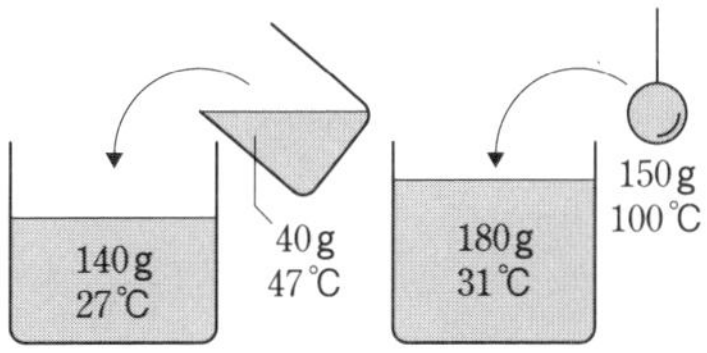

図 1　図 2

指針 「高温物体が失った熱量＝低温物体が得た熱量」 すなわち，熱量の保存の式をつくる。

解答 (1) 熱量の保存によって

$40\times4.2\times(47-31)$
$=(140\times4.2+C)\times(31-27)$

これを解いて　$C=$**84 J/K**

(2) 熱量の保存によって

$150\times c\times(100-40)$
$=\{(140+40)\times4.2+84\}\times(40-31)$

これを解いて　$c=$**0.84 J/(g·K)**

POINT

熱量の保存
高温物体が失う熱量＝低温物体が得る熱量

78. 熱量の保存 知　30 °C，150 g の水に，15 °C，100 g の水を加えたとき，混合後の温度 t〔°C〕を求めよ。

▷ 例題 27

79. 熱量の保存 知　容器に水が 285 g 入っており，全体の温度は 20 °C であった。この容器に 80 °C の湯 200 g を加えたところ，全体の温度は 44 °C になった。この容器の熱容量 C〔J/K〕を求めよ。ただし，水の比熱を 4.2 J/(g·K) とする。

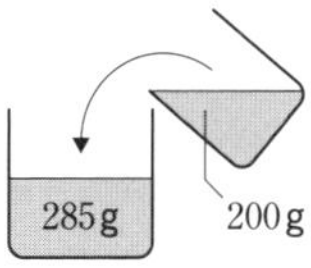

▷ 例題 27

80. 熱量の保存 知　熱容量 40 J/K の熱量計に 200 g の水を入れ，温度を測定すると 20.0 °C であった。その中に 73.0 °C に熱した 60 g の金属球を入れると，全体の温度が 23.0 °C で一定になった。水の比熱を 4.2 J/(g·K) とする。

(1) この金属の比熱を有効数字 2 桁で求めよ。

(2) この測定後，長い時間が経過して熱が逃げ，全体の温度が 22.0 °C に下がった。この間に逃げた熱量を有効数字 2 桁で求めよ。

(1) ＿＿＿＿　(2) ＿＿＿＿

▷ 例題 27

リードA

2 熱と物質の状態

リードAの確認問題

a 物質の三態と潜熱

(1) **物質の三態**　固体・液体・気体の3つの状態。

粒子は不規則に運動（熱運動）しており，温度が高いほど運動エネルギーが大きい。

物質の三態（水の場合）

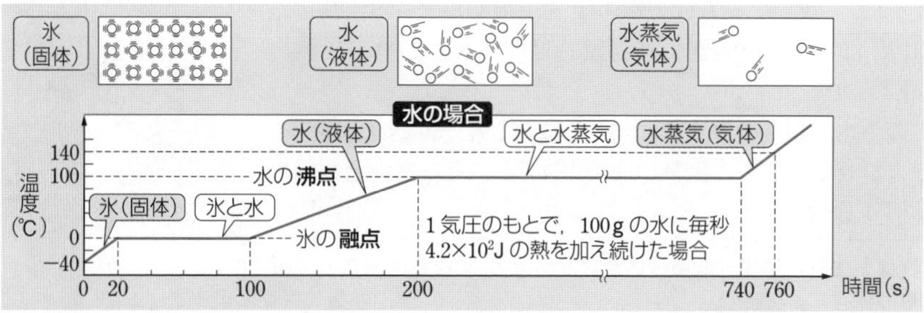

(2) **融点と沸点**　融点…固体と液体が共存する温度　沸点…液体と気体が共存する温度

(3) **潜熱**　物質の状態変化に伴う熱。潜熱を吸収，放出して状態が変化している間，**物質の温度は一定。**

- **融解熱**…単位質量の物質を，固体から液体に変えるのに必要な熱量。
- **蒸発熱**…単位質量の物質を，液体から気体に変えるのに必要な熱量。

（融解熱，蒸発熱の単位：J/g，J/kg）

b 熱膨張

(1) **熱膨張**　温度が上がり，長さや体積が大きくなること。

(2) **線膨張率**　0℃のときの長さを l_0，t〔℃〕のときの長さを l とするとき

$\boldsymbol{l=l_0(1+\alpha t)}$　（α〔1/K〕：線膨張率）

リードB

基礎CHECK

1. 水に一定の熱を加え続けて，固体→液体→気体と，ゆっくり変化させた。このときの状態変化のグラフの形として適当なものを，次の①，②，③から選べ。

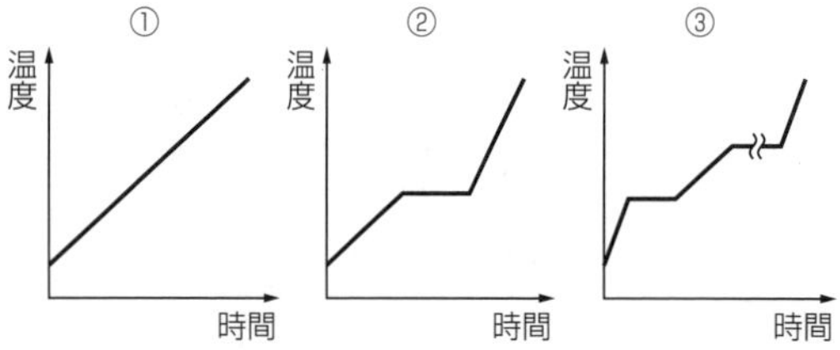

〔　　　　〕

2. 0℃，200gの氷を，0℃，200gの水にするのに必要な熱量 Q は何Jか。水の融解熱を 3.3×10^2 J/g とする。

〔　　　　〕

3. 100℃，10gの水を，100℃，10gの水蒸気にするのに必要な熱量 Q〔J〕を求めよ。水の蒸発熱を 2.3×10^3 J/g とする。

〔　　　　〕

4. 0℃のときの長さが l_0〔m〕の鉄製のレールは，t〔℃〕では0℃のときに比べてどれだけ長くなるか。鉄の線膨張率を α〔1/K〕とする。

〔　　　　〕

解答

1. 固体から液体，液体から気体に状態変化するときには潜熱を吸収するため，それぞれ温度が一定になる時間がある。このときグラフは水平となる。よって，③

2. 1g当たり 3.3×10^2 J必要であるから

$Q=200\times(3.3\times10^2)=\boldsymbol{6.6\times10^4}$ **J**

3. 1gの水を同温，同質量の水蒸気にするのに必要な熱量は 2.3×10^3 J であるから

$Q=(2.3\times10^3)\times10=\boldsymbol{2.3\times10^4}$ **J**

4. t〔℃〕でのレールの長さ l は　$l=l_0(1+\alpha t)$

よって0℃からの変化分は

$l-l_0=l_0(1+\alpha t)-l_0=\boldsymbol{l_0\alpha t}$〔m〕

Let's Try!

例題 28 氷の比熱

➡81

解説動画

-20°C の氷 100g を 0°C の水にするのに，3.76×10^4 J の熱を加えた。氷の比熱 c〔J/(g·K)〕を求めよ。ただし，氷の融解熱を 334J/g とする。

指針 -20°C の氷を 0°C の水にするのに必要な熱量は，「-20°C の氷を 0°C の氷にする熱量」＋「0°C の氷を 0°C の水に状態変化させる熱量」である。また，融解熱とは，固体 1g を融点において液体にするのに要する熱量のこと。

解答 -20°C，100g の氷を 0°C の氷にするのに必要な熱量は「$Q=mc\Delta T$」より

$100\times c\times\{0-(-20)\}$〔J〕

0°C，100g の氷をすべて，0°C の水にするのに必要な熱量は，100×334 J である。したがって，以下の式が成りたつ。

$100\times c\times20+100\times334=3.76\times10^4$

よって　$c=$ **2.1 J/(g·K)**

81. 融解熱 知　-20°C，50g の氷をすべてとかし，10°C，50g の水にしたい。氷の比熱を 2.1J/(g·K)，水の比熱を 4.2J/(g·K)，氷の融解熱を 3.3×10^2 J/g とする。

(1) -20°C，50g の氷を，0°C，50g の氷にするのに必要な熱量 Q_1〔J〕を求めよ。

(2) 0°C，50g の氷を，0°C，50g の水にするのに必要な熱量 Q_2〔J〕を求めよ。

(3) 0°C，50g の水を，10°C，50g の水にするのに必要な熱量 Q_3〔J〕を求めよ。

(1) ＿＿＿＿　(2) ＿＿＿＿　(3) ＿＿＿＿

▷例題28

82. 水の状態変化 考　図は -40°C の氷 100g に一定の熱量を加え続けたときの，状態の変化と温度の関係を表したものである。加熱の割合は毎秒 420J である。次の問いに有効数字 2 桁で答えよ。

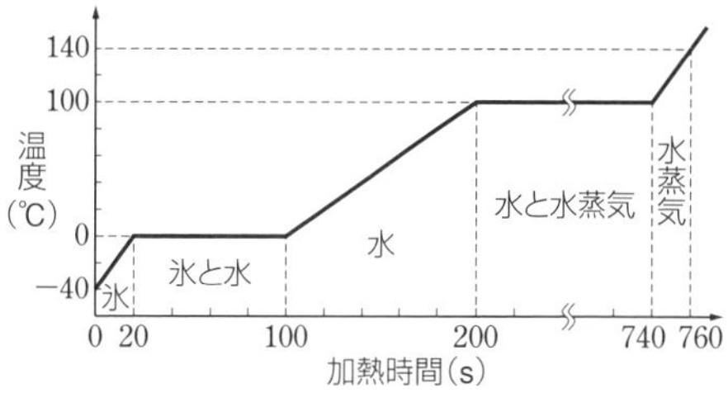

(1) 氷，水および水蒸気の比熱 c〔J/(g·K)〕をそれぞれ求めよ。

(2) 0°C の氷 1g が同じ温度の水に変わるのに必要な熱量 (融解熱) q_1〔J/g〕を求めよ。

(3) 100°C の水 1g が同じ温度の水蒸気に変わるのに必要な熱量 (蒸発熱) q_2〔J/g〕を求めよ。

(1) 氷：＿＿＿＿　水：＿＿＿＿　水蒸気：＿＿＿＿

(2) ＿＿＿＿　(3) ＿＿＿＿

の解説動画

リード A

3 熱と仕事・不可逆変化と熱機関

リードAの確認問題

a 熱と仕事の関係

物体があらい面をすべるとき，物体の運動エネルギーは，摩擦力に逆らって動くための仕事に使われ，熱が発生する。このとき，W〔J〕の仕事は W〔J〕の熱となる。また，発生する熱量を Q〔cal〕とすれば，仕事 W〔J〕と発生する熱量 Q〔cal〕とは比例する。

$\boldsymbol{W=JQ}$　($J≒4.2$ J/cal：熱の仕事当量，1cal＝水 1g の温度を 1K だけ上昇させる熱量≒4.2 J)

b 内部エネルギー

熱運動による全分子の運動エネルギーと，分子間にはたらく力による位置エネルギーの総和。気体では分子間にはたらく力がきわめて小さいので，気体分子の熱運動による運動エネルギーの総和が内部エネルギーとなる。したがって，気体の温度が高いほど大きくなる。

c 熱力学第一法則

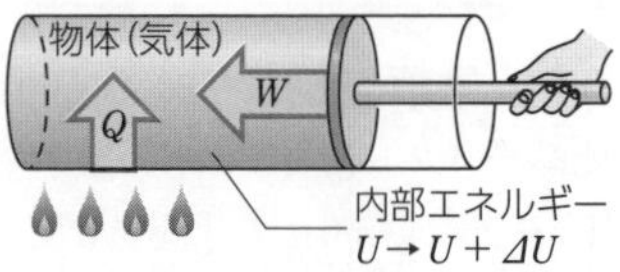

内部エネルギーの変化を ΔU〔J〕，物体が受け取った熱量を Q〔J〕，物体が外部からされた仕事を W〔J〕としたとき，次の**熱力学第一法則**が成りたつ。

$\boldsymbol{\Delta U=Q+W}$　(**W：物体がされた仕事**)

物体が外部にした仕事を W' とすると，$\boldsymbol{W=-W'}$ の関係がある。

よって　$\boldsymbol{\Delta U=Q-W'}$　(**W'：物体がした仕事**)

d 不可逆変化

時間の流れを逆向きにした現象が起こらない変化のことを**不可逆変化**という。**熱が関与する現象の多くは不可逆変化である。**

e 熱機関と熱効率

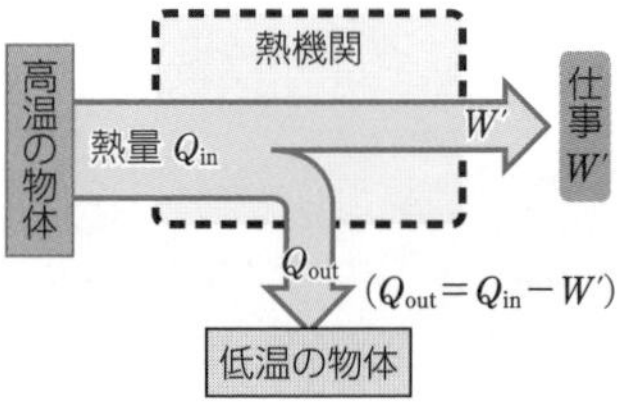

熱を仕事に変える装置を熱機関という。熱機関が熱量 Q_{in} を吸収し，合計 W' の仕事を行って熱量 Q_{out} を放出したとき，$W'=Q_{in}-Q_{out}$ より，この熱機関の熱効率は

$$\boldsymbol{e=\frac{W'}{Q_{in}}=\frac{Q_{in}-Q_{out}}{Q_{in}}}\quad(0\leqq e<1)$$

リード B

基礎 CHECK

1. 気体に 50 J の熱量を与えて熱したところ，気体は膨張して外部に 20 J の仕事をした。このとき，気体の内部エネルギーの増加 ΔU は何 J か。

〔　　　〕

2. 20℃ の部屋の中で，コップの中の氷がとけて水になることはあっても，水がひとりでに氷にもどることはない。このような変化を □ 変化という。

〔　　　〕

3. ある熱機関が 90 J の熱を受け取り，63 J の熱を放出した。

(1) この熱機関が外部にした仕事 W' は何 J か。

(2) この熱機関の熱効率 e はいくらか。

(1)〔　　　〕　(2)〔　　　〕

解答

1. 「$\Delta U=Q+W$」より　$\Delta U=50+(-20)=$**30 J**

2. **不可逆**

3. (1) 吸収した熱量 Q_{in} から放出した熱量 Q_{out} を引くと，熱機関がした仕事 W' が得られる。

「$W'=Q_{in}-Q_{out}$」より

$W'=90-63=$**27 J**

(2) 「$e=\dfrac{W'}{Q_{in}}$」より　$e=\dfrac{27}{90}=$**0.30**

Let's Try!

例題 29 熱と仕事

➡ 83, 84

解説動画

水の入った容器の中の羽根車をおもりの落下によって回転させ，水の温度上昇を測定する。水と容器と羽根車の熱容量は 2.1×10^2 J/K，おもりの質量は 2.0kg である。おもりをゆっくりと 1.5m 落下させる実験を 50 回くり返したとき，容器中の水温は何°C 上昇するか。ただし，重力加速度の大きさを 9.8m/s^2 とし，重力がおもりにした仕事は，すべて温度の上昇に使われるものとする。

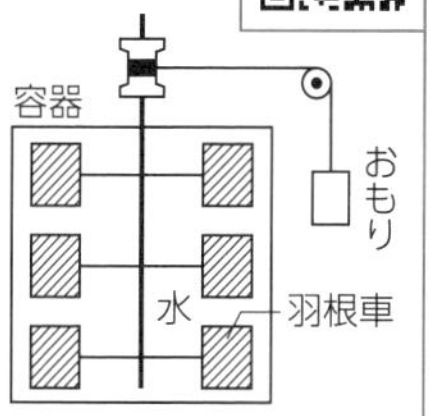

指針 50 回の落下で重力がおもりにした仕事の合計が，温度の上昇に使われる熱量となる。温度変化は熱量の式「$Q=C\Delta T$」により求める。

解答 50 回の落下で重力がおもりにした仕事の合計 W〔J〕は，重力による位置エネルギーの式「$U=mgh$」より

$W=(2.0\times9.8\times1.5)\times50$ J

これが温度上昇に使われる熱量 Q〔J〕に等しいので，求める温度の上昇を ΔT〔°C〕として熱量の式「$Q=C\Delta T$」より

$$\Delta T=\frac{Q}{C}=\frac{(2.0\times9.8\times1.5)\times50}{2.1\times10^2}=\mathbf{7.0°C}$$

83. 熱と仕事 考 質量 100g，比熱 0.500 J/(g·K) の弾丸を速さ 500m/s で断熱材でできた壁に撃ちこんだら，弾丸は壁にめりこんで止まった。弾丸の力学的エネルギーがすべて弾丸の温度上昇に使われたとして，発生した熱量 Q〔J〕，弾丸の温度上昇 ΔT〔K〕を求めよ。ただし，重力の影響は無視してよい。

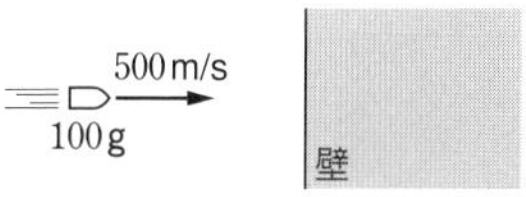

Q：　　　　ΔT：

▷ 例題29

記述 実験 **84. 熱と仕事** 考 0°C の粒状の鉛 1.0×10^3 g をびっしりつめた袋がある。この袋を床から高さ 1.0m の位置からくり返し 50 回落下させた後，温度を測定したら 3.0°C になっていた。重力加速度の大きさを 9.8m/s^2，鉛の比熱を 0.13 J/(g·K) とし，鉛入り袋は床ではねかえらないものとする。

(1) 落下の際，鉛入り袋に対して重力がした全仕事 W〔J〕を求めよ。

(2) 鉛粒の温度上昇に使われた熱量 Q〔J〕を求めよ。ただし，袋と空気の熱容量は無視できるものとする。

(3) (1)の W と，(2)の Q との差は主にどんな形で使われたか，簡単に説明せよ。

(1)　　　　(2)　　　　(3)

▷ 例題29

例題30 熱力学第一法則

➡ 85, 86, 87

解説動画

シリンダー内の気体を，外部と熱のやりとりがないように圧縮して 6.0 J の仕事を加えた。気体の内部エネルギーはどれだけ増加あるいは減少したか。

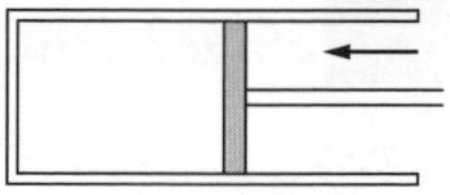

指針 熱力学第一法則「$\Delta U=Q+W$」を用いる。
熱のやりとりがない場合には，$Q=0$ である。

解答 外部と熱のやりとりがないので，気体が吸収した熱量 Q は　$Q=0\,\mathrm{J}$
また，気体がされた仕事 W は　$W=6.0\,\mathrm{J}$
熱力学第一法則「$\Delta U=Q+W$」より，気体の内部エネルギーの変化 ΔU は　$\Delta U=0+6.0=6.0\,\mathrm{J}$
$\Delta U>0$ より，内部エネルギーは **6.0 J 増加した。**

85. 熱力学第一法則 知　気体が外部と熱のやりとりをしないで膨張し，そのとき 20 J の仕事をした。

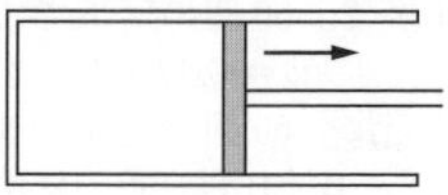

(1) このとき気体が外部からされた仕事 W は何 J か。
(2) このとき気体の内部エネルギーはどれだけ増加あるいは減少したか。

(1) ＿＿＿＿＿＿　(2) ＿＿＿＿＿＿

▶ 例題30

86. 熱力学第一法則 知　気体に 500 J の熱を加えたら，気体の内部エネルギーが 300 J だけ増加した。その差の 200 J のエネルギーはどうなったと考えられるか。

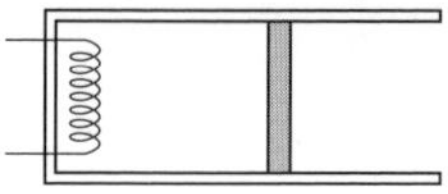

＿＿＿＿＿＿＿＿＿＿＿＿

▶ 例題30

87. 熱力学第一法則 知　シリンダー内の気体が収縮し，気体は外部から 36 J の仕事をされ，気体の内部エネルギーは 54 J だけ減少した。このとき，気体は熱を吸収したか，それとも放出したか。また，その熱量は何 J か。

熱量を＿＿＿＿した。　熱量：＿＿＿＿

▶ 例題30

例題31 熱効率

➡ 89, 90

解説動画

あるディーゼルエンジンは1時間に300gの軽油を消費して7.0×10^2Wの仕事率で仕事をする。軽油の燃焼熱は1gにつき4.2×10^4Jとする。

(1) このディーゼルエンジンが1時間にする仕事Wは何kWhか。また，それは何Jか。

(2) このディーゼルエンジンの熱効率は何%か。

指針 (1) 1kWの仕事率で1時間にする仕事が1kWh（キロワット時）

(2) 熱効率は「$e=\dfrac{熱機関がする仕事}{熱機関が受け取る熱量}$」

解答 (1) 7.0×10^2Wは0.70kWである。よって1時間にする仕事Wは

$W=0.70\text{kW}\times1\text{h}=\mathbf{0.70kWh}$

WをJで表すには，1h＝60×60s より

$W=7.0\times10^2\text{W}\times(60\times60\text{s})=2.52\times10^6\fallingdotseq\mathbf{2.5\times10^6}$ **J**

(2) 1時間に供給される熱量Qは　$Q=300\times(4.2\times10^4)$J

よって，熱効率の式「$e=\dfrac{W'}{Q_{in}}$」より，熱効率eは

$e=\dfrac{2.52\times10^6}{300\times4.2\times10^4}=0.20$　　よって　$0.20\times100=$**20%**

88. 不可逆変化 知　次の①～④の現象で不可逆変化はどれか。ただし，1つとは限らない。

① 煙突からの煙が，街全体に広がっていく。

② 真空中で，振り子のおもりが往復運動する。

③ 温かい容器に入れた氷がとけていく。

④ 床をすべる物体が摩擦力を受けて止まる。

89. 熱効率 知　熱効率が0.20の熱機関に8.0×10^3Jの熱を与えた。

(1) この熱機関が外部にした仕事Wは何Jか。

(2) この熱機関が放出した熱量Qは何Jか。

(1)　　(2)

▷例題31

90. 熱効率 知　ある船の主機関は，重油を燃料とする最大仕事率2520kWのディーゼル機関である。この船を全速力で1時間運航するには，何kgの重油が必要か。ただし，重油1kgの発熱量は4.2×10^7J，熱効率は40%とする。

▷例題31

編末問題

91. 熱量の保存 知　2つの物体，物体1（質量 m_1〔g〕，比熱 c_1〔J/(g·K)〕）と物体2（質量 m_2〔g〕，比熱 c_2〔J/(g·K)〕）について考える。ただし，2つの物体の間でのみ熱の移動があるものとし，周囲の圧力は一定で，温度によって比熱は変化しないものとする。いま，初めの温度がそれぞれ t_1，t_2〔°C〕（$t_1 > t_2$）の物体1と物体2を接触させ，十分時間が経過した後，両者の温度は一定の t〔°C〕となり熱平衡の状態になった。

(1) 物体1が失った熱量 Q_1〔J〕を m_1，c_1，t_1，t を用いて答えよ。

(2) 物体2が得た熱量 Q_2〔J〕を m_2，c_2，t_2，t を用いて答えよ。

(3) 熱平衡の状態にある2つの物体の温度 t〔°C〕を求めよ。〔20 中京大 改〕

(1) ＿＿＿＿　(2) ＿＿＿＿　(3) ＿＿＿＿

92. 比熱と熱容量 考　右の表のように，物質，比熱，質量が与えられている。

物質	比熱〔J/(g·K)〕	質量
銅	0.38	2.0kg
鉄	0.45	1.0kg
アルミニウム	0.90	1.0kg
空気（1気圧）	1.0	3.0×10^2 g
水	4.2	1.5×10^2 g

(1) 表の物質について，温度が同じ状態からすべて10K上昇させるには，各物質にどれだけ熱量を与えればよいか。各物質が必要とする熱量の大小について，最も適当な関係を表しているものを，次の①～⑤のうちから1つ選べ。なお，銅が必要とする熱量は Q_1，鉄は Q_2，アルミニウムは Q_3，空気は Q_4，水は Q_5 とする。

① $Q_1 > Q_5 > Q_2 > Q_4 > Q_3$　② $Q_3 > Q_1 > Q_5 > Q_2 > Q_4$
③ $Q_5 > Q_2 > Q_4 > Q_3 > Q_1$　④ $Q_2 > Q_4 > Q_3 > Q_1 > Q_5$　⑤ $Q_4 > Q_3 > Q_1 > Q_5 > Q_2$

(2) 表の物質について，体積を変化させないようにして，温度が同じ状態から同じ熱量を奪った場合，それぞれの物質の温度変化の大きさの大小関係について，最も適当な関係を表しているものを，次の①～⑤のうちから1つ選べ。なお，銅の温度変化の大きさは T_1，鉄は T_2，アルミニウムは T_3，空気は T_4，水は T_5 とする。

① $T_1 < T_5 < T_2 < T_4 < T_3$　② $T_5 < T_2 < T_4 < T_3 < T_1$　③ $T_2 < T_4 < T_3 < T_1 < T_5$
④ $T_3 < T_1 < T_5 < T_2 < T_4$　⑤ $T_4 < T_3 < T_1 < T_5 < T_2$　〔22 防衛医大 改〕

(1) ＿＿＿＿　(2) ＿＿＿＿

93. 状態変化のグラフ 考　次の空欄［　］に適当な数値を入れよ。

銅製の熱量計に質量100gの氷を入れて，全体の温度を −20°Cにした。この熱量計に，1秒間に280Jの割合で熱を与え続けると，全体の温度は図のように変化した。図の縦軸は熱量計全体の温度，横軸は熱を与えた時間を示している。与えた熱以外に，外部との熱の出入りはないものとする。図から，0°Cの氷100gが融解して，0°Cの水になるためには［ア］Jの熱量が必要であることがわかる。熱量計の質量が370gであるとき，熱量計の比熱は［イ］J/(g·K)である。ただし，水の比熱を4.2J/(g·K)とする。

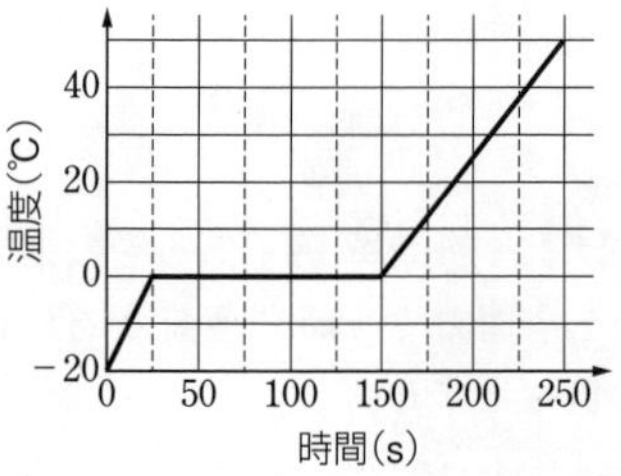

〔19 拓殖大〕

(ア) ＿＿＿＿　(イ) ＿＿＿＿

94. **水の状態変化** 知　次の文の[　　]に入る適当な数値を有効数字 2 桁で求めよ。

水の比熱を 4.2 J/(g·K)，氷の融解熱を 336 J/g とする。いま，熱容量が無視できる容器に 100°C の湯 100 g が入っている。この湯に氷を入れて全体の温度を 0°C にするとき，必要な 0°C の氷の最小の量は [ア] g である。また，0°C の 1 g の氷を 20°C の水にするのに必要な熱量は [イ] J であるから，100°C の湯 100 g が入っている容器の中へ，0°C の氷を入れて混合し，氷が全部とけて全体が 20°C となったとき，初めの氷の量は [ウ] g である。ただし熱は外に逃げないものとする。 〔15 湘南工大〕

(ア)　　　　(イ)　　　　(ウ)

95. **衝突による物体の温度上昇** 考　物体の運動と熱との関係について，次の 2 つの問いに答えよ。

(1) 質量 0.20 kg の 2 つの鉛玉が，空中を互いに正反対の水平方向からそれぞれ 100 m/s の速さで飛んできて衝突し，2 つの鉛玉はともに静止した。この衝突によって失われたエネルギーが全部熱になって鉛玉に与えられたとすると，鉛玉の温度は何°C 上昇するか。ただし，鉛の比熱を 0.13 J/(g·K) とする。

(2) 0.40 kg の物体が地上 200 m からコンクリートの地面に落下し，0.50 倍の速さではねかえった。この物体がコンクリート面に落下したときに失われた運動エネルギーで 0°C の氷をとかすとすれば，何 g の氷がとけるか。ただし，氷の融解熱を 336 J/g，重力加速度の大きさを 9.8 m/s^2 とする。また，物体が落下するときの空気との摩擦を無視する。 〔茨城大 改〕

(1)　　　　(2)

96. **熱力学第一法則** 知　円筒形の容器の中に，ピストンによって気体が封入されている。

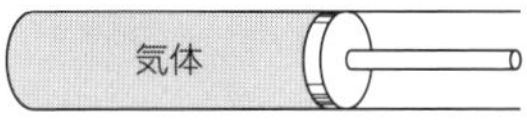

(1) 気体の体積を一定に保って気体に Q_1〔J〕の熱量を与えたとき，気体がした仕事はいくらか。また，気体の内部エネルギーはどれだけ増加または減少したか。

(2) 気体の圧力を一定に保って気体に Q_2〔J〕の熱量を与えたら，気体は膨張した。このとき，気体は W_2〔J〕の仕事をした。気体の内部エネルギーはどれだけ増加したか。

(3) 気体の温度を一定に保って気体に Q_3〔J〕の熱量を与えたとき，気体の内部エネルギーは変化しなかった。気体がした仕事はいくらか。

(4) 気体に外部との熱のやりとりがないようにして，気体が外部に正の仕事 W_4〔J〕をしたとき，気体の内部エネルギーは増加するか，それとも減少するか。

(1) 仕事：　　　増減：　　　(2)

(3)　　　　(4)

の解説動画

編末問題

波の性質

リードA

1 波と媒質の運動

リードAの確認問題

a 波

(1) **波**　振動が次々と周囲に伝わる現象。波形は平行移動して伝わるが，媒質の各点はその位置で振動する。媒質のもとの位置からのずれを**変位**という。

(2) **正弦波**　単振動をする波源から生じる連続波。波形は**正弦曲線**となる。ばねにつけたおもりの振動のような往復運動を**単振動**という。

b 波の要素

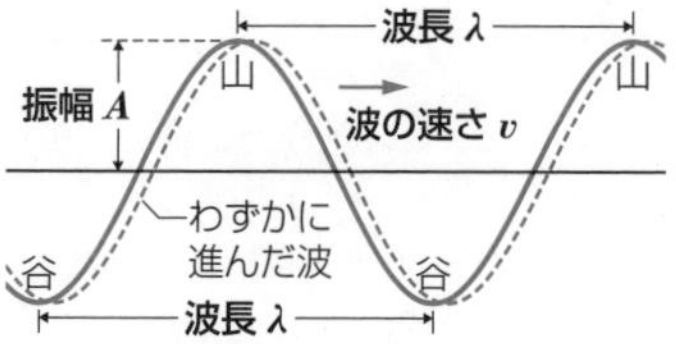

(1) **振幅**（A〔m〕）　山の高さ，または谷の深さ。

(2) **波長**（λ〔m〕）　隣りあう山と山，谷と谷の距離。

(3) **周期**（T〔s〕）・**振動数**（f〔Hz〕）　媒質が1回振動するのに要する時間を周期，1秒当たりに振動する回数を振動数という。

$$f=\frac{1}{T}$$

(4) **波の速さ**（v〔m/s〕）　波形（山や谷）が進む速さ。波は，媒質が1回振動する時間（T）に1波長（λ）進む。

$$v=\frac{\lambda}{T}=f\lambda$$

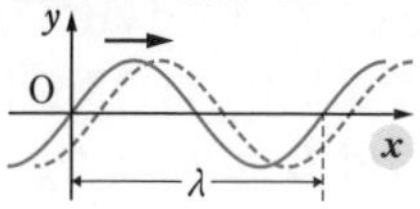

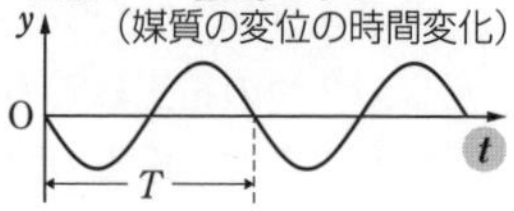

(5) **位相**　媒質の各点がどのような振動状態にあるかを表す量。振動状態が等しい点どうしは**同位相**，振動状態が逆である2点の振動は**逆位相**であるという。

c 横波と縦波

(1) **横波**　波の進行方向と媒質の振動方向が垂直。

(2) **縦波**（**疎密波**）　波の進行方向と媒質の振動方向が平行。実際の変位を反時計回りに90°回転させると横波のように表示できる。

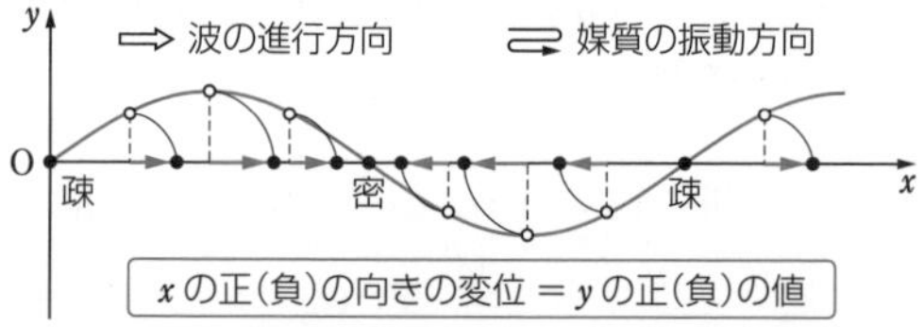

リードB

基礎CHECK

1. 図はある瞬間の波形を表している。この波の振幅 A と波長 λ はそれぞれ何cmか。

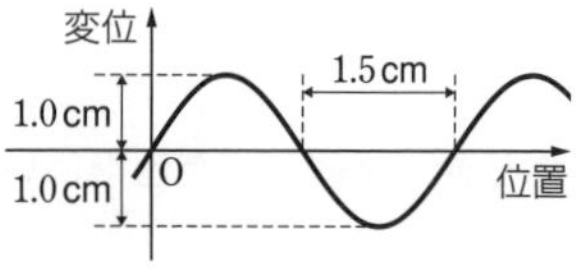

振幅 A：〔　　　　〕
波長 λ：〔　　　　〕

2. 媒質が周期2.0秒で振動しているとき，振動数 f は何Hzか。

〔　　　　〕

3. 図はある瞬間の波形を表している。

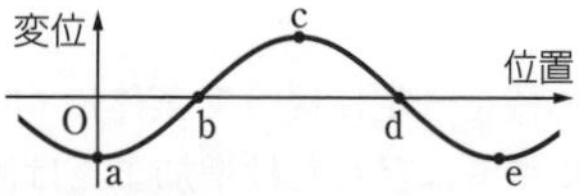

(1) 点aと同位相の点はb～eのうちどれか。
(2) 点aと逆位相の点はb～eのうちどれか。

(1)〔　　〕　(2)〔　　〕

4. 波の進む向きに対して垂直な方向に振動する波を［ア］，波の進む向きと平行な方向に振動する波を［イ］という。

ア：〔　　　　〕
イ：〔　　　　〕

解答

1. 振幅は媒質の変位の大きさの最大値であるから
$A=\mathbf{1.0\,cm}$
波長は波1つ分の長さであるから　$\lambda=2\times1.5=\mathbf{3.0\,cm}$

2. 「$f=\dfrac{1}{T}$」より　$f=\dfrac{1}{2.0}=\mathbf{0.50\,Hz}$

3. (1) 点aは谷であるから，同位相の点は谷，すなわち **e** である。
(2) 点aは谷であるから，逆位相の点は山，すなわち **c** である。

4. (ア) **横波**　(イ) **縦波**

Let's Try!

例題32 波の要素

➡ 97

解説動画

図は，x 軸の正の向きに伝わる正弦波を示している。実線は時刻 $t=0\,\mathrm{s}$，破線は時刻 $t=1.5\,\mathrm{s}$ の波形を示す。ただし，この間に $x=0\,\mathrm{m}$ での媒質の変位 y〔m〕は単調に 0 m から 0.2m に変化している。

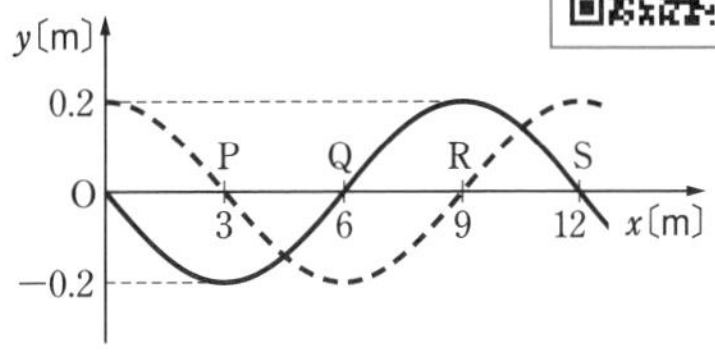

(1) この正弦波の波長 λ〔m〕，振幅 A〔m〕，周期 T〔s〕，波の速さ v〔m/s〕を求めよ。

(2) $t=0\,\mathrm{s}$ のとき，振動の速度が 0 m/s の媒質の位置はO～Sのうちのどこか。

(3) $t=0\,\mathrm{s}$ のとき，y 軸の正の向きの速度が最大の位置はO～Sのうちのどこか。

指針 (2),(3) 媒質の振動の速さは，山や谷の位置で 0，変位 $y=0$ の位置で最大となる。速度の向きを知るには，少し後の波形をかいて，y 軸方向の媒質の変位の向きを調べてみる。

解答 (1) 図から $\lambda=\mathbf{12\,m}$，$A=\mathbf{0.2\,m}$

1.5 秒間に波は 3.0m 進むので

$$v=\frac{距離}{時間}=\frac{3.0}{1.5}=\mathbf{2.0\,m/s}$$

「$v=f\lambda$」より振動数 f は　$f=\dfrac{v}{\lambda}=\dfrac{2.0}{12}\,\mathrm{Hz}$

周期は　$T=\dfrac{1}{f}=\dfrac{12}{2.0}=\mathbf{6.0\,s}$

(2) 媒質の振動の速度が 0 の位置は，谷の位置 **P** と山の位置 **R**。

(3) 変位 $y=0$ となっている位置 O，Q，S で振動の速さは最大となるが，y 軸の正の向きの速度をもつのは **O** と **S**（下図）。

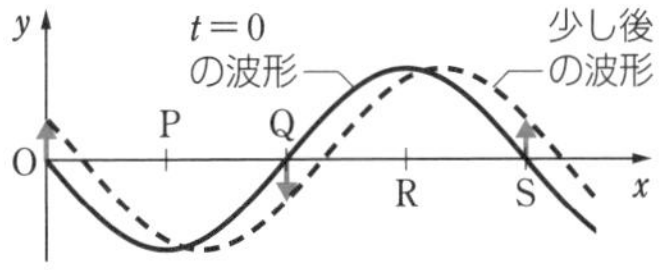

POINT

媒質の振動の速さ最大 ⟶ 変位が 0 の位置

媒質の振動の速さ 0 ⟶ 山・谷の位置

97. 波の要素 知

図のように，横波が x 軸の正の向きに進んでいる。図の実線の波は時刻 $t=0\,\mathrm{s}$ における波形で，$t=0.10\,\mathrm{s}$ のときに初めて破線の形になった。

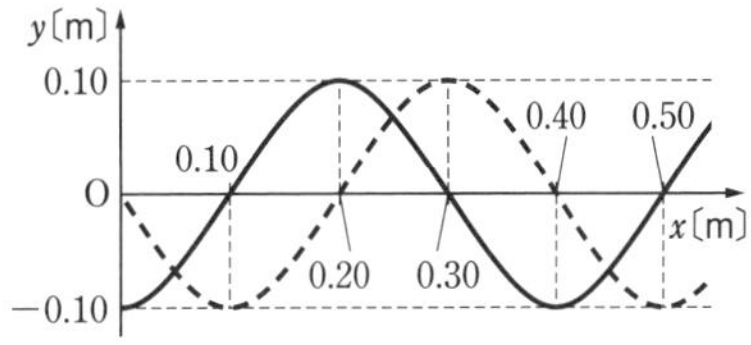

(1) この波の波長 λ，振幅 A は何 m か。

(2) 波の速さ v は何 m/s か。

(1) λ：　　　　　A：　　　　　(2)

▶ 例題32

98. 波形の移動 知

作図

図は，x 軸上を正の向きに速さ 0.50m/sで進む正弦波の，時刻 $t=0\,\mathrm{s}$ での波形を表す。

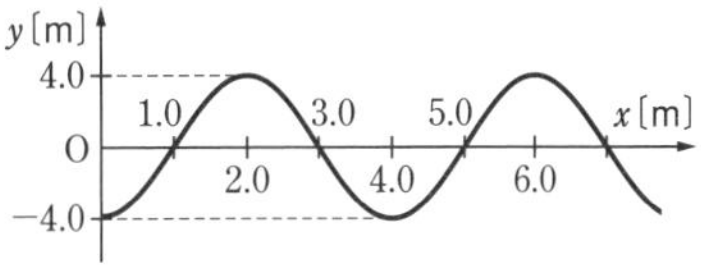

(1) 時刻 $t=4.0\,\mathrm{s}$ での波形を図にかきこめ。

(2) 時刻 $t=0\,\mathrm{s}$ のときと同じ波形になる最初の時刻 t_0〔s〕を求めよ。

(1)
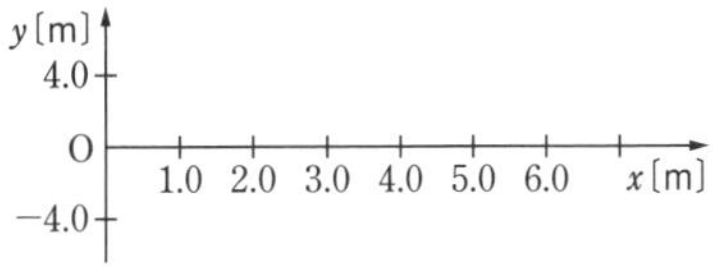

(2)

▶ の解説動画

基礎トレーニング ⑤ 波のグラフの見方

y-x 図と y-t 図

波のグラフには，ある瞬間の波形を表す y-x 図と，ある1点の媒質の振動の時間変化を表す y-t 図がある。y-x 図の波形が時間とともに進むと考えたとき，y-x 図の1つの位置 x だけに着目すると，その位置の媒質は上下に振動するだけである。その振動の時間変化を表すグラフが位置 x での y-t 図となる。

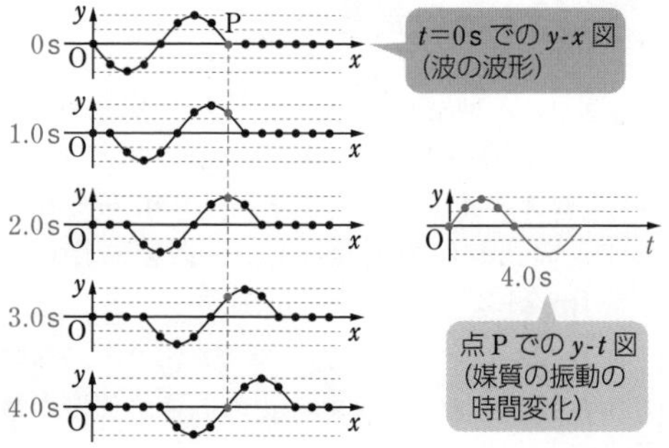

例 y-x 図と y-t 図

波が，速さ 0.50cm/s で x 軸の正の向きに進んでいる。右図は波が進むようすを 2.0 秒ごとに表したものである。

(1) $t=6.0$s での y-x 図をかけ。

(2) $x=5.0$cm での y-t 図をかけ。

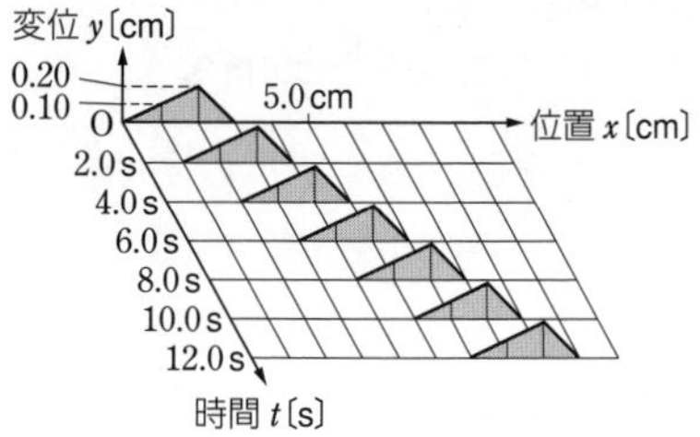

指針 (1) 図中の $t=6.0$s の線を x 軸として，その線上の波形をかく。

(2) 図中の $x=5.0$cm の線を t 軸として，その線上での変位の時間変化を調べる。

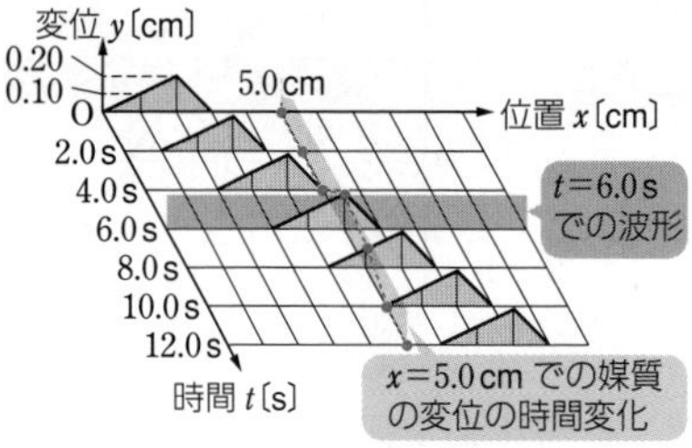

解答

(1)

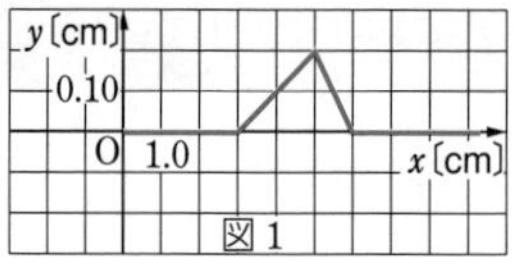

(2)

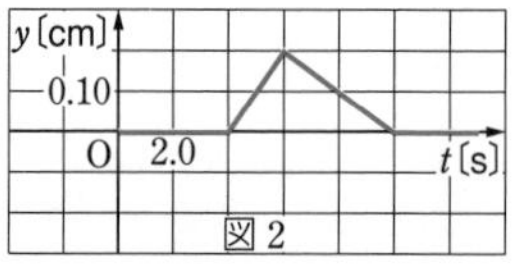

作図 1. y-x 図と y-t 図 ● 上の例において，

(1) $t=10.0$s での y-x 図をかけ。

(2) $x=4.0$cm での y-t 図をかけ。

(1)

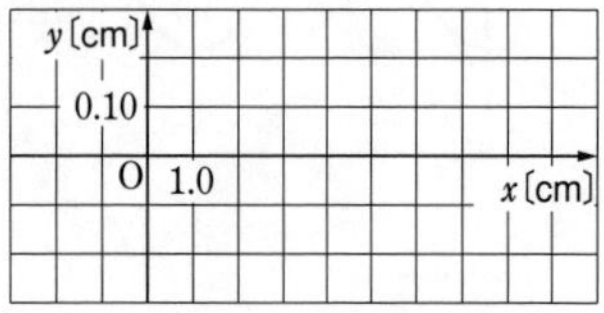

(2)

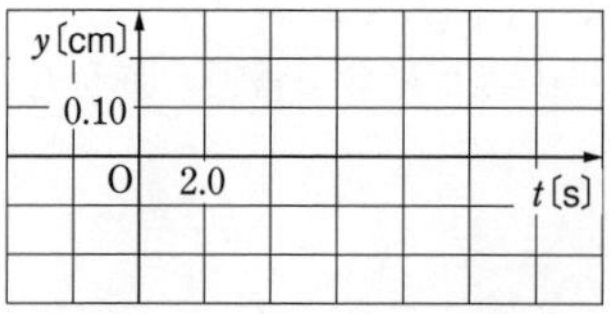

作図 **2. y-x 図と y-t 図** ● ウェーブマシンの鉄の棒を振動させて，x 軸の正の向きに速さ 20 cm/s で進む正弦波をつくった。図1は，時刻 $t=0$ s の瞬間にウェーブマシンを横から見たようすである。•は鉄の棒を表している。図2は，このときの•をなめらかな曲線でつなげた $t=0$ s での y-x 図である。y-x 図の1目盛りは縦，横とも 2 cm である。

(1) 図3は，時刻 $t=0.10$ s の瞬間にウェーブマシンを横から見たようすである。図2にならって，$t=0.10$ s，$t=0.20$ s，$t=0.30$ s での y-x 図 $(0\,\text{cm} \leqq x \leqq 20\,\text{cm})$ を図4～6にかけ。

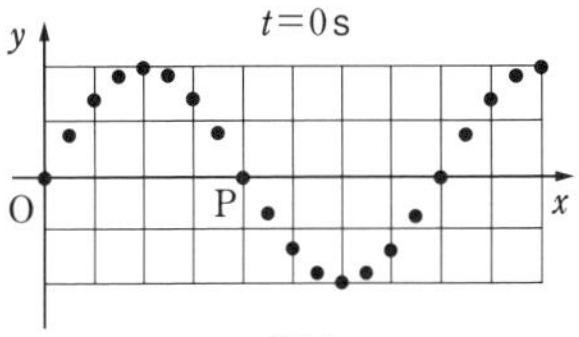

図1

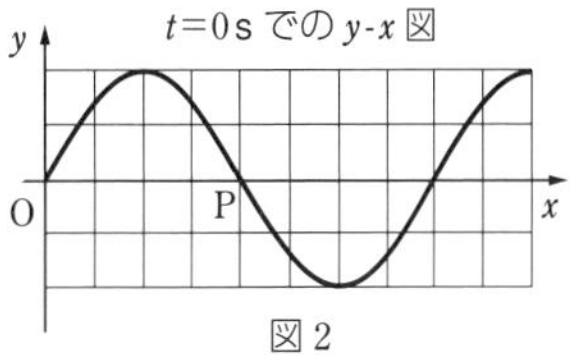

図2

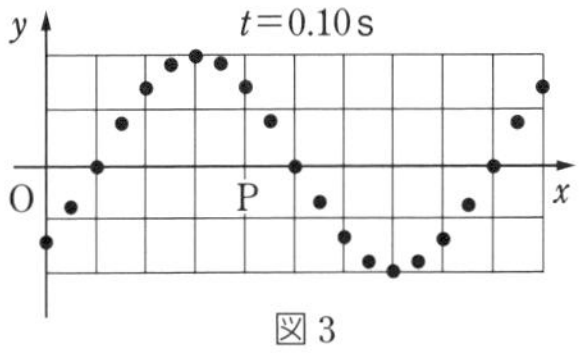

図3

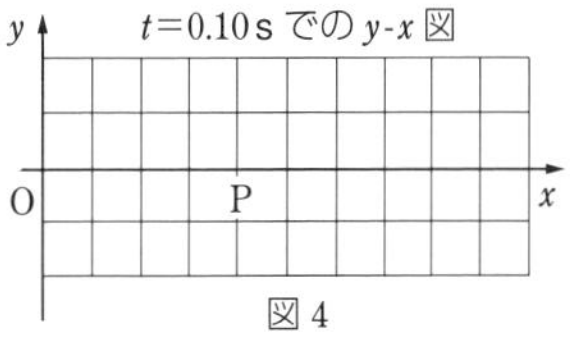

図4

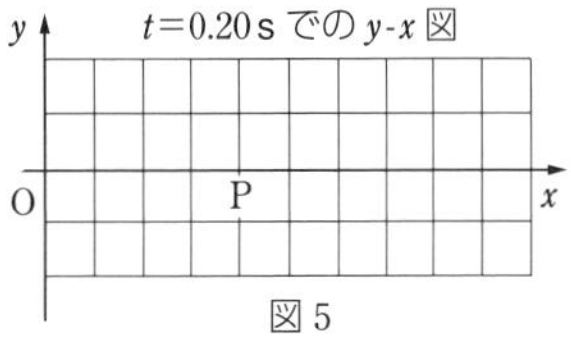

図5

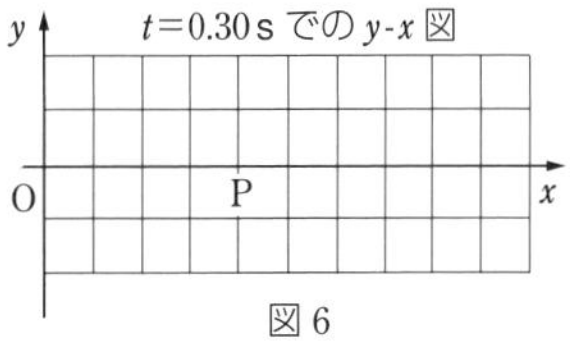

図6

(2) 点P$(x=8.0\,\text{cm})$ での y-t 図 $(0\,\text{s} \leqq t \leqq 1.0\,\text{s})$ を図7にかけ。

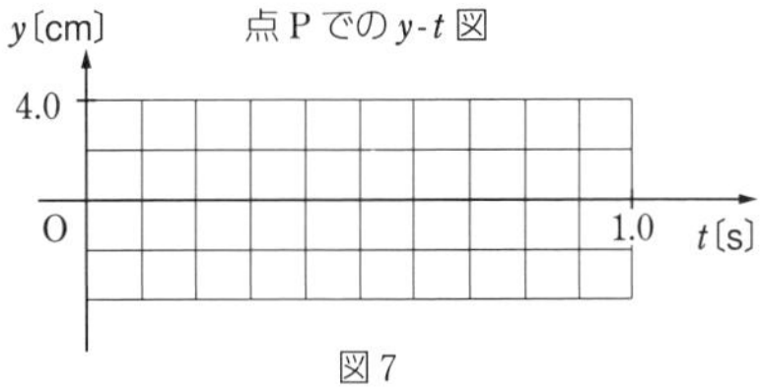

図7

作図 **3. 波形の移動** ● 図1は，x 軸上を正の向きに速さ 0.50 m/s で進む正弦波の時刻 $t=0$ s での波形を表す。

(1) 時刻 $t=2.0$ s での波形を図1にかけ。また，$t=0$～2.0 s の間での，$x=0$ m の媒質が振動する向きを矢印で図1にかけ。

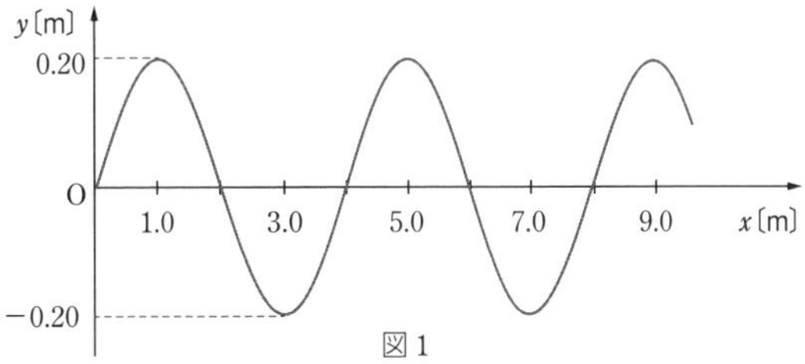

図1

(2) $x=0$ m での媒質の振動のようすを表す y-t 図は，図2の①，②のうちどちらか。

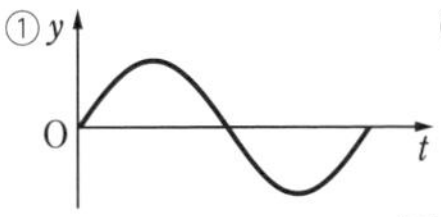

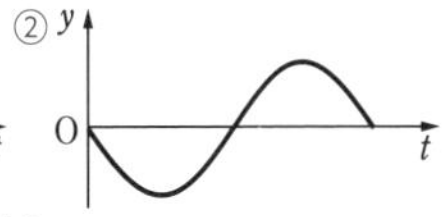

図2

Let's Try!

例題33 y-x 図と y-t 図

➡ 99　解説動画

図は，x 軸上を正の向きに速さ 2.0m/s で進む正弦波の時刻 $t=0$s での波形を表す。位置 $x=8.0$m での媒質の振動のようすを y-t 図に表せ。

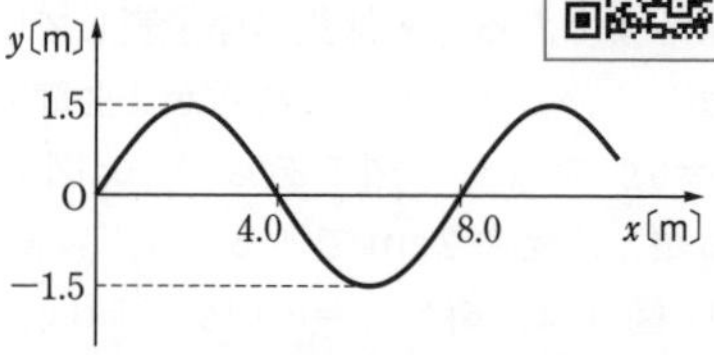

指針 y-x 図は波形を，y-t 図は振動を示す。わずかに時間が経過したときの波形をかき，$x=8.0$m の点の媒質がどのように動くかを調べて，y-t 図に正弦曲線をかけばよい。

解答 $t=0$s の波形から，波長は $\lambda=8.0$m である。波の速さの式「$v=\dfrac{\lambda}{T}$」より，周期 T は

$$T=\frac{\lambda}{v}=\frac{8.0}{2.0}=4.0\,\text{s}$$

わずかに時間が経過したときの波形をかくと図aのようになるから，$x=8.0$m の位置の媒質は下向きに動く。$t=0$s での変位は $y=0$m，振幅は 1.5m であるから，y-t 図は**図b**のようになる。

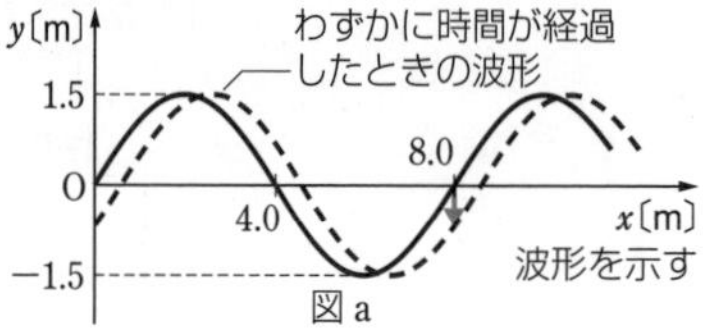

図a

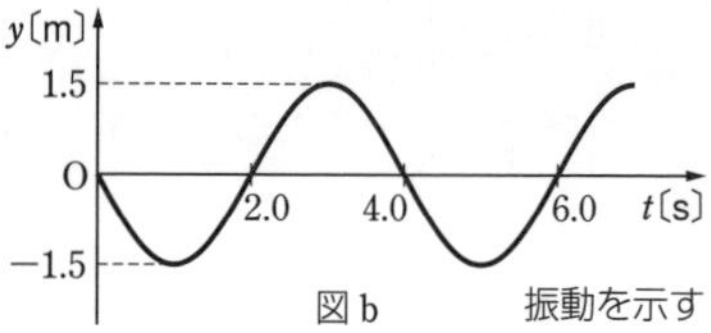

図b　振動を示す

99. y-x 図とy-t 図 知 作図　図は x 軸上を正の向きに 5.0cm/s の速さで進む正弦波の時刻 $t=0$s での波形である。

(1) 原点Oでの振動のようすを y-t 図に表せ。

(2) この波が x 軸の負の向きに 5.0cm/s の速さで進んでいた場合，原点Oでの振動のようすを y-t 図に表せ。

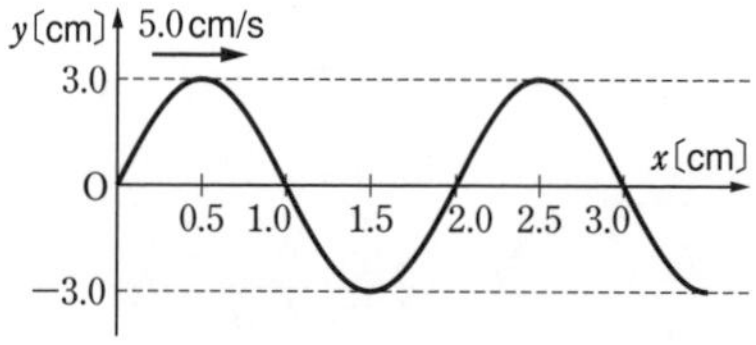

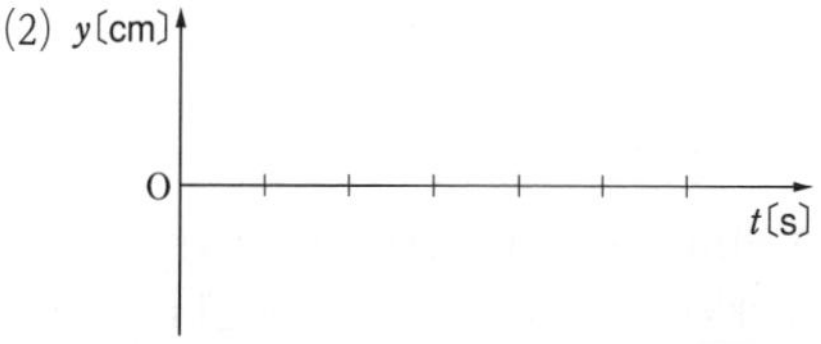

▶ 例題33

100. y-x 図とy-t 図 知 作図　図は x 軸上を正の向きに 3.0m/s の速さで進む正弦波について，$x=0$m の位置の媒質の，変位の時間変化を表したもの (y-t 図) である。

(1) この波の周期 T〔s〕，振動数 f〔Hz〕，波長 λ〔m〕を求めよ。

(2) $t=0$s での波形の概形 (y-x 図) は，①～④のうちどれか。

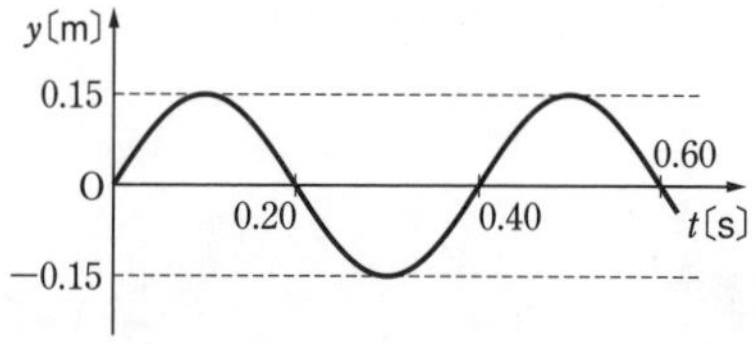

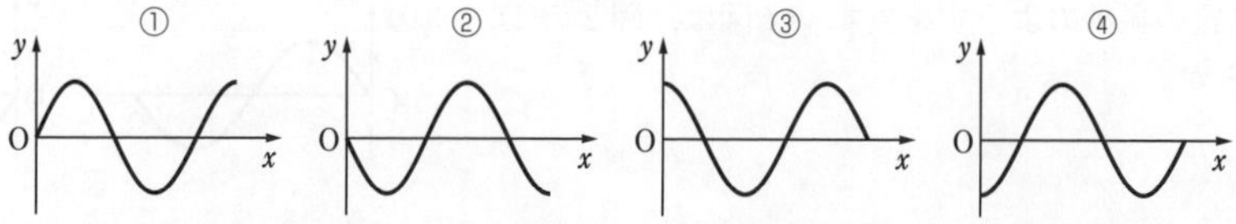

(3) $t=0$s での波形 (y-x 図) をかけ。

(1) T：　　　　　　　f：

λ：　　　　　　　(2)

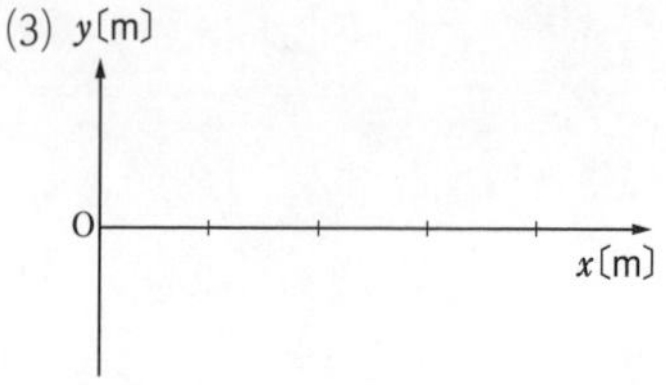

例題34 縦波

➡102　解説動画

図は，x 軸の正の向きに進む縦波のある時刻の変位を横波のように表している。このとき，次の状態になっている媒質の点はO～Eのうちのどれか。

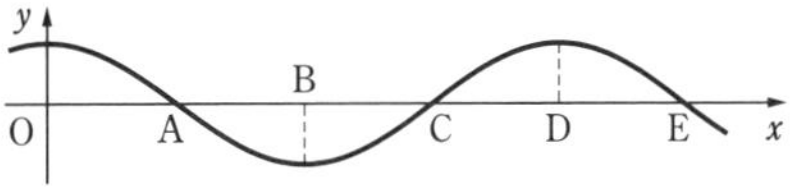

(1) 最も密な点　(2) 最も疎な点　(3) 振動の速度が0の点
(4) 振動の速度が左向きに最大の点

指針 (1),(2) 横波表示の変位を時計回りに90°回転させ，縦波の変位にもどして調べる。
(3),(4) 縦波でも，媒質の振動の速さは横波表示の山・谷の点で0となり，変位 y が0の点で最大となる。速度の向きを知るには少し後の横波表示の波形をかく。この間の媒質の動きの向きが y 軸の負の向きならば，振動の速度は x 軸の負の向き(左向き)である。

解答 (1) **A，E**　(2) **C**

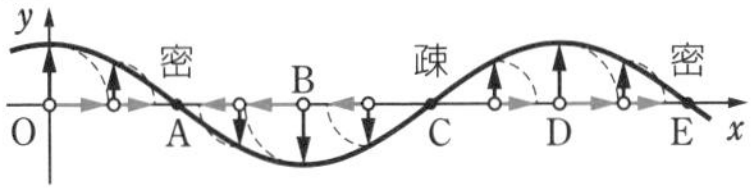

(3) 横波表示の山・谷の点　**O，B，D**

(4) 変位 y が0で，媒質の動きの向きが y 軸の負の向きの点　**C**

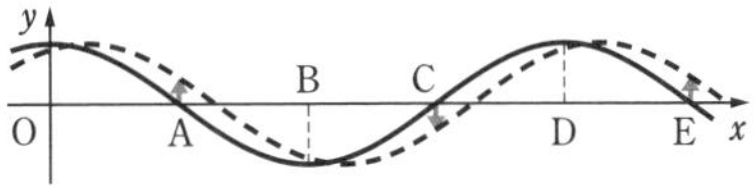

作図 101. 縦波 知　x 軸上を正の向きに縦波が伝わっている。図の①は，縦波が発生する前の状態を表している。ある時刻における縦波の状態②について，①の位置からの媒質の変位を，反時計回りに90°回転させて，y 軸方向への変位として③のグラフに表せ。また，それらをなめらかな曲線でつないで，横波のように表せ。

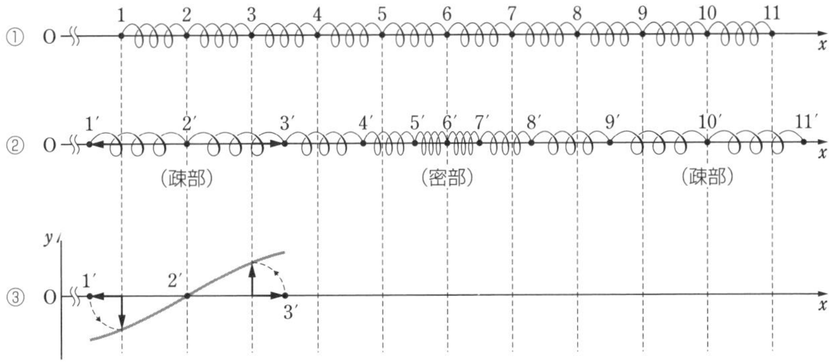

102. 縦波 知　図は x 軸上を正の向きに進む縦波のある時刻における変位を横波的な表示方法で表したものである。縦波にもどして考えたとき，次のようになっている媒質の点はどこか。

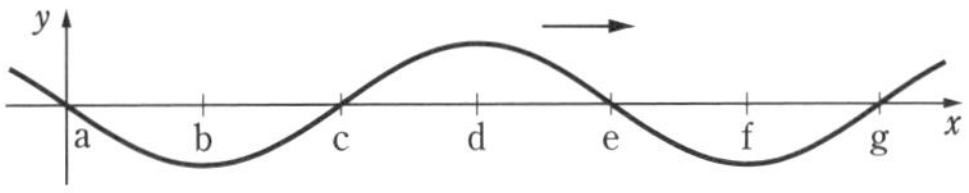

(1) 最も密な点　(2) 最も疎な点　(3) 媒質の速度が0の点　(4) 媒質の速度が右向きに最大の点

問　図が，x 軸上を負の向きに進む縦波であった場合，(1)～(4)の結果はそれぞれどうなるか。

(1) ＿＿＿　(2) ＿＿＿　(3) ＿＿＿　(4) ＿＿＿

問：(1) ＿＿＿　(2) ＿＿＿　(3) ＿＿＿　(4) ＿＿＿

▶ 例題34

▶の解説動画

リードA

2 波の伝わり方

リードAの確認問題

a 重ねあわせの原理

2つの波が重なった点の変位 y はそれぞれの波が単独に到達したときの変位 y_1 と y_2 の和になる。

$$y = y_1 + y_2$$

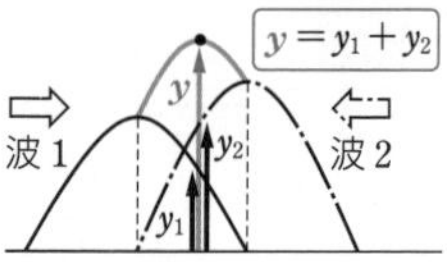

b 定在波（定常波）

逆向きに同じ速さで進む同振幅(A)，同波長(λ)の2つの波が重なって生じる，波形の進行しない波。

定在波の振動数(周期)＝進行波の振動数(周期)

腹の振幅＝$2A$，　節と節（腹と腹）の間隔＝$\frac{1}{2}\lambda$

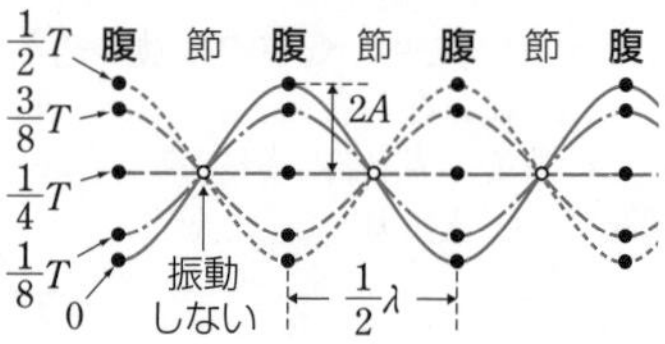

c 自由端反射・固定端反射

(1) **自由端反射**　山(谷)は山(谷)のまま反射する。端は定在波の腹となる。

(2) **固定端反射**　山(谷)が谷(山)となって反射する。端は定在波の節となる。

リードB

基礎CHECK

1. 図のように，実線と破線で表された2つの単独の波(パルス)が重なるとき，実際に現れる波形を図にかきこめ。

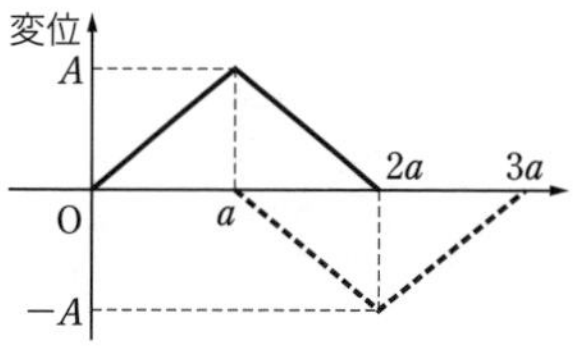

2. ウェーブマシンの一端を上下に振動させたら，図のような定在波ができた。腹の位置と節の位置を，a ～ i の中からすべて選べ。

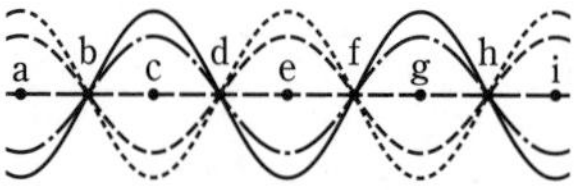

腹の位置：〔　　　〕
節の位置：〔　　　〕

3. 逆向きに同じ速さで進んでいる，波長 λ の2つの同じ波が重なり，定在波ができた。この定在波の隣りあう腹と節の間隔として正しいものを，次の①～③から選べ。

① $\frac{\lambda}{2}$　② $\frac{\lambda}{3}$　③ $\frac{\lambda}{4}$

〔　　　〕

4. 媒質の境界で波が反射するとき，山が谷に変わるのは自由端での反射か，固定端での反射か。

〔　　　〕

5. 自由端での反射前と反射後での波の変化として正しいものを，次の①～③からすべて選べ。

① 山→山　② 谷→谷　③ 谷→山

〔　　　〕

解答

1. 波の重ねあわせの原理により合成する。ポイントになる点の合成変位を $y = y_1 + y_2$ によって求め，それらの点を結ぶ。

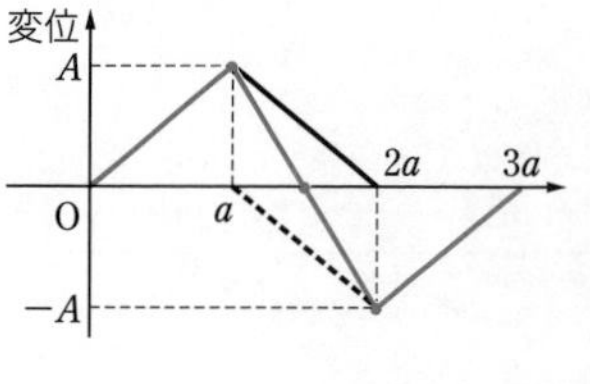

2. 振幅が最大になる点が腹，まったく振動しない点が節である。したがって
腹の位置：**a，c，e，g，i**
節の位置：**b，d，f，h**

3. 腹と腹，または節と節の間隔は $\frac{\lambda}{2}$ になるので，隣りあう腹と節の間隔はその半分の $\frac{\lambda}{4}$ になる。
よって　③

4. 山が谷に変わる(変位の正負が反転する)のは**固定端での反射**である。

5. 自由端では，山は山のまま，谷は谷のまま反射する。
よって　①と②

Let's Try!

例題 35 定在波（定常波）

➡ 103, 104　解説動画

x 軸上を要素の等しい2つの正弦波 a, b が，互いに逆向きに進んで重なりあい，定在波が生じている。図には，波 a，波 b が単独で存在したときの，時刻 $t=0$ s における波 a（実線）と波 b（破線）が示してある。波の速さは 2.0cm/s である。

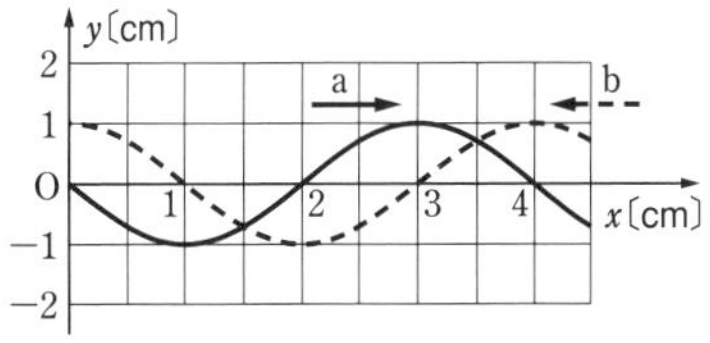

(1) 図の瞬間（$t=0$ s）の合成波の波形をかけ。
(2) 定在波の腹の位置 x を $0 \leqq x \leqq 4.0$（cm）の範囲ですべて求めよ。
(3) $t=0$ s の後，腹の位置の変位の大きさが最大になる最初の時刻を求めよ。

指針 定在波では，まったく振動しない所（節）と大きく振動する所（腹）が交互に並ぶ。

解答 波 a，波 b の波長 $\lambda=4.0$ cm

周期 $T=\dfrac{\lambda}{v}=\dfrac{4.0}{2.0}=2.0$ s

(1) 波の重ねあわせによって　**図1**

(2) 図1の合成波の波形で，変位の大きさが最大となる位置が腹の位置。$x=$**1.5cm，3.5cm**

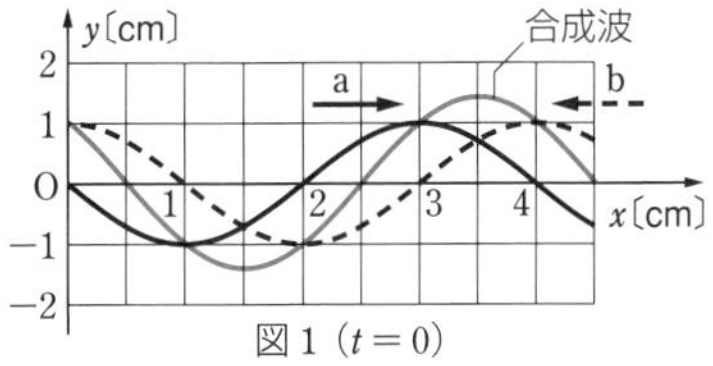

図1（$t=0$）

(3) $t=0$ s（図1の状態）の後，波 a，波 b が $\dfrac{1}{8}\lambda$ ずつ進むと，図2のように，山と山（谷と谷）が重なり，腹の位置での変位の大きさは最大になる。λ 進む時間は T だから　$t=\dfrac{1}{8}T=\dfrac{2.0}{8}=$**0.25s**

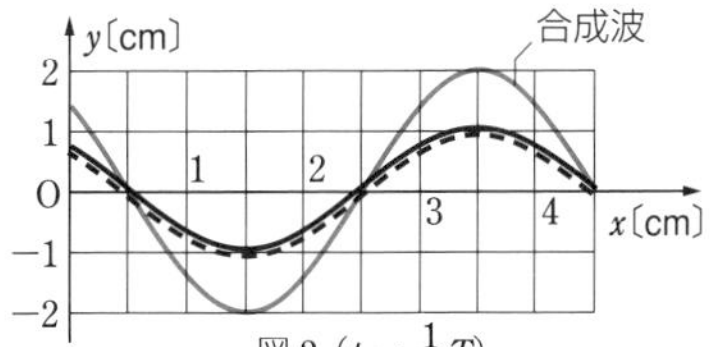

図2（$t=\dfrac{1}{8}T$）

作図 **103. 定在波（定常波）** 知　互いに逆向きに進む周期 T の2つの正弦波がある。この2つの正弦波が時刻 $t=0$ で，図に示すように $x=0$ で重なり始めるとする。図中の矢印は波の進む向きを示す。時刻 $t=\dfrac{T}{4}$，$\dfrac{T}{2}$，$\dfrac{3T}{4}$，T における合成波形をそれぞれ，図の x の範囲で示し，合成波の節の位置を $t=T$ の図の x 軸上に○印で示せ。

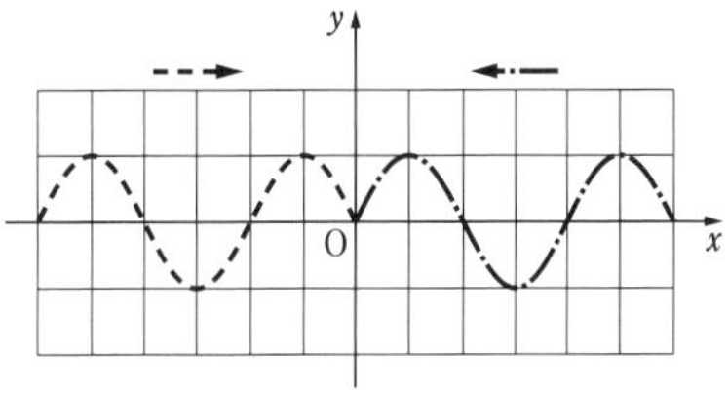

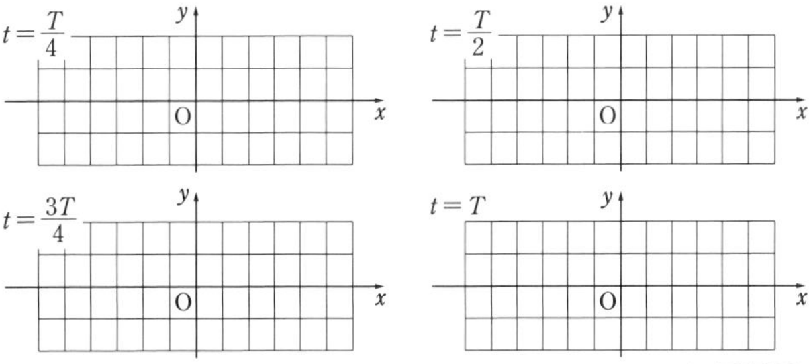

▷ 例題35

104. 定在波（定常波） 知　振幅 0.020m，振動数 250Hz，波長 0.12m の2つの正弦波が一直線上を互いに逆向きに進み，重なりあって定在波ができた。

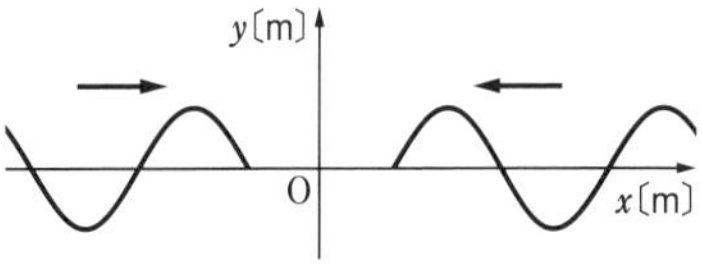

(1) 腹の位置での振動について，振動数 f〔Hz〕と振幅 A〔m〕を求めよ。
(2) 節と節の間隔 d は何 m か。

(1) f ：　　　　A ：　　　　(2)

▷ 例題35

例題 36 波の反射

➡ 105, 106　解説動画

単独の波（パルス）が x 軸上を正の向きに速さ 1.0cm/s で進み，点Pにおいて反射する。図は時刻 $t=0\,s$ での波形を表す。次の各場合について，$t=3.0\,s$ での入射波・反射波・合成波をかけ。

(1) 点Pが自由端のとき

(2) 点Pが固定端のとき

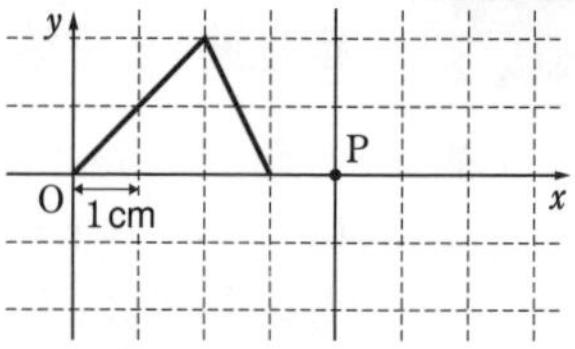

指針 反射波の作図は，自由端の場合には，入射波を延長し，自由端を軸にして折り返す。固定端の場合には，入射波を延長し，上下反転させたのち，固定端を軸に折り返す。

解答 (1) 3.0 秒間に，波は 3.0cm 進む。このときの波形が入射波である。これを延長し，自由端を軸に折り返した波形が反射波である。合成波は，入射波と反射波を重ねあわせると得られる。

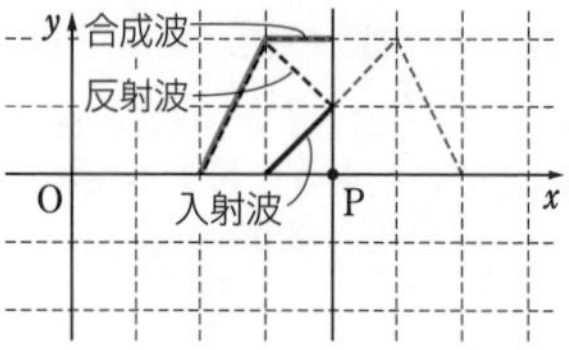

(2) 入射波は(1)と同じである。これを延長し，上下反転させたのち，固定端を軸に折り返した波形が反射波である。合成波は，入射波と反射波を重ねあわせると得られる。

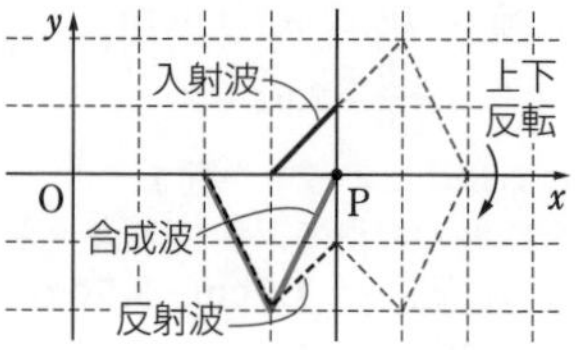

105. 波の反射 知　作図

x 軸上を正の向きに速さ 1.0cm/s で進む波が，時刻 $t=0\,s$ で，図のように端点Pに入射している。

(1), (2)の場合について，$t=2.0\,s$ における入射波，反射波，およびそれらの合成波を作図せよ。

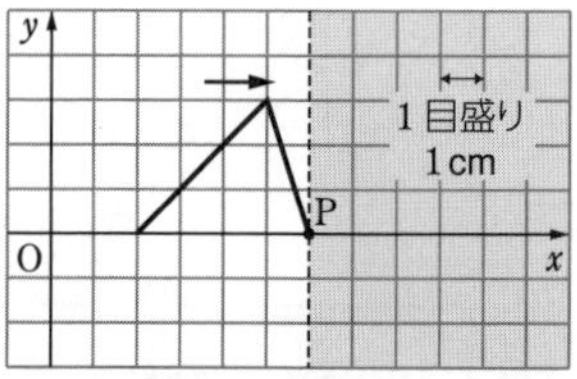

(1) 点Pが自由端のとき

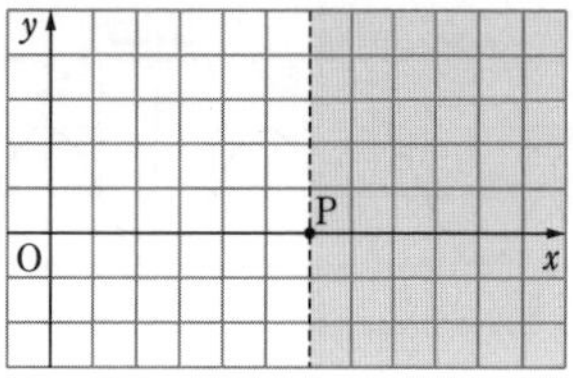

(2) 点Pが固定端のとき

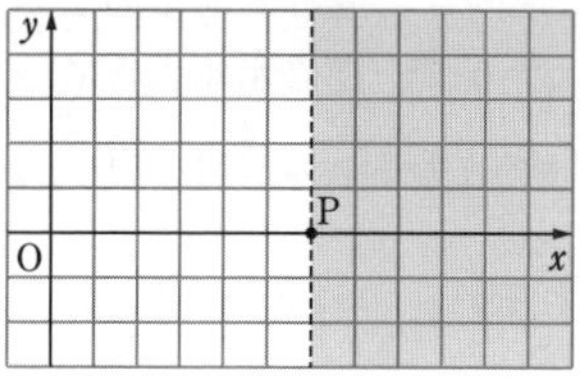

▶ 例題36

106. 波の反射 知　作図

単独の波（パルス）が x 軸上を正の向きに速さ 1.0cm/s で進み，点Pにおいて反射する。図は時刻 $t=0\,s$ での波形を表す。次の各場合について，$t=2.0\,s$ での入射波・反射波・合成波を，図中にかけ。

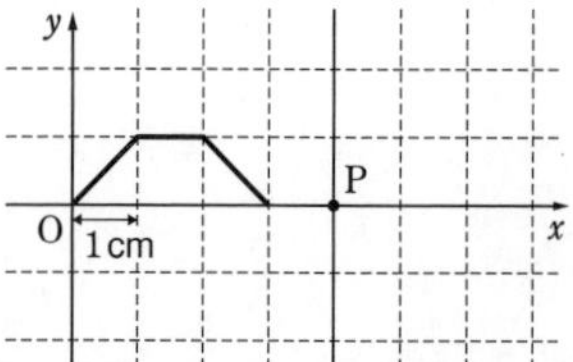

(1) 点Pが自由端のとき

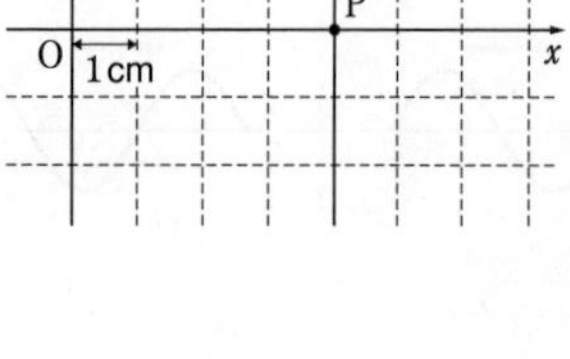

(2) 点Pが固定端のとき

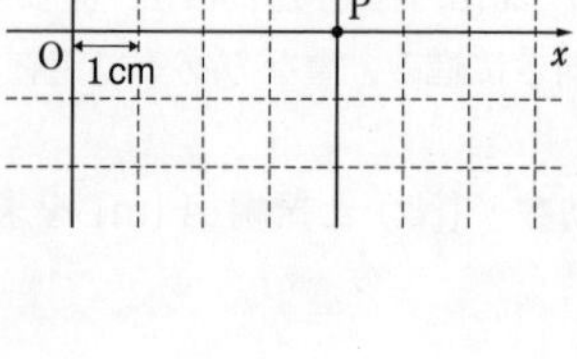

▶ 例題36

107. 正弦波の反射 知 作図 正弦波が x 軸上を正の向きに進み，媒質の端 AB で反射する。この波は 1 秒間に 1.0cm 進み，$t=0$s では，先端が端 AB に到達した状態になっている。

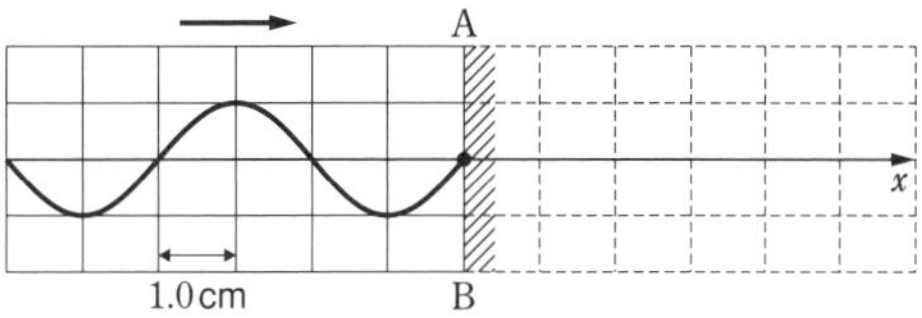

(1) 端 AB が自由端であるとき，$t=4.0$s での入射波・反射波・合成波を，図中にかけ。

(1)

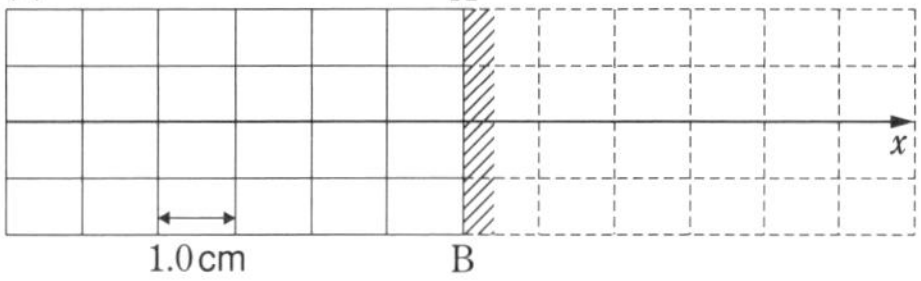

(2) 端 AB が固定端であるとき，$t=4.0$s での入射波・反射波・合成波を，図中にかけ。

(2)

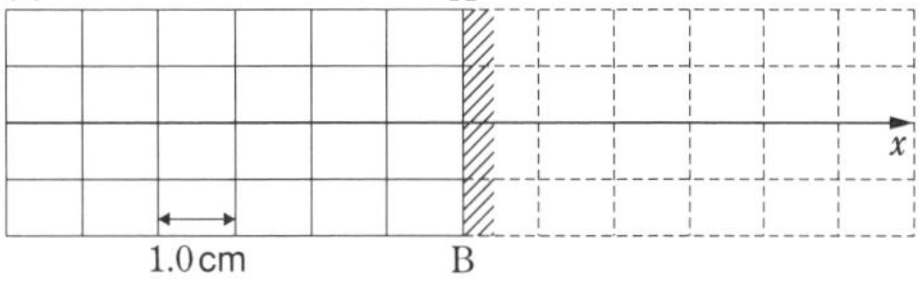

108. 正弦波の反射 知 x 軸上を正の向きに進む正弦波が，固定端Fで反射している。図は，ある時刻の入射波のみを示したものである。このとき，入射波と反射波が重なってできる定在波の節の位置はどこか。記号で答えよ。

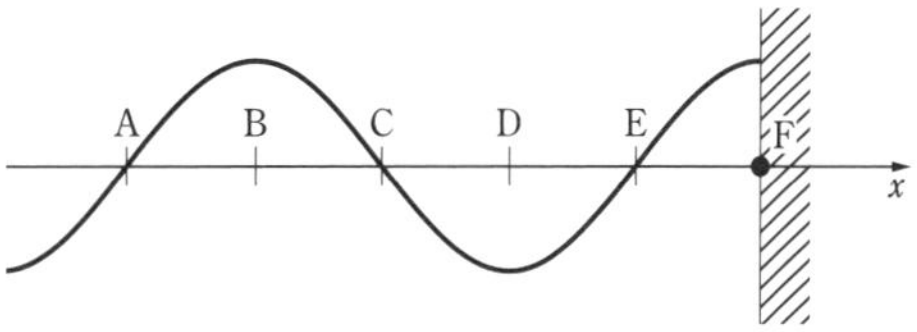

音の伝わり方と発音体の振動

リードA

1 音の伝わり方

リードAの確認問題

a 音波

(1) **音波**　媒質(固体，液体，気体)中を伝わる縦波(疎密波)。一般の波と同様に反射などの現象が起こる。

(2) **音の大きさ(強さ)**……同じ振動数の音では，振幅が大きいほど大きく聞こえる。

音の高さ……振動数が大きいほど高く，小さいほど低く聞こえる。

音色……波形の違いによって音色が異なる。波形は倍音の混じり方で決まる。

(3) **音の速さ**　1気圧，t〔°C〕の空気中を伝わる音の速さ(音速) V〔m/s〕は

$$V=331.5+0.6t$$

b うなり

振動数がわずかに異なる2つの音が同時に重なるとき，音の強弱がくり返し聞こえる現象。振動数 f_1，f_2 の2つの波が重なるとき，うなりの周期を T_0，1秒間当たりのうなりの回数を f とすると

$$f=|f_1-f_2|$$

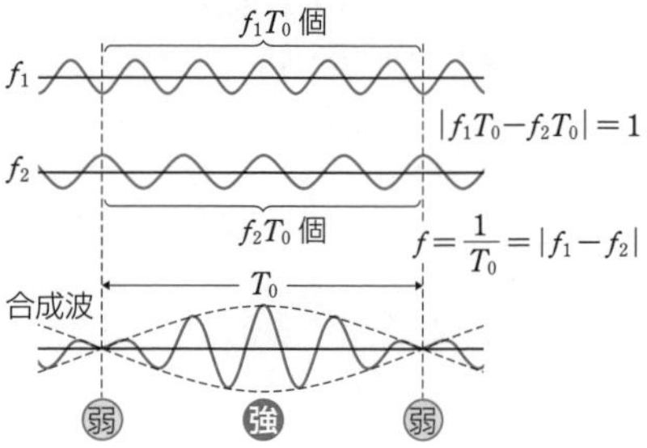

リードB

基礎CHECK

1. 図の①はあるおんさの音の波形をオシロスコープで観察したものである(オシロスコープのスケールはどれも等しい)。(1)～(3)の波形を②～④より選べ。

(1) このおんさをより強くたたいたときの音の波形

(2) このおんさより高い音の出るおんさの音の波形

(3) おんさとは異なる音色の波形

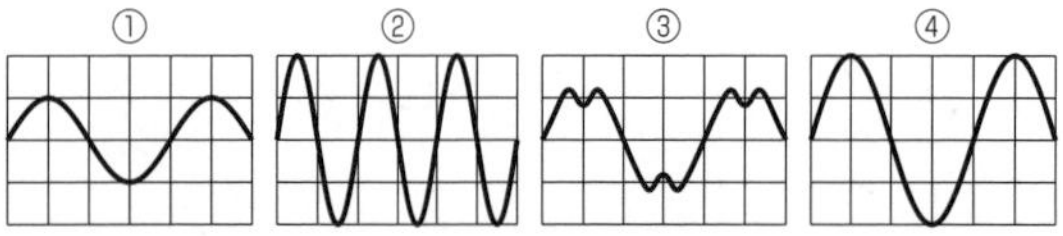

(1)〔　　　〕(2)〔　　　〕(3)〔　　　〕

2. 音の速さは空気の温度が上がるとどうなるか。

〔　　　　　　〕

3. 山びこは音のどのような性質によって生じる現象か。

〔　　　　　　〕

4. 振動数がそれぞれ500Hz，502Hzの2つのおんさを同時に鳴らすと，うなりは毎秒何回聞こえるか。

〔　　　　　　〕

解答

1. (1) 同じ振動数の音では，大きい音ほど振幅が大きい。よって　④

(2) 高い音ほど振動数が大きい(周期が短い)。よって　②

(3) 音色が異なると波形が異なる。おんさの音の波形は正弦波に近く，これと異なる波形は③

2. 音の速さは，空気の温度が高くなるほど**大きくなる。**

3. 山びこは音が遠くの山に当たって，はね返った音が聞こえる現象で，音の**反射**によって生じるものである。

4. 1秒間のうなりの回数は，2つのおんさの振動数の差に等しい。したがって　502−500=**2回**

Let's Try!

例題37 音の反射

➡ 109

解説動画

　図のように，太鼓Pと壁Qが70.0mだけ離れた位置に置かれている。2.0秒間に5回の間隔で太鼓Pをたたき続けたとき，太鼓Pと同じ位置にいる観測者には壁Qからの反射音と次の直接音とが重なって聞こえた。このときの音の速さV〔m/s〕を求めよ。

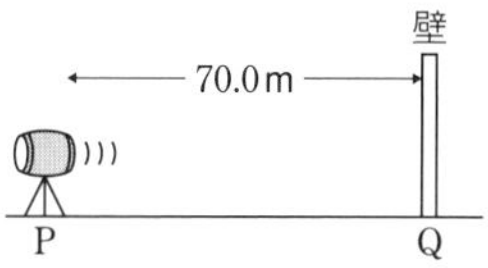

指針　$\frac{2.0}{5}=0.40\,\text{s}$ 間に，音はP→Q→Pと往復する。

解答　太鼓をたたく時間間隔は　$\frac{2.0}{5}=0.40\,\text{s}$

太鼓から出た音は0.40秒間にPとQの間を往復し，2×70.0＝140m 進む。よって

$$V=\frac{140}{0.40}=\mathbf{350\,m/s}$$

109. 音の反射 考　船の前方にある静止している氷山までの距離をはかるために，船上で汽笛を鳴らしたら4.0秒後に反響音が聞こえた。音の速さを3.3×10^2m/sとして，反響音を聞いたときの船と氷山との距離を次の(1)，(2)の場合について求めよ。

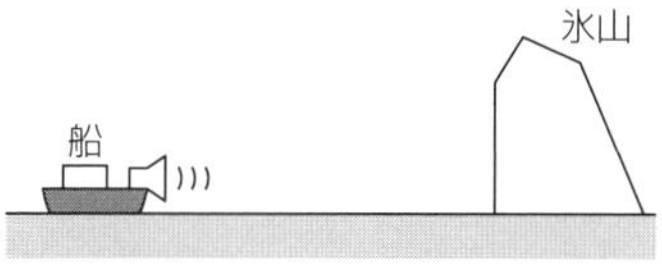

(1) 船が静止している場合

(2) 船が10m/sの速さで氷山に向かって進んでいる場合

(1)＿＿＿＿＿＿　(2)＿＿＿＿＿＿

▷ 例題37

110. うなり 知　調律中のある弦楽器の一本の弦をはじいて出る音と，振動数440Hzの標準おんさを同時に鳴らしたところ毎秒2回のうなりが聞こえた。また，低周波発振器につながれたスピーカーからの振動数が445Hzの音と弦の間では，毎秒3回のうなりが聞こえた。弦の音の振動数f〔Hz〕を求めよ。

＿＿＿＿＿＿

111. うなり 知　おんさAと振動数400HzのおんさBを同時に鳴らすと，毎秒4回のうなりが聞こえたが，Bの枝に輪ゴムを巻いて同時に鳴らすと，うなりは聞こえなかった。おんさAの振動数f_A〔Hz〕を求めよ。

＿＿＿＿＿＿

リードA

2 弦の振動

リードAの確認問題

a 弦の振動

弦の固有振動は，両端(固定端)が節の定在波として生じる。長さ l〔m〕の弦を伝わる波の速さが v〔m/s〕で，m〔個〕の腹ができるときの波長を λ_m〔m〕，振動数(**固有振動数**)を f_m〔Hz〕とすると

$$\lambda_m=\frac{2l}{m},\qquad f_m=\frac{v}{\lambda_m}=m\cdot\frac{v}{2l}=mf_1\quad (m=1,\ 2,\ 3,\ \cdots\cdots)$$

弦の振動が，空気を振動させて，音波として伝わっていく。

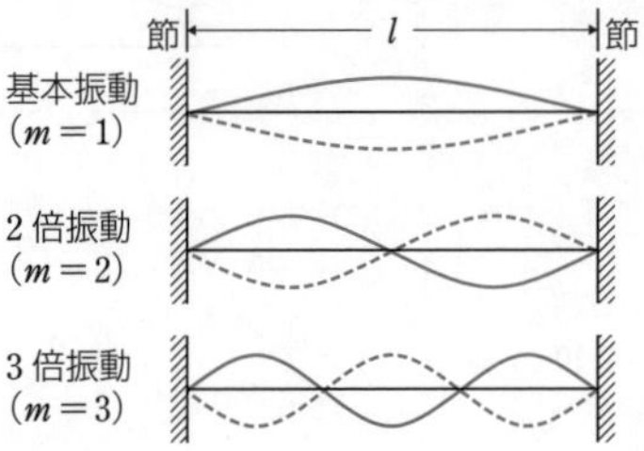

$l=1\times\frac{\lambda_1}{2}\ \rightarrow\ \lambda_1=2l\qquad f_1=\frac{v}{\lambda_1}=\frac{v}{2l}$

$l=2\times\frac{\lambda_2}{2}\ \rightarrow\ \lambda_2=l\qquad f_2=\frac{v}{\lambda_2}=2\times\frac{v}{2l}=2f_1$

$l=3\times\frac{\lambda_3}{2}\ \rightarrow\ \lambda_3=\frac{2l}{3}\qquad f_3=\frac{v}{\lambda_3}=3\times\frac{v}{2l}=3f_1$

b 弦を伝わる波の速さ

弦を引く力(張力)が強いほど，弦の単位長さ当たりの質量(線密度)が小さいほど，弦を伝わる波の速さは大きい。

発展 張力を S〔N〕，線密度を ρ〔kg/m〕とすると，波の速さ v〔m/s〕は $v=\sqrt{\dfrac{S}{\rho}}$

リードB

基礎 CHECK

1. 長さ 1.0m の弦に生じる定在波について，基本振動の波長 λ_1 は何 m か。

〔　　　　　〕

2. **1** の弦を伝わる波の速さが 1.6×10^2m/s のとき，基本振動の振動数 f_1 は何 Hz か。

〔　　　　　〕

3. 長さ 1.5m の弦に，波の速さが 1.5×10^2m/s の 3 倍振動の定在波が生じている。

(1) 波長 λ_3 は何 m か。

(2) 振動数 f_3 は何 Hz か。

(1)〔　　　　　〕　(2)〔　　　　　〕

4. 弦に生じる定在波について，次の場合に，弦を伝わる波の速さはどうなるか。

(1) 弦を引く力を大きくする

(2) 同じ長さの軽い弦に取りかえる

(1)〔　　　　　〕　(2)〔　　　　　〕

解答

1. 図より $\frac{\lambda_1}{2}=1.0$　よって　$\lambda_1=$**2.0m**

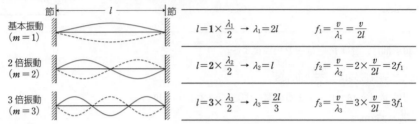

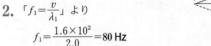

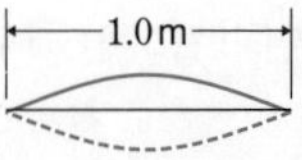

2. 「$f_1=\frac{v}{\lambda_1}$」より

$f_1=\frac{1.6\times10^2}{2.0}=$**80Hz**

3. (1) 「$\lambda_3=\frac{2l}{3}$」より　$\lambda_3=\frac{1.5\times2}{3}=$**1.0m**

(2) 「$f_3=\frac{v}{\lambda_3}$」より　$f_3=\frac{1.5\times10^2}{1.0}=$**$1.5\times10^2$Hz**

4. (1) 弦を引く力を大きくすると，弦を伝わる波の速さは**大きくなる**。

(2) 同じ長さの軽い弦に取りかえると，弦の線密度(単位長さ当たりの質量)が小さくなり，弦を伝わる波の速さは**大きくなる**。

Let's Try!

例題38 弦の振動

➡ 112, 113

解説動画

振動数 4.6×10^2Hz のおんさに弦の左端を取りつけ，水平に移動できる滑車に通して右端におもりPをつるし，弦の長さ AB を変えられるようにした装置がある。AB の長さを 0.50m としておんさを振動させたところ，腹が2個の定在波ができた。

(1) この定在波の波長 λ〔m〕と，弦を伝わる波の速さ v〔m/s〕を求めよ。

(2) 腹が3個の定在波を生じさせるには AB の長さ l を何 m にすればよいか。

指針 各場合ごとに定在波をかき波長 λ を求める。振動数 f はどの場合も同じ。

解答 (1) 図1より　$\lambda=$**0.50m**

$v=f\lambda$

$=4.6\times10^2\times0.50$

$=$**2.3×10^2m/s**

(2) 波長は(1)と同じなので，図2より

$l=\dfrac{\lambda}{2}\times3=\dfrac{0.50}{2}\times3=$**0.75m**

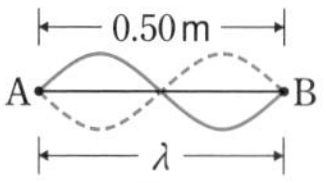

図1

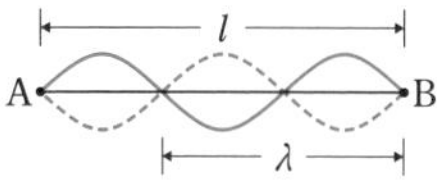

図2

POINT　**弦の振動**　両端が節

作図 112. 弦の振動 知　長さが 0.48m の弦が，基本振動，2倍振動，3倍振動するときの弦のようすをかき，それぞれの波長 λ_1，λ_2，λ_3〔m〕を求めよ。

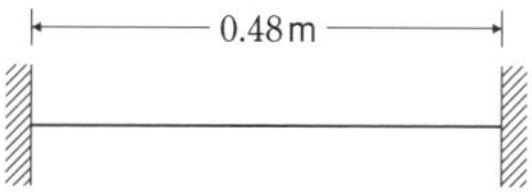

λ_1：　　λ_2：　　λ_3：

基本振動　　2倍振動　　3倍振動

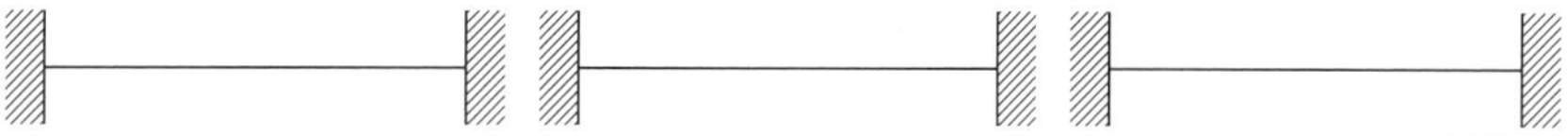

▷ 例題38

113. 弦の振動 知　弦の一端を振動子Pにつなぎ，他端は滑車Qを経ておもりにつなぎ，PQ の部分を水平に張った。振動子の振動数を 1.2×10^2Hz にして，PQ の長さを 1.2m にすると，図のように弦に3個の腹をもつ定在波が生じた。

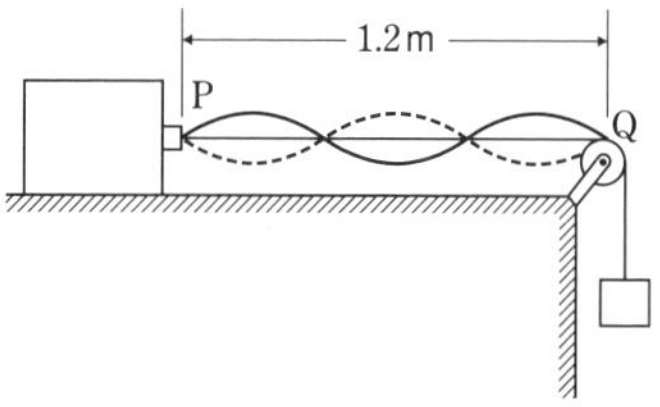

(1) 弦を伝わる波の波長 λ〔m〕を求めよ。

(2) 弦を伝わる波の速さ v〔m/s〕を求めよ。

(3) PQ の長さとおもりは変えないで，振動子の振動数を変えたところ，4個の腹をもつ定在波に変化した。このときの振動子の振動数 f〔Hz〕を求めよ。

(1)　　(2)　　(3)

▷ 例題38

リードA

3 気柱の振動と共振・共鳴

リードAの確認問題

a 閉管

長さ l〔m〕の閉管の気柱の固有振動数を f_m〔Hz〕，音の速さを V〔m/s〕とすると

$$\lambda_m=\frac{4l}{m},\quad f_m=\frac{V}{\lambda_m}=m\cdot\frac{V}{4l}=mf_1$$

$(m=1,\ 3,\ 5,\ \cdots\cdots)$ mは奇数だけ。

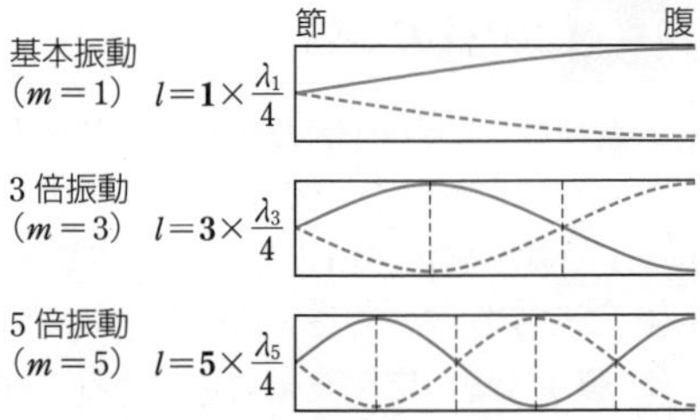

b 開管

長さ l〔m〕の開管の気柱の固有振動数を f_m〔Hz〕，音の速さを V〔m/s〕とすると

$$\lambda_m=\frac{2l}{m},\quad f_m=\frac{V}{\lambda_m}=m\cdot\frac{V}{2l}=mf_1$$

$(m=1,\ 2,\ 3,\ \cdots\cdots)$ mは自然数。

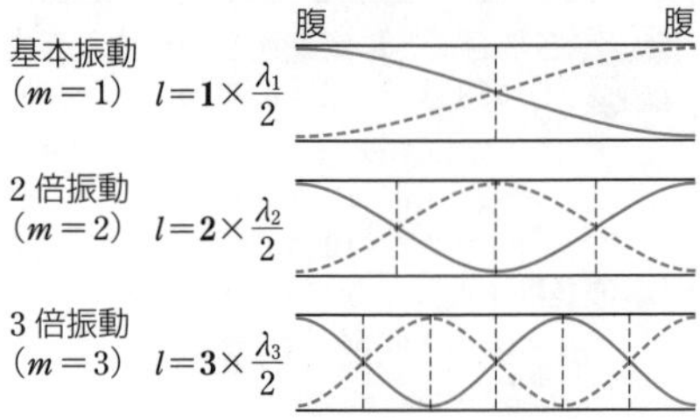

c 開口端補正

開口端の腹の位置は，実際には管口より少し外にある。管口から腹までの距離を，**開口端補正**という。

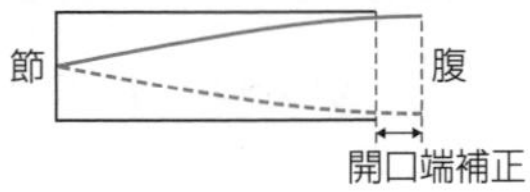

d 気柱の圧力(密度)の変化

気柱にできる定在波の節の部分は振動はしないが，圧力(密度)の変化が最も大きく，腹の部分は大きく振動するが，圧力(密度)の変化が最も小さい。

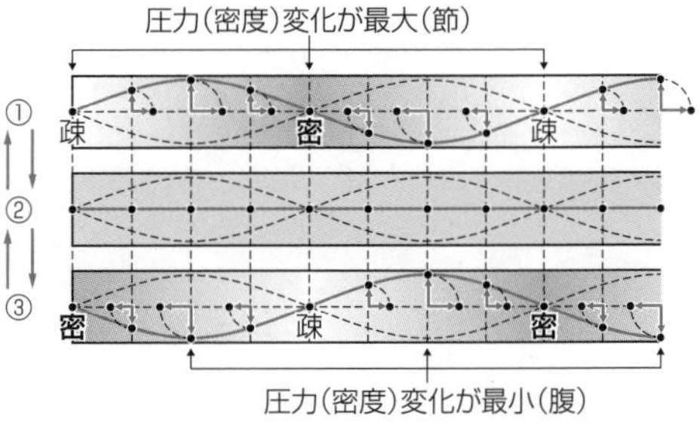

e 共振・共鳴

(1) **固有振動** 一般に，振動する物体(振動体)を自由に振動させたときの振動を**固有振動**といい，そのときの振動数を**固有振動数**という。

(2) **共振・共鳴** 振動体は，その固有振動数にあった力が周期的に加わると，小さな力でも大きく振動する。これを，**共振**または**共鳴**という。

(3) **気柱の共鳴** 管口から固有振動数と等しい振動数の音を送りこむと，気柱が大きく振動して，大きな音が聞こえる。

リードB

基礎CHECK

1. 長さ 0.30m の閉管における気柱の振動で，基本振動の波長 λ_1 は何 m か。開口端補正は無視する。

〔　　　〕

2. 長さ 0.30m の開管における気柱の振動で，基本振動の波長 λ_1 は何 m か。開口端補正は無視する。

〔　　　〕

解答

1. 図より $\frac{\lambda_1}{4}=0.30$

よって $\lambda_1=$**1.2m**

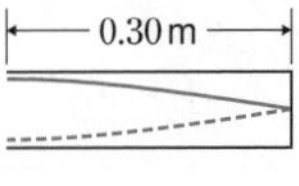

2. 図より $\frac{\lambda_1}{2}=0.30$

よって $\lambda_1=$**0.60m**

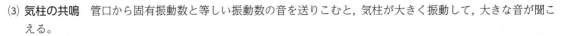

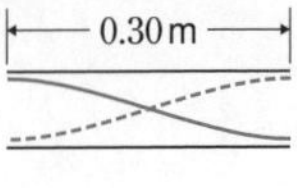

Let's Try!

例題39 気柱の振動

➡115

解説動画

図のような共鳴の実験で，500Hz のおんさを管口に近づけ，水面を次第に下げていったところ，気柱の長さが 16.4cm のときに初めて共鳴が起こり，次に 50.2cm になったとき再び共鳴が起こった。

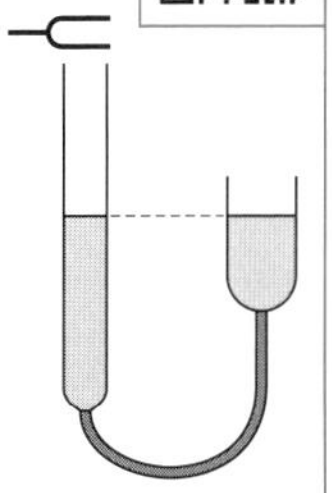

(1) このときの音の速さ V は何 m/s か。

(2) 共鳴したときの管口の腹の位置は，管の上端よりどれだけ上にあるか。

指針 初めて共鳴したときの気柱の長さ $l_1=16.4\,\text{cm}$ と 2 回目に共鳴したときの気柱の長さ $l_2=50.2\,\text{cm}$ との差が半波長である。開口端補正に注意する。

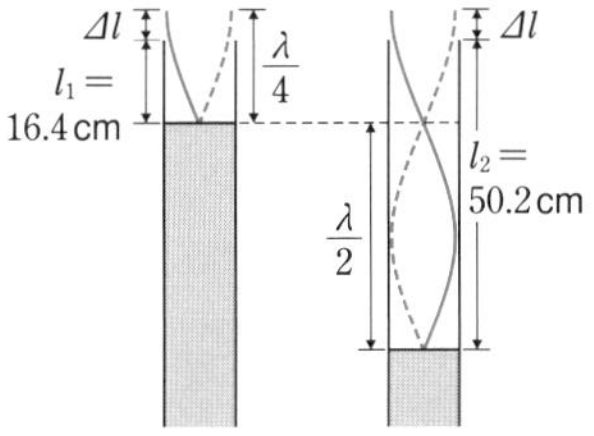

解答 (1) 音の波長を λ とすると，図より

$\dfrac{\lambda}{2}=50.2-16.4=33.8\,\text{cm}$　　よって　$\lambda=33.8\times2=67.6\,\text{cm}=0.676\,\text{m}$

「$v=f\lambda$」より　$V=500\times0.676=\mathbf{338\,m/s}$

(2) 開口端補正 Δl を求めればよい。図より　$\Delta l=\dfrac{\lambda}{4}-16.4$

$\lambda=67.6\,\text{cm}$ を代入して　$\Delta l=\dfrac{67.6}{4}-16.4=16.9-16.4=0.5\,\text{cm}$

よって，管口の腹の位置は，管の上端より **0.5cm** だけ上にある。

作図 **114. 気柱の振動** 知　長さが 1.2m の閉管と開管がある。それぞれの管内の気柱が，基本振動，3 倍振動するときの定在波のようすをかき，波長を求めよ。開口端補正は無視する。

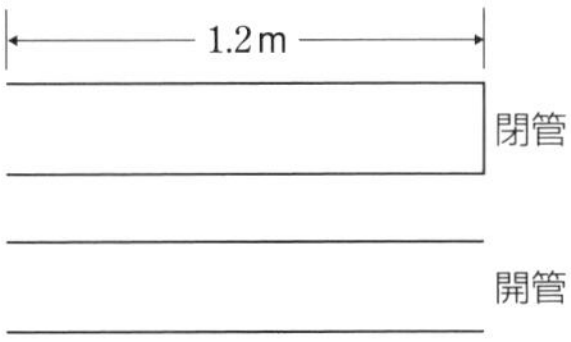

基本振動
閉管
開管
3 倍振動
閉管
開管

波長 (閉管)：　　波長 (開管)：　　波長 (閉管)：　　波長 (開管)：

115. 気柱の振動 知　円筒の上端近くで振動数 420Hz のおんさを鳴らしながら，円筒の水面の位置を徐々に下げていったところ，上端から水面までの距離 l が $l_1=19.0\,\text{cm}$ のときに初めて共鳴がおこり，$l_2=59.0\,\text{cm}$ のとき，再び共鳴音を聞いた。

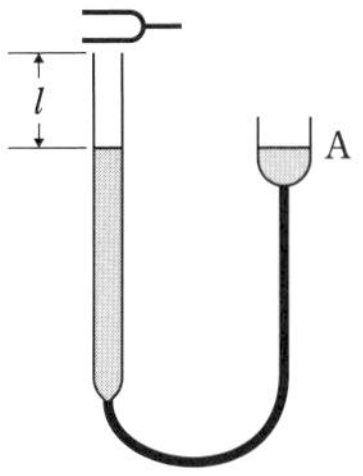

(1) このときの音の速さ V は何 m/s か。

(2) 共鳴したときの筒口の腹の位置は，筒の上端よりどれだけ上にあるか。

(3) $l=59.0\,\text{cm}$ として，振動数のより大きいおんさを筒口で鳴らすとき，共鳴が起こる最も 420Hz に近い振動数は何 Hz のものか。

(1)　　(2)　　(3)

▷例題39

編末問題

116. 波の要素 知 水面を波が伝わっている。この波の隣りあう山の間隔は2.0mである。水面に小さな浮きを浮かべると，10秒間で5回上下に振動した。波の伝わる速さ v は何m/sか。ただし，浮きが最も高い位置にきたときから，再び同じ位置にくるときまでを1回の振動とする。〔センター試験〕

117. 正弦波の反射 知 作図 図のように，ある媒質中を x 軸の負の向きに進む正弦波が，原点を固定端として反射したとする。図は，時刻 $t=0$s のときの入射波を表している。入射波におけるAの山は0.60s後に $x=3.0$cm の位置まで進むとする。次の問いに答えよ。

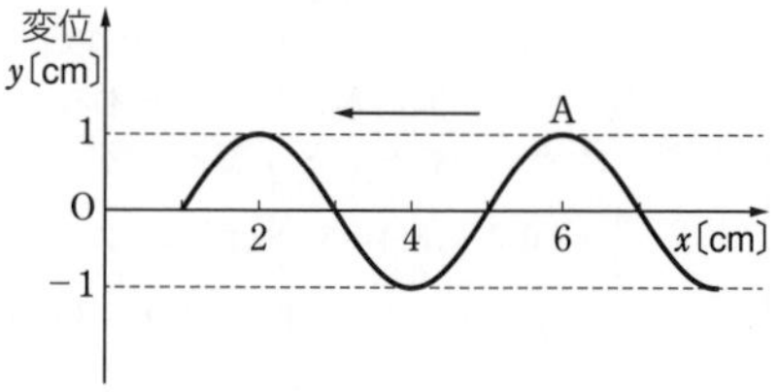

(1) この入射波の振幅，波長，速さ，振動数および周期を求めよ。
(2) $t=0.40$s の入射波を y-x 図にかけ。
(3) 入射波と反射波が干渉して定在波が生じた。
　(a) $x=1.0$cm にある媒質の変位の時間による変化を y-t 図にかけ。
　(b) 固定端と $x=4.0$cm も含めてそれらの間にできる節と腹の位置（x 座標）をすべて求めよ。〔17 岡山理大〕

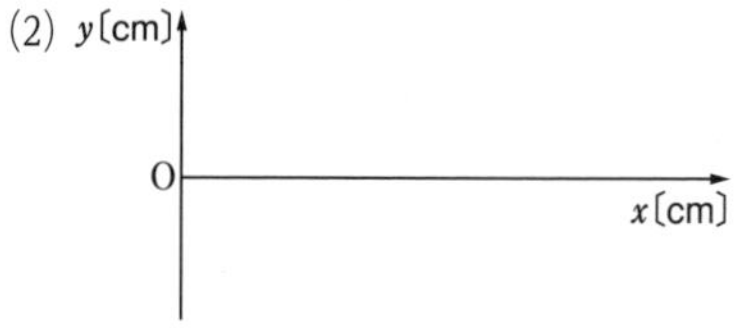

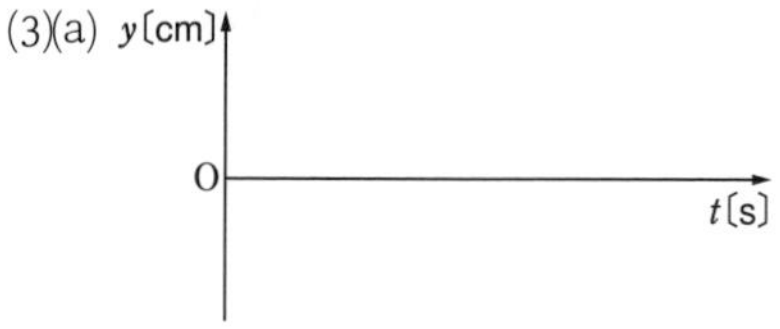

(1) 振幅：　　波長：　　速さ：　　振動数：　　周期：

(3)(b) 節：　　腹：

118. 音の反射 考 水温が20.0°Cで均一な海水の上に船が浮かんでいるとする。ソナーを使用して，水面から真下に超音波を発して海底から反射されてきた超音波を観測するまでの時間を計測すると，0.100sであった。ただし，水温が20.0°Cのときの海水中を伝わる音の速さは 1.51×10^3m/s であり，海面および海底面は水平で，水中に遮蔽物は存在しないものとする。
(1) 水面から海底までの深さは何mか。
(2) ソナーが発した超音波の振動数が 1.00×10^5Hz のとき，その波長は何mか。〔23 金沢工大 改〕

(1)　　(2)

の解説動画

119. 気柱の振動 知　図のようにガラス管にピストンを取りつけ，管口から離れた位置に音源を設置した。音源から570Hz の振動数の音を出し，ピストンをガラス管の左端の管口からゆっくりと右のほうへ動かした。管口からピストンまでの距離を l，開口端補正を Δl とし，開口端補正は常に一定であるとする。

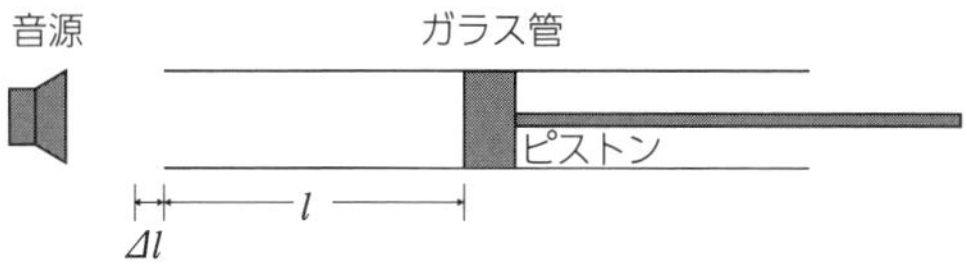

(1) $l=13.7$ cm の位置で1回目の共鳴が起こり，$l=43.7$ cm の位置で2回目の共鳴が起こった。
　(a) 1回目の共鳴のとき，$l+\Delta l$ は音の波長の何倍に相当するか。
　(b) 1回目と2回目の共鳴が起こったときの l の値から，音の波長を求めよ。
　(c) このときの音の速さを求めよ。また，開口端補正 Δl を求めよ。
(2) さらにピストンをゆっくりと右のほうへ動かしたところ，3回目の共鳴が起こった。このとき，$l+\Delta l$ は波長の何倍に相当するか。
(3) 室温を上昇させ音の速さを 360m/s としたうえで，ピストンを $l+\Delta l=45.0$ cm の位置に固定し，音の振動数を 570Hz からゆっくりと下げていった。このとき，共鳴の起こる振動数を求めよ。〔16 神奈川大〕

(1) (a)　　(b)　　(c)：速さ　　Δl：

(2)　　(3)

120. 気柱の密度の変化 知　図は開管の気柱が共鳴しているときの，空気の変位のようすを表している。管の両端を A，B とする。ただし，図の波形は，管の長さの方向右向きの媒質(空気)の変位を上向きの変位として表している。また，開口端補正は無視する。

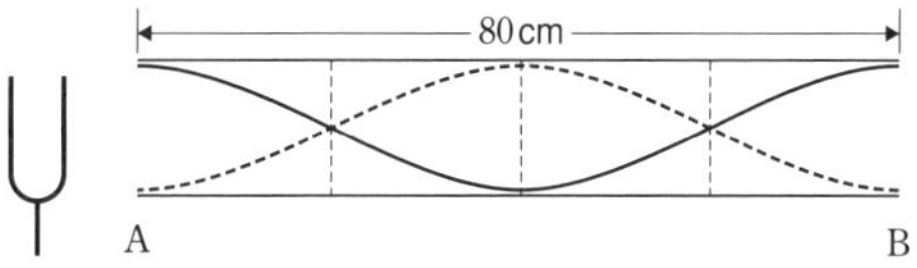

(1) 音波が反射しているのはどこか。
(2) 変位が実線で表される時刻で，密度が最大の位置は，A から何 cm か。
(3) 変位が破線で表される時刻で，密度が最小の位置は，A から何 cm か。
(4) 空気の密度が最も大きく変化する点は，腹と節のどちらか。

(1)　　(2)　　(3)　　(4)

第9章 物質と電気抵抗

1 静電気

リードAの確認問題

a 静電気

(1) **静電気** 異なる物質どうしを摩擦したときに生じる電気のように，流れていない電気。物体が電気をもつことを**帯電**という。
(2) **電荷** 帯電した物体がもつ電気を**電荷**といい，**正電荷**と**負電荷**の2種類がある。
(3) **静電気力** 電荷間にはたらく力。同種の電荷間は斥(せき)力，異種の電荷間は引力。

電荷にはたらく力

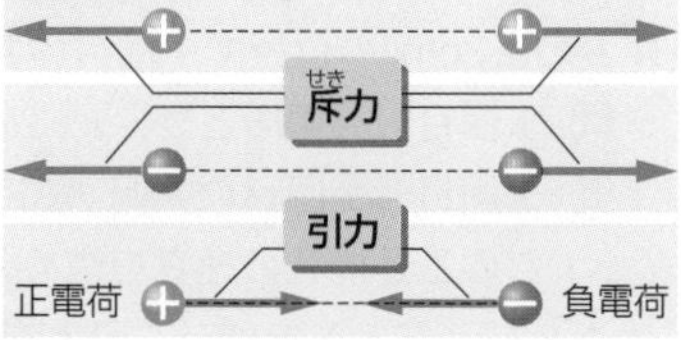

b 物体が帯電するしくみ

(1) **原子の構造** 負の電気をもつ電子と正の電気をもつ原子核とでできている。原子全体としては，正負が打ち消しあって帯電していない。
(2) **イオン** **陽イオン**…原子が電子(負電荷)を放出して正の電気を帯びたもの。
陰イオン…原子が電子を取りこんで負の電気を帯びたもの。
(3) **帯電** 電子を失ったほうが正，電子を得たほうが負に帯電する。
(4) **導体** 電気をよく通す物質。
金属では**自由電子**が電気を運ぶ。
不導体 アクリルやビニルなど電気を通しにくい物質。

原子の構造

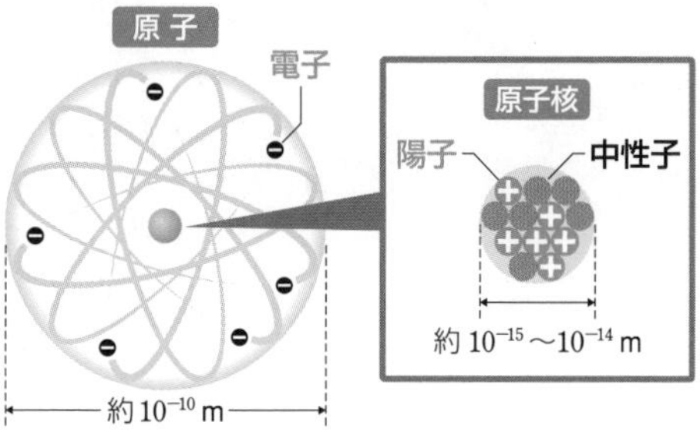

リード B

基礎 CHECK

1. 原子が電子を取りこむと，陽イオン，陰イオンのどちらになるか。

〔　　　　　〕

2. ストローをティッシュペーパーでこすると，ストローは負に帯電した。このとき，電子はどちらからどちらへ移動したか。

〔　　　　　〕

3. 銅の針金の中で電気を運ぶものは何か。また，食塩水のような電解液の中で電気を運ぶものは何か。

銅：〔　　　　　〕
電解液：〔　　　　　〕

解答

1. 原子が電子を取りこむと，負に帯電するので，**陰イオン**になる。
2. 電子は**ティッシュペーパーからストローへ移動する。** その結果，ストローは負に帯電し，ティッシュペーパーは電子不足となって正に帯電する。
3. 銅の針金の中では，自由に動きまわれる**電子**(自由電子)が電気を運ぶ。また，電解液の中では，電離した**イオン**が電気を運ぶ。

2 電流と電気抵抗

リードAの確認問題

a 電流

(1) **電流** 時間 t〔s〕の間に通過する電気量を Q〔C〕，電流の大きさを I〔A〕とすると

$$Q=It,\ I=\frac{Q}{t}$$

電流の向きは正の電気が移動する向き。
自由電子の移動の向きは電流の向きと逆。

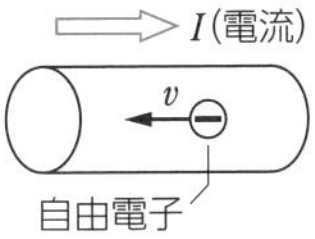

物理量	主な記号	単位
電気量	q, Q	C
電流	I, i	A
電圧	V	V
抵抗	R	Ω
抵抗率	ρ	Ω·m

(2) **電流の大きさ** 導体(断面積 S〔m²〕)中の自由電子の平均の速さを v〔m/s〕，単位体積当たりの自由電子(電気量 $-e$〔C〕)の数を n〔1/m³〕とすると

断面を時間 t〔s〕の間に通過する電子数 $N=nvtS$

電流の大きさ $I=\frac{eN}{t}=envS$

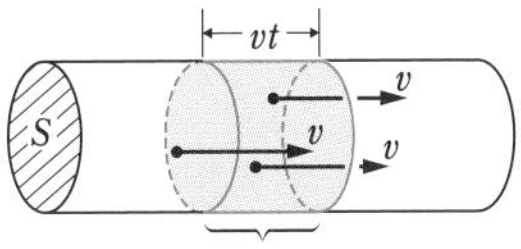

体積 vtS 中に $nvtS$ 個の自由電子がある

b オームの法則

(1) **電圧(電位差)** 電流を水流に例えると，水位差に相当する量。

(2) **オームの法則** 導体中を流れる電流 I は両端の電圧 V に比例する。

$$I=\frac{V}{R},\ V=RI \quad (R：抵抗)$$

c 抵抗率

抵抗 R は導体の長さ l に比例し，断面積 S に反比例する。

$$R=\rho\frac{l}{S}$$ (抵抗率 ρ は物質の材質や温度によって定まる定数)

d 抵抗の接続

(1) **直列接続** 抵抗に流れる電流が等しい

$V=V_1+V_2$

合成抵抗 R は

$$R=R_1+R_2$$

$V_1：V_2=R_1：R_2$

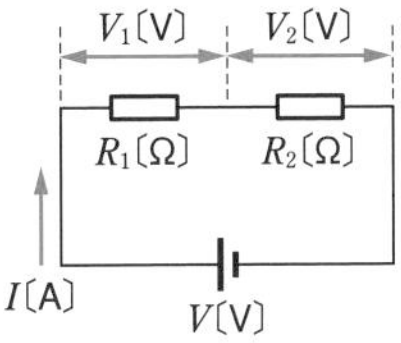

(2) **並列接続** 抵抗に加わる電圧が等しい

$I=I_1+I_2$

$$\frac{1}{R}=\frac{1}{R_1}+\frac{1}{R_2}$$

$I_1：I_2=\frac{1}{R_1}：\frac{1}{R_2}=R_2：R_1$

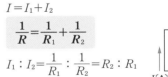

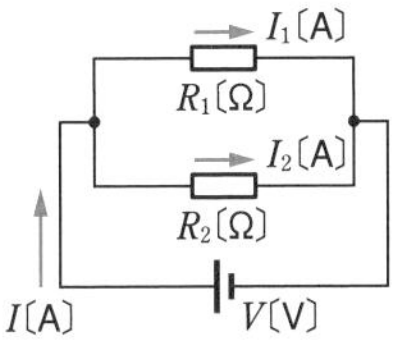

リード B

基礎 CHECK

1. ある金属線の断面を，30 秒間に 6.0 C の電荷が通過するとき，電流 I は何 A か。

〔　　　　〕

2. 12 Ω の抵抗に 6.0 V の電圧を加えたとき，抵抗を流れる電流 I は何 A か。

〔　　　　〕

3. 30 Ω の抵抗が 2 つある。この 2 つの抵抗を，(1) 直列 (2) 並列 に接続したときの合成抵抗はそれぞれ何 Ω か。

(1)〔　　　　〕 (2)〔　　　　〕

解答

1. 「$I=\frac{Q}{t}$」より $I=\frac{6.0}{30}=$ **0.20 A**

2. オームの法則「$I=\frac{V}{R}$」より $I=\frac{6.0}{12}=$ **0.50 A**

3. (1) 直列接続での合成抵抗 R は
$R=R_1+R_2=30+30=$ **60 Ω**

(2) 並列接続での合成抵抗 R' は
$\frac{1}{R'}=\frac{1}{R_1}+\frac{1}{R_2}=\frac{1}{30}+\frac{1}{30}=\frac{1}{15}$
よって $R'=$ **15 Ω**

Let's Try!

例題 40 電流

➡ 123 解説動画

図のように，金属棒に 1.6 A の電流が右向きに流れている。１個の自由電子は $e=-1.6\times10^{-19}$ C の電気量をもっているとする。

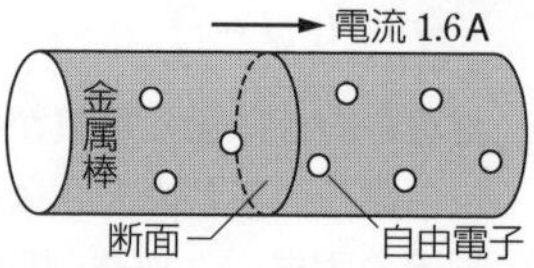

(1) 金属棒の中の自由電子はどちら向きに移動しているか。
(2) 金属棒の断面を 1.0 秒間に通過していく電気量の絶対値 Q〔C〕を求めよ。
(3) 金属棒の断面を 1.0 秒間に通過していく自由電子の数 n を求めよ。

指針 電流の向きは正の電気が移動する向きと定められており，自由電子の流れと逆である。
電流を I〔A〕とすると，金属棒の断面を t〔s〕間に通過していく電気量 Q〔C〕は $\boldsymbol{Q=It}$。

解答 (1) 自由電子の移動の向きは電流の向きと逆で，
左向き。
(2)「$Q=It$」に $I=1.6$ A，$t=1.0$ s を代入して
$Q=1.6\times1.0=\mathbf{1.6\,C}$

(3) $Q=n|e|$ より

$$n=\frac{Q}{|e|}=\frac{1.6}{1.6\times10^{-19}}=\mathbf{1.0\times10^{19}}\text{ **個**}$$

121. 静電気 知 アクリル棒を絹布でこすると，アクリル棒は正，絹布は (1)｛① 正　② 負｝に帯電する。これは (2)｛① アクリル棒から絹布へ　② 絹布からアクリル棒へ｝電子が移動したためである。このアクリル棒に毛皮でこすった塩化ビニル棒を近づけたら，アクリル棒と塩化ビニル棒の間には引力がはたらいた。絹布と毛皮の電気を逃がさないようにして近づけたら，絹布と毛皮の間には (3)｛① 引力　② 斥力｝がはたらく。

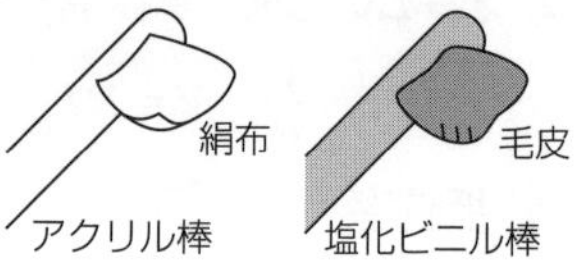

(1) ________　(2) ________　(3) ________

122. 電子の移動 知 同材質，同半径の金属球 A，B がある。金属球Aは -8.0×10^{-10} C に帯電しており，B は帯電していない。A，B 以外のものとの電気の出入りがない状態で金属球AとBを接触させたら，Aのもっていた電荷がAとBに二等分された。電子の電気量は -1.6×10^{-19} C であるとする。
(1) 電子はAとBの間で，どちらからどちらへ何 C 移動したか。
(2) 移動した電子の数 n を求めよ。

(1) ________　(2) ________

123. 電流 知 図のように，導線に 3.2 A の電流が右向きに流れている。１つの自由電子は -1.6×10^{-19} C の電気量をもっている。このとき，自由電子は導線の断面をどちら向きに移動しているか。また，その断面を１秒間に通りぬける自由電子の数 n を求めよ。

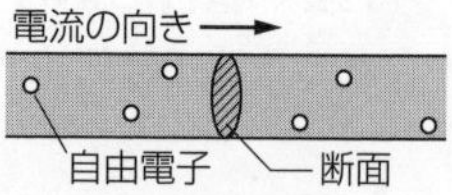

向き：________　数：________

▷ 例題 40

例題 41 オームの法則

➡ 124　解説動画

(1) 3.0Ω の抵抗に電圧を加えると，0.50 A の電流が流れた。加えた電圧は何 V か。
(2) 12Ω の抵抗に 9.0 V の電圧を加えると，電流は何 A 流れるか。
(3) ある抵抗に 80 V の電圧を加えると，1.6 A の電流が流れた。この抵抗は何Ωか。

指針 オームの法則「$V=RI$」を用いる（V：電圧，I：電流，R：抵抗）。
解答 (1) オームの法則「$V=RI$」より，電圧 V は　$V=3.0\times0.50=\mathbf{1.5\,V}$
(2)「$V=RI$」より，電流 I は　$I=\dfrac{V}{R}=\dfrac{9.0}{12}=\mathbf{0.75\,A}$
(3)「$V=RI$」より，抵抗 R は　$R=\dfrac{V}{I}=\dfrac{80}{1.6}=\mathbf{50\,\Omega}$

124. オームの法則 知

(1) 抵抗に 1.5 V の電圧を加え，0.30 A の電流が流れるようにしたい。このとき，何Ωの抵抗を用意すればよいか。
(2) 60 V の電圧を，150Ω の抵抗に加えると，電流は何 A 流れるか。
(3) 2.0 kΩ の抵抗に 3.0 mA の電流を流すには，何 V の電圧を加えればよいか。

(1)　　　　(2)　　　　(3)

▶ 例題 41

125. オームの法則 考

作図

図は抵抗線 a と b について，加える電圧 V〔V〕と流れる電流 I〔mA〕の関係を表したグラフである。

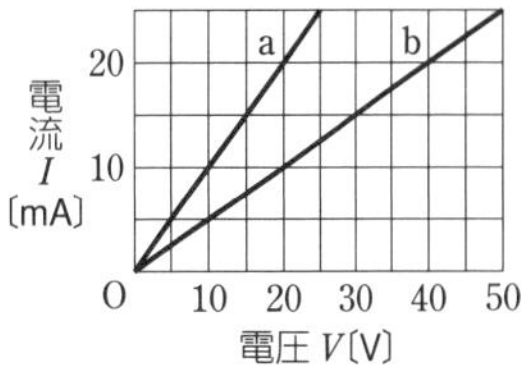

(1) a と b の抵抗値 R_a，R_b はそれぞれ何Ωか。
(2) a と b を直列接続した合成抵抗について，V〔V〕と I〔mA〕の関係を表すグラフをかけ。

(2)

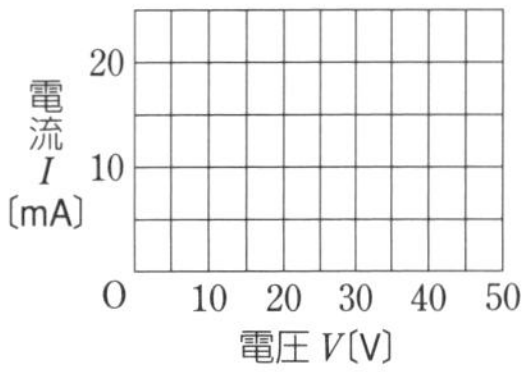

(1) R_a：　　　　R_b：

126. 抵抗率 知

断面積 $2.2\times10^{-7}\,\mathrm{m^2}$，抵抗率 $1.1\times10^{-6}\,\Omega\cdot\mathrm{m}$ の金属線を用いて，抵抗値 5.0Ω の抵抗線を作りたい。金属線の長さ l を何 m にすればよいか。

127. 抵抗率 知

断面積 $0.50\,\mathrm{mm^2}$，長さ 1.0 m の銅線の抵抗値は $3.4\times10^{-2}\,\Omega$ であった。断面積 $2.0\,\mathrm{mm^2}$，長さ 40 m の銅線の抵抗値は何Ωか。

▶ の解説動画

例題 42 抵抗の接続

➡ 128, 129 解説動画

図1は，抵抗線PとQについて，加わる電圧と電流の関係を表したグラフである。この2つの抵抗線と6.0Vの電池と電流計を，図2，図3のようにつないだ。

(1) 抵抗線PとQのそれぞれの抵抗値 R_1〔Ω〕と R_2〔Ω〕を求めよ。

(2) 図2のようにつなぐとき，PとQの合成抵抗 R〔Ω〕と電流計の示す値 I〔A〕を求めよ。

(3) 図3のようにつなぐとき，PとQの合成抵抗 R'〔Ω〕と電流計の示す値 I'〔A〕を求めよ。

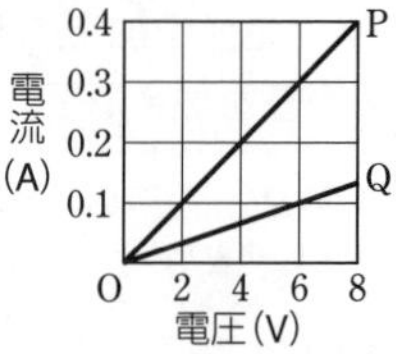

図1

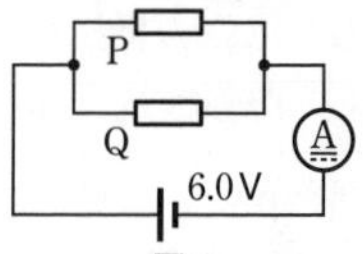

図2

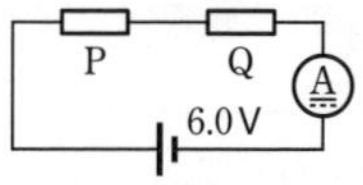

図3

指針 (1) グラフ上の適切な点の電流と電圧の値にオームの法則を用いる。

解答 (1) Pのグラフでは，電圧4.0Vのとき電流0.20Aだから $R_1=\frac{4.0}{0.20}=\mathbf{20\,\Omega}$

Qのグラフでは，電圧6.0Vのとき電流0.10Aだから $R_2=\frac{6.0}{0.10}=\mathbf{60\,\Omega}$

(2) 並列接続だから $\frac{1}{R}=\frac{1}{20}+\frac{1}{60}=\frac{4}{60}=\frac{1}{15}$

したがって $R=\mathbf{15\,\Omega}$

よって $I=\frac{V}{R}=\frac{6.0}{15}=\mathbf{0.40\,A}$

(3) 直列接続だから $R'=R_1+R_2=20+60=\mathbf{80\,\Omega}$

よって $I'=\frac{V}{R'}=\frac{6.0}{80}=\mathbf{0.075\,A}$

POINT

抵抗の接続

直列接続：$R=R_1+R_2$

並列接続：$\frac{1}{R}=\frac{1}{R_1}+\frac{1}{R_2}$

128. 抵抗の接続 知 8.0Ωの抵抗 R_1，12Ωの抵抗 R_2 と，9.0Vの電池を図のようにつないだ。

(1) 点Aを流れる電流 I〔A〕を求めよ。

(2) AB間，BC間の電圧 V_1〔V〕，V_2〔V〕を求めよ。

(3) AC間の合成抵抗 R〔Ω〕を求めよ。

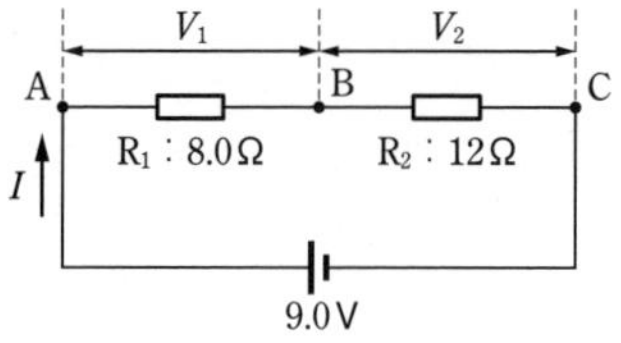

(1) ＿＿＿＿ (2) V_1： ＿＿ V_2： ＿＿ (3) ＿＿＿＿

▶ 例題42

129. 抵抗の接続 知 3.0Ωの抵抗 R_1，6.0Ωの抵抗 R_2 と，3.0Vの電池を図のようにつないだ。

(1) 抵抗 R_1，抵抗 R_2 を流れる電流 I_1〔A〕，I_2〔A〕を求めよ。

(2) 点Aを流れる電流 I〔A〕を求めよ。 (3) AB間の合成抵抗 R〔Ω〕を求めよ。

次に，電池を別の電池に変えたところ，点Aを流れる電流は $I=4.5$ A となった。

(4) 変えた後の電池の電圧 V〔V〕を求めよ。

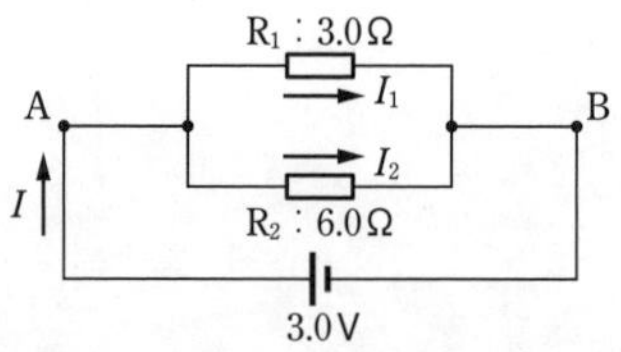

(1) I_1： ＿＿ I_2： ＿＿

(2) ＿＿＿＿ (3) ＿＿＿＿ (4) ＿＿＿＿

▶ 例題42

3 電気とエネルギー

リードAの確認問題

a ジュール熱・電力量・電力

R〔Ω〕の抵抗に電圧 V〔V〕を加え，電流 I〔A〕を t〔s〕間流したとき

(1) **ジュール熱**

$$Q = IVt = I^2Rt = \frac{V^2}{R}t \text{〔J〕}$$

（ジュールの法則）

(2) **電力量**　電流がする仕事。

$$W = IVt = I^2Rt = \frac{V^2}{R}t \text{〔J〕}$$

(3) **電力**　電流がする仕事の仕事率。

$$P = \frac{W}{t} = IV = I^2R = \frac{V^2}{R} \text{〔W〕}$$

物理量	主な記号	単位
ジュール熱	Q	J
電力量	W	J，Wh，kWh
電力	P	W＝J/s，kW
1kWh ＝ 10^3 Wh 1Wh ＝ 3.6×10^3 J		

リード B

基礎 CHECK

1. 30Ω の抵抗に 100V の電圧を加えたとき，1.0 分間に発生するジュール熱 Q は何 J か。

〔　　　　　　〕

2. 100V 用 150W の電球が 100V で点灯しているとき，電球を流れる電流 I は何 A か。

〔　　　　　　〕

3. 200W の電気器具を 3.0 時間使用するとき，消費する電力量 W は何 kWh か。

〔　　　　　　〕

解答

1. 1.0 分は 60 秒であるから，ジュール熱の式「$Q = \frac{V^2}{R}t$」より

$$Q = \frac{100^2}{30} \times 60 = 20000 = \mathbf{2.0 \times 10^4\ J}$$

2. 電力の式「$P = IV$」より

$$I = \frac{P}{V} = \frac{150}{100} = \mathbf{1.50\ A}$$

3. 200W は 0.200kW である。

「$P = \frac{W}{t}$」より

$$W = Pt = 0.200\text{kW} \times 3.0\text{h}$$
$$= \mathbf{0.60\ kWh}$$

Let's Try!

例題43 ジュール熱

➡130, 131 解説動画

ニクロム線を用いた100V用500Wの電熱器がある。

(1) この電熱器を100Vで使用するときのニクロム線の抵抗 R は何Ωか。

(2) 100V用250Wの電熱器は，100V用500Wの電熱器に比べて抵抗は何倍か。ただし，ともに100Vで使用するときを考える。

(3) 100V用500Wの電熱器を100Vの電圧で15分間使用するとき，発生する熱量 Q は何Jか。

(4) 100V用500Wの電熱器を100Vの電圧で使用するとき，流れる電流 I は何Aか。

指針 電力「$P=IV=I^2R=\dfrac{V^2}{R}$」を用いる。

解答 (1)「$P=\dfrac{V^2}{R}$」より $R=\dfrac{V^2}{P}=\dfrac{100^2}{500}=\mathbf{20.0\,\Omega}$

(2) 250Wの電熱器の抵抗 R'〔Ω〕は

$R'=\dfrac{100^2}{250}=40.0\,\Omega$ ゆえに **2.00倍**

(3) $Q=IVt=Pt=500\times15\times60$
$=\mathbf{4.5\times10^5\,J}$

(4) $I=\dfrac{P}{V}=\dfrac{500}{100}=\mathbf{5.00\,A}$

130. 電力 知 あるドライヤーに 1.0×10^2 V の電源をつなぐと6.0Aの電流が流れた。

(1) このドライヤーで消費される電力 P は何Wか。

(2) このドライヤーを1.0分間使用したとき，消費される電力量 W は何Jか。また，それは何kWhか。

(1) ______ (2) ______ J ______ kWh

▷例題43

131. ジュール熱 知 抵抗値5.0Ωのニクロム線を比熱2.1J/(g·K)の油200gにひたし，10Vの電圧を加えた。この油の温度が20K上がるのには，何秒かかるか。ただし，ニクロム線から発生する熱はすべて油に吸収されるものとする。

______

▷例題43

132. 電力 知 10Ωの抵抗 R_1 と20Ωの抵抗 R_2 と6.0Vの電池を，図1および図2のように接続した回路がある。図1，図2の場合について，抵抗 R_1 で消費される電力 P_1〔W〕と，抵抗 R_2 で消費される電力 P_2〔W〕を求めよ。

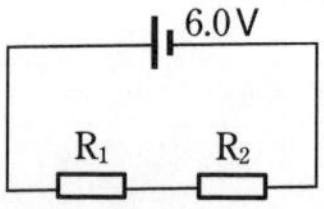

図1

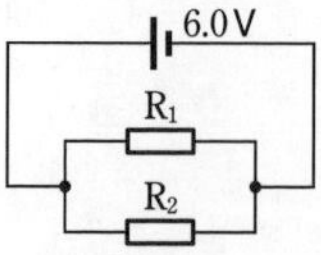

図2

図1 P_1： ______ P_2： ______

図2 P_1： ______ P_2： ______

第10章 交流と電磁波

1 磁場に関する現象

リードAの確認問題

a 磁場（磁界）

(1) **磁気力**　磁極には，**N極**と**S極**があり，同極どうしは斥力，異極どうしは引力を及ぼしあう。

(2) **磁場（磁界）**　磁気力がはたらくところには**磁場**があるという。磁石のN極が磁場から受ける力の向きが磁場の向きである。方位磁針は磁場の向きを示す。

(3) **磁力線**　磁場中で，小磁針をN極のさす向きに少しずつ動かしたときに描かれる線。

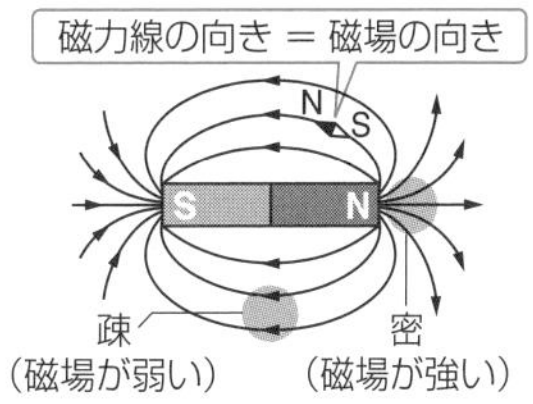

b 電流がつくる磁場

(1) **直線電流がつくる磁場**　{電流が大きい／電流に近い}ほど磁場が強い。

(2) **円形電流がつくる磁場**　円の中心の磁場は{電流が大きい／円の半径が小さい}ほど強い。

(3) **ソレノイドがつくる磁場**　ソレノイド内部の磁場は{電流が大きい／単位長さ当たりの巻数が多い}ほど強い。

右ねじの法則　直線電流の向きと磁場の向きの関係は，下図に示すように，右ねじを回す向きと右ねじが進む向きの関係を用いて表すことができる。

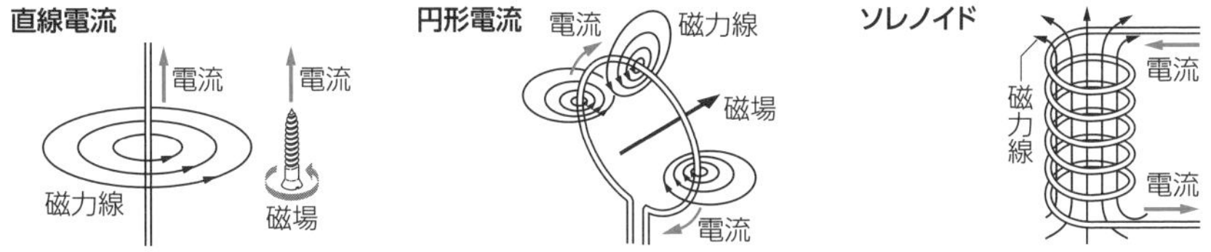

c 電流が磁場から受ける力

電流が磁場から受ける力　磁場中にある直線電流は，電流の向きと磁場の向きのいずれにも垂直な向きに力を受ける。電流の向き，または磁場の向きが逆になると，受ける力の向きは逆になる。また，受ける力の大きさは，電流が大きいほど，磁場が強いほど大きい。

d 電磁誘導

電磁誘導　磁場の変化によってコイルに電圧が生じる現象。電磁誘導によって生じる電圧を**誘導起電力**，流れる電流を**誘導電流**という。コイル面を貫く磁力線の数の変化が急であるほど，誘導起電力は大きくなる。また，磁力線の数が増加するときと，減少するときとで誘導電流の流れる向きは逆になる。

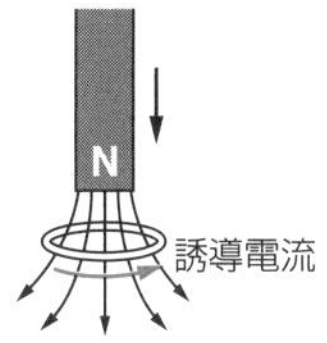

リードB

基礎CHECK

1. 棒磁石による磁力線が図のようになるとき，A～Eはそれぞれ N極，S極のいずれか。

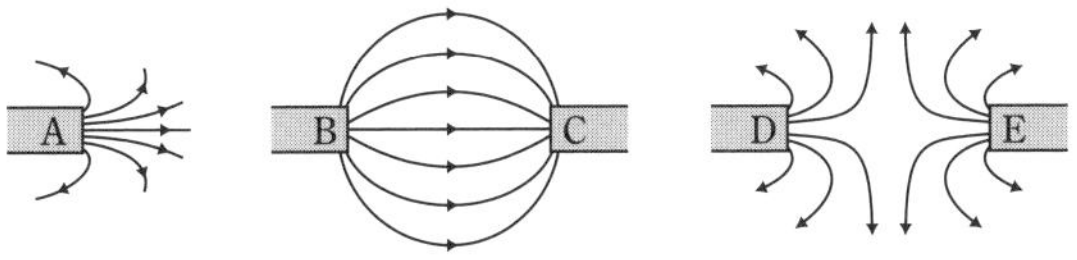

A：〔　　　〕　B：〔　　　〕　C：〔　　　〕
D：〔　　　〕　E：〔　　　〕

2. 図のように，(1)～(3)の導線に電流を流した。周囲に発生する磁場の向きは，それぞれ①，②のいずれか。

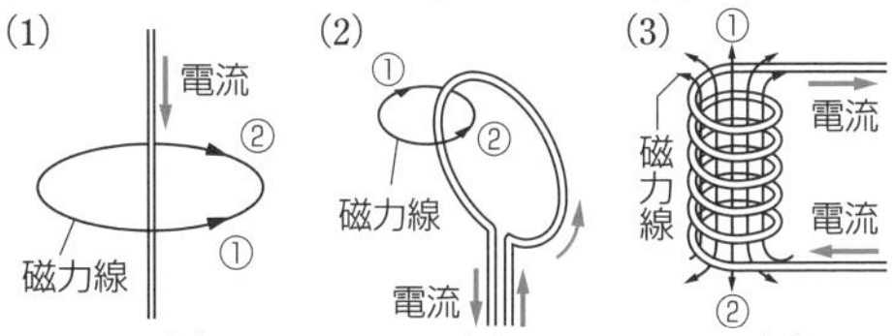

(1)〔　　　〕　(2)〔　　　〕　(3)〔　　　〕

解答

1. それぞれ磁力線が磁極から出ているか，磁極に入っているかに着目する。
A：磁力線が出ているので**N極**
B：磁力線が出ているので**N極**
C：磁力線が入っているので**S極**
D：磁力線が出ているので**N極**
E：磁力線が出ているので**N極**

2. それぞれ「右ねじの法則」より判断する。
(1) **②**　(2) **①**　(3) **②**

Let's Try!

例題44 電流のつくる磁場

➡133

解説動画

初め磁針Mが水平面内でN極が北を向いて静止している。次の(1)~(2)の場合，磁針MのN極はどんな向きに振れるか。

(1) Mの真上で，南から北に向けて電流を流す(図1)。

(2) Mを中心とする円形コイルを，図2のような南北方向を含む鉛直面内に置き，電流を図2の向きに流す。

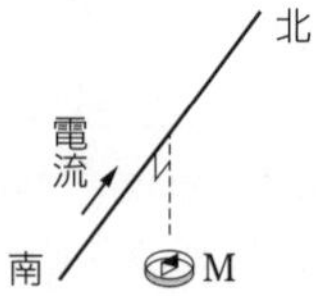

図1

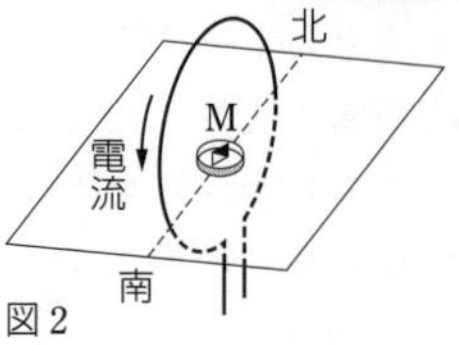

図2

指針 右ねじの法則より磁針Mの位置での磁場の向きを考える。

解答 (1) Mの位置で電流がつくる磁場の向きは東→西の向きだから，N極は**西**へ振れる。

(2) Mの位置で電流がつくる磁場の向きは西→東の向きだから，N極は**東**へ振れる。

133. 電流がつくる磁場 知 図1は鉛直方向に張られた導線，図2は水平面内に置かれた円形の導線である。図に示した向きに電流を流すとき，点P，Q，Rにおける磁場の向きをそれぞれ答えよ。

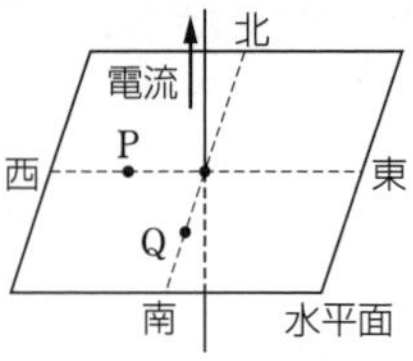

図1

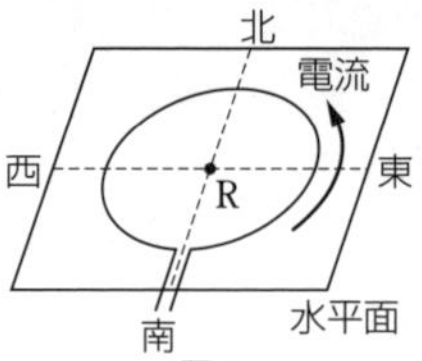

図2

P：＿＿＿＿　Q：＿＿＿＿　R：＿＿＿＿

▶例題44

134. 電流が磁場から受ける力 知 図のように，アルミパイプを磁場の中の金属レールの上に置くと，アルミパイプは右向きに動いた。レールは図の位置に固定されているものとする。

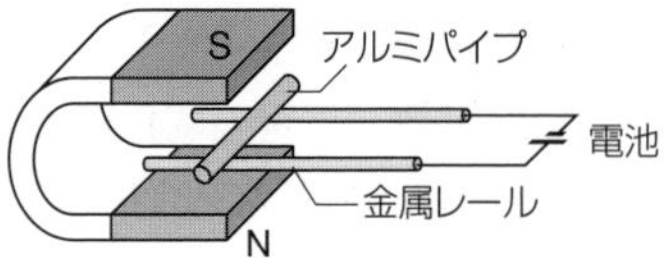

(1) 図で，電池の正負を入れかえると，アルミパイプの動く向きはどうなるか。

(2) (1)の後，磁石のN極とS極を入れかえると，アルミパイプの動く向きはどうなるか。

(1)＿＿＿＿　(2)＿＿＿＿

135. 電磁誘導 知 磁石のN極をコイルに近づけたとき，コイルには基本図に示す向きに電流が流れた。次の(1)~(3)の場合，コイルに流れる電流の向きは①，②のいずれか。

(1) 磁石のS極をコイルに近づける。

(2) コイルを磁石のN極の真下から横へずらす。

(3) 電磁石のスイッチを入れる。

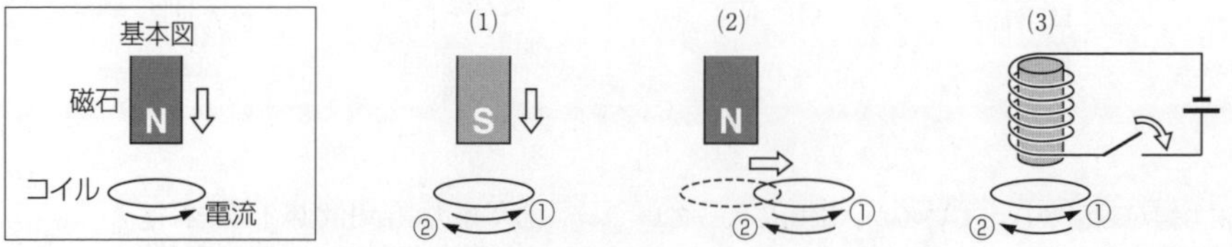

(1)＿＿＿＿　(2)＿＿＿＿　(3)＿＿＿＿

2 交流

❖＝上位科目「物理」の内容を含む項目　リードAの確認問題

a 交流と直流

コンセントから得られる電気のように，電圧，電流の向きが周期的に変化する電気を**交流**という。電池から得られる電気は**直流**で，電圧，電流の向きが一定である。

b 交流の実効値

家庭用 100V の交流電圧は右図のグラフのような時間変化をする。最大値は約 141V である。電球をこの交流で点灯させたときと，100V の直流電源で点灯させたときとで明るさが同じになる。このように，等しい効果をもつ直流電圧で表した交流電圧の値を電圧の**実効値**という。

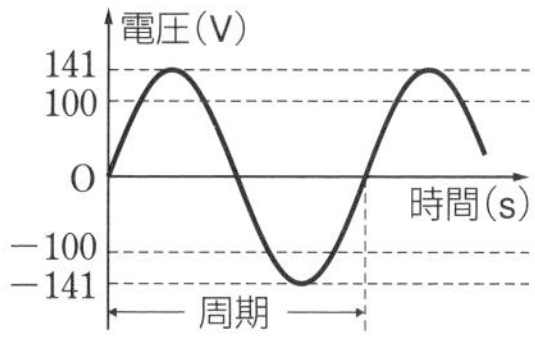

❖ **交流電圧の実効値**　$V_e=\dfrac{1}{\sqrt{2}}V_0$　　V_0：電圧の最大値

❖ **交流電流の実効値**　$I_e=\dfrac{1}{\sqrt{2}}I_0$　　I_0：電流の最大値

消費電力　$P=I_eV_e$

c 電気の利用

(1) **交流発電機**　磁場中でコイルを回転させ，電磁誘導を利用して交流電圧を生じさせる装置。

(2) **周波数・周期**　交流電圧の 1 秒当たりの振動の回数を**周波数**(f 〔Hz(ヘルツ)〕)という。これは，交流発電機のコイルの 1 秒当たりの回転数に等しい。交流電圧が 1 回振動する時間を**周期**(T 〔s〕)という。

$$f=\frac{1}{T}$$

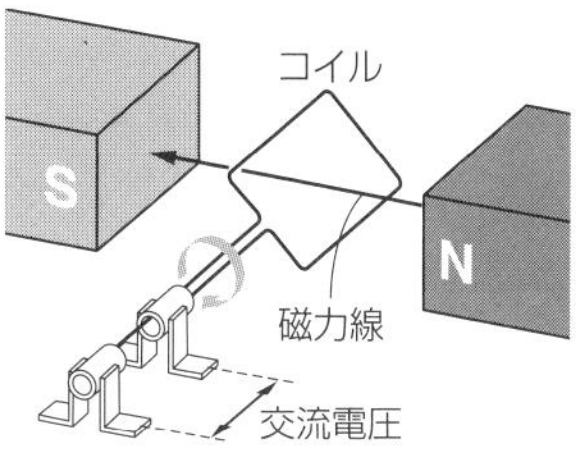

注　家庭内の交流の周波数は，東日本では 50 Hz，西日本では 60 Hz である。

(3) **変圧器**　電磁誘導を利用して，交流の電圧を変化させる装置を**変圧器**(**トランス**)という。一次コイルと二次コイルの巻数を N_1，N_2 とし，電圧を V_{1e}，V_{2e} とすると　$V_{1e}:V_{2e}=N_1:N_2$
なお，二次コイルを流れる誘導電流の周波数は，一次コイルの交流電流の周波数に等しい。

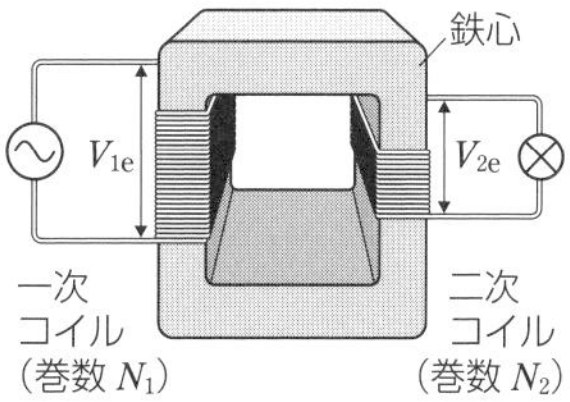

(4) **送電**　発電所からの送電時には，変圧器で電圧を上げてから送電される。

(5) **整流**　交流を直流に変換することを**整流**という。

リードB

基礎 CHECK

1. 50Hz の交流の周期 T は何秒か。

〔　　　　〕

2. 抵抗に加えた交流電圧の実効値が 100V，電流の実効値が 1.00A のとき，抵抗での消費電力 P は何 W か。

〔　　　　〕

3. 発電所から交流の電気を送り出すとき，電圧と電流のどちらを大きくすると，送電線で発生するジュール熱を小さく抑えられるか。

〔　　　　〕

解答

1. 交流の周波数と周期の関係「$f=\dfrac{1}{T}$」より

$$T=\frac{1}{f}=\frac{1}{50}=0.020=\mathbf{2.0\times10^{-2}\,s}$$

2. 実効値を用いると，消費電力は直流のときと同様に計算できる。「$P=I_eV_e$」より　$P=1.00\times100=$**100W**

3. 送電電圧を V，送電線を流れる電流を I，送電線の抵抗値を R とする。送電電力は $P=IV=$一定 より，電圧 V を大きくすると，電流 I は小さくなり，発生するジュール熱 $Q=I^2Rt$ も小さくなる。
よって　**電圧**を大きくする。

Let's Try!

例題 45 交流

➡ 136, 137

解説動画

家庭用コンセントから得られる実効値 100 V の電圧の，時間による変化を調べたところ，図のようになっていた。

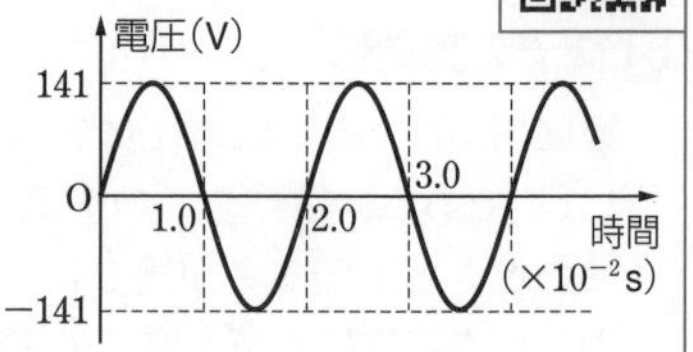

(1) 交流電圧の周波数 f〔Hz〕を求めよ。

(2) この電圧を 2.0 kΩ の抵抗に加えたとき，抵抗に流れる電流の実効値 I_e〔A〕を求めよ。

(3) (2)のとき，この抵抗で消費される電力 P〔W〕を求めよ。

指針 (2)，(3) 実効値を用いると，直流の場合と同様に，オームの法則や電力の計算ができる。

解答 (1) グラフより周期 $T=2.0\times10^{-2}$ s

よって，周波数 $f=\dfrac{1}{T}=\dfrac{1}{2.0\times10^{-2}}=$ **50 Hz**

(2) オームの法則「$V_e=RI_e$」より

$$I_e=\frac{V_e}{R}=\frac{100}{2.0\times10^3}=\mathbf{5.0\times10^{-2}\ A}$$

(3) 電力の式「$P=I_eV_e$」より

$$P=(5.0\times10^{-2})\times100=\mathbf{5.0\ W}$$

136. 交流の実効値 知　周波数 50 Hz，電圧の実効値 100 V の交流電源に 100 Ω の抵抗をつなぐ。以下の問いに有効数字 2 桁で答えよ。

(1) 抵抗を流れる交流電流の周波数 f は何 Hz か。

(2) 抵抗を流れる交流電流の実効値 I_e は何 A か。

(1) ＿＿＿＿＿＿　(2) ＿＿＿＿＿＿

▶ 例題 45

137. 交流の実効値 知　100 V 用 500 W の電熱器を実効値 100 V の家庭用のコンセントに差し込んで使用する。

(1) 電熱器に流れる電流の実効値 I_e は何 A か。

(2) このとき，電熱器の電気抵抗 R は何 Ω か。

(1) ＿＿＿＿＿＿　(2) ＿＿＿＿＿＿

▶ 例題 45

例題 46 変圧器

➡ 138, 139

解説動画

図のように，鉄心に一次コイルと二次コイルを巻いた変圧器がある。一次コイルと二次コイルの巻数をそれぞれ 2000 回，100 回とする。

(1) この変圧器の一次コイルに 6.0 V の交流電圧を加えるとき，二次コイルの電圧 V_2 は何 V か。

(2) (1)の二次コイルの電圧は直流電圧か交流電圧か。

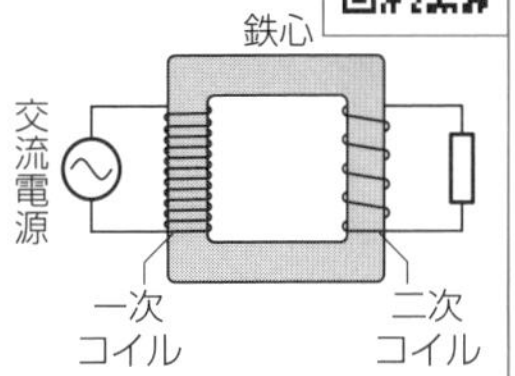

指針 (2) 二次コイルの電圧は，一次コイルを流れる交流電流が鉄心内につくる磁力線の数の変化によって生じる。したがって，二次コイルの電圧は一次コイルの電圧と同じ周波数の交流電圧である。

解答 (1) 電圧の比は巻数の比に等しいので

$6.0 : V_2 = 2000 : 100$

したがって $V_2 = \frac{100}{2000} \times 6.0 = \mathbf{0.30\ V}$

(2) **交流電圧**

138. 変圧器 知 一次コイルの巻数が 2000 回，二次コイルの巻数が 100 回の変圧器がある。

(1) 一次コイルに 3.0 V の交流の電圧を加えるとき，二次コイルの電圧は何 V か。

(2) 一次コイルに 5.0 V の直流の電圧を加えるとき，二次コイルの電圧は何 V か。

(1) ________ (2) ________

▶ 例題 46

139. 変圧器 知 変圧器の一次コイルに 100 V の交流電圧を加えたところ，二次コイルにつないだ 2.5 Ω の豆電球に 0.80 A の電流が流れた。この変圧器は理想的でエネルギー損失がなく，一次側の電力と二次側の電力とが等しいものとして次の問いに答えよ。

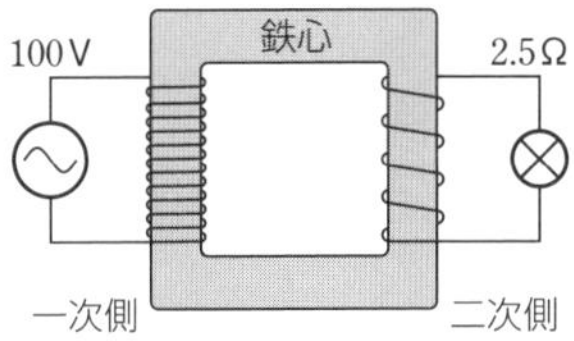

(1) 豆電球の消費電力 P は何 W か。 (2) 二次コイルに生じる電圧 V_2 は何 V か。

(3) 一次コイルを流れる電流 I_1 は何 A か。 (4) 一次コイルの巻数は二次コイルの巻数の何倍か。

(1) ________ (2) ________ (3) ________ (4) ________

▶ 例題 46

140. 送電 考 発電所から交流の電気を送り出すとき，変圧器によって電圧を上げる理由について考える。送電する電力 P は，$P=IV$ (I：電流，V：電圧) で表されるとする。

(1) 送電電圧を 10 倍にしたとき，送電線を流れる電流は何倍になるか。

(2) 送電電圧を 10 倍にしたとき，送電線で熱として失われる電力は何倍になるか。ただし，送電線の抵抗値は常に一定であるとする。 〔センター試験〕

(1) ________ (2) ________

リード A

3 電磁波

リードAの確認問題

a 電磁波

電場の変動と磁場の変動が影響しあって進む波を**電磁波**という。電磁波は，振動数の小さい（波長が長い）ほうから順に，**電波**，**赤外線**，**可視光線**，**紫外線**，**X線**，**γ線**と大きく分類される。これらは周波数が違うだけで，すべて空気中を秒速約 30 万 km で進む。

電磁波の進む速さを c〔m/s〕，電磁波の周波数を f〔Hz〕，波長を λ〔m〕とすると，$\boldsymbol{c=f\lambda}$ の関係がある。

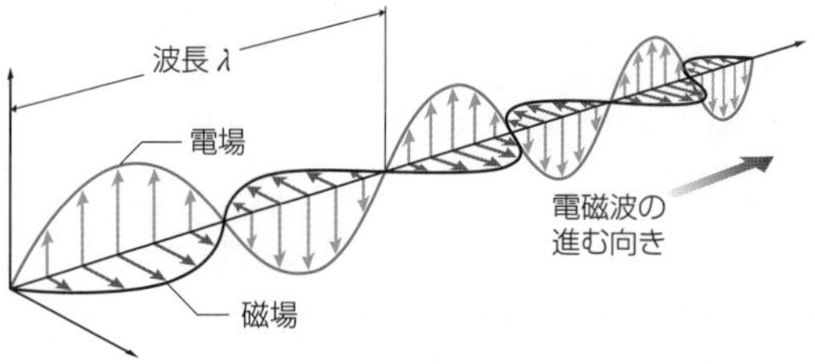

リード B

基礎 CHECK

1. 導線に流れる電流が時間変化すると，周囲の［ア］が変化し，その影響で［イ］も変化する。このように，両者が影響しあって空間を伝わる波を［ウ］という。

ア：〔　　　　〕
イ：〔　　　　〕
ウ：〔　　　　〕

2. 周波数が 5.0×10^8 Hz の電波の波長は何 m か。光の速さを 3.0×10^8 m/s とする。

〔　　　　〕

3. 波長が 1.2×10^3 m の電波の周波数は何 Hz か。光の速さを 3.0×10^8 m/s とする。

〔　　　　〕

4. 次のうちから電磁波を 6 つ選べ。
① 音波　② ラジオ放送の波　③ 赤外線
④ 可視光線(光)　⑤ 水面波　⑥ 紫外線
⑦ P波　⑧ S波　⑨ X線　⑩ α線
⑪ β線　⑫ γ線

〔　　　　〕

5. 電磁波の速さ c〔m/s〕は，周波数に関係なく $c=3.0\times10^8$ m/s である。
(1) 5.0×10^2 kHz のラジオの電波の波長 λ は何 m か。
(2) 電子レンジに使われる波長が 0.10 m の電磁波の周波数 f は何 Hz か。

(1)〔　　　　〕　(2)〔　　　　〕

解答

1. (ア) **磁場**　(イ) **電場**　(ウ) **電磁波**

2. 「$c=f\lambda$」より

$$\lambda=\frac{c}{f}=\frac{3.0\times10^8}{5.0\times10^8}=\mathbf{0.60\,m}$$

3. 「$c=f\lambda$」より

$$f=\frac{c}{\lambda}=\frac{3.0\times10^8}{1.2\times10^3}=\mathbf{2.5\times10^5\,Hz}$$

4. ②，③，④，⑥，⑨，⑫

5. (1) 周波数 f は $f=5.0\times10^2\,\text{kHz}=5.0\times10^5\,\text{Hz}$ だから「$c=f\lambda$」より

$$\lambda=\frac{c}{f}=\frac{3.0\times10^8}{5.0\times10^5}=\mathbf{6.0\times10^2\,m}$$

(2) $$f=\frac{c}{\lambda}=\frac{3.0\times10^8}{0.10}=\mathbf{3.0\times10^9\,Hz}$$

編末問題

141. 抵抗の接続 考　図1のように，抵抗値4.0Ωの抵抗R_1，6.0Ωの抵抗R_2と，電圧24Vの直流電源E_1で構成される直流回路がある。直流電源の内部抵抗は無視できるとする。

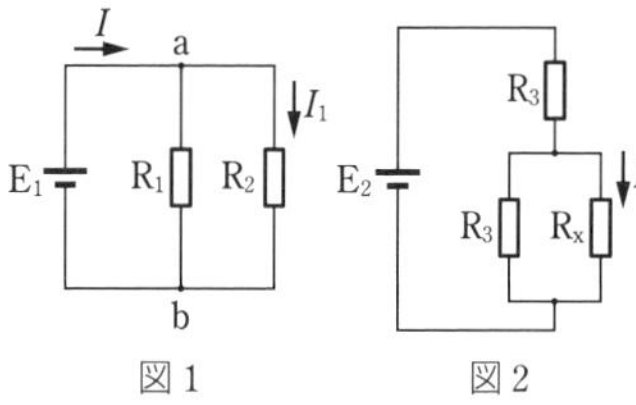

図1　図2

(1) ab間の合成抵抗R_{ab}〔Ω〕を求めよ。　(2) 全電流I〔A〕を求めよ。
(3) 抵抗R_2に流れる電流I_1〔A〕を求めよ。

次に，図2のように，抵抗値2.0Ωの抵抗R_3が2つ，未知の抵抗R_xと，電圧20Vの直流電源E_2とで構成される直流回路について考える。
(4) 抵抗R_xに流れる電流が(3)で求めたI_1と等しいとき，R_xの抵抗値は何Ωか。　〔20 九州産大〕

(1)＿＿＿＿　(2)＿＿＿＿　(3)＿＿＿＿　(4)＿＿＿＿

142. 抵抗の消費電力 知　図のように，長さがl〔m〕で断面積がS〔m²〕の導体棒A，導体棒Aと同じ長さで断面積が$2S$〔m²〕の導体棒B，電気抵抗がR_L〔Ω〕の抵抗器および起電力E〔V〕の直流電源からなる回路がある。ただし，導体棒A，Bの材質は同じで，その抵抗率はρ〔Ω·m〕とする。また，直流電源の内部抵抗は無視できるものとする。

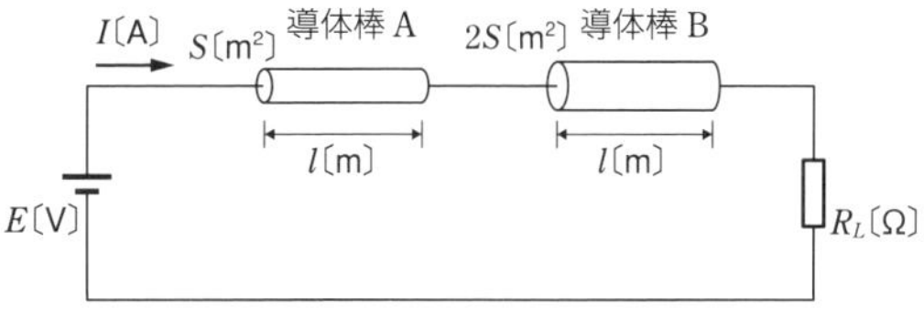

(1) 図中の2本の導体棒の合成抵抗R〔Ω〕を求めよ。
(2) 回路を流れる電流I〔A〕を求めよ。ただし，2本の導体棒の合成抵抗をR〔Ω〕とする。
(3) 抵抗器で消費される電力P_L〔W〕を求めよ。ただし，2本の導体棒の合成抵抗をR〔Ω〕とする。
〔20 東北工大〕

(1)＿＿＿＿　(2)＿＿＿＿　(3)＿＿＿＿

143. 交流発電機 知　図のように磁石の近くでコイルを一定の速さで回転させた。このとき，コイルを貫く磁力線の数と時間の関係はグラフのようになっていた。ただし，磁力線が図と逆向きにコイルを貫くとき，磁力線の数を負とする。

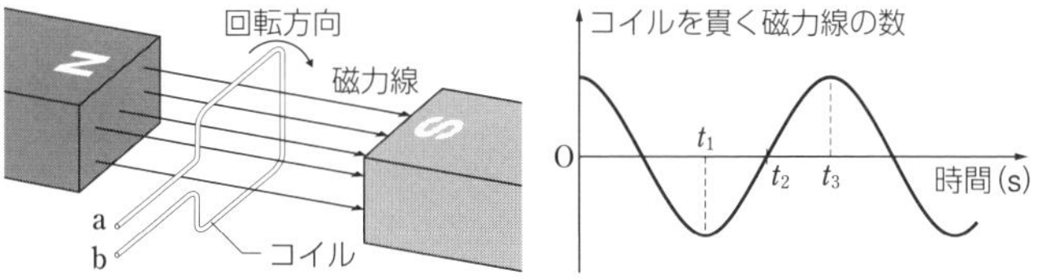

(1) コイルのab間の電圧は時間とともに変化する交流電圧となる。この電圧の周期はコイルの回転の周期Tの何倍か。
(2) ab間の電圧の大きさが最大になるのは，t_1，t_2，t_3のうちどの時刻か。
(3) このコイルの面積を半分にして周期Tで回転させると，ab間の電圧ははじめと比べてどうなるか。

(1)＿＿＿＿　(2)＿＿＿＿　(3)＿＿＿＿

の解説動画

第11章 エネルギーの利用

リード A

1 エネルギーの移り変わり・エネルギー資源と発電

リードAの確認問題

a いろいろなエネルギー　エネルギーには，**力学的エネルギー**や**熱エネルギー**のほかに，**電気エネルギー**，**化学エネルギー**，**光エネルギー**，**核エネルギー**などがある。

b エネルギーの変換と保存　いろいろなエネルギーは互いに変換する。エネルギーの変換においては，それに関係したすべてのエネルギーの和が一定に保たれる(**エネルギー保存則**)。

c エネルギー資源

(1) **一次エネルギー**　自然界に存在するままの形のエネルギー源。

① **枯渇性エネルギー**　地球上に存在する量に限りがあり，いずれ枯渇する可能性があるエネルギー源。
例：石油，石炭，天然ガスなどの化石燃料，天然ウランなどの原子力

② **再生可能エネルギー**　資源枯渇のおそれが少ないエネルギー源。
例：太陽光，風力，地熱，バイオマス

(2) **二次エネルギー**　一次エネルギーを加工して使いやすくしたエネルギー源。
例：電気，ガソリン，軽油，重油，都市ガス

d 発電

(1) **火力発電**　化石燃料をボイラーで燃やして，それにより発生させた水蒸気や燃焼ガスでタービンを回して発電する。

(2) **太陽のエネルギーを利用した発電**　**水力発電**，**風力発電**，**太陽電池**などがある。

(3) **原子力発電**　原子炉内でウランやプルトニウムを核分裂させて，このとき生じる熱を用いて水蒸気を発生させ，タービンを回して発電する。

(4) **地熱発電**　地下深くのマグマの熱を利用して発電する。

(5) **バイオマス**　栽培した植物などに由来する燃料を**バイオマス燃料**という。

リード B

基礎CHECK

1. あらゆる自然現象におけるエネルギーの移り変わりでは，それに関係したすべてのエネルギーの和が一定に保たれる。これを[a]という。

a〔　　　　〕

2. モーターを回して電車を走らせているのは，[b]エネルギーであり，自動車を走らせるのに必要なガソリンは[c]エネルギーをもっている。

b〔　　　〕　c〔　　　〕

3. 化石燃料を燃やして得られる[d]エネルギーで蒸気を発生させ，タービンを回して発電するのが[e]発電である。

d〔　　　〕　e〔　　　〕

4. 川の上流にダムをつくり，水を落下させて発電するのが[f]発電であり，これは重力による[g]エネルギーを利用した発電であるといえる。

f〔　　　〕　g〔　　　〕

5. ウランなどの原子核から[h]エネルギーを取り出して発電に利用しているのが[i]発電である。

h〔　　　〕　i〔　　　〕

6. [j]エネルギーを用いれば，太陽電池によって発電したり，植物は光合成を行い炭水化物などの物質をつくりだすことができる。

j〔　　　〕

7. 風の力を利用して発電するのが[k]発電である。また，地下深くにあるマグマを利用して発電するのが[l]発電である。

k〔　　　〕　l〔　　　〕

8. 次のうち，二次エネルギーはどれか。
① 石油　② 都市ガス　③ 太陽光
④ 電気　⑤ ガソリン

〔　　　　〕

解答

1. (a) エネルギー保存則
2. (b) 電気　(c) 化学
3. (d) 熱　(e) 火力
4. (f) 水力　(g) 位置
5. (h) 核　(i) 原子力
6. (j) 光
7. (k) 風力　(l) 地熱
8. ②，④，⑤

Let's Try!

例題47 発電方式

➡145　解説動画

次の(1)～(3)は発電に関してのエネルギーの変換の順序を示したものである。それぞれどのような発電方式に対応したものか。最も適当なものを，下の①～⑥のうちから1つずつ選べ。

(1) 化学エネルギー → 熱エネルギー → 運動エネルギー → 電気エネルギー
(2) 位置エネルギー → 運動エネルギー → 電気エネルギー
(3) 核エネルギー → 熱エネルギー → 運動エネルギー → 電気エネルギー

① 風力発電　② 火力発電　③ 太陽光発電　④ 原子力発電　⑤ 水力発電　⑥ 地熱発電

指針 発電にはさまざまな方法がある。それぞれどのようなエネルギー資源を用いて，どのように電気エネルギーに変換するのかを考える。

解答 (1) 火力発電では，石油や石炭などがもつ化学エネルギーを燃焼によって熱エネルギーとして取り出す。それを用いて発生させた水蒸気でタービンを回転させ，その回転の運動エネルギーを電気エネルギーに変換している。よって　②

(2) 水力発電は，高所にダムを建設して川の水を蓄え，それを低所に放流する際，その位置エネルギーを利用してタービンを回転させる発電方法である。よって　⑤

(3) ウランなどの原子番号の大きな原子の原子核が核分裂すると，その核エネルギーの一部が解放され，多量の熱を放出する。この熱エネルギーを利用して水蒸気を発生させ，タービンを回転させて発電を行うのが原子力発電である。よって　④

144. エネルギーの変換 知　図はエネルギーの移り変わりを示したものである。図中の①～⑥にはどのようなエネルギーが当てはまるか。

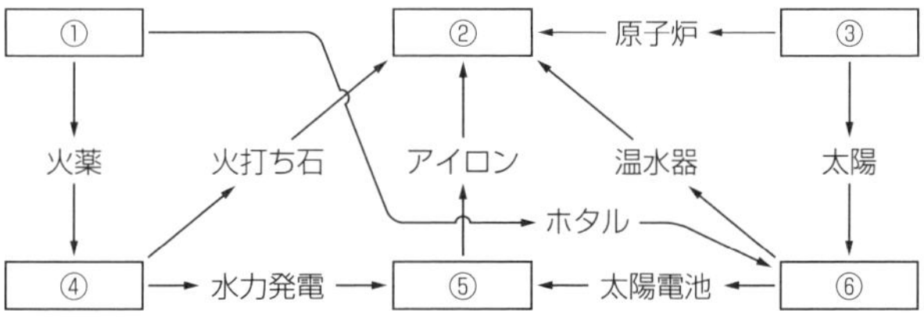

①：＿＿＿　②：＿＿＿　③：＿＿＿

④：＿＿＿　⑤：＿＿＿　⑥：＿＿＿

145. 発電方式 知　次の説明に当てはまる発電方式を下の①～④のうちからすべて選べ。

(1) 蒸気でタービン（羽根車）を回して発電する。
(2) 一次エネルギーを直接，電気エネルギーに変換する。
(3) 化学エネルギーを利用している。
(4) 燃料としてウランなどが用いられる。

① 火力発電　② 原子力発電　③ 風力発電　④ 太陽電池による発電

(1)＿＿＿　(2)＿＿＿　(3)＿＿＿　(4)＿＿＿

▷例題47

例題 48 水力発電

➡ 146 解説動画

高さ(落差) 50m のダムから水を落下させて水力発電を行う。重力加速度の大きさを $9.8\,\mathrm{m/s^2}$ とする。

(1) 質量 1.0 トン($=1.0\times10^3\,\mathrm{kg}$)の水が 50m の高さにあるときもっている重力による位置エネルギー U〔J〕を求めよ。

(2) この水を毎秒 1.2 トンの割合で落下させて発電する。水の位置エネルギーの 20% が利用できるとして，このとき得られる仕事率(電力) P〔kW〕を求めよ。

(3) 1 世帯当たりの 1 日の平均使用電力量(電流がする仕事)を 10kWh とすると，この発電所はおよそ何世帯分の電力をまかなうことができるか。

指針 一般的に電力量の単位には，J ではなく Wh あるいは kWh を使うことが多い。

解答 (1) 重力による位置エネルギーの式
「$U=mgh$」より　$U=1.0\times10^3\times9.8\times50=\mathbf{4.9\times10^5\,J}$

(2) 1 秒当たり 1.2 トンの水が落下するときの仕事率は $1.2U$〔W〕で，この 20% が電力として取り出せるので

$P=1.2U\times0.20=0.24U$
$=1.176\times10^5\,\mathrm{W}\fallingdotseq\mathbf{1.2\times10^2\,kW}$

(3) 1 日(24 時間)に発電する電力量と n 世帯で 1 日に使用される電力量の合計量が等しくなればよい。電力量の単位を kWh として式を立てると

P〔kW〕$\times 24\mathrm{h}=10\mathrm{kWh}\times n$

よって　$n=\dfrac{1.18\times10^2\times24}{10}=283.2$

したがって　およそ **280 世帯**

146. 水力発電 考　ダム式水力発電所では，図のように，ダムによってせき止められた水が取水口からパイプを通って発電機のタービンを回したのち，川に放出される。発電では，発電機と湖面の高度差 h による水の位置エネルギーの一部が電気エネルギーに変換されている。

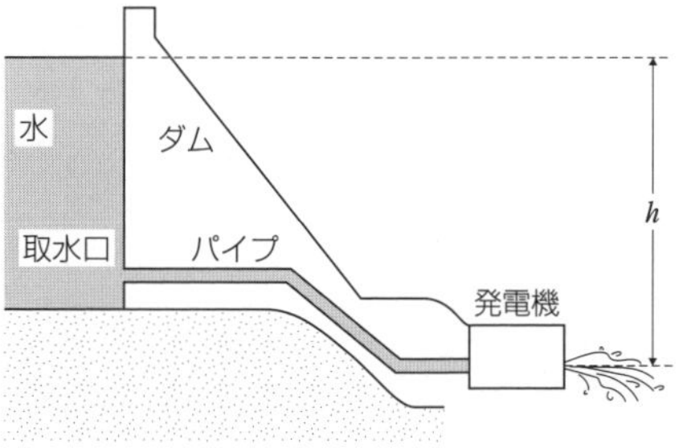

ある日，発電機と湖面の高度差 h は 100m であった。この発電所で 1 時間に，質量 $3.6\times10^6\,\mathrm{kg}$ の水が発電のために利用された。水の位置エネルギーの 80% が電気エネルギーに変換されたとすると，この 1 時間に平均何 W の電力が得られたか。重力加速度の大きさを $9.8\,\mathrm{m/s^2}$ とする。

〔センター試験〕

▶ 例題 48

147. 太陽光発電 知　太陽光に垂直に向けた太陽電池を地表に設置する。この太陽電池の変換効率を 20% とすると，1kW の電力を得るには，何 $\mathrm{m^2}$ の太陽電池が必要となるか。有効数字 1 桁で答えよ。ただし，太陽光のエネルギーは $1\,\mathrm{m^2}$ 当たり 1.4kW (これを太陽定数という) とし，このうち 50% が地表に届くとする。

リード A

2 原子力と放射線

リード Aの確認問題

a 原子核の構成

(1) 原子
- 原子核
  - **陽子**……電気量 $+e$
  - **中性子**…電気量 0
- **電子**………………電気量 $-e$

(2) **原子番号** 陽子の数。

(3) **質量数** 原子核の**核子**（陽子と中性子）の数。

例 質量数 → ${}^{12}_{6}\mathrm{C}$ ← 元素記号
原子番号 → 6

b 同位体（アイソトープ）

同じ元素（陽子の数が同じ元素）で，中性子の数が異なる原子（例 ${}^{12}_{6}\mathrm{C}$ と ${}^{13}_{6}\mathrm{C}$）。

c 核反応と原子力発電

(1) **核反応** 原子核が別の原子核に変わる反応。このうち，原子核がいくつかの原子核に分かれる反応を**核分裂**という。

(2) **原子力発電** 原子炉では，ウランやプルトニウムに中性子を衝突させることで核分裂させて，核エネルギーを取り出している。核分裂が連続的に起こる反応を**連鎖反応**といい，連鎖反応が持続する状態を**臨界**という。原子力発電では，発電にともない発生する**放射性物質の処理**などの問題がある。

d 放射性崩壊

(1) **放射性崩壊** 原子核が放射線を出しながら，自然に別の原子核に変わる現象。

(2) **放射能** 自然に放射線を出す性質。

(3) **放射性同位体（ラジオアイソトープ）** 放射能をもつ同位体。

(4) **放射性物質** 放射能をもつ物質。

e 放射線の影響と利用

(1) **放射線の影響** 放射線は**電離作用**によって，生物の細胞に影響を及ぼす。放射線の影響を最小限にするには，次の 3 点が特に重要である。
① 放射線源から離れる。
② 浴びる時間を短くする。
③ 鉛などで遮蔽（しゃへい）する。

(2) **放射線の利用** 非破壊検査，がんの治療，診断，農作物の品種改良など。

f 放射線の種類

種類	本体	電離作用	透過力	崩壊
α線	ヘリウム ${}^{4}_{2}\mathrm{He}$ の原子核	強	弱	α崩壊
β線	電子	中	中	β崩壊
γ線	波長の短い電磁波	弱	強	−
中性子線	中性子	弱	強	−

g 放射線の測定単位

物理量	単位	説明
放射能の強さ	Bq（ベクレル）	原子核が毎秒 1 個の割合で崩壊するときの放射能の強さが 1Bq
吸収線量	Gy（グレイ）＝J/kg	物質 1kg 当たりに吸収されるエネルギーが 1 J であるときの吸収線量が 1Gy
等価線量	Sv（シーベルト）	放射線ごとに決められた係数（人体への影響が大きいほど大きい）を吸収線量にかけた量
実効線量	Sv（シーベルト）	被曝する組織・器官によって決められた係数（係数を全身で合計すると 1 になる）を各部位の等価線量にかけ，全身で足しあわせた量

リード B

基礎 CHECK

1. 陽子の数と中性子の数はそれぞれいくらか。
(1) ${}^{12}_{6}\mathrm{C}$ (2) ${}^{13}_{6}\mathrm{C}$ (3) ${}^{235}_{92}\mathrm{U}$ (4) ${}^{238}_{92}\mathrm{U}$
陽子：(1)〔 〕(2)〔 〕(3)〔 〕(4)〔 〕
中性子：(1)〔 〕(2)〔 〕(3)〔 〕(4)〔 〕

2. ${}^{235}_{92}\mathrm{U}$ の原子番号と質量数はそれぞれいくらか。
原子番号：〔 〕 質量数：〔 〕

解答

1. (1) 陽子の数：**6** 中性子の数：12−6＝**6**
(2) 陽子の数：**6** 中性子の数：13−6＝**7**
(3) 陽子の数：**92** 中性子の数：235−92＝**143**
(4) 陽子の数：**92** 中性子の数：238−92＝**146**

2. 原子番号：**92** 質量数：**235**

Let's Try!

例題 49 放射線

➡149, 150

解説動画

図の①～⑥はα線，β線，γ線の進み方を模式的に表している。①～⑥は，α線，β線，γ線のうちのいずれであるか答えよ。

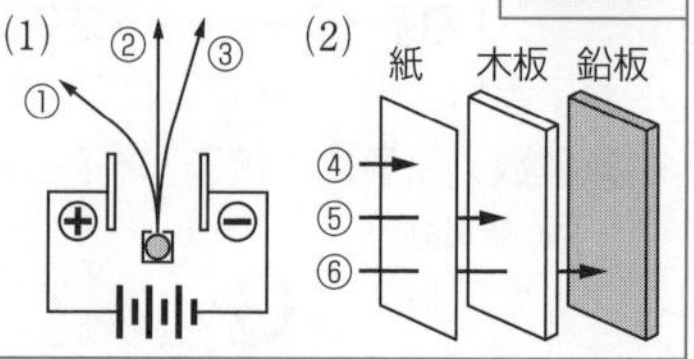

指針 α線はヘリウムの原子核であり，電荷は $+2e$ (e は電気素量)。β線は電子であり，電荷は $-e$。γ線は電磁波であり，電荷は0。透過力は，γ線，β線，α線の順で強い。

解答 (1) ① 正に帯電した金属板に引き寄せられているので，負の電荷をもつ**β線**
② 直進しているので，電荷をもたない**γ線**
③ 負に帯電した金属板に引き寄せられているので，正の電荷をもつ**α線**
(2) ④ **α線**　⑤ **β線**　⑥ **γ線**

148. 核反応 知　次の文章中の空欄［ア］～［ウ］に入れるのに最も適当なものを，下の①～⑦のうちから1つずつ選べ。

ウラン235 ($^{235}_{92}U$) の原子核に［ア］が衝突し吸収されると，2つの別の原子核と複数個の(ア)に分かれる。この現象を［イ］という。この現象によって生じた(ア)が別のウラン235の原子核に吸収され，さらに次々と同様な現象がくり返される反応を［ウ］という。

① 陽子　② 中性子　③ 電子　④ 核分裂　⑤ 核融合　⑥ 連鎖反応　⑦ 放射性崩壊

(ア)＿＿＿＿　(イ)＿＿＿＿　(ウ)＿＿＿＿

149. 放射線 知　次の文は，① α線　② β線　③ γ線　のいずれの説明か。

(1) エネルギーの大きな電子である。　(2) エネルギーの大きな，ヘリウムの原子核である。
(3) 波長の短い電磁波である。　(4) 正の電気を帯びている。　(5) 負の電気を帯びている。
(6) 透過力が最も強い。　(7) 電離作用が最も強い。

(1)＿＿＿＿　(2)＿＿＿＿　(3)＿＿＿＿　(4)＿＿＿＿
(5)＿＿＿＿　(6)＿＿＿＿　(7)＿＿＿＿

▶例題49

150. 放射線 知　次の文の空欄に当てはまる語句を選択肢から選べ。

(1) α線，β線，γ線のうち，人体の細胞を傷つける作用が最も大きいのは［ア］線である。一方，［イ］線は，体内の深い部分にも影響を及ぼす。

(2) 物質が放射線を受けるとき，物質1kg当たりが吸収するエネルギーを［ウ］といい，単位には［エ］を用いる。人体が放射線を受ける場合には，放射線の種類や，放射線を受ける組織・器官などによって，その影響の度合いが異なる。以上のことを考慮して，全身への放射線の影響を表した量を［オ］といい，単位には［カ］を用いる。

〔選択肢〕
① α　② β　③ γ
④ Sv (シーベルト)　⑤ Bq (ベクレル)　⑥ Gy (グレイ)
⑦ 吸収線量　⑧ 実効線量　⑨ 等価線量

(1)(ア)＿＿＿＿　(イ)＿＿＿＿　(2)(ウ)＿＿＿＿　(エ)＿＿＿＿　(オ)＿＿＿＿　(カ)＿＿＿＿

▶例題49

編末問題

151. 原子核 知　次の原子核について，陽子の数と中性子の数はそれぞれいくらか。

(1) $^{1}_{1}\mathrm{H}$　(2) $^{2}_{1}\mathrm{H}$　(3) $^{35}_{17}\mathrm{Cl}$　(4) $^{37}_{17}\mathrm{Cl}$

陽子　：(1)　(2)　(3)　(4)

中性子：(1)　(2)　(3)　(4)

152. 放射線 知　1時間当たり実効線量 0.050μSv の自然放射線を受け続けるとき，1年間（365日）に受ける実効線量の累積量は何mSv か。$1\,\mu\mathrm{Sv}=10^{-3}\,\mathrm{mSv}=10^{-6}\,\mathrm{Sv}$ である。

実験 **153. エネルギーの変換** 考　図のように，モーターの回転軸に糸の一端を固定し，他端に 0.10kg のおもりをつけ，モーターで引き上げた。モーターには乾電池，電圧計，電流計を接続してある。一定速度で 1.0m 引き上げるのに 8.0 秒かかった。電圧，電流を測定すると，この間一定で，それぞれ 3.0V，0.30A であった。

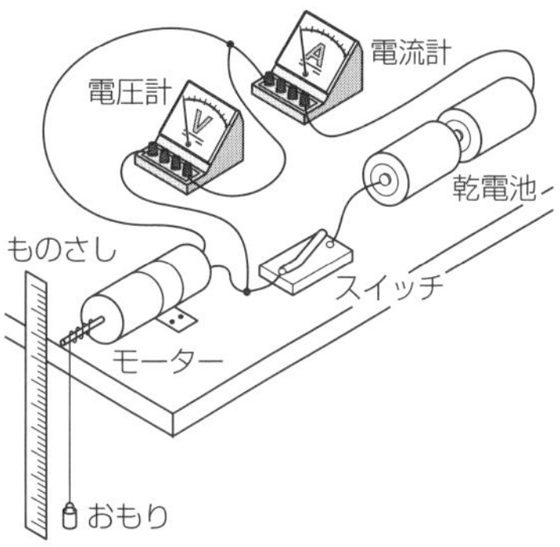

(1) 1.0m 引き上げるのにモーターがおもりにした仕事 W_1 は何 J か。ただし，重力加速度の大きさを $9.8\,\mathrm{m/s^2}$ とする。

(2) このとき，モーターが消費した電気エネルギー W_2 は何 J か。

(3) このモーターがおもりにした仕事と，モーターが消費した電気エネルギーの関係についての記述として最も適当なものを，次の①～⑤のうちから1つ選べ。

① エネルギー保存則が成立するので，仕事と電気エネルギーは等しい。
② 電気エネルギーを上まわる仕事をした。
③ 電気エネルギーの大部分が仕事に使われた。
④ 電気エネルギーのほんの一部しか仕事に使われていない。
⑤ この実験からエネルギー保存則が成りたたないことがわかる。　〔センター試験〕

(1)　(2)　(3)

基礎トレーニング ❻ 物理のための数学の基礎

1 指数

(1) **指数**　a を n 個かけあわせたものを a^n（a の n 乗）と表し，n を**指数**という。
a の 1 乗は a^1 と書かず，単に a と書く。

$$a^n=\underbrace{a\times a\times\cdots\cdots\times a}_{n\text{個}}$$

例 $10000=10\times10\times10\times10=10^4$　（10 の 4 乗）

(2) **指数が 0 または負の整数の場合**

$$a^0=1,\quad a^{-n}=\frac{1}{a^n}$$　（$a\neq0$，n は正の整数）

例 $10^0=1$，$10^{-2}=\dfrac{1}{10^2}$

(3) **指数の計算**　$a\neq0$，$b\neq0$ で，m，n が整数のとき

① $a^m\times a^n=a^{m+n}$　② $a^m\div a^n=\dfrac{a^m}{a^n}=a^{m-n}$

③ $(a^m)^n=a^{mn}$　④ $(ab)^n=a^nb^n$

例 ① $10^2\times10^3=10^{2+3}=10^5$
② $10^8\div10^5=10^{8-5}=10^3$
③ $(10^4)^2=10^{4\times2}=10^8$
④ $(2\times10^4)^3=2^3\times(10^4)^3=8\times10^{12}$

2 有効数字

(1) **有効数字**　測定値において，意味のある数字を**有効数字**という。

例
3	…有効数字 1 桁	0.3	…有効数字 1 桁
3.0	…有効数字 2 桁	0.30	…有効数字 2 桁
3.00	…有効数字 3 桁	0.300	…有効数字 3 桁

(2) 有効数字を明確にしたい場合には，
$A\times10^n$（$1\leqq A<10$）の形で表す。

例 3.0×10^3…有効数字 2 桁
3.00×10^{-5}…有効数字 3 桁

(3) **測定値の計算と有効数字**

①かけ算・わり算…通常，最も少ない有効数字の桁数（四捨五入した後）とする。

例 $1.2\times4.56=5.472\fallingdotseq5.5$（1.2の 2 桁にあわせる）
$723\div1.5=482\fallingdotseq4.8\times10^2$（1.5 の 2 桁にあわせる）

②足し算・引き算…通常，測定値の末位が最も高い位のものにあわせる。

例 $12.3+4.56=16.86\fallingdotseq16.9$
（12.3の末位，小数第一位にあわせる）
$175.7-171.7=4.0$
（175.7 と 171.7 の末位，小数第一位にあわせる）

(4) **定数の扱い**　π，$\sqrt{2}$ などの定数は，有効数字の桁数を 1 桁多くとって計算する。

例 $3.0\times\sqrt{3}=3.0\times1.73=5.19\fallingdotseq5.2$
（1.7 ではなく 1.73 として計算する）

3 単位の換算

(1) **主な長さの単位**
m（メートル），km（キロメートル），
mm（ミリメートル），cm（センチメートル）

1km＝10^3m　1mm＝10^{-3}m　1cm＝10^{-2}m

(2) **主な質量の単位**
kg（キログラム），g（グラム），mg（ミリグラム）

1kg＝10^3g　1mg＝10^{-3}g

(3) **主な時間の単位**　s（秒），min（分），h（時間）

1min＝60s　1h＝60min

(4) **単位の換算**　「1kg＝1000g＝10^3g」など。

例 2.5g を kg に換算するには，「1kg＝10^3g」を変形した式「1g＝$\dfrac{1}{10^3}$kg＝10^{-3}kg」を用いて，
2.5g＝2.5×10^{-3}kg

1. 指数 次の数値を $A\times10^n$ の形で表せ。ただし，$1\leqq A<10$ とする。

(1) 640　(2) 0.078

(1) ＿＿＿＿　(2) ＿＿＿＿

2. 指数の計算 次の計算をせよ。

(1) $10^6\times10^{-2}$　(2) $10^7\div10^3$　(3) $(10^{-3})^5$　(4) $(3\times10^8)^2$

(1) ＿＿＿＿　(2) ＿＿＿＿　(3) ＿＿＿＿　(4) ＿＿＿＿

3. 有効数字 有効数字を考慮して，次の計算をせよ。

(1) 1.44×2.0　(2) $5.00\div3.0$　(3) $1.28+3.3$　(4) $12.4-3.21$

(1) ＿＿＿＿　(2) ＿＿＿＿　(3) ＿＿＿＿　(4) ＿＿＿＿

4. 有効数字 有効数字を考慮して，次の計算をせよ。ただし，$\sqrt{2}\fallingdotseq1.414213\cdots$，$\pi\fallingdotseq3.141592\cdots$とする。

(1) $2.0\times\sqrt{2}$　(2) $2.0\times\pi$

(1) ＿＿＿＿　(2) ＿＿＿＿

5. 単位の換算 次の問いに，有効数字 2 桁で答えよ。

(1) 4.0km は何 m か。　(2) 6.7cm は何 m か。　(3) 56kg は何 g か。
(4) 7.0mg は何 kg か。　(5) 900 秒は何分か。　(6) 2.0 時間は何秒か。

(1) ＿＿＿＿　(2) ＿＿＿＿　(3) ＿＿＿＿
(4) ＿＿＿＿　(5) ＿＿＿＿　(6) ＿＿＿＿

4 三角比

(1) **三角比** 図のような直角三角形 ABC において

$$\sin\theta=\frac{a}{c}$$

$$\cos\theta=\frac{b}{c}$$

$$\tan\theta=\frac{a}{b}$$

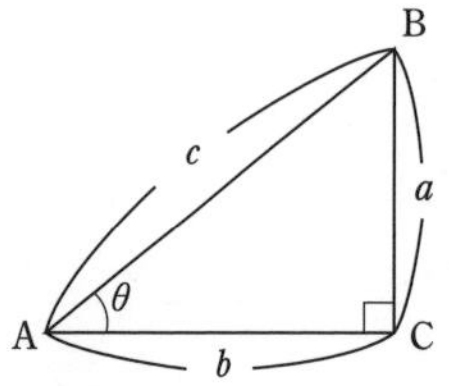

θ と斜辺 c が与えられているとき

$$\begin{cases} a=c\sin\theta \\ b=c\cos\theta \end{cases}$$

(2) **直角三角形の例**

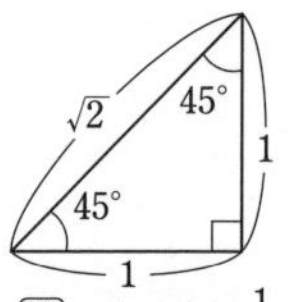

例 $\sin 45°=\frac{1}{\sqrt{2}}$

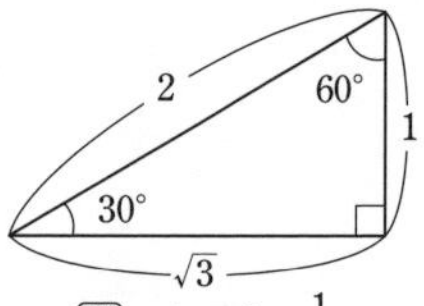

例 $\sin 30°=\frac{1}{2}$

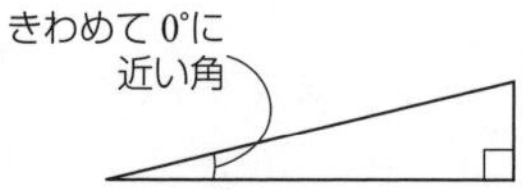

例 $\sin 0°=0$

5 ベクトル

(1) **スカラーとベクトル** 大きさだけで決まる量を**スカラー**といい，大きさと向きをもつ量を**ベクトル**という。

(2) ベクトルの和

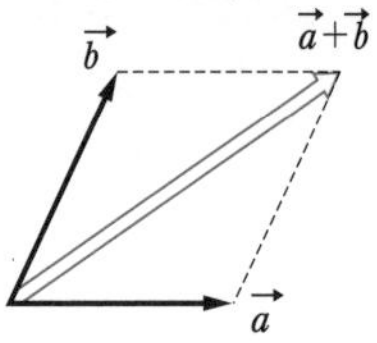

始点をあわせて，$\vec{a}$，$\vec{b}$ を隣りあう辺とする平行四辺形の対角線をかく。

(3) ベクトルの差

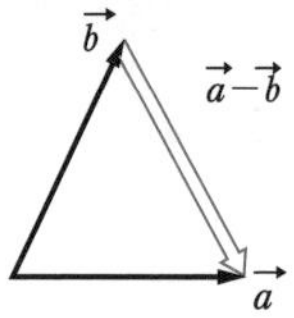

始点をあわせて，$\vec{b}$ の終点から $\vec{a}$ の終点に向かう矢印をかく。

(4) ベクトルの分解

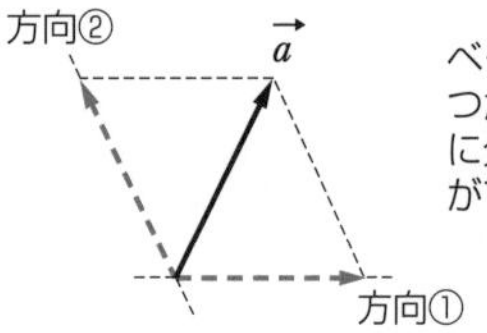

ベクトルはいくつかのベクトルに分解することができる。

(5) ベクトルの成分

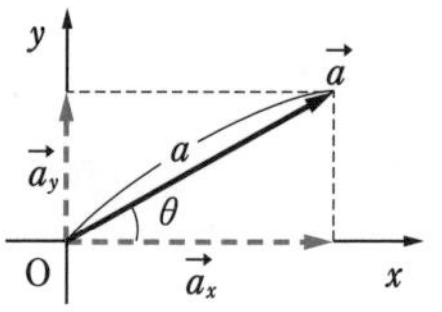

$\vec{a}$ の x 成分 $=a\cos\theta$
$\vec{a}$ の y 成分 $=a\sin\theta$

6. 三角比

次の直角三角形について，$\sin\theta$，$\cos\theta$，$\tan\theta$ の値を求めよ。

(1)

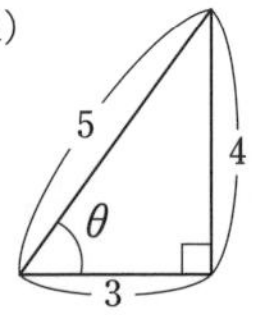

(2)

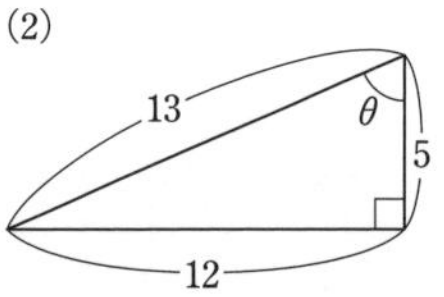

(3)

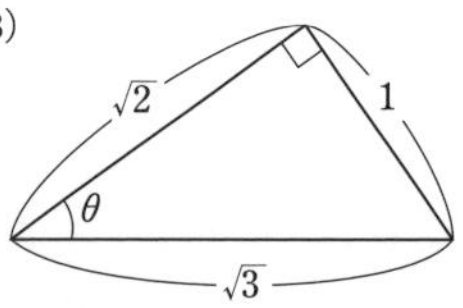

(1) $\sin\theta$： ，$\cos\theta$： ，$\tan\theta$：

(2) $\sin\theta$： ，$\cos\theta$： ，$\tan\theta$：

(3) $\sin\theta$： ，$\cos\theta$： ，$\tan\theta$：

7. 三角比

次の三角比の値を求めよ。

(1) $\sin 30°$　(2) $\cos 60°$　(3) $\tan 45°$　(4) $\sin 90°$　(5) $\cos 0°$　(6) $\tan 0°$

(1)　(2)　(3)

(4)　(5)　(6)

8. **三角比** 次の直角三角形について，辺の長さ x を求めよ。

(1)

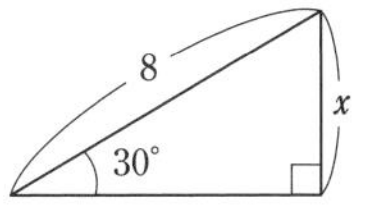

(2)

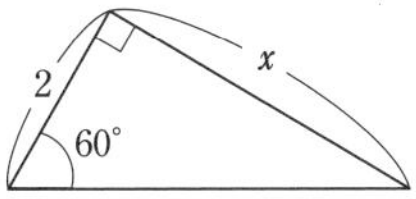

(3)

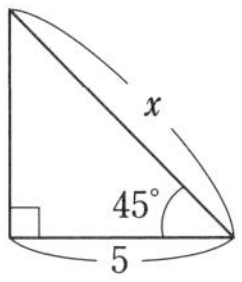

(1) ＿＿＿＿　(2) ＿＿＿＿　(3) ＿＿＿＿

作図 **9.** **ベクトルの和** 次のベクトル $\vec{a}$ と $\vec{b}$ について，$\vec{a}+\vec{b}$ を図示せよ。

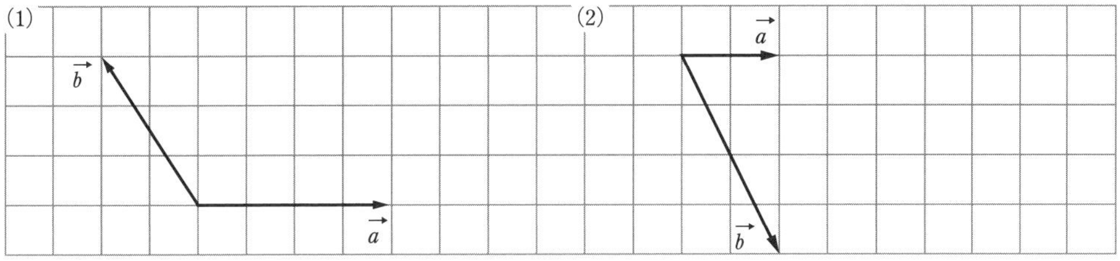

作図 **10.** **ベクトルの差** 次のベクトル $\vec{a}$ と $\vec{b}$ について，$\vec{a}-\vec{b}$ を図示せよ。

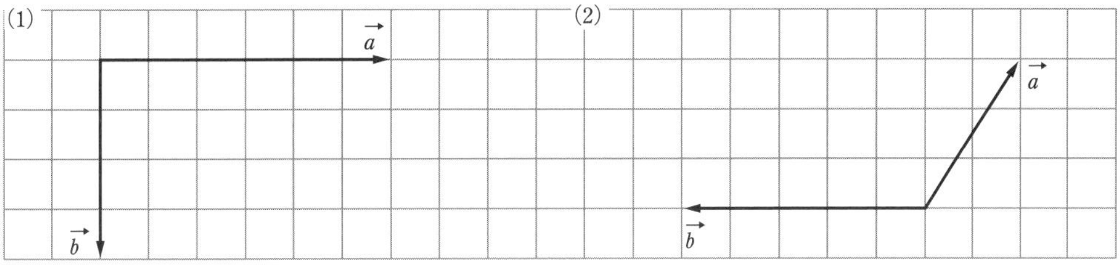

11. **ベクトルの成分** 次のベクトル $\vec{a}$ について，x 成分，y 成分を求めよ。

(1)

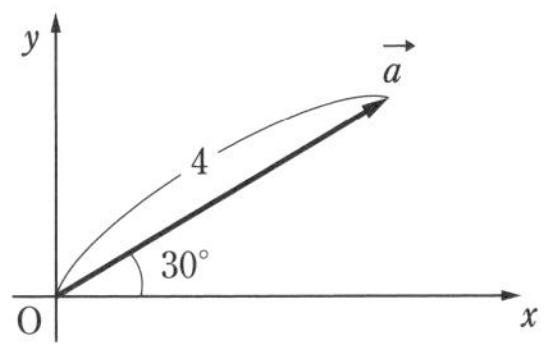

(2)

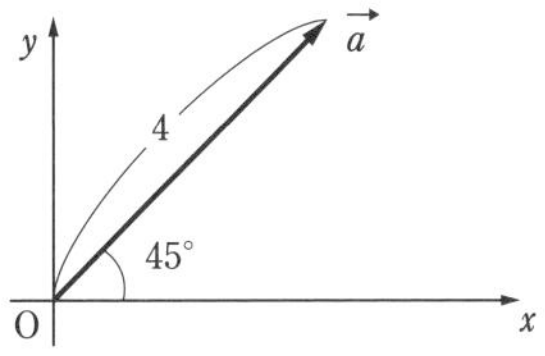

(1) x 成分：　　　，y 成分：　　　(2) x 成分：　　　，y 成分：

巻末チャレンジ問題　大学入学共通テストに向けて

実験に関する問題や，日常生活に関連した題材を扱った問題など，共通テスト対策に役立つ問題を収録しました。

154. 月面上での浮力 ●　次の文章中の空欄 ア ・ イ に入れる語と記号の組合せとして最も適当なものを，次の①～⑥のうちから１つ選べ。

月面に実験室をつくり，実験室内の気圧と温度が地球表面(地上)と同じになるようにした。ただし，月面の実験室での重力加速度の大きさは，地上での大きさの $\frac{1}{6}$ であるとする。

月面の実験室で球形の物体A全体が水中に沈んでいる。物体Aにはたらいている浮力の大きさは，地球表面(地上)で全体が水中に沈んでいるときの浮力の大きさより ア 。

また，球形の物体Bは地上で図１のように水に浮かんだ。月面の実験室では，物体Bは図２の イ のように水に浮かぶ。

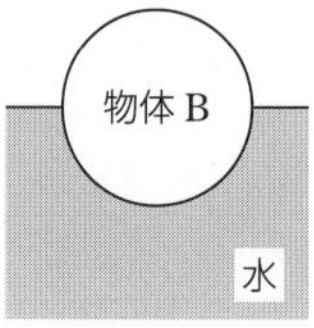

図１

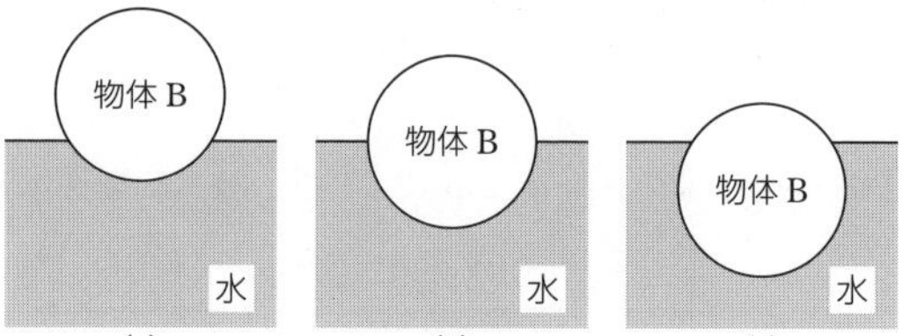

(a)　(b)　(c)

図２

	①	②	③	④	⑤	⑥
ア	大きい	大きい	大きい	小さい	小さい	小さい
イ	(a)	(b)	(c)	(a)	(b)	(c)

〔19 センター試験〕

実験 **155. 石がくぎにする仕事** ●　石をある高さから静かに落として，下にあるくぎを打ちこむとき，石がくぎにする仕事はどのようになるかについて，一郎さん，花子さん，ジムさんの３人が議論している。

一郎「石がくぎにする仕事 W は，落とすときの石の高さ h に比例する。つまり，
$W=k_1h$ （k_1 は定数）　と考えられないだろうか。」

花子「石がくぎにする仕事 W は，くぎに衝突するときの石の速さ v に比例する。つまり，
$W=k_2v$ （k_2 は定数）　と考えられないかな。」

ジム「一郎さんと花子さんの仮説の結果は同じことになるのか，実験してみよう。」

(1) 一郎さんの仮説と花子さんの仮説が両方とも正しいとすると，石の高さ h と衝突するときの速さ v にはどのような関係が成りたつか。最も適当なものを，次の①～④のうちから１つ選べ。

① $h+v=$一定　② $h-v=$一定　③ $\frac{h}{v}=$一定　④ $hv=$一定

(2) ジムさんは，図１のように速度測定器を用いて，落とす高さ h とその高さだけ落下したときの速さ v との関係を調べた。その結果，図２のようなグラフが得られた。この実験結果だけから考えると，一郎さんと花子さんの仮説の正しさについてどのようなことがいえるか。最も適当なものを，下の①～⑤のうちから１つ選べ。

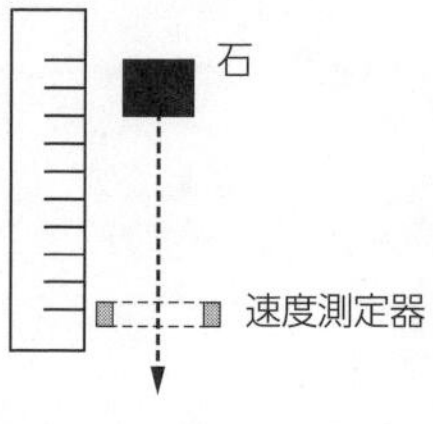

図１

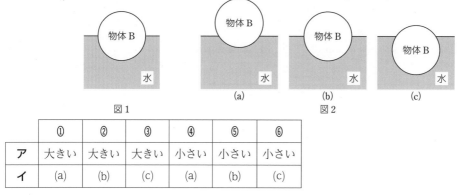

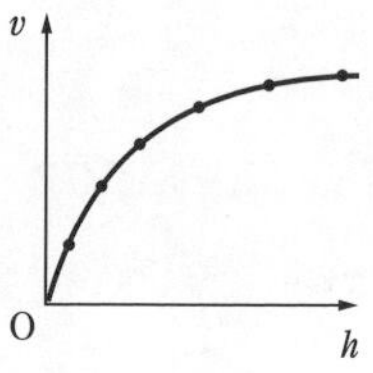

図２

① 一郎さんの仮説も花子さんの仮説も，ともに正しい。
② 一郎さんの仮説は正しいが，花子さんの仮説は正しくない。
③ 一郎さんの仮説は正しくないが，花子さんの仮説は正しい。
④ 一郎さんの仮説と花子さんの仮説の少なくとも一方は正しくない。
⑤ 一郎さんの仮説も花子さんの仮説も，いずれも正しくない。

(3) 一郎さんは，石がくぎにする仕事 W を求めるのに，くぎが発泡スチロールの板に打ちこまれる距離を測定することを考えた(図3)。一郎さんは，初めの仮説では，石の高さ $h=B$ と考えていたが，力学的エネルギーと仕事の関係を考えると，これが正しくないことに気がついた。石の高さ h として最も適当なものを，下の①～④のうちから1つ選べ。ただし，くぎの質量は無視できるものとする。

① $h=A+B$　② $h=B+C$　③ $h=A+B+C$　④ $h=B+C-A$

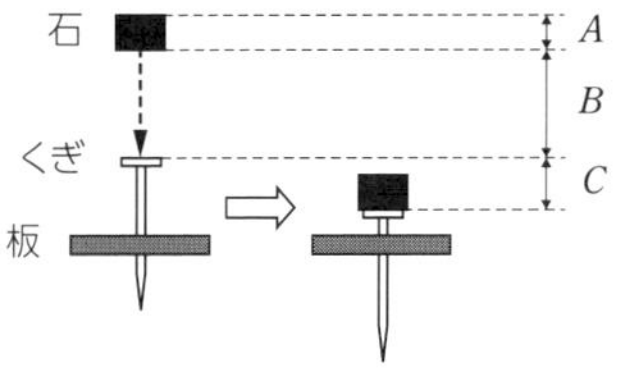

図3

(4) 一郎さんは，(3)をふまえて，仕事が高さに比例するかどうかを調べる実験をしたい。次の**ア**～**エ**のうち，必要な実験の組合せとして最も適当なものを，次の①～⑥のうちから1つ選べ。

ア　同じ石を同じ高さから同じくぎに落として，いつも仕事が同じになるか調べる。
イ　同じ石を約2倍の高さから同じくぎに落として，仕事の大きさを調べる。
ウ　約2倍の質量の石を同じ高さから同じくぎに落として，仕事の大きさを調べる。
エ　約2倍の体積の石を同じ高さから同じくぎに落として，仕事の大きさを調べる。

① **ア・イ**　② **ア・ウ**　③ **ア・エ**　④ **イ・ウ**　⑤ **イ・エ**　⑥ **ウ・エ**

〔センター試験 改〕

(1)＿＿＿＿　(2)＿＿＿＿　(3)＿＿＿＿　(4)＿＿＿＿

実験 **156. 比熱の測定**　次の文章中の空欄 ア ・ イ に入れる語句および数値の組合せとして最も適当なものを，次の①～⑥のうちから1つ選べ。

アルミニウムの比熱(比熱容量)が 0.90 J/(g·K) であることを確認する実験をしたい。図1のように，温度 $T_1=42.0$°C，質量 100 g のアルミニウム球を，温度 $T_2=20.0$°C，質量 M の水の中に入れ，図2のように，アルミニウム球と水が同じ温度になったとき，水の温度 T_3 を測定する。水の質量 M が ア なるほど，温度上昇 T_3-T_2 が小さくなる。

温度上昇 T_3-T_2 が 1.0°C になるようにするためには，$M=$ イ g としなければならない。ただし，水の比熱は 4.2 J/(g·K) であり，熱はアルミニウム球と水の間だけで移動し，水およびアルミニウムの比熱は温度によらず一定とする。

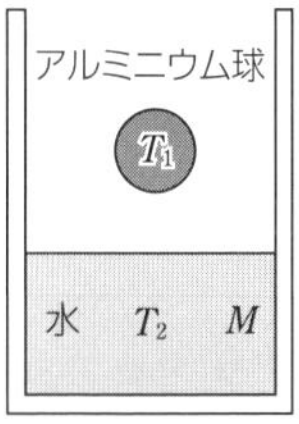

図1

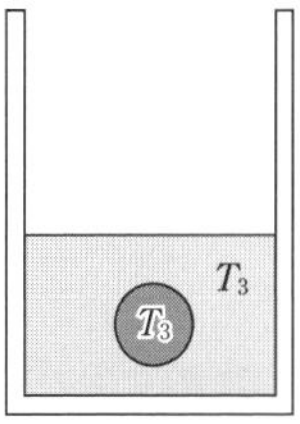

図2

	①	②	③	④	⑤	⑥
ア	大きく	大きく	大きく	小さく	小さく	小さく
イ	450	500	630	450	500	630

〔21 共通テスト〕

157. 気柱の振動 ● 図のように，密閉容器の中に長さ 50cm の閉管とスピーカーを入れて，容器内を表 1 の中のいずれか 1 つの気体(0°C，1 気圧)で満たした。次に，スピーカーから音を出して，閉管内の気柱で共鳴が起こるかどうかを調べた。スピーカーから出す音の振動数を 500Hz から徐々に下げたところ，480Hz 付近で気柱に基本振動の共鳴が起こった。容器内の気体として最も適当なものを，後の ①～⑤のうちから 1 つ選べ。なお，各種気体の 0°C，1 気圧での音の速さは，表 1 のとおりである。

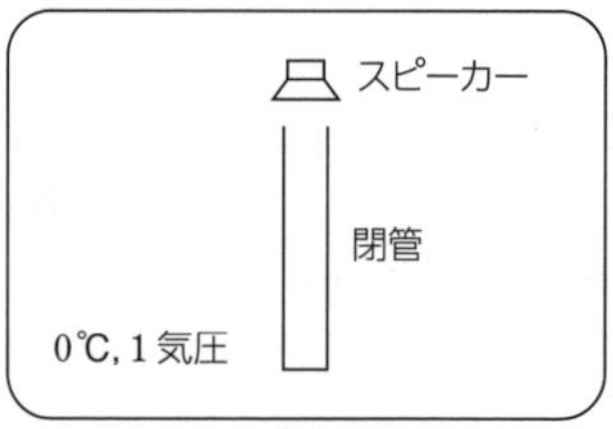

密閉容器

表 1

気　体	音の速さ(m/s)
H_2(水素)	1270
He(ヘリウム)	970
N_2(窒素)	337
Ne(ネオン)	435
Ar(アルゴン)	319

① H_2　② He　③ N_2　④ Ne　⑤ Ar

〔23 共通テスト〕

実験 **158. 糸を伝わる音** ● 糸を伝わる音について調べるために，図 1 のように，2 つの紙コップを長さ L の糸でつなぎ，一方の紙コップの中にスピーカー，他方にマイクロフォンを配置した。スピーカーには発振器をつないで，一定の振動数の音を発生させた。図 2，図 3 は，それぞれ $L=55$cm と $L=175$cm のときの，スピーカーに加えた電圧とマイクロフォンからの電圧を同時にオシロスコープで観察した結果である。横軸が時刻 t，縦軸が電圧 V であり，実線の曲線 S がスピーカーに加えた電圧の表示，点線の曲線 M がマイクロフォンの電圧の表示である。初めに $L=55$cm で図 2 の表示になるように実験配置を調整し，続いて糸の長さを長くすると，マイクロフォンの電圧変化の表示 M がしだいに右側に移動し，$L=175$cm のときに初めて図 3 の表示になった。2 つの紙コップの間では，糸を介して伝わる音のみを考え，その速さは一定であったものとする。なお，1ms＝0.001s である。

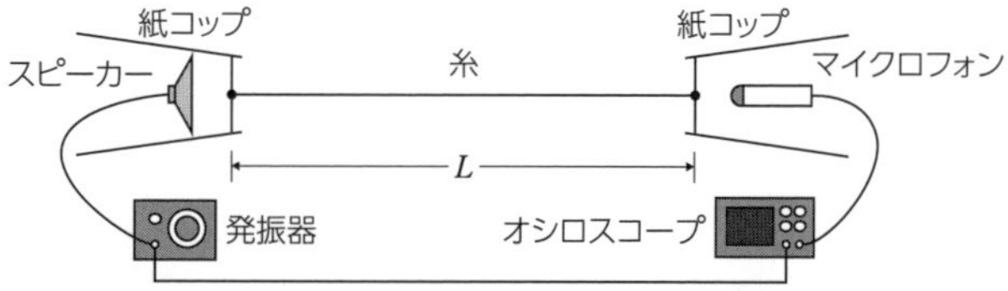

図 1

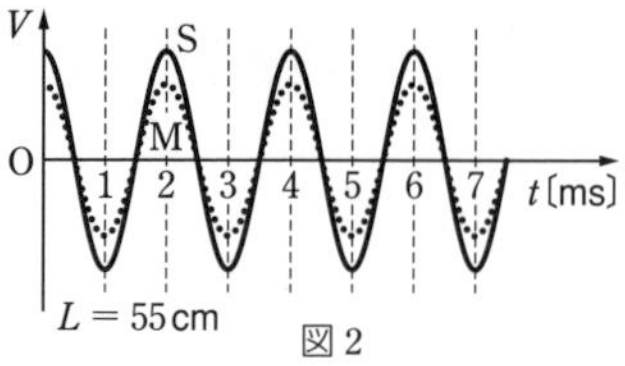

図 2

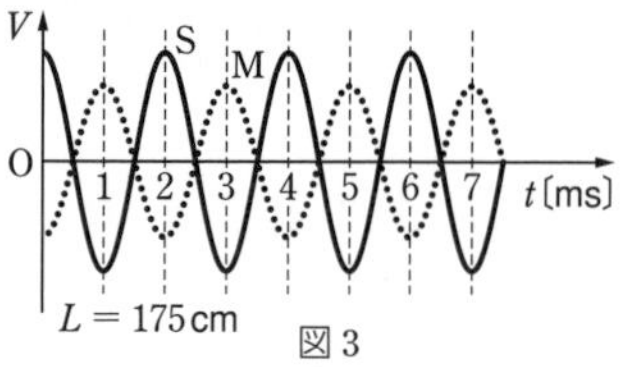

図 3

次の文中の空欄 ア ～ エ に入れるものとして最も適当なものを，それぞれの解答群から 1 つずつ選べ。

この実験で使われた音の周期は ア であり，振動数は イ である。

図 2 の曲線 M が図 3 で右にずれたことは，糸が長くなったことによって，図 1 の左側の紙コップからの音が，糸を伝わって右側の紙コップに達する時間が ウ だけ長くなったことを意味している。したがって，糸を伝わる音の速さは エ である。

ア の解答群　① 0.5ms　② 1ms　③ 2ms　④ 4ms

イ の解答群　① 250Hz　② 500Hz　③ 1000Hz　④ 2000Hz

ウ の解答群　① 0.5ms　② 1ms　③ 1.5ms　④ 2ms

エ の解答群　① 340m/s　② 600m/s　③ 800m/s　④ 1200m/s　⑤ 2400m/s

〔22 共通テスト〕

(ア)　(イ)　(ウ)　(エ)

159. 電気コードの断線 家庭で使われる電気コードでは，細い銅線の束(たば)が2つ，絶縁体(不導体)の中に埋めこまれている。このような電気コードを何回も折り曲げると，細い銅線が断線することがある。

図のように，いずれの束も10本の細い銅線からなるコードを考え，1つの束(束1)が，AとBの間では1本の細い銅線だけでつながった状態になったとしよう。2つの束には同じ大きさの電流が流れているとして，束1でAB間に発生するジュール熱は，断線していない束2でAB間に発生するジュール熱に比べて何倍になるか。最も適当な数値を，次の①～⑤のうちから1つ選べ。ただし，細い銅線の断面積はすべて同じで，抵抗は温度によらないとする。

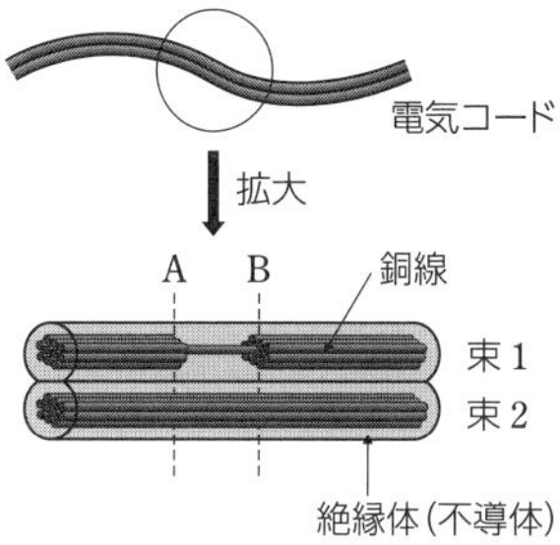

① 0.01　② 0.1　③ 1　④ 10　⑤ 100

〔10 センター試験〕

実験 **160. ジュール熱** 容器に水と電熱線を入れて，水の温度を上昇させる実験をした。ただし，容器と電熱線の温度上昇に使われる熱量，攪拌(かくはん)による熱の発生，導線の抵抗，および，外部への熱の放出は無視できるものとする。また，電熱線の抵抗値は温度によらず，水の量も変化しないものとする。

(1) 図1のように，異なる2本の電熱線A，Bを直列に接続して，それぞれを同じ量で同じ温度の水の中に入れた。接続した電熱線の両端に電圧を加えて水をゆっくりと攪拌しながら，しばらくしてそれぞれの水の温度をはかったところ，電熱線Aを入れた水の温度のほうが高かった。

このとき，次の**ア**～**ウ**の記述のうち正しいものをすべて選び出した組合せとして最も適当なものを，後の①～⑧のうちから1つ選べ。

ア 電熱線Aを流れる電流が電熱線Bを流れる電流より大きかった。
イ 電熱線Bの抵抗値が電熱線Aの抵抗値より大きかった。
ウ 電熱線Aに加わる電圧が電熱線Bに加わる電圧より大きかった。

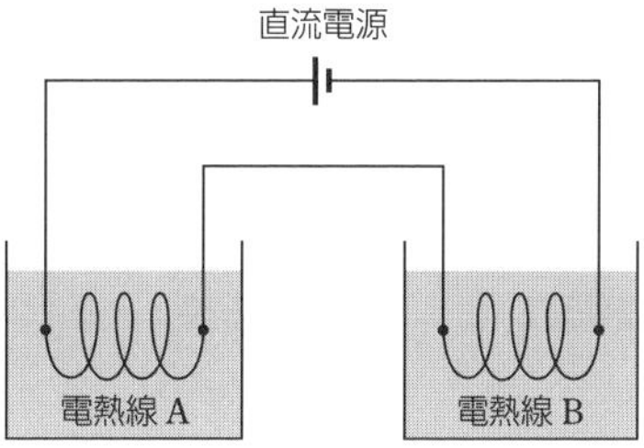

図1

① **ア**　② **イ**　③ **ウ**　④ **ア**と**イ**　⑤ **イ**と**ウ**　⑥ **ア**と**ウ**　⑦ **ア**と**イ**と**ウ**　⑧ 正しいものはない

(2) 図2のように，別の異なる2本の電熱線C，Dを並列に接続して，それぞれを同じ量で同じ温度の水の中に入れた。接続した電熱線の両端に電圧を加えて水をゆっくりと攪拌しながら，しばらくしてそれぞれの水の温度をはかったところ，電熱線Cを入れた水の温度のほうが高かった。

このとき，次の**ア**～**ウ**の記述のうち正しいものをすべて選び出した組合せとして最も適当なものを，後の①～⑧のうちから1つ選べ。

ア 電熱線Cを流れる電流が電熱線Dを流れる電流より大きかった。
イ 電熱線Dの抵抗値が電熱線Cの抵抗値より大きかった。
ウ 電熱線Cに加わる電圧が電熱線Dに加わる電圧より大きかった。

① **ア**　② **イ**　③ **ウ**　④ **ア**と**イ**　⑤ **イ**と**ウ**　⑥ **ア**と**ウ**
⑦ **ア**と**イ**と**ウ**　⑧ 正しいものはない

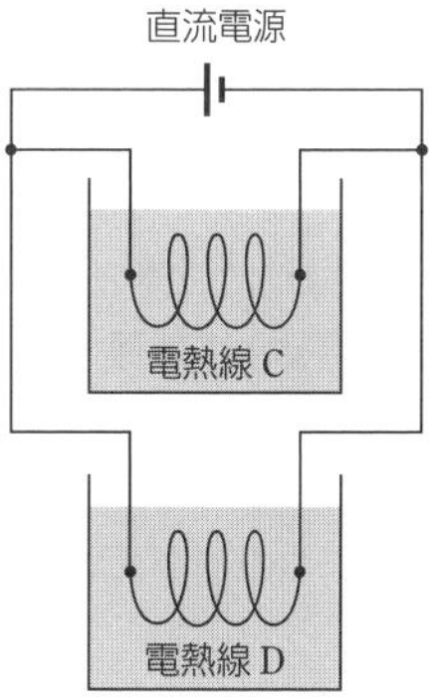

図2

〔22 共通テスト〕

(1)　(2)

巻末チャレンジ問題

思考力・判断力・表現力を養う問題

記述問題や，実験に関する問題(実験データを分析する問題，実験結果を判断する問題)など，思考力・判断力・表現力の育成に特に役立つ問題を扱いました。

記述 **161. 落体の運動** ● 橋の下に川が流れている。水面から橋までの高さを調べるために，小石とストップウォッチを用いることにした。どのように利用すれば高さを調べることができるだろうか。空気の抵抗は無視でき，重力加速度の大きさはわかっているものとする。

記述 **162. 鉛直投げ上げ** ● ボールを真上に投げ上げたときの，投げ上げの初速度と，もとの高さから最高点までの高さをストップウォッチを用いて調べたい。どのように利用すればよいだろうか。空気の抵抗は無視でき，重力加速度の大きさはわかっているものとする。

163. 運動の表し方 ● 横軸に時刻 t をとった図のようなグラフがある。縦軸が(1)〜(3)の場合，一直線上の物体はどのような運動をしているか。①〜④の選択肢の中からそれぞれ選べ。

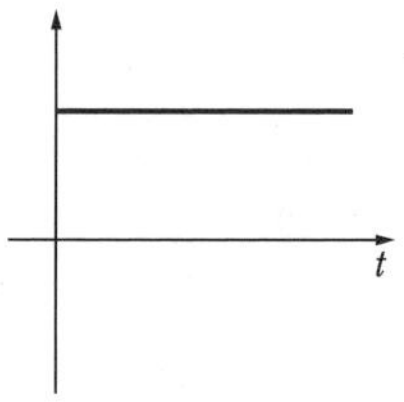

(1) 位置 x　(2) 速度 v　(3) 加速度 a

選択肢 ① 等速直線運動　② 等加速度直線運動　③ 静止　④ ①〜③以外

(1)　(2)　(3)

記述 **164. 浮力** ● 体積がともに等しい水が入った容器2つを用意する。容器は上皿てんびんにのせてつりあった状態である。さらに，質量が等しく，体積の異なる2つの物体A，Bを用意する。物体の体積はAよりBのほうが大きい。物体はかたい棒の両端に，ばね定数が等しい軽いばねと糸でつり下げられている。

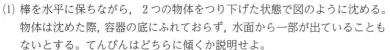

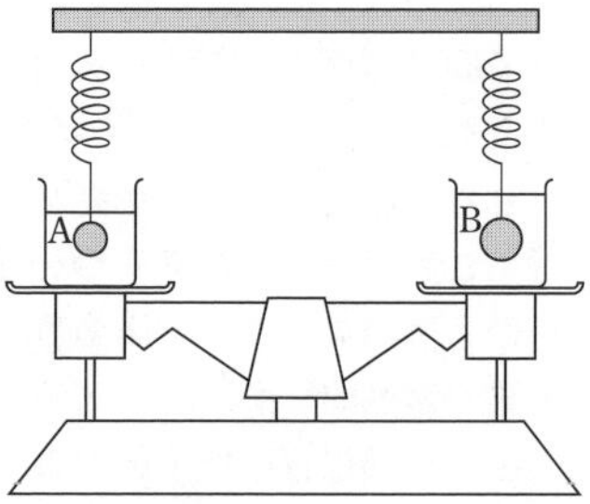

(1) 棒を水平に保ちながら，2つの物体をつり下げた状態で図のように沈める。物体は沈めた際，容器の底にふれておらず，水面から一部が出ていることもないとする。てんびんはどちらに傾くか説明せよ。

(2) ばねの伸びはどちらが大きいか。

(1)　(2)

165. 氷と水の密度の関係 ● 氷と水の密度の関係に関する2人の会話を読んで，次の問いに答えよ。

太郎：コップの水に氷を浮かべて，コップのふちすれすれまで水を注ぐ。この状態で氷がとけると，どうなるかわかるかな。

花子：氷の一部は水面から出ているので，とけるとその分だけコップから水があふれると思うわ。でも，氷はとけて水になると体積が小さくなるし…。

太郎：氷が排除している水の重さと，氷自体の重さの関係を考えればわかると思うよ。

花子：なるほど。すると水面は［ア］ということね。このことを利用すると，氷の密度が水の密度の何倍になるか確かめることができるわね。

太郎：そうだね。実験して確かめてみよう。

(1) ［ア］に入る適切な言葉を下の語群から選べ。

語群 上がる　下がる　変わらない

(2) 1辺が h〔m〕の立方体の氷を浮かばせたとき，立方体の底面が水面と平行の状態で水面から d〔m〕沈んだとする。氷の密度は水の密度の何倍になるか。

太郎と花子は氷と水の密度の関係について，学んだことを先生に伝えた。そのときの会話を読んで次の問いに答えよ。

太郎：先日，授業で浮力について学んだので，氷と水の密度の違いについて調べました。

先生：よく調べているね。では，先生が用意した氷を使って実験をしてみよう。この氷には小さな鉄球が閉じ込められていて，水に入れると沈んでしまう。この氷がとけると，コップの水面はどうなるだろう。

花子：さっきと違うのは，氷が沈んでいるということね。

太郎：ということは，氷が排除している水の体積と，氷がとけて水になったときの体積を考えると，水面は［イ］ということだね。

花子：実際に実験して確かめてみましょう。

(3) ［イ］に入る適切な言葉を下の語群から選べ。

語群 上がる　下がる　変わらない

(1) ＿＿＿＿　(2) ＿＿＿＿　(3) ＿＿＿＿

166. 熱容量と温度の関係 ● 物質の熱容量は物質の温度変化の大きさが小さいときには定数とみなせるが，正確には，一般に温度に依存して変化する。図1は，温度依存性が異なる3種類の物質の熱容量と温度の関係のグラフである。物質1と物質2は100Kから350Kの温度範囲でそれぞれ一定の熱容量を示すが，物質3は100Kから200K，200Kから300Kの間はそれぞれ傾きが異なる1次関数，300K以上では一定の熱容量を示す。次の問いに答えよ。

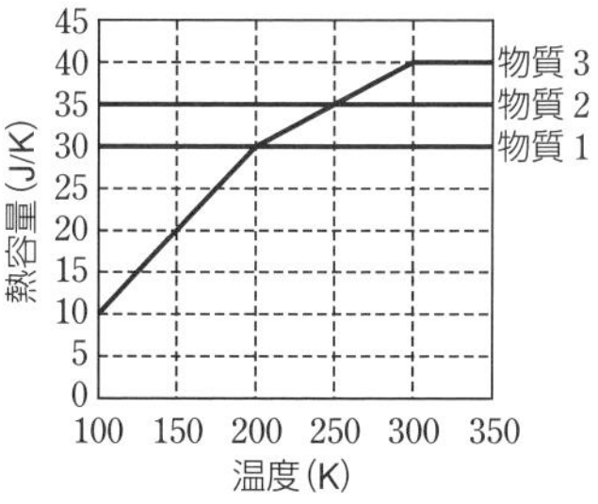

図1

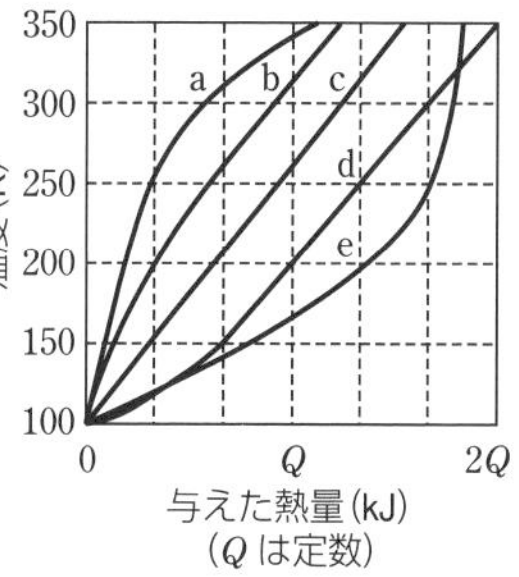

図2

(1) これらの物質の温度を200Kから250Kまで上昇させるのに必要な熱量をそれぞれ有効数字2桁で求めよ。

(2) 図2は温度が100Kの物質3に熱を与えていったときの温度の変化を表している。a～eの曲線から正しいものを選べ。

〔23 藤田医大 改〕

(1) 物質1：　物質2：　物質3：　(2)

記述 実験 作図

167. 弦の振動 ● 次の文を読んで，□には適した式を，{ }には適した語句を記せ。また，(1)~(3)に答えよ。

m〔kg〕	f〔Hz〕	f^2〔Hz^2〕
0.002	22	484
0.005	38	1444
0.010	53	2809
0.020	77	5929
0.030	94	8836
0.040	104	10816
0.050	118	13924
0.060	130	16900
0.070	139	19321
0.080	148	21904

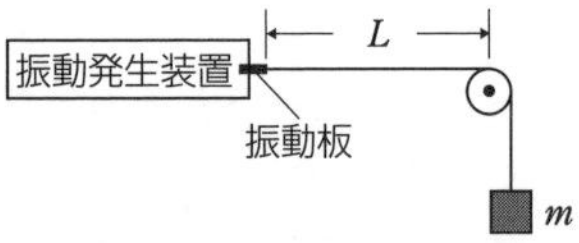

ギターなどの弦が発する音は，弦を強く張るほど高くなる。この関係について調べるため，次のような実験を行った。図のように，振動数を変化させることのできる振動発生装置に長さ L〔m〕の弦を水平に取りつけ，弦を振動させた。また，弦の反対側にはなめらかに動く滑車を介して質量 m〔kg〕のおもりを取りつけ，このおもりにはたらく重力で弦に張力を与えた。

弦に定在波(定常波)が発生したとき，この振動を{ ア }といい，またこのときの振動数を{ イ }という。この弦に腹の数が1個の(ア)が発生したとき，この波の波長 λ_1〔m〕は［ ウ ］である。また腹の数が n 個のとき，波長 λ_n〔m〕は［ エ ］である。弦を伝わる波の速さを v〔m/s〕としたとき，腹の数が n 個のときの弦の振動数 f_n〔Hz〕を v と λ_n を用いて表すと［ オ ］である。

(1) $L=0.9$m の弦を振動数100Hzで振動させたとき，腹の数が3個の定在波が発生した。このとき，弦を伝わる波の速さを求めよ。

次に，おもりの質量 m を変えて，弦の張力を変化させた。そして，さまざまな質量 m に対して，弦に腹が1個の定在波を発生させ，そのときの振動数 f を記録した。この結果は表に示した通りである。おもりの質量 m が大きくなるにつれ，振動数 f も大きくなった。

(2) おもりの質量 m と振動数 f の関係をより詳しく検討してみよう。表には，記録した f をもとに f^2 を計算した値も示してある。この表をもとにして，横軸を m，縦軸を f とするグラフと横軸を m，縦軸を f^2 とするグラフをかけ。なお，縦軸の目盛りの数値は必ず記入せよ。

(3) (2)で作成したグラフから，振動数 f とおもりの質量 m の間にはどのような関係があると推測できるか。推測した理由も含めて述べよ。

〔10 滋賀県大〕

(ア) ＿＿＿ (イ) ＿＿＿ (ウ) ＿＿＿ (エ) ＿＿＿ (オ) ＿＿＿ (1) ＿＿＿

(2)

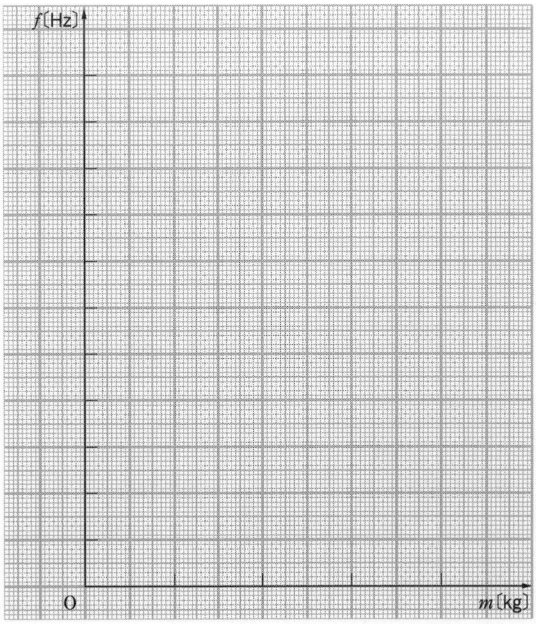

m と f のグラフ

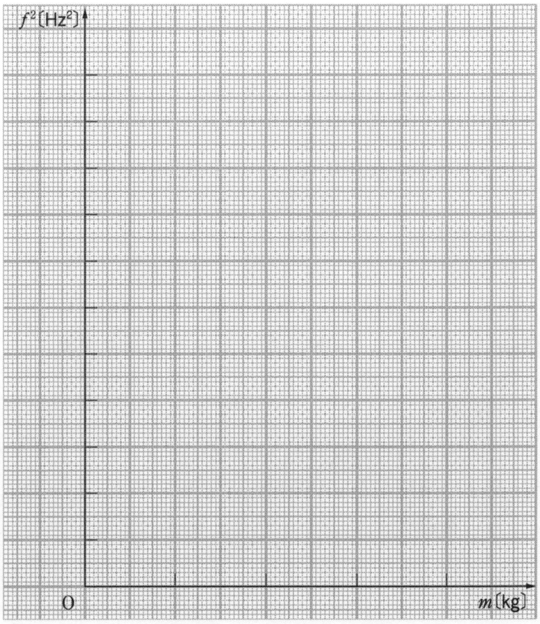

m と f^2 のグラフ

(3) ＿＿＿

記述 実験 作図 **168. オームの法則を確かめる実験** ● 抵抗値が未知である抵抗R，直流電源E，電圧計V，電流計Aを用いてオームの法則を確かめる実験を行う。以下の問いに答えよ。ただし，電流計，電圧計の内部抵抗の影響は小さく，無視できるものとする。

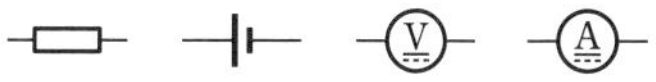

R　E　V　A

(1) 実験を行うために，R，E，V，A の各端子間を接続しなければならない。接続した回路図を図の記号を用いてかけ。

(2) 直流電源Eの電圧を変化させて，抵抗Rにかかる電圧 V〔V〕を電圧計Vで，抵抗Rを流れる電流 I〔A〕を電流計Aで測定したところ，表の結果になった。表から I と V の関係をグラフに表せ。

表

電圧 V〔V〕	0.0	2.0	4.0	6.0	8.0	10.0
電流 I〔A〕	0.00	0.13	0.27	0.39	0.53	0.67

(3) グラフからどのようなことがいえるか，40字以内で述べよ。

(4) グラフから推定される抵抗Rの抵抗値を次の選択肢の中から選べ。

① 0.067Ω　② 1.5Ω　③ 6.7Ω　④ 15Ω　⑤ 150Ω

〔12 甲南大〕

(1)

(2)

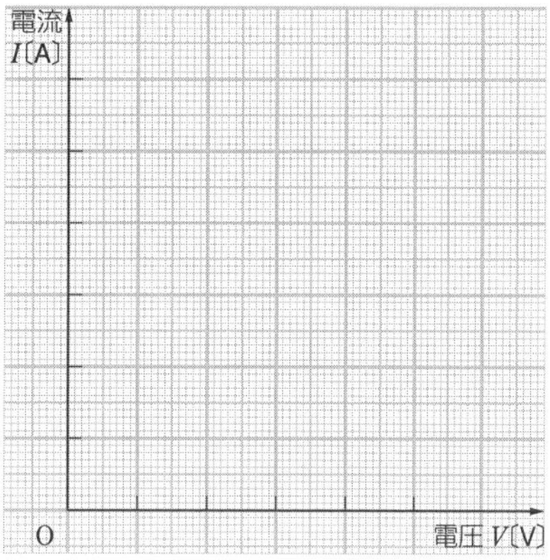

(3)

(4)

答えの部（略解）は
右のQRコードから
ご覧いただけます。

物理基礎・物理（2012年～）
初　版　第1刷　2012年11月1日　発行
四訂版　第1刷　2018年11月1日　発行
物理基礎・物理（2022年～）
初　版　第1刷　2021年11月1日　発行
改訂版　第1刷　2023年11月1日　発行
　　　　第2刷　2024年2月1日　発行
　　　　第3刷　2024年4月1日　発行

改訂版
リード Light ノート物理基礎

ISBN978-4-410-26080-3
編　者　数研出版編集部
発行者　星野 泰也
発行所　数研出版株式会社
〒101-0052 東京都千代田区神田小川町2丁目3番地3
〔振替〕00140-4-118431
〒604-0861 京都市中京区烏丸通竹屋町上る大倉町205番地
〔電話〕代表(075)231-0161
ホームページ　https://www.chart.co.jp
印刷　寿印刷株式会社

おもな公式の一覧　～熱・波・電気～

公式名	内容
熱量と比熱の関係	$Q = mc\Delta T$ Q〔J〕：熱量，　m〔g〕：質量 c〔J/(g·K)〕：比熱，　ΔT〔K〕：温度変化 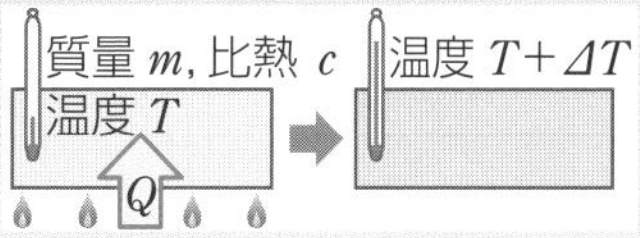
熱力学第一法則	$\Delta U = Q + W$ ΔU〔J〕：内部エネルギーの変化 Q〔J〕：物体が受け取った熱量 W〔J〕：物体がされた仕事 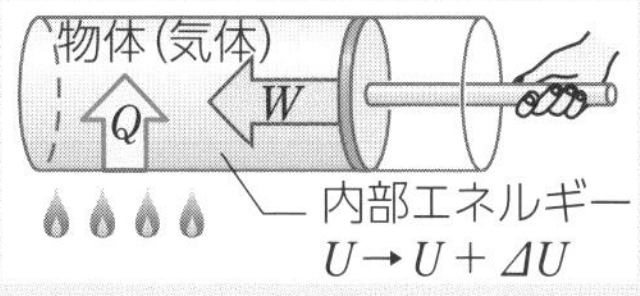
熱効率	$e = \dfrac{W'}{Q_{in}} = \dfrac{Q_{in} - Q_{out}}{Q_{in}}$ e：熱効率，　W'〔J〕：熱機関がする仕事 Q_{in}〔J〕：高温の物体から吸収する熱量 Q_{out}〔J〕：低温の物体へ放出する熱量 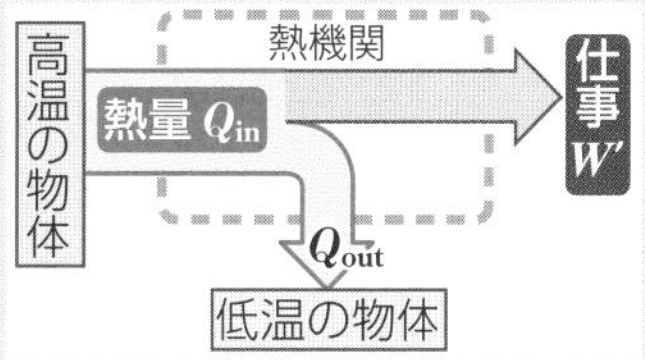
波の要素	$v = f\lambda$,　　$f = \dfrac{1}{T}$ v〔m/s〕：波の速さ，　f〔Hz〕：振動数 λ〔m〕：波長，　T〔s〕：周期 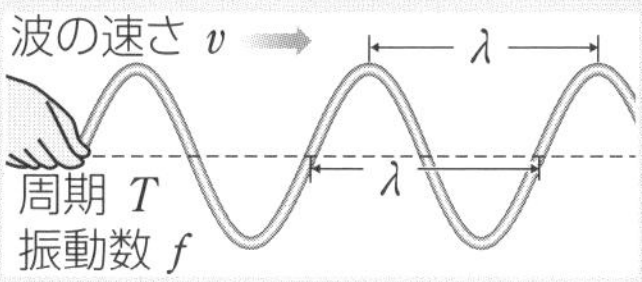
オームの法則	$I = \dfrac{V}{R}$,　　$V = RI$ I〔A〕：電流，　V〔V〕：電圧，　R〔Ω〕：抵抗 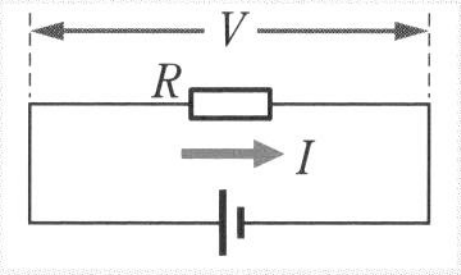
抵抗率	$R = \rho \dfrac{l}{S}$ R〔Ω〕：抵抗，　ρ〔Ω·m〕：抵抗率 l〔m〕：抵抗の長さ，S〔m²〕：抵抗の断面積 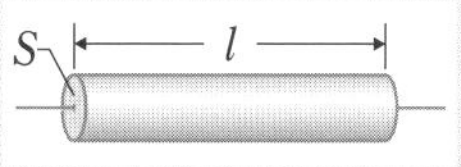
合成抵抗	①直列接続：$R = R_1 + R_2$ ②並列接続：$\dfrac{1}{R} = \dfrac{1}{R_1} + \dfrac{1}{R_2}$ R〔Ω〕：合成抵抗，　R_1，R_2〔Ω〕：それぞれの抵抗 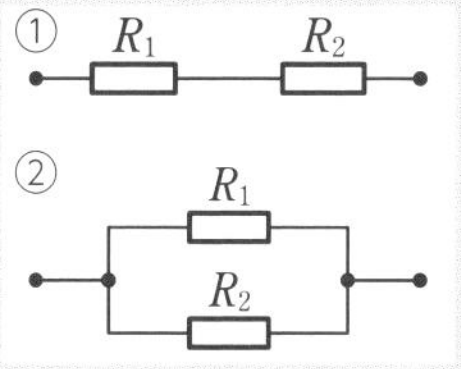
ジュールの法則	$Q = IVt = I^2Rt = \dfrac{V^2}{R}t$ Q〔J〕：ジュール熱，　I〔A〕：電流 V〔V〕：電圧，　t〔s〕：時間，　R〔Ω〕：抵抗 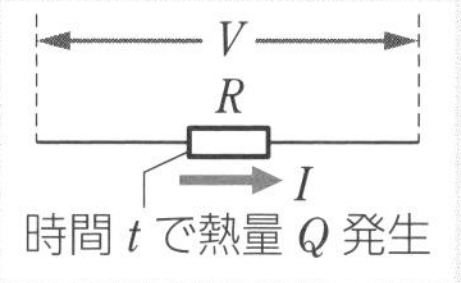
電力量と電力	電力量：$W = IVt = I^2Rt = \dfrac{V^2}{R}t$ 電力：$P = IV = I^2R = \dfrac{V^2}{R}$ W〔J〕：電力量，　I〔A〕：電流，　V〔V〕：電圧 t〔s〕：時間，　R〔Ω〕：抵抗，　P〔W〕：電力 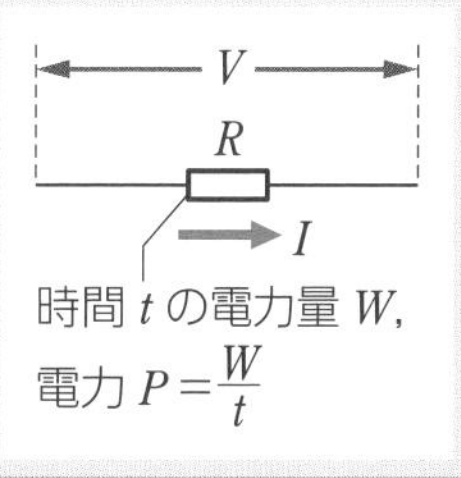

おもな公式の一覧　～力学～

公式名	内容
等速直線運動	$x = vt$ x〔m〕：移動距離 v〔m/s〕：速さ t〔s〕：経過時間 条件　一直線上の運動で，速さ v が一定 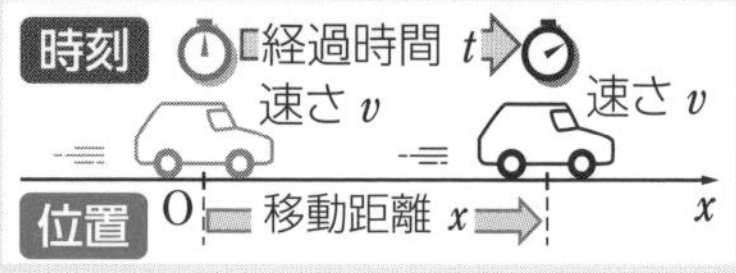
相対速度	$v_{AB} = v_B - v_A$ v_A〔m/s〕：物体 A（観測者）の速度 v_B〔m/s〕：物体 B（相手）の速度 v_{AB}〔m/s〕：A に対する B の相対速度 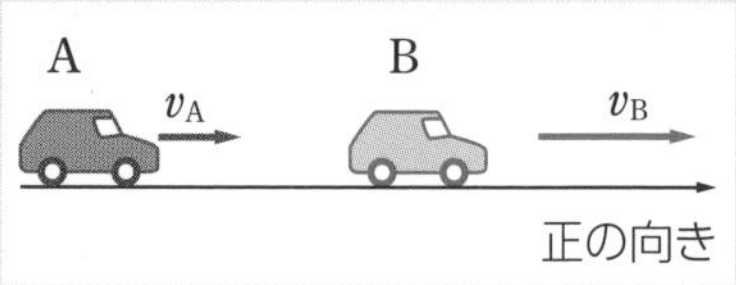
等加速度直線運動	$v = v_0 + at$ $x = v_0t + \frac{1}{2}at^2$ $v^2 - v_0{}^2 = 2ax$ v〔m/s〕：速度，　v_0〔m/s〕：初速度 a〔m/s²〕：加速度，　t〔s〕：経過時間 x〔m〕：変位 条件　一直線上の運動で，加速度 a が一定 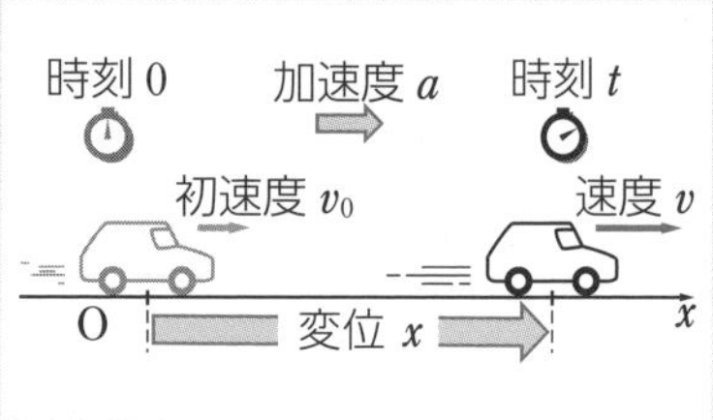
重力の大きさ	$W = mg$ W〔N〕：重力の大きさ（重さ），　m〔kg〕：質量 g〔m/s²〕：重力加速度の大きさ 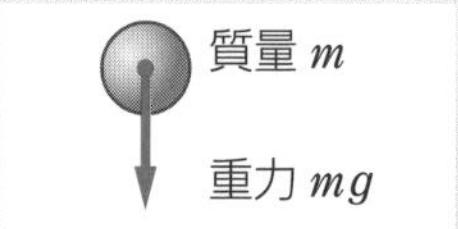
フックの法則	$F = kx$ F〔N〕：弾性力の大きさ k〔N/m〕：ばね定数 x〔m〕：ばねの伸び（または縮み） 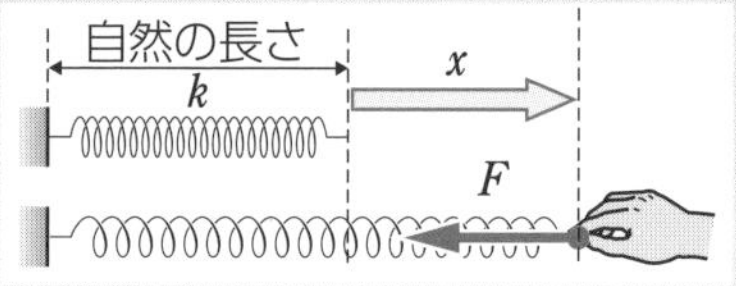
力のつりあい	力の x 成分の総和が 0 $F_{1x} + F_{2x} + F_{3x} + \cdots = 0$ 力の y 成分の総和が 0 $F_{1y} + F_{2y} + F_{3y} + \cdots = 0$
運動方程式	$ma = F$ m〔kg〕：質量，　a〔m/s²〕：加速度，F〔N〕：力 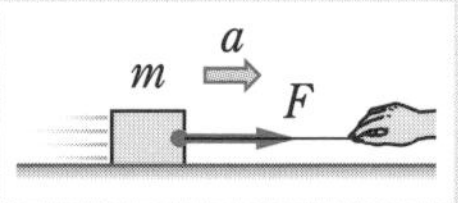
最大摩擦力	$F_0 = \mu N$ F_0〔N〕：最大摩擦力の大きさ μ：静止摩擦係数 N〔N〕：垂直抗力の大きさ 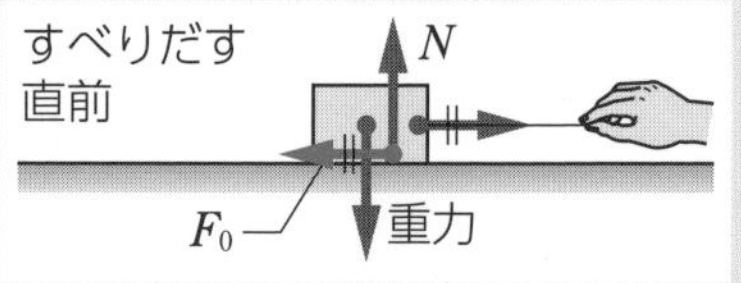
動摩擦力	$F' = \mu' N$ F'〔N〕：動摩擦力の大きさ μ'：動摩擦係数 N〔N〕：垂直抗力の大きさ 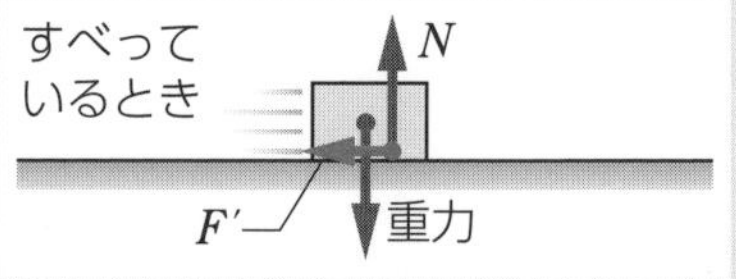

改訂版

リードLightノート 物理基礎

解答編

数研出版
https://www.chart.co.jp

第1章 運動の表し方

1.

Point! 1km/h とは，1h（１時間）の間に 1km の距離を進む速さのこと。この単位を m/s に置きかえるには，等速直線運動の式「$x=vt$」を，距離の単位 m，時間の単位 s で計算すればよい。

解答 (1) 1km＝1000m，1h＝60 分＝60×60s　なので，「$x=vt$」より

$$v\,(=90\,\mathrm{km/h})=\frac{x}{t}=\frac{90\times1000\,\mathrm{m}}{60\times60\,\mathrm{s}}=\mathbf{25\,m/s}$$

(2) 3.0 分＝3.0×60s　であるから[1]

$$x=vt=25\times(3.0\times60)$$
$$=4500$$
$$=4.5\times1000$$
$$=\mathbf{4.5\times10^3\,m}$$

補足 [1] 物理公式では１つの式の中に出てくる単位をそろえること。速さ v の単位が m/s なので，時間 t の単位は h や分でなく s にする。

2.

Point! 平均の速さ $\bar{v}$ は，$\bar{v}=\dfrac{移動距離}{経過時間}$ で求められる。

解答 2 時間 30 分＝2.5h より，平均の速さは

$$\bar{v}=\frac{移動距離}{経過時間}=\frac{4.5\times10^2\,\mathrm{km}}{2.5\,\mathrm{h}}\,[1]=\mathbf{1.8\times10^2\,km/h}$$

補足 [1] 求めたい速さの単位が km/h であるから，距離の単位は km，時間の単位は h とする。

3.

Point! x-t 図では，グラフの傾きの大きさが速さを表す。

解答 (1) 自動車の速さは 12m/s[1]。したがって，x-t 図は，原点を通り，傾きが 12 の直線となる[2]。**図a**

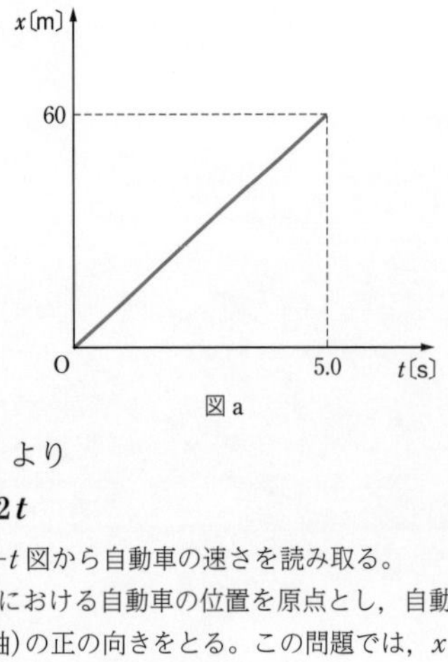

図a

(2)「$x=vt$」より

$$\mathbf{x=12\,t}$$

補足 [1] v-t 図から自動車の速さを読み取る。

[2] 時刻 0 秒における自動車の位置を原点とし，自動車の進む向きに座標（x 軸）の正の向きをとる。この問題では，x-t 図は原点を通る傾き（＝速さ）をもった直線のグラフとなる。

4.

Point! $v=\dfrac{\Delta x}{\Delta t}$ であることから，x-t 図の傾きは速度の値と一致する。x-t 図が直線であれば傾きはどこでも一定なので，この運動は等速直線運動である。(3)では，$t=0$s のとき物体は原点ではなく，$x=4$m の位置にいることに注意。

解答 (1) $t=0$s から $t=4.0$s の間の 4.0 秒間に $x=16-4=12$m 移動したので，x-t 図の傾きの大きさ，すなわち速さ v は

$$v=\frac{x}{t}=\frac{12}{4.0}=\mathbf{3.0\,m/s}$$

(2)「$x=vt$」より　$s=vt=3.0\times10=\mathbf{30\,m}$

(3) $t=0$s のとき $x=4$m で，そこから $s=30$m 進んだから　$x=4+30=\mathbf{34\,m}$

5.

Point! 時刻 t_1 ～ t_2（位置 x_1 ～ x_2）の平均の速さは $\bar{v}=\dfrac{移動距離}{経過時間}=\dfrac{x_2-x_1}{t_2-t_1}$ で，この値は x-t 図上の 2 点間を結ぶ線分の傾きの大きさに等しい。ここで t_2 を限りなく t_1 に近づけたときの値 v を，時刻 t_1 における瞬間の速さといい，x-t 図の時刻 t_1 における接線の傾きの大きさと一致する。本問ではグラフの右方ほど傾きが大きいので，時間の経過とともに速さがしだいに増し，加速していることを表す。

解答 (1)「$\bar{v}=\dfrac{x_2-x_1}{t_2-t_1}=\dfrac{\Delta x}{\Delta t}$」より

$$\overline{v_{AB}}=\frac{2.0-0}{2.0-0}=\mathbf{1.0\,m/s}$$

$$\overline{v_{BC}}=\frac{8.0-2.0}{4.0-2.0}=\frac{6.0}{2.0}=\mathbf{3.0\,m/s}$$

(2) 瞬間の速さは x-t 図の各時刻における傾きの大きさで求められる。

$$v_B=\frac{6.0-0}{4.0-1.0}\,[1]=\frac{6.0}{3.0}=\mathbf{2.0\,m/s}$$

$$v_C=\frac{8.0-0}{4.0-2.0}\,[2]=\frac{8.0}{2.0}=\mathbf{4.0\,m/s}$$

補足 [1] 問題の図より，B での接線は (1.0, 0)，(4.0, 6.0) を通る。

[2] 問題の図より，C での接線は (2.0, 0)，(4.0, 8.0) の 2 点を通る。

6.

Point! 川岸から見た船の速度は，船の静水時の速度と川の流れる速度を合成したものになる。川の流れる向きを正とすると，船が上流に向かう向きの速度は負となる。

解答 川の流れる向きを正の向きとし，川岸から見た船の速度を v とする。

下流に向かって進んでいるとき

$$v=4.5+2.0=6.5\,\mathrm{m/s}$$

よって **6.5m/s**

上流に向かって進んでいるとき

$$v=(-4.5)+2.0=-2.5\,\mathrm{m/s}$$

よって **2.5m/s**

7.

Point! まず，正の向きを定め，船と人B，Cの速度を正・負の符号をつけて表す。岸壁上の人Aが見た人B，Cの速度は，船の速度 $v_{船}$ と人B，Cの船に対する速度 v_B，v_C を合成した速度 $v_B+v_{船}$，$v_C+v_{船}$ となる。

解答 船が進む向き（東向き）を正の向きとすると，岸壁に対する船の速度 $v_{船}$，船に対するB，Cの速度 v_B，v_C は

$$v_{船}=1.6\,\mathrm{m/s},\quad v_B=2.1\,\mathrm{m/s},\quad v_C=-2.7\,\mathrm{m/s}$$

と表される。直線上の速度の合成の関係「$v=v_1+v_2$」より，Aから見たB，Cの速度は $v_B+v_{船}$，$v_C+v_{船}$ となる。

(1) AからBを見たときのBの速度[1]は

$$v_B+v_{船}=2.1+1.6=3.7\,\mathrm{m/s}$$

よって，**東向きに 3.7m/s**

(2) AからCを見たときのCの速度[1]は

$$v_C+v_{船}=-2.7+1.6=-1.1\,\mathrm{m/s}$$

よって，**西向きに 1.1m/s**

(3) Cは岸壁に対して，西向きに 1.1m/s の速さで運動しているから，3.0秒間に進む距離 x〔m〕は，等速直線運動の式「$x=vt$」より

$$x=1.1\times3.0=3.3\,\mathrm{m}$$

よって，**西向きに 3.3m 移動する。**

補足 [1] 注 「速度」を答えるときは，速さと向きの両方を答える。

8.

Point! 岸に対する船の速度 $\vec{v}$ は，船の静水上の速度 $\vec{v_1}$（水が流れていないときに船が自力で進む速度）と川が流れる速度 $\vec{v_2}$ を合成したものになる。速度の合成は，向きを考えに入れて速度の和をとるもので，矢印（ベクトル）を用いて平行四辺形の法則に従って合成する。一直線上の合成では±の符号をつけた数値の和となる。

解答 川岸の人から見たときのボートの速度を $\vec{v}$（大きさ v〔m/s〕）として，それぞれ速度ベクトルの図をかいて考える。

(1) 流れの速さ（3.0m/s）に逆らって進むので，4.0−3.0=**1.0m/s** の速さで，上流に向かって進む。

(1)
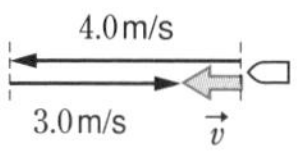

(2) 三平方の定理より

$$v^2=4.0^2+3.0^2 \text{ [1]}$$

よって $v=$**5.0m/s**

(2)
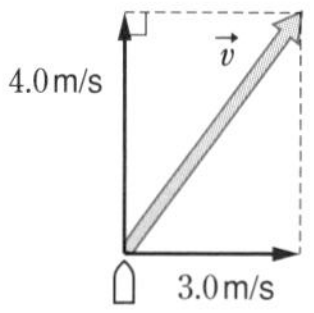

(3) ボートが川の流れに対して直角に進むので，図のように，$\vec{v}$ が川の流れと直角になるような速度ベクトルの関係となる。三平方の定理より[2]

$$4.0^2=v^2+3.0^2$$

よって

$$v=\sqrt{4.0^2-3.0^2}=\sqrt{7.0}$$
$$=\mathbf{2.6\,m/s}$$

(3)
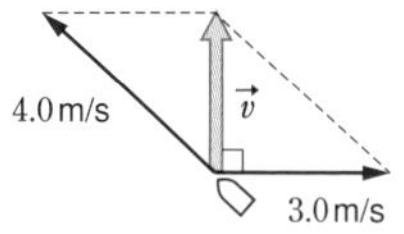

補足 [1] 右の図のように，3：4：5 の直角三角形になっている。

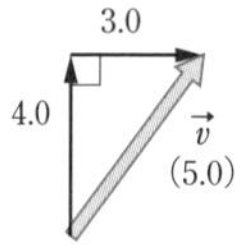

[2] 図の直角三角形で考える。

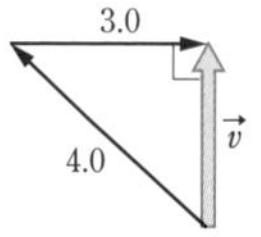

9.

Point! まず，正の向きを定め，それぞれの速度を正・負の符号をつけて表す。これらを，相対速度の式「$v_{AB}=v_B-v_A$」[1]に代入する。東向きを正に定めた場合，得られた速度が正のときは東向き，負のときは西向きが速度の向きとなる。

解答 (1) 東向きを正とすると，列車A，自動車Bの速度はそれぞれ $v_A=-30\,m/s$，$v_B=15\,m/s$ となる。

「$v_{AB}=v_B-v_A$」より，求める速度 v_{AB}〔m/s〕は

$$v_{AB}=15-(-30)=45\,m/s$$

よって **東向きに 45m/s**

(2) (1)で，AとBを入れかえて考える。求める速度 v_{BA}〔m/s〕は

$$v_{BA}=(-30)-15=-45\,m/s$$

よって **西向きに 45m/s**

(3) 自動車Cの速度を v_C〔m/s〕とする。Cから見たAの速度は $v_{CA}=-10\,m/s$ であるから

$v_{CA}=v_A-v_C$ より $-10=(-30)-v_C$

よって $v_C=(-30)-(-10)=-20\,m/s$

ゆえに **西向きに 20m/s**

補足 [1] 直線上で運動するときの相対速度は，相手の速度（正・負の符号をつけて表す）から，基準とする物体の速度を引いた値。「Aから見たBの速度」は，B（相手）の速度からA（基準）の速度を引いて得られる。

10.

Point! 列車Aの速度 $\vec{v_A}$，自動車Bの速度 $\vec{v_B}$，自動車Cの速度 $\vec{v_C}$ の関係を，ベクトルで図示して考える。Aに対するBの相対速度「$\vec{v_{AB}}=\vec{v_B}-\vec{v_A}$」は，$\vec{v_A}$ と $\vec{v_B}$ の始点をそろえたとき，$\vec{v_A}$ の終点から $\vec{v_B}$ の終点に引いたベクトルで表される。

解答 (1) $\vec{v_A}$，$\vec{v_B}$ の関係は図aのようになるので

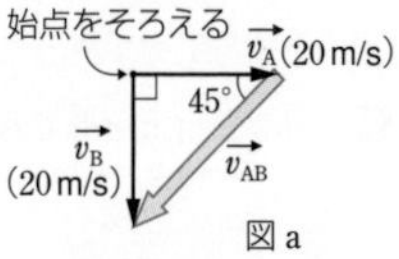

図a

$v_{AB}=\sqrt{2}\,v_A$[1]

$=1.41\times20$[2]$\fallingdotseq$**28m/s**

$\vec{v_{AB}}$ の向きは，**南西向き**

(2) $\vec{v_A}$，$\vec{v_C}$ の関係は図bのようになる。$\vec{v_A}$ は東向き，$\vec{v_C}$ は北向きであるから，△PQR は∠P=90° の直角三角形である[3]。

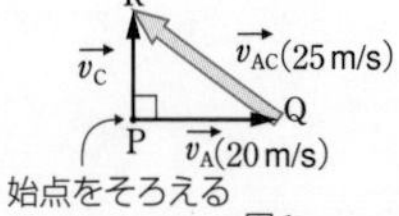

図b

よって，三平方の定理より $v_{AC}{}^2=v_A{}^2+v_C{}^2$

これを v_C について解くと

$$v_C{}^2=v_{AC}{}^2-v_A{}^2$$

$$v_C=\sqrt{v_{AC}{}^2-v_A{}^2}=\sqrt{25^2-20^2}$$

$$=\sqrt{5^2(5^2-4^2)}=5\sqrt{5^2-4^2}$$

$=5\sqrt{25-16}=5\sqrt{9}=5\times3=$**15m/s**[4]

補足 [1] $\vec{v_A}$，$\vec{v_B}$，$\vec{v_{AB}}$ がつくる三角形は，3辺の長さの比が $1:1:\sqrt{2}$ の直角二等辺三角形である。

[2] 有効数字2桁のとき，$\sqrt{2}$ や $\sqrt{3}$ は3桁で代入する。

[3] $\vec{v_C}$ の大きさはわからないが，向きはわかっているので，適当な長さで図に表して考える。

[4] 参考 △PQR は3辺の長さの比が 3：4：5 の直角三角形になっている。

11.

Point! 区間ごとの平均の速度は，変位を経過時間（0.10 s）でわれば求められる。v-t 図は，平均の速度を，それぞれの区間の中央の時刻における瞬間の速度とみなしてかく。加速度は v-t 図の傾きで得られる。

解答 (1)

時刻 t〔s〕	0	0.10	0.20	0.30	0.40	0.50	0.60	0.70
位置 x〔m〕	0	0.03	0.12	0.27	0.48	0.75	1.08	1.47

変位〔m〕	**0.03**	**0.09**	**0.15**	**0.21**	**0.27**	**0.33**	**0.39**
平均の速度〔m/s〕	**0.3**	**0.9**	**1.5**	**2.1**	**2.7**	**3.3**	**3.9**

(2) 各区間の平均の速度を，区間の中央の時刻に点で記し，v-t 図をかく。**図a**[1]

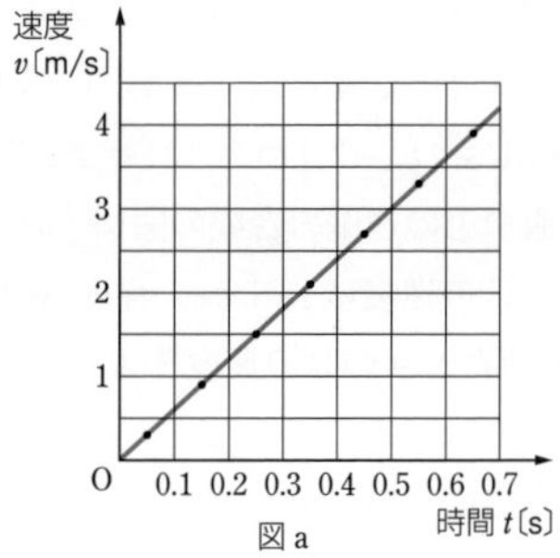

図a

(3) v-t 図の傾きが加速度 a となる。

$$a=\frac{3.9-0.3}{0.65-0.05}\text{[2]}=\mathbf{6.0\,m/s^2}$$

(4) v-t 図より $v=$**3.0m/s**

補足 [1] 注 階段状のグラフにはしないこと。

[2] データの点のうち，座標(0.05，0.3)，(0.65，3.9) を用いた。

12.

Point! 平均の加速度 $\bar{a}$ は，$\bar{a}=\dfrac{速度の変化}{経過時間}$ で求められる。速度は，正・負の符号に注意して表し，求めた加速度は向きも含めて答える。

解答 (1) 自動車ははじめ静止しているので，はじめの速度 $v_1=0\,\mathrm{m/s}$ である。また，終わりの速度 $v_2=16\,\mathrm{m/s}$，経過時間 $\Delta t=4.0\,\mathrm{s}$ より

$$\bar{a}=\frac{v_2-v_1}{\Delta t}\text{❶}=\frac{16-0}{4.0}=4.0\,\mathrm{m/s^2}$$

よって，**正の向きに 4.0 m/s²**

(2) はじめの速度 $v_1=1.0\,\mathrm{m/s}$，終わりの速度 $v_2=-3.0\,\mathrm{m/s}$❷，経過時間 $\Delta t=4.0\,\mathrm{s}$ より

$$\bar{a}=\frac{v_2-v_1}{\Delta t}=\frac{(-3.0)-1.0}{4.0}=\frac{-4.0}{4.0}=-1.0\,\mathrm{m/s^2}$$

よって，**負の向きに 1.0 m/s²** ❸

補足 ❶「変化＝終わり－はじめ」である。
❷ 負の向きの速度であるから，マイナスをつける。
❸ $\bar{a}<0$ より，負の向きの加速度である。

13.

Point! ① $v=v_0+at$，② $x=v_0t+\dfrac{1}{2}at^2$，③ $v^2-v_0^2=2ax$ のいずれかを用いる。
t が関係しない場合，③式を使う。t が関係する場合，v が関係すれば①式を，x が関係すれば②式を使う。

解答 (1) t が与えられ，v を求めるので，「$v=v_0+at$」を用いる。初速度 $v_0=12\,\mathrm{m/s}$，加速度 $a=1.5\,\mathrm{m/s^2}$，時間 $t=2.0\,\mathrm{s}$ を代入して

$$v=12+1.5\times2.0=\mathbf{15\,m/s}$$

(2) t が与えられ，距離 l（x に対応）を求めるので，「$x=v_0t+\dfrac{1}{2}at^2$」を用いる。初速度 $v_0=12\,\mathrm{m/s}$，加速度 $a=1.5\,\mathrm{m/s^2}$，時間 $t=2.0\,\mathrm{s}$ を代入して

$$l=12\times2.0+\frac{1}{2}\times1.5\times2.0^2=24+3.0=\mathbf{27\,m}\text{❶}$$

補足 ❶ 別解 (1)の結果 $v=15\,\mathrm{m/s}$ と「$v^2-v_0^2=2ax$」を用いて

$$15^2-12^2=2\times1.5\times l$$

$$l=\frac{225-144}{3.0}=\frac{81}{3.0}=\mathbf{27\,m}$$

14.

Point! ① $v=v_0+at$，② $x=v_0t+\dfrac{1}{2}at^2$，③ $v^2-v_0^2=2ax$ のいずれかを用いる。時間 t が関係する（与えられている，または求める）場合は①式か②式を用いる。①式と②式は v と x のいずれが関係するかで判断する。

解答 (1) 求める加速度を a〔m/s²〕とする。
「$v=v_0+at$」より

$$15.0=7.0+a\times5.0 \qquad よって \quad a=\frac{8.0}{5.0}=\mathbf{1.6\,m/s^2}$$

(2) 進んだ距離を x〔m〕とする。「$x=v_0t+\dfrac{1}{2}at^2$」より

$$x=7.0\times5.0+\frac{1}{2}\times1.6\times5.0^2=\mathbf{55\,m}\text{❶}$$

(3) 求める加速度を a'〔m/s²〕とする。「$v^2-v_0^2=2ax$」より

$$0^2-15.0^2=2a'\times25 \qquad よって \quad a'=-4.5\,\mathrm{m/s^2}$$

ゆえに，**運動の向きと逆向きに大きさ 4.5 m/s²**

補足 ❶ 別解 「$v^2-v_0^2=2ax$」より $15.0^2-7.0^2=2\times1.6\times x$

よって $x=\dfrac{225-49}{2\times1.6}=\dfrac{176}{2\times1.6}=\mathbf{55\,m}$

15.

Point! ① $v=v_0+at$，② $x=v_0t+\dfrac{1}{2}at^2$，③ $v^2-v_0^2=2ax$ のいずれかを用いる。正の向きと逆向きの速度や加速度は負の値となる。

解答 右向きを正の向きとする。

(1)「$v=v_0+at$」で，
$v_0=6.0\,\mathrm{m/s}$，$v=-4.0\,\mathrm{m/s}$，$t=2.0\,\mathrm{s}$ とおくと

$$-4.0=6.0+a\times2.0$$

これより $a=\dfrac{-4.0-6.0}{2.0}=-5.0\,\mathrm{m/s^2}$

よって **5.0 m/s²，左向き**

(2)「$v=v_0+at$」で，$v=0$ とすると

$$0=6.0+(-5.0)\times t$$

これより $t=\dfrac{-6.0}{-5.0}=1.2\,\mathrm{s}$ 　よって **1.2秒後**

(3)「$x=v_0t+\dfrac{1}{2}at^2$」より

$$x=6.0\times1.2+\frac{1}{2}\times(-5.0)\times1.2^2=\mathbf{3.6\,m}\text{❶}$$

補足 ❶ 別解 「$v^2-v_0^2=2ax$」より

$0^2-6.0^2=2\times(-5.0)\times x$ 　よって $x=\mathbf{3.6\,m}$

16.

Point! ① $v=v_0+at$, ② $x=v_0t+\frac{1}{2}at^2$,
③ $v^2-v_0{}^2=2ax$ のいずれかを用いる。

解答 (1) 物体の初速度の向きを正の向きとする。t と x が与えられているので,「$x=v_0t+\frac{1}{2}at^2$」を用いる。

求める加速度を a〔m/s²〕とすると,初速度 $v_0=14\text{m/s}$,時間 $t=5.0\text{s}$,変位 $x=45\text{m}$ を代入して

$$45=14\times5.0+\frac{1}{2}\times a\times5.0^2$$

これを a について解くと

$$45-70=\frac{25}{2}a \quad よって \quad -25=\frac{25}{2}a$$

$$a=-25\times\frac{2}{25}=-2.0\text{m/s}^2$$

運動の向きと逆向きに 2.0 m/s²

(2)「$v^2-v_0{}^2=2ax$」を用いる。
初速度 $v_0=14\text{m/s}$,速度 $v=0\text{m/s}$,
加速度 $a=-2.0\text{m/s}^2$ を代入して
$0^2-14^2=2\times(-2.0)\times l$ より

$$l=\frac{0^2-14^2}{2\times(-2.0)}=\frac{(2\times7.0)^2}{2.0^2}=\mathbf{49\,m}$$ [1]

補足 [1] **別解** 「$v=v_0+at$」を用いて速度 0m/s となる時間 t を求めると $0=14-2.0t$ より $t=7.0\text{s}$

この t を「$x=v_0t+\frac{1}{2}at^2$」に代入して l〔m〕を求める。

$$l=14\times7.0+\frac{1}{2}\times(-2.0)\times(7.0)^2=\mathbf{49\,m}$$

17.

Point! ① $v=v_0+at$, ② $x=v_0t+\frac{1}{2}at^2$,
③ $v^2-v_0{}^2=2ax$ のいずれかを用いる。
すでにわかっている値を用いて,できるだけ計算が簡単になるように式を選ぶとよい。

解答 (1) t が関係していないので,「$v^2-v_0{}^2=2ax$」を用いる。
初速度 $v_0=10\text{m/s}$,速度 $v=20\text{m/s}$,変位 $x=60\text{m}$ を代入して

$$20^2-10^2=2\times a\times60$$
$$400-100=120a$$

よって $a=\frac{300}{120}=\frac{5}{2}=2.5\text{m/s}^2$

ゆえに,**運動の向きと同じ向きに 2.5 m/s²**

(2) (1)より a がわかっているので,「$v=v_0+at$」を用いる。
初速度 $v_0=10\text{m/s}$,速度 $v=20\text{m/s}$,加速度 $a=2.5\text{m/s}^2$ を代入して

$$20=10+2.5\times t$$
$$2.5t=10$$

よって $t=\frac{10}{2.5}=\mathbf{4.0\,s}$ [1]

補足 [1] 「$x=v_0t+\frac{1}{2}at^2$」を用いても求められるが,t の2次方程式を解くことになるため,計算が複雑になる。この解答のように(1)の結果を用いるほうがミスが少ない。

参考 「$x=v_0t+\frac{1}{2}at^2$」より

$$60=10t+\frac{1}{2}\times2.5\times t^2$$

両辺を4倍すると $240=40t+5t^2$
両辺を5でわると $48=8t+t^2$ より
$t^2+8t-48=0$
$(t-4)(t+12)=0$
$t>0$ より $t=\mathbf{4.0\,s}$

18.

Point! (1) v-t 図は，v-t 図の傾き＝加速度 a を用いてつくる。等加速度直線運動での v-t 図は，$a>0$ なら右あがり，$a<0$ なら右さがりの直線になる。また，$a=0$ なら t 軸に平行な直線になる。
(2) 7.0 秒後の速度は，$t=6.0\,\mathrm{s}$ の速度を初速度と考えて，$a=-2.0\,\mathrm{m/s^2}$ の等加速度直線運動の 1.0 秒後の速度を求める。
(3) 上昇距離は v-t 図と t 軸とで囲まれる面積を求めればよい。

解答 (1) v-t 図（**図a**）

0 ～ 2.0 s 間：
初速度 0 m/s，傾き（加速度）$3.0\,\mathrm{m/s^2}$ の直線
2.0 ～ 6.0 s 間：
$t=2.0\,\mathrm{s}$ での速度

$v=at=3.0\times2.0=6.0\,\mathrm{m/s}$

より，$v=6.0\,\mathrm{m/s}$，傾き $0\,\mathrm{m/s^2}$ の直線
6.0 ～ 9.0 s 間：
$t=6.0\,\mathrm{s}$ での速度 6.0 m/s，傾き $-2.0\,\mathrm{m/s^2}$ の直線

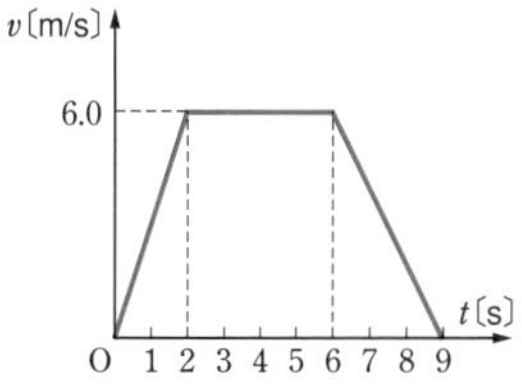

図a

(2) エレベーターは $t=6.0\,\mathrm{s}$ に，初速度 6.0 m/s，加速度 $-2.0\,\mathrm{m/s^2}$ の等加速度直線運動を始める。よって，$t=7.0\,\mathrm{s}$ における速度はこの等加速度直線運動の 1.0 秒後の速度を求めればよい。ゆえに，「$v=v_0+at$」より

$v'=6.0+(-2.0)\times1.0=$ **4.0 m/s**

(3) v-t 図（図a）の台形の面積がエレベーターの上昇した高さ h を表す。

$h=\dfrac{1}{2}\times(4.0+9.0)\times6.0=$ **39 m** [1]

補足 [1] 台形の面積 $=\dfrac{(上底+下底)\times高さ}{2}$

19.

Point! 物体は初速度 16 m/s で原点Oを正の向きに通過してから負の加速度を受けて減速し，時刻 8.0 s で一瞬静止した。この後さらに負の加速度を受け続け，負の速度を得て逆もどりしている。v-t 図が正の領域にあるときは正の向きへ運動し，負の領域にあるときは負の向きへ運動している。したがって，v-t 図と横軸にはさまれた部分の面積は，グラフが正の領域のときは正の向きへの移動距離，負の領域のときは負の向きへの移動距離を表す。

解答 (1) v-t 図の傾きは加速度の値と一致するので，0～8.0 s の間について

$a=\dfrac{0-16}{8.0-0}=-2.0$ [1]

負の向きに 2.0 m/s²

(2) $t=8.0\,\mathrm{s}$ まで正の向きに移動し，その後は負の向きに逆もどりしているので，最も遠ざかったのは $t=8.0\,\mathrm{s}$ のときである。この間の移動距離 x_1 は 0～8.0 s の v-t 図と横軸にはさまれた面積に等しいので

$x_1=\dfrac{16\times8.0}{2}=64$ [2]

原点Oから正の向きに 64 m の点

(3) 8.0～12.0 s の v-t 図の傾きも(1)と同じなので，$t=12.0\,\mathrm{s}$ のときの速度 v は

$a=\dfrac{v-0}{12.0-8.0}=-2.0$　　$v=-8.0\,\mathrm{m/s}$

8.0～12.0 s 間の移動距離は，(2)と同様にグラフの面積から

$\dfrac{8.0\times4.0}{2}=16\,\mathrm{m}$ （負の向き）

よって　$x_2=64-16=48$ [3]

原点Oから正の向きに 48 m の点

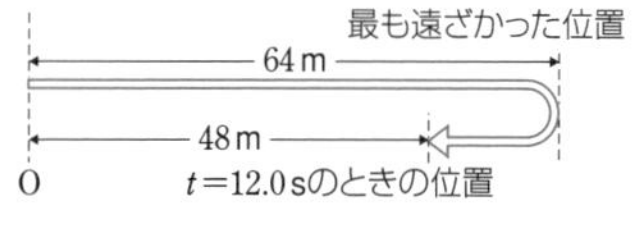

(4) 0～8.0 s で 64 m 正の向きに移動し，その後 16 m 逆もどりしたので　$l=64+16=$ **80 m**

補足 [1] 別解 「$v=v_0+at$」より

$0=16+a\times8.0$　　$a=-\dfrac{16}{8.0}=-2.0\,\mathrm{m/s^2}$

[2] 別解 「$x=v_0t+\dfrac{1}{2}at^2$」より

$x_1=16\times8.0+\dfrac{1}{2}\times(-2.0)\times8.0^2=128-64=64\,\mathrm{m}$

[3] 別解 0～12.0 s までを通して 「$x=v_0t+\dfrac{1}{2}at^2$」より

$x_2=16\times12.0+\dfrac{1}{2}\times(-2.0)\times12.0^2=192-144=48\,\mathrm{m}$

第2章 落体の運動

基礎トレーニング①「等加速度直線運動の式の使い方」の解答は p.53～54

20.

Point! 自由落下の式「$v=gt$」,「$y=\frac{1}{2}gt^2$」から導く。

解答 (1)「$v=gt$」より

$v=9.8\times3.0=29.4\fallingdotseq$ **29 m/s**

(2)「$y=\frac{1}{2}gt^2$」より

$y=\frac{1}{2}\times9.8\times3.0^2=44.1\fallingdotseq$ **44 m**

21.

Point! 自由落下の式「$v=gt$」,「$y=\frac{1}{2}gt^2$」から導く。

解答 (1)「$y=\frac{1}{2}gt^2$」より　$78.4=\frac{1}{2}\times9.8\times t^2$

よって　$t=$ **4.0 s**

(2)「$v=gt$」より　$v=9.8\times4.0=39.2\fallingdotseq$ **39 m/s**

22.

Point! 鉛直投げ下ろしの式「$v=v_0+gt$」,「$y=v_0t+\frac{1}{2}gt^2$」から導く。

解答 (1) 落下距離と時間が与えられ，初速度を求めるので，鉛直下向きを正の向きとして「$y=v_0t+\frac{1}{2}gt^2$」を用いる。$y=25$m❶，$t=1.0$s，$g=9.8$m/s^{2}を代入して

$25=v_0\times1.0+\frac{1}{2}\times9.8\times1.0^2$

よって　$v_0=25-4.9=20.1\fallingdotseq$ **20 m/s**

(2)「$v=v_0+gt$」より

$v=20.1+9.8\times1.0$❷$=20.1+9.8$

$=29.9\fallingdotseq$ **30 m/s**

補足 ❶ 問題文より，はじめの高さ(25m)が落下距離に等しいことがわかる。

❷ v_0には20m/sではなく，四捨五入する前の20.1m/sを代入する。

23.

Point!「降下しつつある気球から静かに落とす」ということは，気球に対する小球の相対速度が0の状態で運動を開始するということであり，小球の初速度は気球と同じく下向きに5.0m/sである。鉛直下向きにy軸をとると，加速度は $g=+9.8$m/s^2 である。

解答 地面に衝突する速度は，鉛直投げ下ろしの式「$v=v_0+gt$」より

$v=5.0+9.8\times3.0=34.4\fallingdotseq$ **34 m/s**

小球を落とした点を原点とすると，3.0秒後の小球のy座標がhなので❶，鉛直投げ下ろしの式「$y=v_0t+\frac{1}{2}gt^2$」より

$h=5.0\times3.0+\frac{1}{2}\times9.8\times3.0^2=15+44.1=59.1\fallingdotseq$ **59 m**

補足 ❶ 鉛直下向きにy軸をとる。

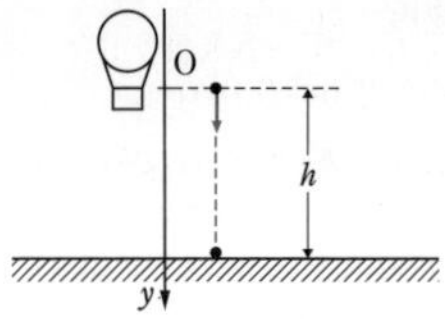

24.

Point! 小石Bがt[s]間に落下する距離と，小石Aが$(t+2.0)$[s]間に落下する距離が等しい。

解答 (1) ビルの屋上を原点にとり，鉛直下向きを正とする。時間t[s]後のA，Bの変位をy_A，y_B[m]とすると

$y_A=\frac{1}{2}\times9.8\times(t+2.0)^2=4.9(t+2.0)^2$ ……①

$y_B=24.5t+\frac{1}{2}\times9.8\times t^2=24.5t+4.9t^2$

地面に同時に落ちるので，$y_A=y_B$ となる。よって

$4.9(t+2.0)^2=24.5t+4.9t^2$

$(t+2.0)^2=5.0t+t^2$

$t^2+4.0t+4.0=5.0t+t^2$

これを解いて　$t=$ **4.0 s**

(2) (1)の答えを①式に代入して

$h=y_A=4.9\times(4.0+2.0)^2=176.4$

$\fallingdotseq180=1.8\times100=$ **1.8×10^2 m**

25.

Point! 地上を原点，鉛直上向きを y 軸の正の向きとし，「$v=v_0-gt$」，「$y=v_0t-\frac{1}{2}gt^2$」の式をもとに考える。

(1) 最高点では速度 $v=0$ である。

(3) 小球が 19.6m の高さを通過するのは，上昇中と落下中の2回あることに注意する。

解答 (1) 小球を投げてから最高点に達するまでの時間を t_1〔s〕とする。最高点では速度0なので，鉛直投げ上げの式「$v=v_0-gt$」より　$0=24.5-9.8\times t_1$

よって　$t_1=\frac{24.5}{9.8}=2.5\,\mathrm{s}$

ゆえに **2.5秒後** [1]

(2)「$y=v_0t-\frac{1}{2}gt^2$」より

$$y=24.5\times3.0-\frac{1}{2}\times9.8\times3.0^2$$

$$=73.5-44.1=29.4\fallingdotseq\mathbf{29\,m}$$

(3) 小球を投げてから 19.6m の高さを通過するまでの時間を t_2〔s〕とする。「$y=v_0t-\frac{1}{2}gt^2$」より

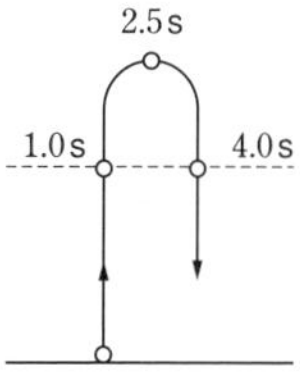

$$19.6=24.5\times t_2-\frac{1}{2}\times9.8\times t_2{}^2$$

$$19.6=24.5t_2-4.9t_2{}^2$$

両辺を4.9でわると　$4=5t_2-t_2{}^2$

$$t_2{}^2-5t_2+4=0$$

$$(t_2-1)(t_2-4)=0$$

よって　$t_2=1.0,\ 4.0\,\mathrm{s}$ [2]

ゆえに **1.0秒後，4.0秒後**

補足 [1] 参考 最高点の高さ h は「$v^2-v_0{}^2=-2gy$」より

$$0^2-24.5^2=-2\times9.8\times h$$

$$h=\frac{24.5^2}{2\times9.8}=30.625\fallingdotseq31\,\mathrm{m}$$

[2] $t_2=1.0\,\mathrm{s}$ は上昇中，$t_2=4.0\,\mathrm{s}$ は落下中である。これらの時間は，最高点に達する時間 $t_1=2.5\,\mathrm{s}$ の，1.5秒前と1.5秒後であり，最高点に関して対称であることがわかる。

26.

Point! 鉛直投げ上げ運動は，加速度 $-g$ の等加速度直線運動と考えることができる（g は重力加速度の大きさ）。加速度が負の場合の等加速度直線運動と同じように v-t 図を読み取ればよい。

解答 (1) 速度が0なので**小石が最高点に達する時刻** [1]。

(2) 速度と時間の関係式は

$$v=v_0-gt$$

よって，**v-t グラフの傾きの大きさ**に示されている。

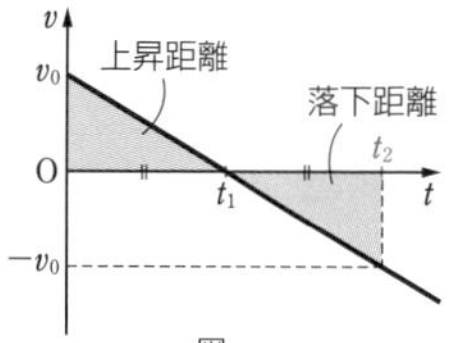

図a

(3) 速度が正である（上昇中である）時間内の移動距離，すなわち，**最高点の高さ**を示している [2]。

(4) 落下距離が上昇距離と等しくなればよいので　$t_2=2t_1$

図a

補足 [1] 小石の速度は，毎秒 g ずつ減少していき，静止した瞬間が最高点に達した時刻。

[2] v-t 図の直線グラフと時間軸の間の面積は，$v>0$ の部分は上昇距離を，$v<0$ の部分は落下距離を表す。

27.

Point! 小石の運動を，水平方向（等速直線運動と同等），鉛直方向（自由落下と同等）とに分けて考える。

解答 (1) 鉛直方向には自由落下と同等の運動を行う。

自由落下の式「$y=\frac{1}{2}gt^2$」より

$$40=\frac{1}{2}\times9.8\times t^2$$

$t>0$ より　$t=\sqrt{\frac{40}{4.9}}=\sqrt{\frac{400}{49}}$ [1] $=\frac{20}{7.0}$ [2] $=2.85\cdots\fallingdotseq\mathbf{2.9\,s}$

(2) 水平方向は，速さ 21m/s の等速直線運動と同等の運動を行う。等速直線運動の式「$x=vt$」より

$$x=21\times\frac{20}{7.0}=\mathbf{60\,m}$$

(3) 自由落下の式「$v=gt$」より

$$v_y=9.8\times\frac{20}{7.0}=\mathbf{28\,m/s}$$

(4) 水平方向の速さは $v_x=21\,\mathrm{m/s}$ のままなので，三平方の定理より

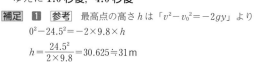

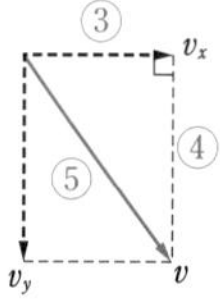

$$v=\sqrt{v_x{}^2+v_y{}^2}$$

$=\sqrt{21^2+28^2}$ [3] $=\mathbf{35\,m/s}$

補足 [1] $49=7^2$ をつくるように，分母と分子を10倍する。

[2] (2)以降，$t=\frac{20}{7.0}\,\mathrm{s}$ と分数のまま代入すると計算がしやすい。

[3] $21=3\times7$，$28=4\times7$ より

$$\sqrt{21^2+28^2}=\sqrt{3^2\times7^2+4^2\times7^2}=\sqrt{(3^2+4^2)\times7^2}$$

$$=\sqrt{5^2\times7^2}=\sqrt{35^2}=35$$

28.

Point! 塔の上を原点とし，水平方向に x 軸，鉛直上向きに y 軸をとる。水平方向には，初速度の x 成分のまま等速度運動をし，鉛直方向には，初速度の y 成分で鉛直に投げ上げたのと同じ等加速度運動(加速度は $-9.8\,\mathrm{m/s^2}$)をする。最高点は速度の y 成分 v_y が 0 になることから求められ，地面に達する時刻は地面の y 座標が $-39.2\,\mathrm{m}$ であることから求められる。

解答 (1) 初速度の x 成分 v_{0x}，y 成分 v_{0y} は，それぞれ

$$v_{0x}=v_0\times\frac{\sqrt{3}}{2}=19.6\times\frac{\sqrt{3}}{2}=9.8\sqrt{3}\ \mathrm{m/s}$$[1]

$$v_{0y}=v_0\times\frac{1}{2}=19.6\times\frac{1}{2}=9.8\,\mathrm{m/s}$$[1]

最高点では速度の y 成分 v_y が 0 なので，y 方向について「$v=v_0-gt$」の式より　$0=9.8-9.8t_1$　$t_1=$ **1.0 s**

(2) 塔の上から最高点までの高さを h〔m〕とすると，

「$y=v_0t-\frac{1}{2}gt^2$」より

$$h=9.8\times1.0-\frac{1}{2}\times9.8\times1.0^2=4.9\,\mathrm{m}$$[2]

したがって，地上から最高点までの高さ H は

$$H=39.2+h=39.2+4.9=44.1\fallingdotseq\mathbf{44\,m}$$

(3) 地面は $y=-39.2\,\mathrm{m}$ の点なので[3]，y 方向について

「$y=v_0t-\frac{1}{2}gt^2$」の式より

$$-39.2=9.8t_2-\frac{1}{2}\times9.8t_2{}^2$$

両辺を 4.9 でわり，t_2 について整理すると

$$t_2{}^2-2t_2-8=0$$

因数分解して　$(t_2-4)(t_2+2)=0$

$t_2>0$ であるから，$t_2=$ **4.0 s**

(4) x 方向には v_{0x} のまま等速度運動をするので，

「$x=vt$」の式より

$$l=v_{0x}t_2=9.8\sqrt{3}\times4.0=67.8\cdots\fallingdotseq\mathbf{68\,m}$$

補足 [1]

[2] 別解　$v_y{}^2-v_{0y}{}^2=2\cdot(-g)\cdot y$ より
$0^2-9.8^2=-2\times9.8\times y$　　$y=4.9\,\mathrm{m}$

[3] 注　$y=39.2$ ではないことに注意する。

第3章 力のつりあい

■基礎トレーニング②「物体にはたらく力の見つけ方」の解答は p.54〜56

■基礎トレーニング③「力の分解」の解答は p.56〜58

29.

Point! 弾性力の大きさ F は，自然の長さからの伸び(縮み) x に比例する「$F=kx$」(フックの法則)。ばね定数の単位は N/m であるから，cm 単位で与えられたばねの伸びを，m 単位に換算する。

解答 (1) 図のように，おもりには重力 W，ばねの弾性力 F_1 がはたらき，これらがつりあっている。よって

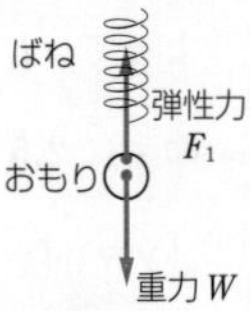

$$F_1-W=0 \qquad \cdots\cdots①$$

ここで，「$W=mg$」より　$W=2.00\times9.80=19.6\,\mathrm{N}$

ばねの伸びは $10.0\,\mathrm{cm}=10.0\times10^{-2}\,\mathrm{m}$[1]$=0.100\,\mathrm{m}$ であるから，「$F=kx$」より　$F_1=k\times0.100$〔N〕

これらを①式に代入して

$$k\times0.100-19.6=0$$

よって　$k=196=1.96\times100=$ **1.96×10^2 N/m**

(2) ばねの伸びは $15.0\,\mathrm{cm}=0.150\,\mathrm{m}$ である。「$F=kx$」より

$$F=(1.96\times10^2)\times0.150=196\times0.150=\mathbf{29.4\,N}$$

補足 [1] $1\,\mathrm{cm}=\frac{1}{100}\,\mathrm{m}=10^{-2}\,\mathrm{m}$

30.

Point! おもりにはたらく力は，重力，ばねの弾性力，台からの垂直抗力の 3 つ。(1)ではこれらのつりあいを考える。(2)でおもりが台から離れるとき，垂直抗力は 0 となる。

解答 (1) 図のように，おもりには重力 W，ばねの弾性力 F，台からの垂直抗力 N がはたらき，これらがつりあっている。

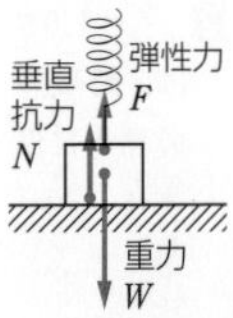

よって　$F+N-W=0$　　$\cdots\cdots①$

ここで，「$W=mg$」より

$$W=1.0\times9.8=9.8\,\mathrm{N}$$

「$F=kx$」より　$F=70\times0.050$[1]$=3.5\,\mathrm{N}$

これらを①式に代入して

$3.5+N-9.8=0$　　よって　$N=$ **6.3 N**

(2) おもりが台から離れるとき，垂直抗力 N は 0 となる。

①式より

$$70x+0-9.8=0$$

よって　$x=9.8\div70=$ **0.14 m**

補足 [1] ばねの伸びは単位 m にして計算することに注意。
$5.0\,\mathrm{cm}=0.050\,\mathrm{m}$

31.

Point! 2つのおもりについて，それぞれ重力と弾性力がつりあう。弾性力はフックの法則「$F=kx$」を用いるが，x はばねの全長ではなく，伸び(全長－自然の長さ)であることに注意する。

解答 おもりAをつるしたとき，Aには弾性力 F_A と重力 W_A がはたらき，これらがつりあうので

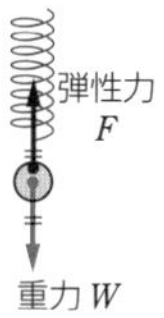

$F_A-W_A=0$　　よって　$F_A=W_A$

これにフックの法則「$F=kx$」，重力「$W=mg$」を代入して

$k(0.38-l)$[1]$=2.0\times9.8$　　……①

同様にして，おもりBをつるしたときについて

$k(0.45-l)=3.0\times9.8$　　……②

①，②式を辺々わると

$$\frac{k(0.38-l)}{k(0.45-l)}=\frac{2.0\times9.8}{3.0\times9.8}$$

$$3.0\times(0.38-l)=2.0\times(0.45-l)$$

$$1.14-0.90=3.0l-2.0l$$

よって　$l=$**0.24m**

l の値を①式に代入すると

$$k(0.38-0.24)=2.0\times9.8$$

$k=19.6\div0.14=140=1.4\times100=$**$1.4\times10^2$N/m**

補足 [1] ばねの伸びは
全長(0.38m)－自然の長さ(l〔m〕)
なので$(0.38-l)$〔m〕となる。Bについても同様。

32.

Point! (1) 同じ大きさの力で引いたときのばねAとばねBの伸びを比較する。
(2) 縦軸の単位がcmであることに注意する。

解答 (1) グラフより，同じ大きさの力でばねを引いたとき，ばねBよりもばねAのほうがばねの伸びが大きいことが読み取れる。よって，伸ばしやすいばねは，**ばねA** となる。

(2) Aのグラフについて，$F=5.0$N のとき，$x=20$cm$=0.20$m である。これをフックの法則「$F=kx$」[1]に代入すると

$5.0=k_A\times0.20$　　よって　$k_A=$**25N/m**

同様にBのグラフについて，$F=5.0$N のとき，$x=10$cm$=0.10$m であるので，フックの法則「$F=kx$」に代入すると

$5.0=k_B\times0.10$　　よって　$k_B=$**50N/m**

補足 [1] この問題では，縦軸に x，横軸に F をとっているので，グラフの傾きが k ではなく $\frac{1}{k}$ となる。

33.

Point! おもりには重力と，ばねから受ける弾性力がはたらき，この2つの力がつりあうことで静止する。

解答 (ア) ばね K_1 のばね定数を k〔N/m〕，おもりAの重さを W〔N〕とする。問題の図1でばねは自然の長さから L〔m〕だけ伸びているので，「$F=kx$」より，$F=kL$〔N〕の弾性力がおもりAにはたらく。よって，おもりにはたらく重力と弾性力のつりあいより

$W=kL$　　……①

問題の図2でおもりBの重さも W〔N〕であるから，ばねの伸びを X〔m〕とすると重力と弾性力のつりあいより

$W=kX$　　……②

①，②式より $X=L$〔m〕となり，L の**1**倍である[1]。

(イ) 問題の図3においても，おもりAにはたらく力のつりあいの式は①式となるので，ばね K_1 の伸びは L〔m〕である。図aのように，ばね K_1 と K_2 の間の点Pにはたらく力のつりあいを考える。ばね K_2 のばね定数は，K_1 の3倍であるから $3k$〔N/m〕とおける。このとき，ばね K_2 の伸びを Y〔m〕とすると，点Pにおける力のつりあいより

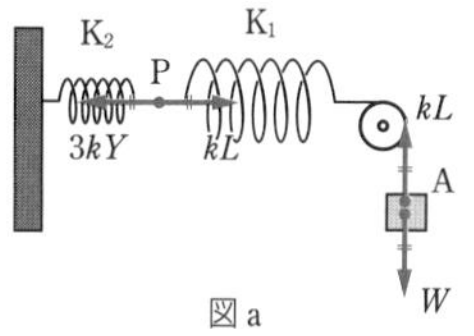

図a

$kL=3kY$

よって，　$Y=\frac{L}{3}$〔m〕となり，ばね K_1 と K_2 の伸びの合計は

$L+\frac{L}{3}=\frac{4}{3}L$〔m〕

となり，L の $\frac{4}{3}$ 倍である。

補足 [1] 図1と図2において，ばね K_1 にはたらく力を図示すると図bのようになり，同じ伸びとなる。

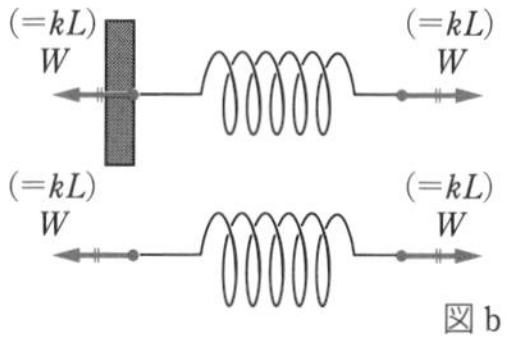

図b

特に，図1ではばね K_1 が壁を引く力の反作用として，「壁がばね K_1 を引く力」が存在し，これが図2では「おもりBがばね K_1 を引く力」に相当するということである。

34.

Point! 合力 $\vec{F}$ は平行四辺形の法則を用いて作図する。$\vec{F}$ の大きさはベクトルの長さに相当する。

解答 (1) 平行四辺形の法則より，合力 $\vec{F}$ は**図a**

△OAB は ∠A=60° で，辺の長さの比が

OA：AB=2：1 であるから，

∠B=90° の直角三角形である❶。

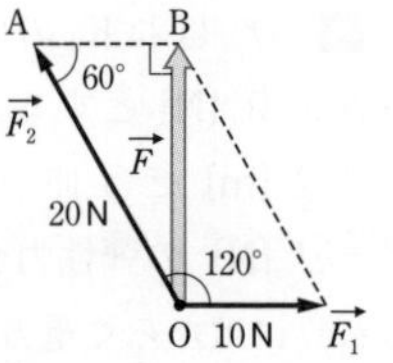

図a

解法1 直角三角形の辺の長さの比より❶

$20：F=2：\sqrt{3}$　　$20\times\sqrt{3}=F\times2$

よって

$F=20\sqrt{3}\times\dfrac{1}{2}=10\sqrt{3}=10\times1.73=17.3\fallingdotseq$ **17N**

解法2 三角比を用いると

$F=20\sin60°=20\times\dfrac{\sqrt{3}}{2}=10\sqrt{3}\fallingdotseq$ **17N**

(2) 平行四辺形の法則より，

合力 $\vec{F}$ は**図b**

大きさ F は，三平方の定理より

$F^2=20^2+15^2=5^2(4^2+3^2)$

$F=5\sqrt{4^2+3^2}=5\sqrt{16+9}$

$=5\sqrt{25}=5\times5=$ **25N**❷

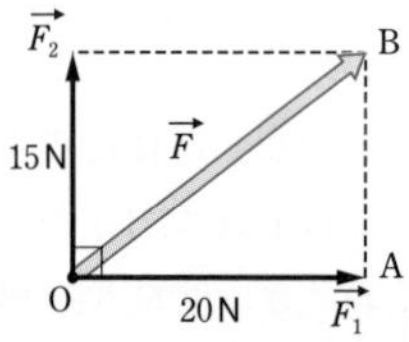

図b

(3) まず，平行な2力 $\vec{F_1}$，$\vec{F_3}$ の合力 $\vec{F_{13}}$ を作図する❸。

次に $\vec{F_{13}}$ と $\vec{F_2}$ を合成すると，合力 $\vec{F}$ は**図c**

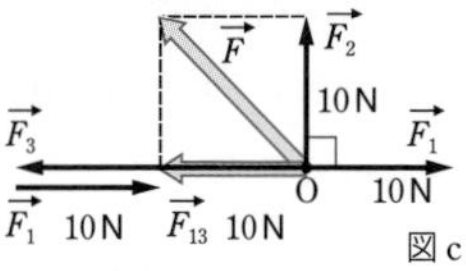

図c

$\vec{F_{13}}$ の大きさは $F_{13}=20-10=10\text{N}$

よって，直角三角形の辺の長さの比より❹

$F_{13}：F_2：F=1：1：\sqrt{2}$

$F=F_{13}\times\sqrt{2}=10\sqrt{2}=10\times1.41=14.1\fallingdotseq$ **14N**

補足 ❶

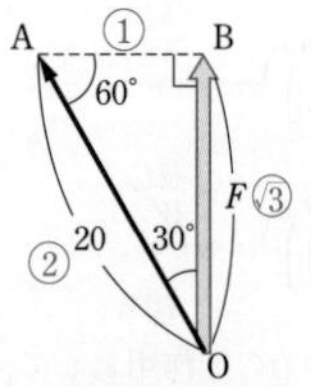

❷ **参考** △OAB は3辺の長さの比が 3：4：5 の直角三角形になっている。

❸ 先に $\vec{F_1}$，$\vec{F_2}$ の合力 $\vec{F_{12}}$ を求めてから，$\vec{F_{12}}$ と $\vec{F_3}$ を合成しても求められるが，この解答のように平行な2力を先に合成したほうが，簡単である。

❹

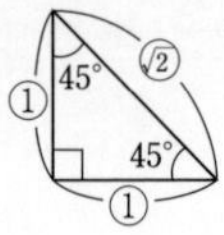

35.

Point! まず，①の破線を力 $\vec{F}$ の終点を通るところまで平行移動させる。その直線と②の破線の交点が，②方向の分力の終点となる。①方向の分力も同様にして作図する。

解答 (1) 分力は**図a**のようになる。大きさは，

$1：1：\sqrt{2}$ の直角三角形を考えると

①方向

$20\sqrt{2}=20\times1.41$

$=28.2\fallingdotseq$ **28N**

②方向　**20N**

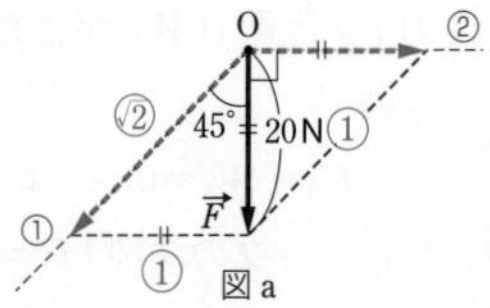

図a

(2) 分力は**図b**のようになる。

解法1 大きさは，直角三角形の辺の長さの比より❶

①方向　$F_1：F=1：\sqrt{2}$

よって　$F_1=F\times\dfrac{1}{\sqrt{2}}=20\times\dfrac{\sqrt{2}}{2}$

$=10\sqrt{2}=10\times1.41\fallingdotseq$ **14N**

②方向　$F_2：F=1：\sqrt{2}$

よって　$F_2=F\times\dfrac{1}{\sqrt{2}}\fallingdotseq$ **14N**

解法2 大きさは，三角比を用いると図bより

①方向　$20\cos45°=20\times\dfrac{1}{\sqrt{2}}$

$\fallingdotseq$ **14N**

②方向　$20\cos45°\fallingdotseq$ **14N**

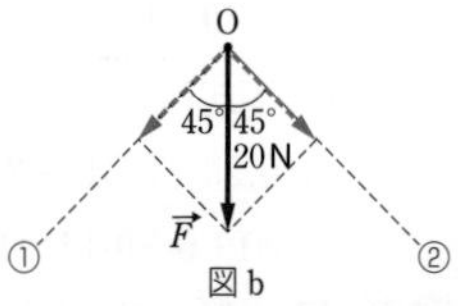

図b

(3) 分力は**図c**のようになる。

解法1 大きさは，直角三角形の辺の長さの比より❷

①方向　$F_1：F=\sqrt{3}：2$

$F_1\times2=F\times\sqrt{3}$

よって　$F_1=F\times\dfrac{\sqrt{3}}{2}=20\times\dfrac{\sqrt{3}}{2}=10\sqrt{3}$

$=10\times1.73=17.3\fallingdotseq$ **17N**

②方向　$F_2：F=1：2$　　$F_2\times2=F\times1$

よって　$F_2=F\times\dfrac{1}{2}=20\times\dfrac{1}{2}=$ **10N**

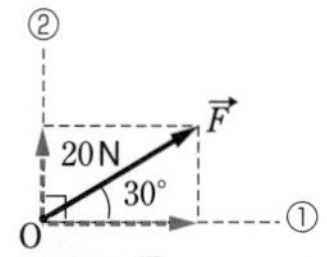

図c

解法2 大きさは，三角比を用いると図cより

①方向　$20\cos30°=20\times\dfrac{\sqrt{3}}{2}\fallingdotseq$ **17N**

②方向　$20\sin30°=20\times\dfrac{1}{2}=$ **10N**

補足 ❶

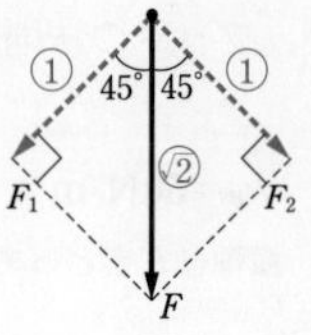

❷

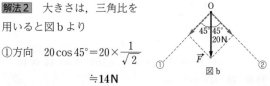

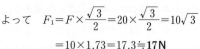

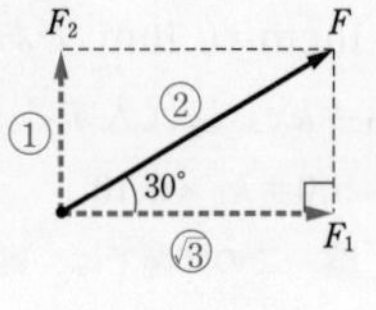

36.

Point! 力 $\vec{F_1}$〜$\vec{F_5}$ を x 軸方向と y 軸方向に分解し，「合力の x 成分＝すべての力の x 成分の和」，「合力の y 成分＝すべての力の y 成分の和」の関係を用いる。

解答 (1) 力 $\vec{F_1}$〜$\vec{F_5}$ を x 軸方向と y 軸方向に分解し，力を（x 成分，y 成分）と表す。

$\vec{F_1}=(30\text{N},\ 20\text{N})$，　$\vec{F_2}=(-10\text{N},\ 30\text{N})$，

$\vec{F_3}=(-10\text{N},\ 10\text{N})$，　$\vec{F_4}=(-20\text{N},\ -20\text{N})$，

$\vec{F_5}=(20\text{N},\ -30\text{N})$

合力の x 成分，y 成分を F_x，F_y〔N〕とおくと

$F_x=30+(-10)+(-10)+(-20)+20=$ **10N**

$F_y=20+30+10+(-20)+(-30)=$ **10N**

(2) $F_x=F_y=10\text{N}$ であるから，直角三角形の辺の長さの比より[1]

$F=\sqrt{2}F_x=10\sqrt{2}=10\times1.41$

$=14.1\fallingdotseq$ **14N**

補足 [1]

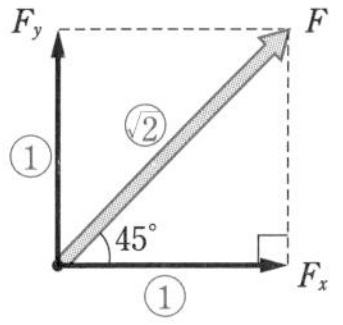

37.

Point! 小球にはたらく力は，重力 3.0N，糸 1 が引く力 T_1，糸 2 が引く力 T_2 の 3 力である。糸 1 が引く力 T_1 を水平方向と鉛直方向に分解し，それぞれの方向についてつりあいの式を立てる。

解答 **解法1** 糸 1 が引く力 T_1 を水平成分と鉛直成分に分解し，分力の大きさを T_x〔N〕，T_y〔N〕とする。直角三角形の辺の長さの比より

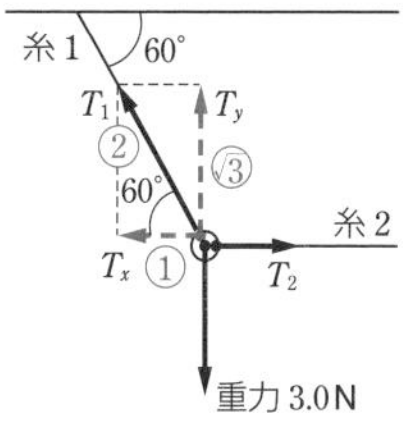

$T_x：T_1=1：2$

よって　$T_x=T_1\times\dfrac{1}{2}$

$T_y：T_1=\sqrt{3}：2$

よって　$T_y=T_1\times\dfrac{\sqrt{3}}{2}$

(1) 鉛直方向（上向きを正）の力のつりあいより

$T_y-3.0=0$　　$T_1\times\dfrac{\sqrt{3}}{2}-3.0=0$

よって　$T_1=3.0\times\dfrac{2}{\sqrt{3}}=2\sqrt{3}=2\times1.73\fallingdotseq$ **3.5N**[1]

(2) 水平方向（右向きを正）の力のつりあいより

$T_2-T_x=0$　　$T_2-T_1\times\dfrac{1}{2}=0$

$T_2-2\sqrt{3}\times\dfrac{1}{2}=0$

よって　$T_2=\sqrt{3}\fallingdotseq$ **1.7N**[1]

解法2 (1) 糸 1 が引く力 T_1 の水平成分と鉛直成分の大きさは，図のようになる。鉛直方向（上向きを正）の力のつりあいより

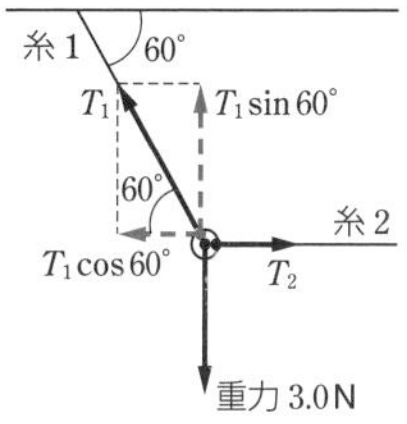

$T_1\sin60°-3.0=0$

$T_1\times\dfrac{\sqrt{3}}{2}-3.0=0$

よって　$T_1=3.0\times\dfrac{2}{\sqrt{3}}=2\sqrt{3}=2\times1.73\fallingdotseq$ **3.5N**[1]

(2) 水平方向（右向きを正）の力のつりあいより

$T_2-T_1\cos60°=0$　　$T_2-2\sqrt{3}\times\dfrac{1}{2}=0$

よって　$T_2=\sqrt{3}\fallingdotseq$ **1.7N**[1]

補足 [1] **別解** T_1 と T_2 の合力は重力とつりあうので

$T_1=3.0\times\dfrac{2}{\sqrt{3}}\fallingdotseq$ **3.5N**

$T_2=3.0\times\dfrac{1}{\sqrt{3}}\fallingdotseq$ **1.7N**

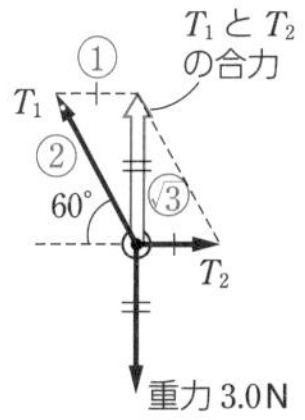

38.

Point! 力 $\vec{F_1}$ と $\vec{F_2}$ を水平方向と鉛直方向に分解しそれぞれの方向について力のつりあいを考える。

解答 解法1 図のように $\vec{F_1}$ と $\vec{F_2}$ を水平方向と鉛直方向に分解し，分力の大きさを F_{1x}，F_{1y}，F_{2x}，F_{2y} とする。

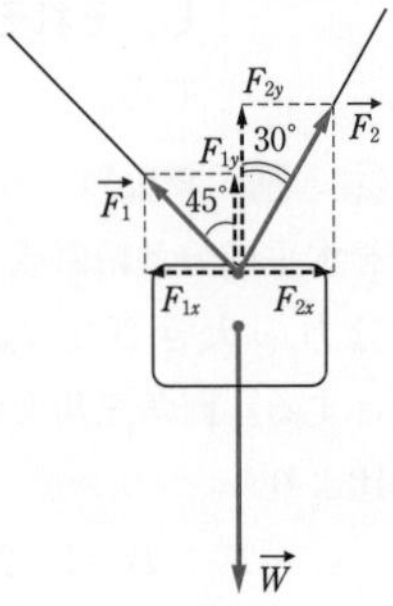

直角三角形の辺の長さの比より

$$F_{1x} : F_{1y} : F_1 = 1 : 1 : \sqrt{2}$$ [1]

よって　$F_{1x} = F_{1y} = \dfrac{1}{\sqrt{2}}F_1$

$$F_{2x} : F_{2y} : F_2 = 1 : \sqrt{3} : 2$$ [1]

よって　$F_{2x} = \dfrac{1}{2}F_2$，$F_{2y} = \dfrac{\sqrt{3}}{2}F_2$

水平方向(右向きを正)の力のつりあいより

$$F_{2x} - F_{1x} = 0$$

$$\frac{1}{2}F_2 - \frac{1}{\sqrt{2}}F_1 = 0 \quad \cdots\cdots①$$

鉛直方向(上向きを正)の力のつりあいより

$$F_{1y} + F_{2y} - W = 0$$

$$\frac{1}{\sqrt{2}}F_1 + \frac{\sqrt{3}}{2}F_2 - W = 0 \quad \cdots\cdots②$$

①式より　$F_1 = \dfrac{1}{\sqrt{2}}F_2$ 　……③

これを②式に代入して

$$\frac{1}{2}F_2 + \frac{\sqrt{3}}{2}F_2 - W = 0 \quad より \quad \frac{\sqrt{3}+1}{2}F_2 = W$$

よって　$F_2 = \dfrac{2}{\sqrt{3}+1}W = (\sqrt{3}-1)W$ **〔N〕** [2]

③式より　$F_1 = \dfrac{\sqrt{3}-1}{\sqrt{2}}W = \dfrac{\sqrt{6}-\sqrt{2}}{2}W$ **〔N〕** [3]

解法2 水平方向(右向きを正)の力のつりあいより

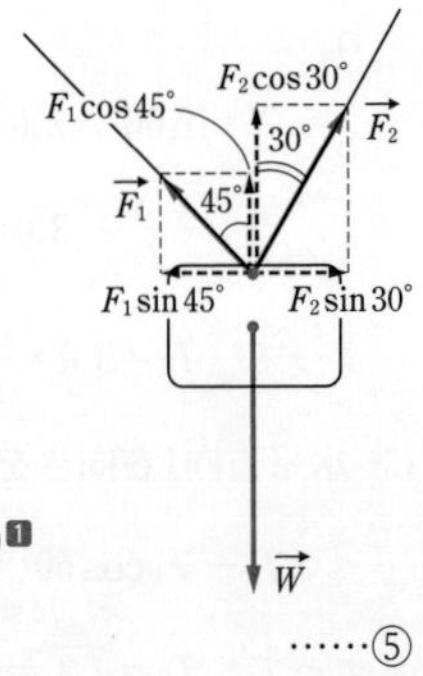

$$F_2\sin30° - F_1\sin45° = 0$$ [1]

$$\frac{1}{2}F_2 - \frac{1}{\sqrt{2}}F_1 = 0 \quad \cdots\cdots④$$

鉛直方向(上向きを正)の力のつりあいより

$$F_1\cos45° + F_2\cos30° - W = 0$$ [1]

$$\frac{1}{\sqrt{2}}F_1 + \frac{\sqrt{3}}{2}F_2 - W = 0 \quad \cdots\cdots⑤$$

④式，⑤式より

$$F_1 = \frac{\sqrt{6}-\sqrt{2}}{2}W \text{〔N〕}, \quad F_2 = (\sqrt{3}-1)W \text{〔N〕}$$

補足 [1]

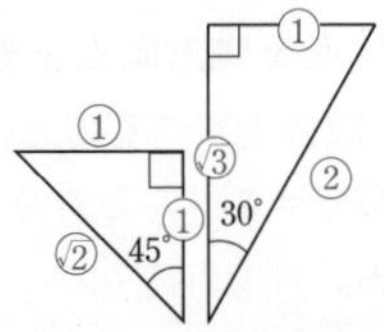

[2] $F_2 = \dfrac{2}{\sqrt{3}+1}W = \dfrac{2(\sqrt{3}-1)}{(\sqrt{3}+1)(\sqrt{3}-1)}W$

$= \dfrac{2(\sqrt{3}-1)}{3-1}W = (\sqrt{3}-1)W$

[3] $F_1 = \dfrac{\sqrt{3}-1}{\sqrt{2}}W = \dfrac{\sqrt{2}(\sqrt{3}-1)}{\sqrt{2}\times\sqrt{2}}W$

$= \dfrac{\sqrt{6}-\sqrt{2}}{2}W$

39.

Point! 重力を斜面に平行な成分，垂直な成分に分解し，それぞれの方向のつりあいの式を立てる。

解答 (1) 物体にはたらく力は，重力 W，垂直抗力 N，ばねの弾性力 F である。

解法1 重力を図のように W_x，W_y に分解する。直角三角形の辺の長さの比より

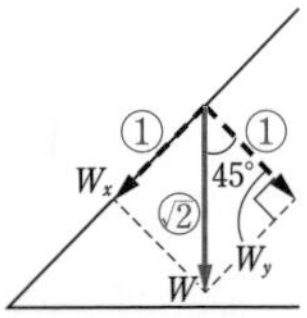

$$W_x : W : W_y = 1 : \sqrt{2} : 1$$

よって

$$W_x = W_y = W\times\frac{1}{\sqrt{2}} = 0.20\times9.8\times\frac{1\times\sqrt{2}}{\sqrt{2}\times\sqrt{2}}$$

$$= 0.20\times9.8\times\frac{1.41}{2} = 1.3818 \fallingdotseq 1.4\text{N}$$

それぞれの方向の力のつりあいより

$F = W_x \fallingdotseq$ **1.4N**，$N = W_y \fallingdotseq$ **1.4N**

解法2 それぞれの方向の力のつりあいより

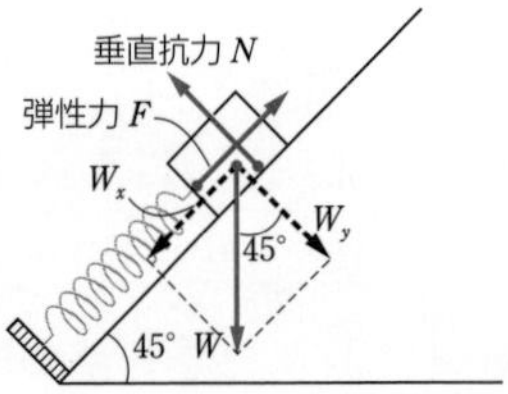

$F = 0.20\times9.8\sin45°$

$\fallingdotseq$ **1.4N**

$N = 0.20\times9.8\cos45°$

$\fallingdotseq$ **1.4N**

(2)「$F = kx$」より　$x = \dfrac{F}{k} = \dfrac{1.38}{49} \fallingdotseq 0.028\text{m}$

よって　**2.8cm**

40. **Point!** 物体には指が押す力$\boldsymbol{F}$(問題図の矢印)，斜面からの垂直抗力$\boldsymbol{N}$，重力$\boldsymbol{mg}$の3力がはたらいてつりあっている。(1)では3力のうち2力が斜面に平行か垂直なので，この方向に座標軸をとって，座標軸からはずれた向きの重力を2つに分解して考える。これに対し(2)では3力のうち2力が水平か鉛直方向なので，この方向に座標軸をとって，垂直抗力を2つに分解して考える。

解答 (1) 物体にはたらく力は，**図a**の3力。

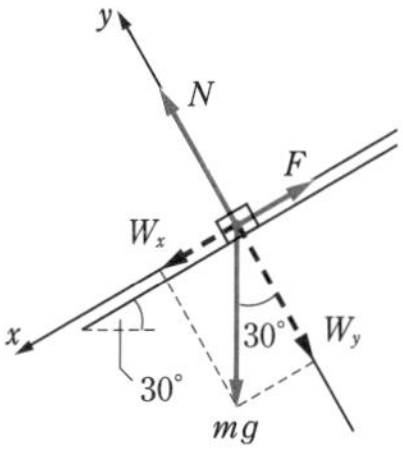

図a

重力の大きさは　$\boldsymbol{mg}$〔N〕

斜面に平行にx軸，垂直にy軸をとる。

解法1　重力mgのx成分をW_x，y成分をW_yとする。

直角三角形の辺の長さの比より❶

$W_x : mg = 1 : 2$

よって　$W_x = mg \times \dfrac{1}{2}$

$W_y : mg = \sqrt{3} : 2$

よって　$W_y = mg \times \dfrac{\sqrt{3}}{2}$

それぞれの方向について力のつりあいの式を立てると

x軸方向　$W_x - F = 0$　……①

y軸方向　$N - W_y = 0$　……②

①，②式より　$F = W_x = mg \times \dfrac{1}{2} = \boldsymbol{\dfrac{1}{2}mg}$〔N〕

$N = W_y = mg \times \dfrac{\sqrt{3}}{2} = \boldsymbol{\dfrac{\sqrt{3}}{2}mg}$〔N〕

解法2　それぞれの方向の力のつりあいより

$mg\sin 30° - F = 0$

$N - mg\cos 30° = 0$

よって　$F = mg\sin 30° = \boldsymbol{\dfrac{1}{2}mg}$〔N〕

$N = mg\cos 30° = \boldsymbol{\dfrac{\sqrt{3}}{2}mg}$〔N〕

(2) 物体にはたらく力は，**図b**の3力。

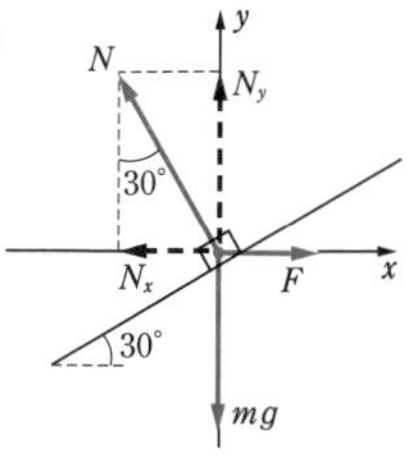

図b

重力の大きさは　$\boldsymbol{mg}$〔N〕

水平方向にx軸，鉛直方向にy軸をとる。

解法1　垂直抗力Nのx成分をN_x，y成分をN_yとする。

直角三角形の辺の長さの比より❷

$N_x : N = 1 : 2$

よって　$N_x = N \times \dfrac{1}{2}$

$N_y : N = \sqrt{3} : 2$

よって　$N_y = N \times \dfrac{\sqrt{3}}{2}$

それぞれの方向について力のつりあいの式を立てると

x軸方向　$F - N \times \dfrac{1}{2} = 0$　……③

y軸方向　$N \times \dfrac{\sqrt{3}}{2} - mg = 0$　……④

④式より　$N = mg \times \dfrac{2}{\sqrt{3}} = \boldsymbol{\dfrac{2\sqrt{3}}{3}mg}$〔N〕

③式より　$F = N \times \dfrac{1}{2}$

$= \dfrac{2\sqrt{3}}{3}mg \times \dfrac{1}{2} = \boldsymbol{\dfrac{\sqrt{3}}{3}mg}$〔N〕

解法2　それぞれの方向の力のつりあいより

$F - N\sin 30° = 0$　……⑤

$N\cos 30° - mg = 0$　……⑥

⑥式より　$N = \dfrac{mg}{\cos 30°} = mg \times \dfrac{2}{\sqrt{3}} = \boldsymbol{\dfrac{2\sqrt{3}}{3}mg}$〔N〕

⑤式より　$F = N\sin 30° = \dfrac{2\sqrt{3}}{3}mg \times \dfrac{1}{2} = \boldsymbol{\dfrac{\sqrt{3}}{3}mg}$〔N〕

補足 ❶

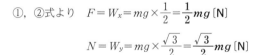

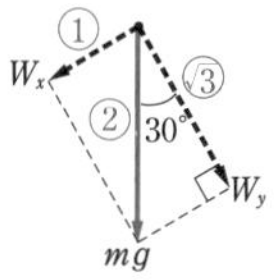

❷

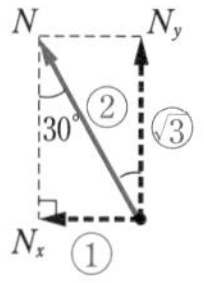

41.

Point! 物体AとおもりBについてつりあいの式を立てる。斜面上の物体Aについては，斜面方向と斜面に垂直な方向に分けて考える。

解答 物体Aの質量を $M=0.20\text{kg}$，おもりBの質量を m〔kg〕，重力加速度の大きさを $g=9.8\text{m/s}^2$，糸が引く力の大きさを T〔N〕とおく。斜面に平行に x 軸，垂直に y 軸をとる。

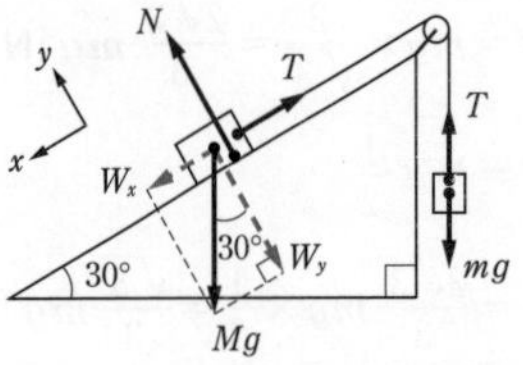

解法1 物体Aにはたらく重力 Mg の x 成分を W_x，y 成分を W_y とする。直角三角形の辺の長さの比より[1]

$W_x : Mg=1:2$ よって $W_x=Mg\times\dfrac{1}{2}$

$W_y : Mg=\sqrt{3}:2$ よって $W_y=Mg\times\dfrac{\sqrt{3}}{2}$

このとき，つりあいの式は次のようになる。

おもりB：

$T-mg=0$ ……①

物体A：

x 軸方向 $W_x-T=0$ ……②

y 軸方向 $N-W_y=0$ ……③

①，②式より $mg=T=W_x=Mg\times\dfrac{1}{2}$

よって $m=M\times\dfrac{1}{2}=0.20\times\dfrac{1}{2}=$ **0.10kg**

③式より

$N=W_y=Mg\times\dfrac{\sqrt{3}}{2}$

$=0.20\times9.8\times\dfrac{\sqrt{3}}{2}\fallingdotseq$ **1.7N**

解法2 それぞれの方向の力のつりあいより

おもりB：

$T-mg=0$ ……④

物体A：

x 軸方向 $Mg\sin30°-T=0$ ……⑤

y 軸方向 $N-Mg\cos30°=0$ ……⑥

④，⑤，⑥式より

$m=M\sin30°=$ **0.10kg**

$N=Mg\cos30°\fallingdotseq$ **1.7N**

補足 [1]

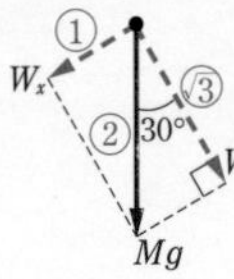

第4章 運動の法則

■基礎トレーニング④「運動方程式の立て方」の解答は p.59～60

42.

Point! 小球には，重力のみがはたらく。向きに注意して，運動方程式「$ma=F$」に代入する。

解答 (1) 小球にはたらく力は重力のみである。鉛直上向きを正とすると $F=-14.7\text{N}$ となるので「$ma=F$」より

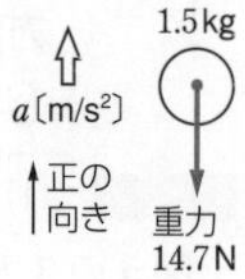

$\mathbf{1.5a=-14.7}$

(2) (1)より $a=\dfrac{-14.7}{1.5}=$ **−9.8m/s²**

43.

Point! 物体には，糸が引く力(65N)と重力がはたらく。合力を求め，運動方程式「$ma=F$」に代入する。

解答 物体にはたらく重力は，鉛直下向きに

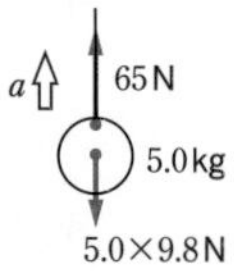

$mg=5.0\times9.8=49\text{N}$

鉛直上向きを正とすると

「$ma=F$」より $5.0a=65-49$[1]

よって $a=$ **3.2m/s²** 向きは**鉛直上向き**

補足 [1] 注 「$ma=F$」を $5.0a=65$ とする間違いがある。重力 mg が常にはたらいていることを忘れないこと。

44. **Point!** v-t 図の傾き(＝1秒当たりの速度の変化)は，加速度 a の値と一致する。台車Aと台車Bを引いた力 F が同じであるから，

$ma=F$ より，$m=\dfrac{F}{a}$ となって，質量は加速度に反比例する。グラフの目盛りを仮に，横軸1目盛りが1秒，縦軸1目盛りが 1 m/s として，台車Bの加速度が台車Aの何倍になっているかを見れば，質量が何倍になっているかが求められる。

解答 グラフの時間軸の1目盛りを1秒，速度軸の1目盛りを1m/s と仮定する。台車 A，B の加速度をそれぞれ a_1，a_2 [m/s²] とすると，v-t 図の傾きより

$$a_1=\frac{3}{8}\,\mathrm{m/s^2},\quad a_2=\frac{2}{8}\,\mathrm{m/s^2}\quad \frac{a_2}{a_1}=\frac{2}{8}\times\frac{8}{3}=\frac{2}{3}$$

よって，a_2 は a_1 の $\dfrac{2}{3}$ 倍である。質量はその逆の比になるから，台車Bの質量は台車Aの質量の $\dfrac{3}{2}$ **倍**である❶。

補足 ❶ 台車 A，B それぞれについて運動方程式

$$m_1\times\frac{3}{8}=F$$

$$m_2\times\frac{2}{8}=F$$

を立て，$m_2=\dfrac{3}{2}m_1$ と求めてもよい。

45. **Point!** 斜面に垂直な方向では力がつりあっている。一方，斜面に平行な方向では重力の分力によって加速度が生じる。

解答 (1) 物体Aの質量を $m=2.0$kg，重力加速度の大きさを $g=9.8$m/s² とおく。物体Aには，重力 mg と斜面からの垂直抗力がはたらく❶。

物体Aが，斜面にそった方向に受ける力は，重力の斜面に平行な方向の分力(下向き)である。

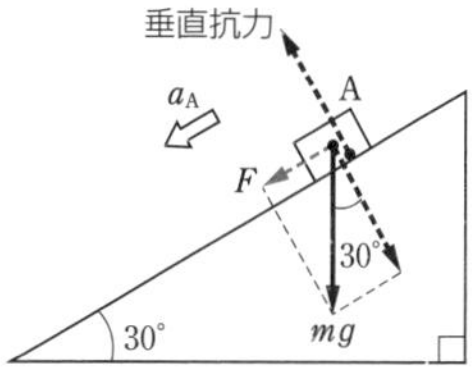

直角三角形の辺の長さの比より

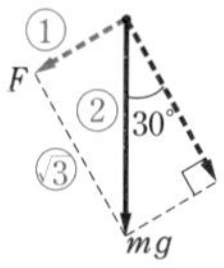

$F:mg=1:2$

よって $F=mg\times\dfrac{1}{2}$

$=2.0\times9.8\times\dfrac{1}{2}=$ **9.8N**❷

(2) 斜面にそって下向きを正の向きとし❸，運動方程式「$ma=F$」を立てると

$2.0\times a_A=9.8$

よって $a_A=$ **4.9m/s²**

(3) 物体Bが斜面にそって下向きに受ける力の大きさは，(1)と同様にして

$F'=\dfrac{1}{2}m'g$

$=1.0\times9.8\times\dfrac{1}{2}=4.9$N

斜面にそって下向きを正の向きとし，運動方程式「$ma=F$」を立てると

$1.0\times a_B=4.9$

よって $a_B=$ **4.9m/s²**❹

補足 ❶ 参考 斜面に垂直な方向の力はつりあう。垂直抗力の大きさを N とおくと，直角三角形の辺の長さの比より

$mg:N=2:\sqrt{3}$

$N=mg\times\dfrac{\sqrt{3}}{2}=2.0\times9.8\times\dfrac{\sqrt{3}}{2}$

$=9.8\sqrt{3}=9.8\times1.73≒17$N

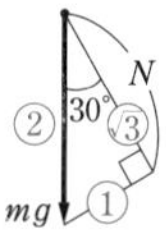

❷ 図より

$F=mg\sin30°=mg\times\dfrac{1}{2}=$ **9.8N**

❸ 物体が動きだす向きを正の向きとした。

❹ 参考 なめらかな斜面上をすべる物体の加速度は，物体の質量によらない。

46. Point! 物体には斜面にそって上向きに糸の張力 T，斜面にそって下向きに重力の分力がはたらき，この合力で加速度を生じる。一方，斜面に垂直な方向には垂直抗力 N と重力の分力がはたらき，これらがつりあっている。各場合について，斜面にそって上向きを正として，斜面方向の合力を求めて運動方程式を立てる。

解答 (1) 物体にはたらく力は図のようになる。

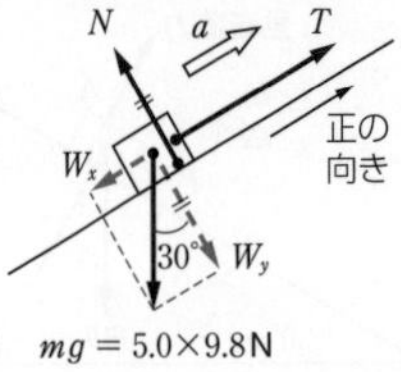

重力の斜面方向，斜面に垂直な方向の分力の大きさを W_x，W_y とする。

直角三角形の辺の長さの比より❶

$W_x : mg = 1 : 2$

よって　$W_x = mg\times\frac{1}{2}$❷

斜面の上向きを正とすると，運動方程式「$ma=F$」は

$ma = T - mg\times\frac{1}{2}$

すなわち

$5.0\times a = 40 - 5.0\times9.8\times\frac{1}{2}$

よって　$a=$ **3.1m/s²**

正の値なので❸**斜面方向上向き**

(2) (1)と同様に $ma = T - mg\times\frac{1}{2}$ の式に

$a=-1.9\,\text{m/s}^2$ を代入して❸

$5.0\times(-1.9) = T - 5.0\times9.8\times\frac{1}{2}$

$T = 5.0\times(4.9-1.9) =$ **15N**

補足 ❶

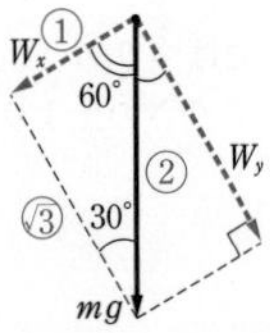

❷ W_x は次のように求めることもできる。

$W_x = mg\sin30° = mg\times\frac{1}{2}$

❸ 斜面の上向きを正としたので，答えが正ででれば上向きであり，下向き $1.9\,\text{m/s}^2$ ならば $a=-1.9\,\text{m/s}^2$ となる。

47. Point! Aには右向きに8.0Nの外力と左向きに糸の張力 T がはたらき，この合力(2力の差)で右へ加速度 a で運動する。一方，Bには右向きに張力 T がはたらき，この力で右へAと同じ加速度 a で運動する。鉛直方向の力はAもBもともにつりあって合力0である。また，AB間の糸の張力の大きさは，糸の右端と左端で等しい。それぞれの物体ごとに運動方程式を立てて連立し，a と T を求める。

解答 (1),(2) AおよびBにはたらく力はそれぞれ図のようになる。

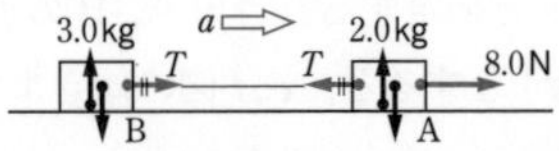

鉛直方向の重力と垂直抗力はつりあって合力0になるので❶，それぞれについて右向きを正として運動方程式「$ma=F$」を立てると

A：$2.0\times a = 8.0 - T$ ……①

B：$3.0\times a = T$ ……②

この2式を連立して a，T を求める。

①式＋②式より

$5.0\times a = 8.0$

$a=$ **1.6m/s²**❷

a の値を②式に代入して

$T = 3.0\times1.6 =$ **4.8N**

補足 ❶ A，Bとも鉛直方向には運動しないので，力はつりあっている。したがって，鉛直方向の合力は0。

❷ 別解 A，Bを一体として考えると「$ma=F$」より

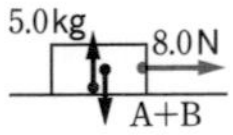

$5.0\times a = 8.0$

$a=$ **1.6m/s²**

Tは，AまたはBの運動方程式を立てて求める。

48. Point! 物体A，Bは1本の糸でつながれているので，加速度の大きさ a も糸が引く力の大きさ T も等しい。物体ごとにはたらく力の合力を求め，進行方向を正としてそれぞれ運動方程式を立てる。

解答 (1),(2) 物体にはたらく力は図のようになる。それぞれの物体が動きだす向きを正の向きとして，運動方程式「$ma=F$」を立てる。

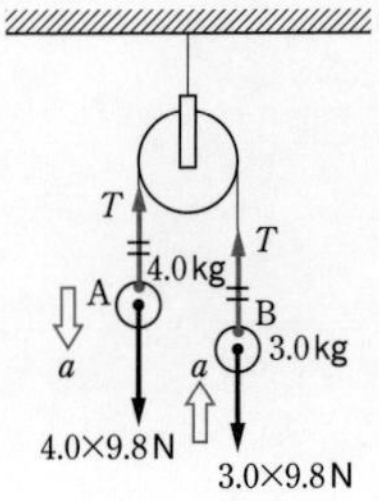

Aは下向きを正として

A：$4.0\times a = 4.0\times9.8 - T$ ……①

Bは上向きを正として

B：$3.0\times a = T - 3.0\times 9.8$ ……②

①式＋②式より

$7.0a=(4.0-3.0)\times 9.8$

$7.0a=9.8$

よって　$a=$**1.4m/s²**

これを①式に代入して　$4.0\times 1.4=4.0\times 9.8-T$

よって

$T=4.0\times 9.8-4.0\times 1.4=4.0\times(9.8-1.4)$

$=4.0\times 8.4=33.6\fallingdotseq$**34N**

49.

Point! 子どもが力Fで大人を押すと，作用反作用の法則より子どもも力Fで押し返される。**大人，子どもそれぞれについて運動方程式を立てて未知の量を求める。**

解答 (1) 力Fを受けた大人について運動方程式「$ma=F$」を立てると

$80\times 0.25=F$　　よって　$F=$**20N**

(2) 子どもは(1)の力の反作用(大きさは(1)と同じく20N)を受けるので，子どもについて運動方程式「$ma=F$」を立てると

$40\times a=20$　　$a=$**0.50m/s²** [1]

補足 [1] 注 大人が子どもを押す力は，子どもが大人を押す力より大きいのではない。作用反作用の法則から，2力の大きさは等しい。子どもが大人よりも大きな加速度で運動するのは，子どもの質量が大人よりも小さいためである。

50.

Point! **おもりBには重力と糸の張力がはたらき，その合力によってBは下向きに加速され，物体Aは糸の張力によって右向きに加速される。物体A，おもりBについて別々に運動方程式を立てる。**

解答 (1) Bの質量をm〔kg〕，A，Bの加速度の大きさをa〔m/s²〕とする。

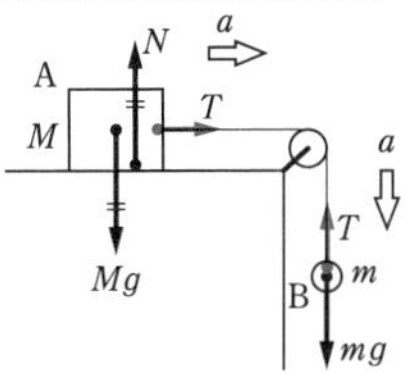

Bの加速度は重力mgと張力Tの合力によって生じているので，運動方程式は

$ma=mg-T$

よって　$T=m(g-a)=2.0\times(9.8-5.6)=$**8.4N**

(2) Aの加速度は張力Tによって生じているので，Aについて運動方程式を立てると

$Ma=T$　　よって　$M=\dfrac{T}{a}=\dfrac{8.4}{5.6}=$**1.5kg**

51.

Point! **物体Aには斜面にそって上向きに糸の張力，斜面にそって下向きに重力の分力がはたらき，その合力で加速度が生じる。一方で，おもりBには重力と糸の張力がはたらき，その合力でAと同じ大きさの加速度が生じる。また，糸がAを引く力の大きさとBを引く力の大きさは等しい。これらに注意して，AとB，それぞれについて運動方程式を立てる。**

解答 Aの加速度をa，糸が引く力をT，Aにはたらく，重力の斜面方向の分力の大きさをW_xとすると，A，Bにはそれぞれ図のような力がはたらいている。

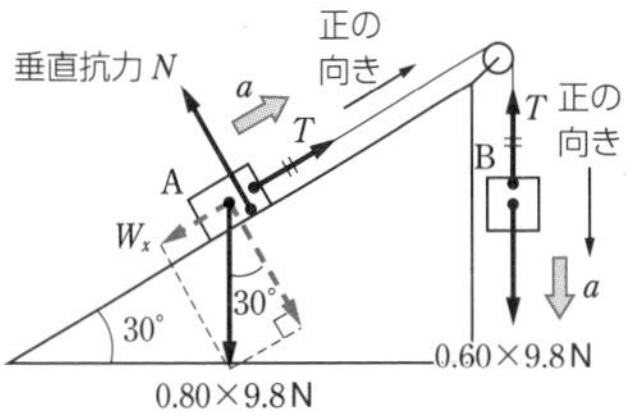

直角三角形の辺の長さの比より [1]

$W_x:0.80\times 9.8=1:2$

よって　$W_x=0.80\times 9.8\times\dfrac{1}{2}$ [2]

Aについては斜面方向上向きを正とし，運動方程式を立てると

$0.80a=T-0.80\times 9.8\times\dfrac{1}{2}$ ……①

Bについては鉛直方向下向きを正とし，運動方程式を立てると

$0.60a=0.60\times 9.8-T$ ……②

①式＋②式より

$1.40a=0.20\times 9.8$

ゆえに　$a=1.4\text{m/s}^2$

これを②式に代入して計算すると

$T=5.04\fallingdotseq 5.0\text{N}$

(1) aの値は正となるので，Aは斜面を**上昇する**。

(2) 加速度の大きさは**1.4m/s²**，引く力の大きさは**5.0N**

補足 [1]

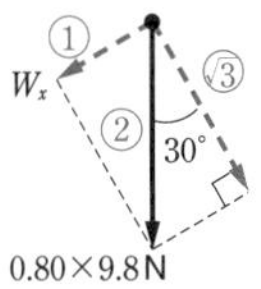

[2] W_xは次のように求めることもできる。

$W_x=0.80\times 9.8\times\sin 30°=0.80\times 9.8\times\dfrac{1}{2}$

52.

Point! 物体が動きだす直前にも力のつりあいは成りたっている。静止摩擦力は，物体が動きだす直前には最大摩擦力「μN」になっている。

解答 (1) 物体にはたらく力は図aのようになる。水平方向についての力のつりあいより

$5.0-f=0$

よって　$f=$**5.0N**[1]

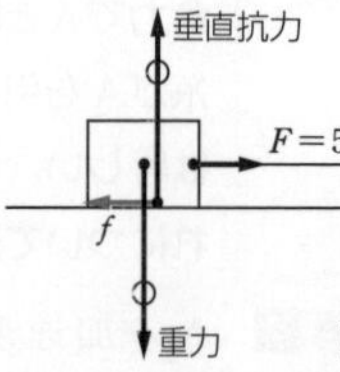

図a

(2) 物体が受ける垂直抗力の大きさをNとする。力Fが9.8Nになった瞬間，静止摩擦力は最大摩擦力μNになっており，物体にはたらく力は図bのようになる。動きだす直前は力のつりあいが成りたっているので，鉛直方向，水平方向についての力のつりあいより

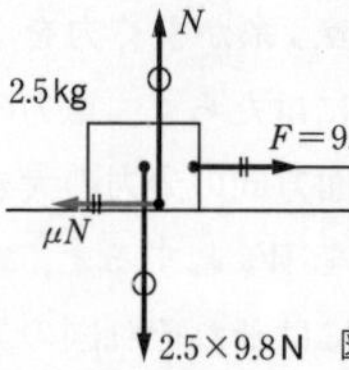

図b

鉛直方向　$N-2.5\times9.8=0$　……①

水平方向　$9.8-\mu N=0$　……②

①式より

$N=2.5\times9.8$

これを②式に代入して

$9.8-\mu\times2.5\times9.8=0$

よって　$\mu=\dfrac{1}{2.5}=$**0.40**

補足 [1] 注　力Fが5.0Nのときは動きだす直前ではないから，最大摩擦力の式「μN」は使えない。

53.

Point! 鉛直方向，水平方向について，運動方程式(またはつりあいの式)を立てる。摩擦力は，動きだす瞬間は最大摩擦力，動いているときは動摩擦力となる。

解答 (1) 物体にはたらく力は図aのようになる。鉛直方向，水平方向についての力のつりあいより

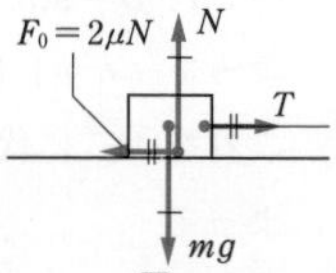

図a

鉛直方向　$N-mg=0$　……①

水平方向　$T-F_0=0$　……②

すべりだす瞬間，F_0は最大摩擦力になるので

$F_0=2\mu N$　……③

①～③式より　$T=F_0=$**$2\mu mg$**〔N〕

(2) 物体にはたらく力は図bのようになる。鉛直方向について力のつりあいより

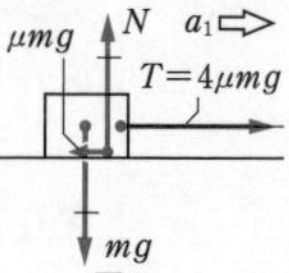

図b

$N-mg=0$

よって　$N=mg$

動摩擦力「$\mu' N$」はμmgとなる。

水平方向について，運動方程式を立てると

$ma_1=4\mu mg-\mu mg$

よって　$a_1=$**$3\mu g$**〔m/s²〕

54. **Point!** 密度 ρ〔kg/m³〕の液体の深さ h〔m〕の点での液圧[1]は ρhg〔Pa〕[2]で表され，液面に大気圧 p_0〔Pa〕がはたらいている場合には，液体内の圧力[1]は $p_0+\rho hg$〔Pa〕となる。同一の深さであれば，容器の断面積によらず液体内の圧力は等しい。この問題では，水と油の境界面での油の圧力と，境界面と同じ深さ（位置）での水中での圧力が等しい。

解答 水と油の密度および境界面から液面までの高さを，それぞれ ρ_1，ρ_2〔kg/m³〕，および h_1，h_2〔m〕とする。また，大気圧を p_0〔Pa〕，重力加速度の大きさを g〔m/s²〕とする。

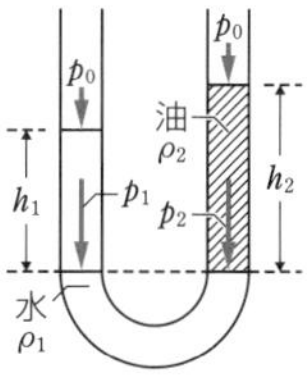

境界面と同じ深さの水中の圧力 p_1〔Pa〕は

$$p_1=p_0+\rho_1 h_1 g$$

境界面での油の中の圧力 p_2〔Pa〕は

$$p_2=p_0+\rho_2 h_2 g$$

同一の深さでの圧力は等しいので $p_1=p_2$ より

$$p_0+\rho_1 h_1 g=p_0+\rho_2 h_2 g$$

よって

$$\rho_2=\frac{h_1}{h_2}\rho_1=\frac{6.0\times10^{-2}}{7.5\times10^{-2}}\times1.0\times10^3$$

$$=0.80\times10^3$$

$$=\mathbf{8.0\times10^2\,kg/m^3}$$

補足 **1** 水圧（液圧）ρhg は水（液体）自身の重さによる圧力を表している。水（液）面に大気圧 p_0 がはたらいている場合には，内部の圧力 p は $p=p_0+\rho hg$ となる。

2 ρhg の単位

$$\frac{\text{kg}}{\text{m}^3}\times\text{m}\times\frac{\text{m}}{\text{s}^2}=\text{kg}\cdot\frac{\text{m}}{\text{s}^2}\cdot\frac{1}{\text{m}^2}$$

$$=\text{N}\cdot\frac{1}{\text{m}^2}=\text{N/m}^2=\text{Pa}$$

55. **Point!** 水中にあるガラス球には，下向きに重力，上向きに浮力とばねはかりからの弾性力がはたらき，これらがつりあっている。

解答 (1) ガラス球は，下向きに重力，上向きに浮力とばねからの弾性力[1]を受けているので，力のつりあいより

$$1.96+F-(0.400\times9.80)=0$$

よって

$$F=3.92-1.96=\mathbf{1.96\,N}$$

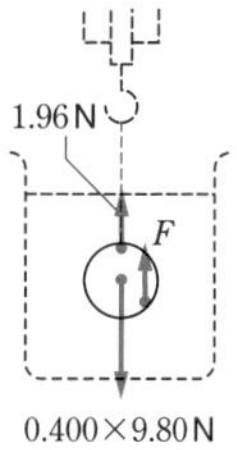

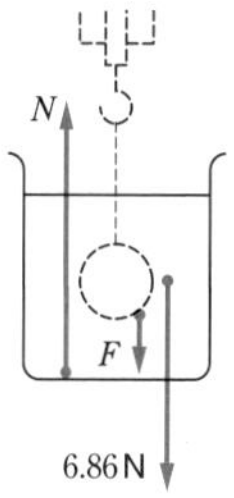

(2) 浮力は周囲の水からガラス球にはたらくので，その反作用は，**ガラス球から水にはたらいている。**

(3) 水の入ったビーカーは，下向きに浮力の反作用と重力，上向きに台はかりからの垂直抗力 N[2]を受けているので，力のつりあいより

$$N-F-6.86=0$$

よって　$N=F+6.86=1.96+6.86=8.82\,\text{N}$

垂直抗力 N の反作用が，台はかりに加わる力[2]である。

よって **8.82 N**

補足 **1** ばねはかりが示す重さは，外力がばねを引く力の大きさを表している。その反作用がばねからの弾性力である。

2 台はかりの針が示す重さは，ビーカーが台はかりを下に押している力の大きさを表している。その反作用が垂直抗力 N である。

第５章 仕事と力学的エネルギー

56. Point! 物体を「ゆっくり」引き上げるので，力のつりあいが成りたっていると考えてよい。斜面を使うと物体を引き上げる力は小さくなるが，引き上げる距離が長くなる。そのため，同じ高さまで鉛直上方に引き上げる場合と，仕事は等しくなる。

解答 (1) 物体を引き上げる力は重力の斜面方向の分力とつりあっている(図ａ)[1]。

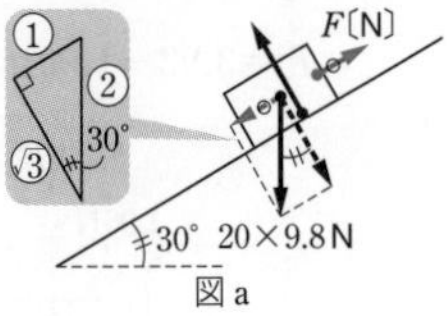

図ａ

直角三角形の辺の長さの比より

$$F:(20\times9.8)=1:2$$

よって　$F=(20\times9.8)\times\frac{1}{2}=$ **98N**[2]

(2) 斜面にそって引く力は 98N なので，仕事の式「$W=Fx$」より

$$W=98\times10=980=9.8\times100=\mathbf{9.8\times10^2\ J}$$

(3) 斜面にそって 10m 引き上げたときの高さを h〔m〕とする。

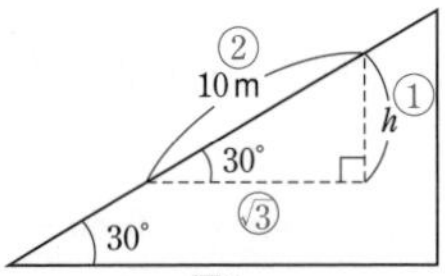

図ｂ

直角三角形の辺の長さの比より

$h:10=1:2$　　よって　$h=10\times\frac{1}{2}=5.0$ m[3]

物体を鉛直上向きに引き上げるために必要な力は重力とつりあっているので 20×9.8N となる。仕事の式「$W=Fx$」より

$$W'=(20\times9.8)\times5.0=980$$
$$=9.8\times100=\mathbf{9.8\times10^2\ J}$$[4]

(4) 物体を引き上げる力 F'〔N〕は，重力の斜面方向の分力と動摩擦力の合力とつりあう(図ｃ)。

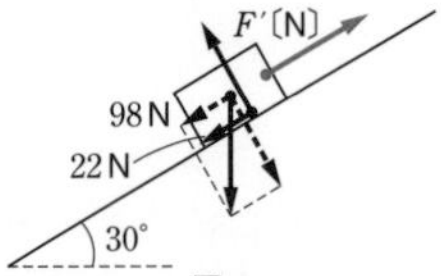

図ｃ

よって　$F'=98+22$

また，仕事の式「$W=Fx$」より

$$W''=(98+22)\times10=1200=1.2\times1000=\mathbf{1.2\times10^3\ J}$$

補足 [1] 「ゆっくり」引き上げるとは，力のつりあいを保ちながら引き上げることである。

[2] F は次のように求めることもできる。

$$F=20\times9.8\times\sin30°=20\times9.8\times\frac{1}{2}=\mathbf{98N}$$

[3] h は次のように求めることもできる。

$$h=10\sin30°=10\times\frac{1}{2}=5.0\text{m}$$

[4] 斜面を用いると，引く力を小さくすることはできるが，仕事を減らすことはできない(仕事の原理)。

57. Point! リフトがした仕事 W を求めて，仕事率の式「$P=\frac{W}{t}$」に代入する。

解答 荷物を持ち上げる力の大きさ F〔N〕は，図より $F=2.0\times10^3\times9.8$ N であるから，「$W=Fx$」よりリフトがした仕事 W〔J〕は

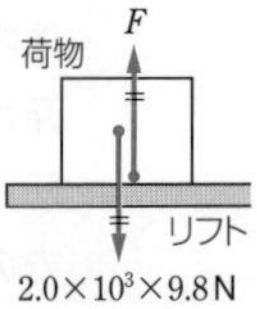

$$W=(2.0\times10^3\times9.8)\times3.0\text{ J}$$

よって，仕事率の式「$P=\frac{W}{t}$」より

$$P=\frac{(2.0\times10^3\times9.8)\times3.0}{4.0}$$
$$=14.7\times10^3=1.47\times10^4$$
$$\fallingdotseq\mathbf{1.5\times10^4\ W}$$[1]

補足 [1] 1.5×10^4 W＝15kW

58. Point! おもりにはたらく力は糸が引く力と重力である。おもりの動く向きと反対向きにはたらく力は負の仕事をし，おもりの動く向きに垂直にはたらく力は仕事をしない。

解答 糸が引く力はおもりの運動の向きに垂直にはたらくので仕事をしない。

$$W_1=\mathbf{0\ J}$$

ＡとＢでの位置エネルギーの差が，重力がする仕事に相当するので「$U=mgh$」より

$$W_2=5.0\times9.8\times0.10-0=\mathbf{4.9\ J}$$

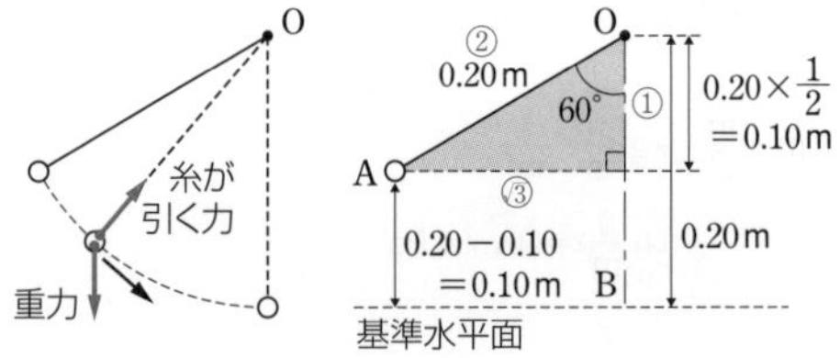

59. Point! 小球にはたらく力は，面からの垂直抗力と重力である。面からの垂直抗力は，小球の動く向きに対して垂直にはたらくので仕事をしない。重力のする仕事は，位置エネルギーの差から求められる。

解答　面が及ぼす力は小球の運動の向きに垂直にはたらくので仕事をしない。

$W_1 = \mathbf{0\,J}$

AとBでの位置エネルギーの差が，重力がする仕事に相当する❶。点Bを位置エネルギーの基準にとると，重力による位置エネルギーの式「$U = mgh$」より

$W_2 = 0.50 \times 9.8 \times 2.0 - 0 = \mathbf{9.8\,J}$

補足 ❶ 点A，Bでの位置エネルギーを U_A，U_B としたとき，AからBまで物体が移動する際に，保存力がする仕事は「$W_{AB} = U_A - U_B$」と表される。

60. Point! 物体の運動エネルギーの変化＝物体にされた仕事　の関係が成りたつ。

解答　物体の運動エネルギーの変化は，物体にされた仕事に等しいので「$\frac{1}{2}mv^2 - \frac{1}{2}mv_0^2 = W$」❶より

$\frac{1}{2} \times 6.0 \times v^2 - \frac{1}{2} \times 6.0 \times 3.0^2 = 48$

$3.0v^2 = 48 + 27 = 75$

$v^2 = 25$

よって　$v = \mathbf{5.0\,m/s}$

補足 ❶ 「$\frac{1}{2}mv_0^2 + W = \frac{1}{2}mv^2$」(はじめ＋仕事＝終わり)を用いてもよい。

61. Point! 物体の運動エネルギーの変化＝物体にされた仕事　の関係が成りたつ。ここでは，摩擦力が負の仕事をするので運動エネルギーは減少する。

解答　(1) 自動車の運動エネルギーの変化は，摩擦力が自動車にした負の仕事に等しいので，

「$\frac{1}{2}mv^2 - \frac{1}{2}mv_0^2 = W$」❶より

$\frac{1}{2} \times (2.0 \times 10^3) \times 0^2 - \frac{1}{2} \times (2.0 \times 10^3) \times 20^2 = W$

よって

$W = -400 \times 10^3 = -4.0 \times 100 \times 10^3$

$= -4.0 \times 10^2 \times 10^3 = \mathbf{-4.0 \times 10^5\,J}$

(2) 摩擦力の向きは自動車の移動の向きと逆なので，

「$W = -Fx$」より

$-4.0 \times 10^5 = -F \times 50$

よって

$F = \frac{4.0 \times 10^5}{50} = 0.080 \times 10^5 = 8.0 \times \frac{1}{100} \times 10^5$

$= \mathbf{8.0 \times 10^3\,N}$

補足 ❶ 「$\frac{1}{2}mv_0^2 + W = \frac{1}{2}mv^2$」(はじめ＋仕事＝終わり)を用いてもよい。

62.

Point! (1),(3) 物体にした仕事は F-x 図の面積で表される。
(2),(4) 物体の速さは　物体の運動エネルギーの変化＝物体にされた仕事　の関係から求められる。

解答 (1) 仕事は F-x 図のグラフの面積で表されるので，$0<x<7.0$ の範囲では

$$W_1=10\times7.0=\mathbf{70\,J}$$

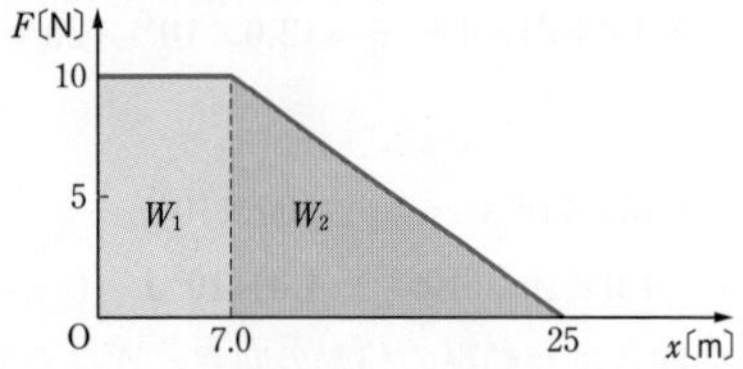

(2) 運動の向きに力を加えているので，物体は正の仕事をされる。
$x=0$m から $x=7.0$m までの運動エネルギーの変化は，その間に物体がされた仕事(W_1)に等しいので，

「$\frac{1}{2}mv^2-\frac{1}{2}mv_0{}^2=W$」[1]より

$$\frac{1}{2}\times5.0\times v_1{}^2-\frac{1}{2}\times5.0\times6.0^2=70$$

$$v_1{}^2-6.0^2=70\times2\div5$$

$v_1{}^2=28+36=64$　　よって　$v_1=$**8.0m/s**[2]

(3) $7.0<x<25$ の範囲における F-x 図の面積より

$$W_2=(25-7.0)\times10\times\frac{1}{2}=\mathbf{90\,J}$$

(4) $x=7.0$m から $x=25$m までの運動エネルギーの変化は，その間に物体がされた仕事(W_2)に等しいので，

「$\frac{1}{2}mv^2-\frac{1}{2}mv_0{}^2=W$」[1]より

$$\frac{1}{2}\times5.0\times v_2{}^2-\frac{1}{2}\times5.0\times8.0^2=90$$

$$v_2{}^2-8.0^2=90\times2\div5$$

$v_2{}^2=36+64=100$　　よって　$v_2=$**10m/s**[3]

補足 [1] 「$\frac{1}{2}mv_0{}^2+W=\frac{1}{2}mv^2$」(はじめ＋仕事＝終わり)を用いてもよい。

[2] 別解　水平方向にはたらいている力はFのみなので，加速度の大きさを a〔m/s²〕とすると，運動方程式より

$$a=\frac{F}{m}=\frac{10}{5.0}=2.0\,\mathrm{m/s^2}$$

$0<x<7.0$ の範囲では等加速度直線運動をしているので，「$v^2-v_0{}^2=2ax$」より

$$v_1{}^2-6.0^2=2\times2.0\times7.0$$

よって　$v_1=$**8.0m/s**

[3] 別解　$x=0$m から $x=25$m までの間で考えると

$$\frac{1}{2}\times5.0\times v_2{}^2-\frac{1}{2}\times5.0\times6.0^2=70+90$$

よって　$v_2=$**10m/s**

63.

Point! 弾性エネルギーの変化＝ばねを引き伸ばすのに要した仕事　の関係が成りたつ。

解答 (1) 弾性エネルギーの式「$U=\frac{1}{2}kx^2$」より

$$U_1=\frac{1}{2}\times10\times0.20^2=\mathbf{0.20\,J}$$

(2) ばねは自然の長さから0.40m伸びているので，弾性エネルギーの式「$U=\frac{1}{2}kx^2$」より

$U_2=\frac{1}{2}\times10\times0.40^2=\mathbf{0.80\,J}$[1]

ばねに仕事をしたことによって，ばねのもつ弾性エネルギーが変化したと考えられるから　$W=U_2-U_1$[2]　が成りたつ。よって

$$W=0.80-0.20=\mathbf{0.60\,J}$$

補足 [1] 注　$U_2=\frac{1}{2}\times10\times0.20^2$ とはしないこと。
[2] $U_1+W=U_2$（はじめ＋仕事＝終わり）と考えてもよい。

64.

Point! 振り子の運動では，糸の張力が仕事をしないため，力学的エネルギーは保存される。

解答 (1) 図より，はじめの位置の高さhは最下点を基準として

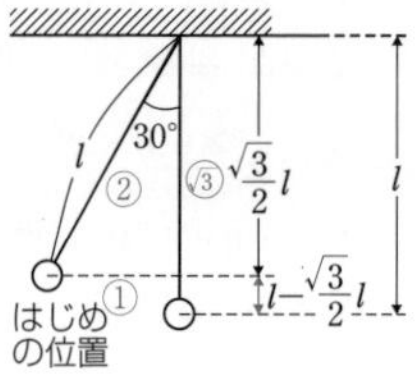

$$h=l-\frac{\sqrt{3}}{2}l=l\left(1-\frac{\sqrt{3}}{2}\right)$$

よって，はじめの位置でおもりがもつ，重力による位置エネルギーは「$U=mgh$」より

$$U=mgh=\boldsymbol{mgl\left(1-\frac{\sqrt{3}}{2}\right)}$$

(2) 力学的エネルギー保存則より

$$0+U=\frac{1}{2}mv^2+0$$

(1)の結果を用いて

$$mgl\left(1-\frac{\sqrt{3}}{2}\right)=\frac{1}{2}mv^2$$

よって　$v=\boldsymbol{\sqrt{2gl\left(1-\frac{\sqrt{3}}{2}\right)}}$

65.

Point! ばねの弾性力による運動では，そのほかの力が仕事をしなければ，力学的エネルギーは保存される。

解答 力学的エネルギー保存則の式を立てる[1]。運動エネルギーは「$K=\frac{1}{2}mv^2$」，弾性力による位置エネルギーは「$U=\frac{1}{2}kx^2$」より

$$0+\frac{1}{2}\times(1.0\times10^2)\times0.20^2=\frac{1}{2}\times0.25\times v^2+0$$

よって　$v^2=\frac{10^2\times0.20^2}{0.25}=16=4.0^2$

ゆえに　$v=\mathbf{4.0\,m/s}$

補足 [1] 重力と垂直抗力は，運動方向に対して垂直にはたらくので仕事をしない。したがって，力学的エネルギーが保存される。

66.

Point! 物体があらい面を通過すると，動摩擦力によって負の仕事をされ力学的エネルギーは減少する。

解答 (1) 点Bを，重力による位置エネルギーの基準とする。力学的エネルギーは運動エネルギーと重力による位置エネルギーの和を考える。点Aでの力学的エネルギー E_A は

$$E_A=0+2.0\times9.8\times0.25=4.9\,\mathrm{J}$$

点Bで静止したから，力学的エネルギー E_B は

$$E_B=0+0=0\,\mathrm{J}$$

よって，力学的エネルギーの変化は

$$E_B-E_A{}^{[1]}=0-4.9=\mathbf{-4.9\,J}$$

(2) (1)で求めた $E_B-E_A=-4.9\,\mathrm{J}$ は，動摩擦力がした仕事 W に等しい。

動摩擦力の向きは物体の移動の向きと逆なので，「$W=-Fx$」より

$$-4.9=-f\times0.70$$

ゆえに　$f=\frac{4.9}{0.70}=\mathbf{7.0\,N}$

補足 [1] 「変化＝終わり－はじめ」
正負の符号に注意すること。

67.

Point! あらい面を通過するたび，物体は動摩擦力によって負の仕事をされ力学的エネルギーは減少していく。あらい面以外の部分では力学的エネルギーは保存される。

解答 (1) 点Aに達するまで，物体は保存力以外の力から仕事をされないので，力学的エネルギー保存則より

$$0+\frac{1}{2}kl^2=\frac{1}{2}mv_A{}^2+0$$

よって　$v_A=\boldsymbol{l\sqrt{\frac{k}{m}}}$

(2) 垂直抗力の大きさを N とすると，AB間で物体にはたらく力は図のようになる。鉛直方向の力のつりあいより　$N=mg$　であるから，物体にはたらく動摩擦力の大きさは

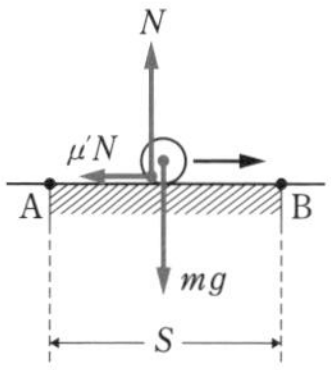

$$\mu'N=\mu'mg$$

動摩擦力は物体の運動の向きと逆向きにはたらくので，AB間で動摩擦力がした仕事 W は負となり

$$W=-\mu'mgS$$

はじめの状態から点Cで速さが0になるまでの力学的エネルギーの変化は，動摩擦力がした仕事 W に等しいので

$$mgh-\frac{1}{2}kl^2=-\mu'mgS^{[1]}$$

$$mgh=\frac{1}{2}kl^2-\mu'mgS$$

よって　$h=\boldsymbol{\frac{kl^2}{2mg}-\mu'S}$

補足 [1] $\frac{1}{2}kl^2+(-\mu'mgS)=mgh$
（はじめ＋仕事＝終わり）としてもよい。

第1編 編末問題

68. **Point!** 運動する物体の v-t 図において，傾きは加速度 a を，面積は移動距離を表す。ただし，$v>0$ における面積は正の向きへの移動距離を，$v<0$ における面積は負の向きへの移動距離を表す。

解答 (1) Bは物体が正の向きから負の向きへ折り返す点であるから，このとき物体の速度は0である。グラフより，求める時刻は **10.0s**

(2) グラフは傾きが一定で，5.0sごとに速度が6.0m/sずつ減少するので，Bに達してから5.0s後のCにおける物体の速度は **−6.0m/s**

（または，**x 軸負の向きに 6.0m/s**）

(3) v-t 図の傾きは加速度 a を表すから

$$a=-\frac{6.0}{5.0}=-1.2\,\mathrm{m/s^2}$$

（または，**x 軸負の向きに $1.2\,\mathrm{m/s^2}$**）

(4) v-t 図の面積は移動距離を表すので，グラフの㋐の部分の面積を求めると

$$x=\frac{1}{2}\times10\times12=60\,\mathrm{m}$$ ❶

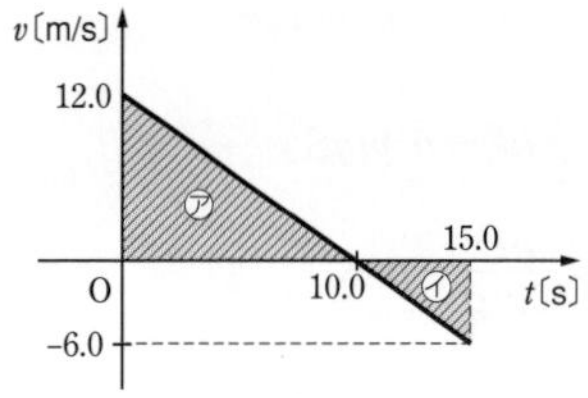

(5) (4)のグラフの㋑の部分の面積はBからCにもどってきた距離を表すので，求めるCの x 座標は

$$x=60-\frac{1}{2}\times5\times6=45\,\mathrm{m}$$ ❷

補足 ❶ 別解 等加速度直線運動の公式を用いて導くこともできる。

「$x=v_0t+\frac{1}{2}at^2$」より

$$x=12.0\times10.0+\frac{1}{2}\times(-1.2)\times10.0^2$$
$$=120-60=60\,\mathrm{m}$$

❷ 別解 等加速度直線運動の公式を用いて導くこともできる。

「$x=v_0t+\frac{1}{2}at^2$」より

$$x=12.0\times15.0+\frac{1}{2}\times(-1.2)\times15.0^2$$
$$=180-135=45\,\mathrm{m}$$

69. **Point!** 鉛直投げ上げの式「$v=v_0-gt$」「$y=v_0t-\frac{1}{2}gt^2$」「$v^2-v_0{}^2=-2gy$」を使う。最高点では物体の速度は0となる。

解答 花火玉の初速度を v_0〔m/s〕とすると，地上から H〔m〕の最高点で花火玉の速度 $v=0$ となることから，「$v^2-v_0{}^2=-2gy$」より

$$0^2-v_0{}^2=-2gH$$

よって $v_0=\sqrt{2gH}$ ……①

また，求める時間を t〔s〕とすると，最高点で花火玉を破裂させるので，「$v=v_0-gt$」の式で，$v=0$ より

$$0=v_0-gt$$

これに①式を代入して

$$0=\sqrt{2gH}-gt$$

よって $t=\dfrac{\sqrt{2gH}}{g}=\sqrt{\dfrac{2H}{g}}$〔s〕❶

補足 ❶ 別解 計算は大変になるが，「$y=v_0t-\frac{1}{2}gt^2$」の式で，$y=H$，①式を代入すると

$$H=\sqrt{2gH}\,t-\frac{1}{2}gt^2$$
$$t^2-2\sqrt{\frac{2H}{g}}+\frac{2H}{g}=0$$
$$\left(t-\sqrt{\frac{2H}{g}}\right)^2=0$$

よって $t=\sqrt{\dfrac{2H}{g}}$〔s〕と求めることもできる。

別解 最高点を境に上り下りが対称的なので，H〔m〕の高さから自由落下させて地上に落下するまでの時間が t〔s〕となる。

よって

$$H=\frac{1}{2}gt^2$$

ゆえに $t=\sqrt{\dfrac{2H}{g}}$〔s〕

70. **Point!** 人，板(荷物を含む)にはたらく力を正確に図示し，人，板にはたらく力のつりあいの式を立てる。このとき，作用・反作用に注意する。

解答 人がロープを引く力の大きさを F〔N〕，人が板から受ける垂直抗力の大きさを n〔N〕とする。「$W=mg$」より，人にはたらく重力の大きさは

$$60\times9.8=588\,\text{N}$$

板と荷物にはたらく重力の大きさは

$$(50+10)\times9.8=588\,\text{N}$$

板が床から受ける垂直抗力の大きさを N〔N〕とし，人，板(荷物を含む)にはたらく力を図示すると図のようになる。

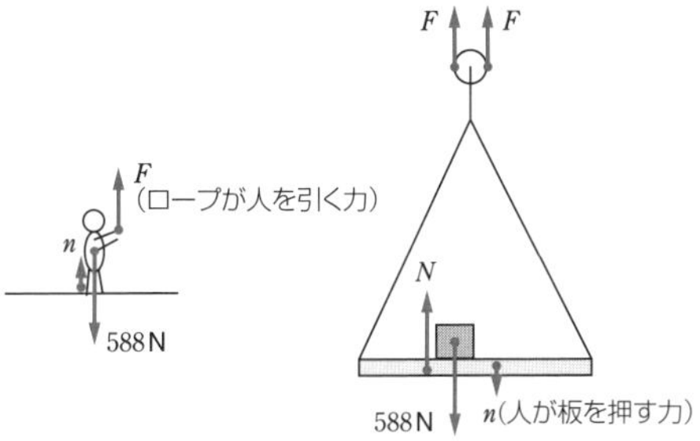

人，板にはたらく力のつりあいの式は

$$F+n=588 \quad \cdots\cdots①$$

$$2F+N=588+n \quad \cdots\cdots②$$

①式より $n=588-F$ を②式へ代入すると

$$2F+N=588+(588-F)$$

よって　$N=1176-3F$

ここで，板が床から離れるためには $N=0$ となればよいので

$$0=1176-3F$$

$$F=\frac{1176}{3}=392\fallingdotseq\mathbf{3.9\times10^2\,N}$$ [1]

よりも大きな力を加えればよいことがわかる。

補足 **1** **別解** 人，板，荷物を一体として考えれば，ロープから受ける上向きの力の合計は $3F$〔N〕であるから，力のつりあいを考えて

$$3F=1176$$

$$F=\frac{1176}{3}=392\fallingdotseq\mathbf{3.9\times10^2}\,\text{N}$$

と求めることもできる。

71. **Point!** 「物体を一定の速さで進ませたい。」とあるので，物体にはたらく運動方向の力がつりあっている必要がある。
水平面上と斜面上で，物体にはたらく運動方向の力が異なるので，経路を区切って考える。

解答 図aのように各点をおいて考える。

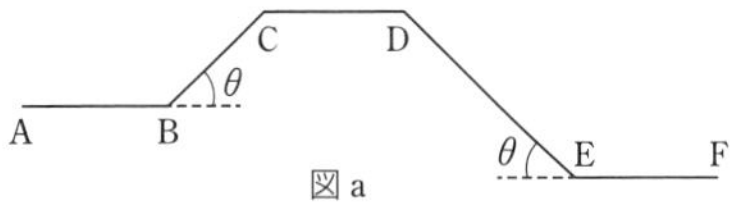

図a

AB間，CD間，EF間では運動方向(水平方向)にはたらく力がないため，力を加えなくても初めに与えられた速度を維持して動き続ける(慣性の法則)。

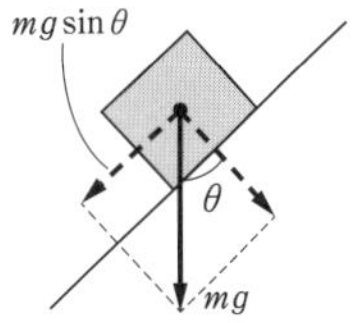

図b

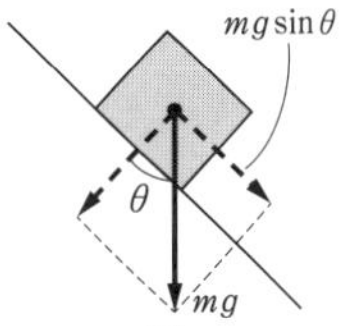

図c

BC間では，図bのように重力がはたらく。よって，速度を維持するためには，運動の向きに力を加える必要がある。加える力を F_{BC}〔N〕とすると，斜面方向の力のつりあいより

$$F_{BC}-mg\sin\theta=0$$

よって　$F_{BC}=mg\sin\theta$

一方，DE間では図cのように重力がはたらく。よって，速度を維持するためには，運動の向きとは反対の向きに力を加える必要がある。加える力を F_{DE}〔N〕とすると，斜面方向の力のつりあいより

$$F_{DE}+mg\sin\theta=0$$

よって　$F_{DE}=-mg\sin\theta$

以上より，グラフは**図d**のようになる。

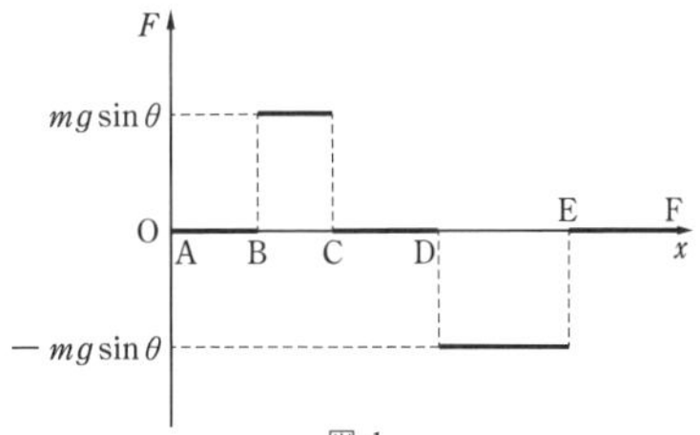

図d

72. **Point!** 人にはたらく力は重力 mg〔N〕と床が及ぼす垂直抗力 N〔N〕の2力で，この2力の合力で加速される。人の加速度はエレベーターの加速度と同じで，v-t 図の傾き（＝加速度）から求められる。人について運動方程式を立てれば，N の値を求めることができる。人が床に及ぼす力は垂直抗力 N の反作用 N' で，大きさは等しく逆向きである。

解答 $t=0$ ～ 2.0 s 間，2.0 ～ 8.0 s 間，8.0 ～ 16.0 s 間の人（エレベーター）の加速度をそれぞれ a_1，a_2，a_3〔m/s²〕，床が人に及ぼす垂直抗力の大きさをそれぞれ N_1，N_2，N_3〔N〕とする。

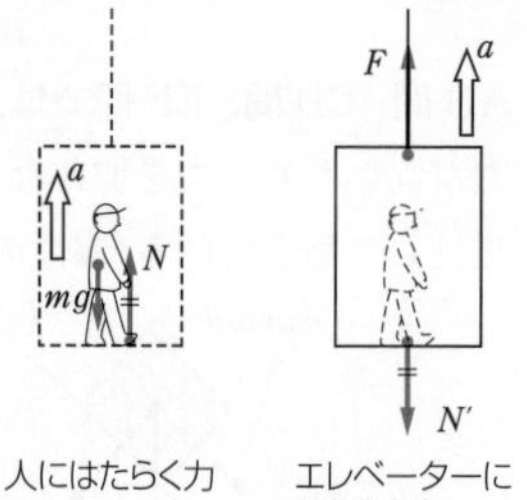

人にはたらく力　エレベーターにはたらく力

人が床に及ぼす力は垂直抗力の反作用で，その大きさを N_1'，N_2'，N_3'〔N〕とする。
鉛直方向上向きを正の向きとして，人について運動方程式を立てる。各区間に共通に

$$ma=N-mg$$

よって　$N=m(g+a)$〔N〕　……①

$t=0$ ～ 2.0 s 間　$a_1=\dfrac{8.0-0}{2.0-0}=4.0\,\mathrm{m/s^2}$

よって，①式より

$$N_1'=N_1=50\times(9.8+4.0)=690=6.9\times100$$
$$=\mathbf{6.9\times10^2\,N}$$ [1]

$t=2.0$ ～ 8.0 s 間　$a_2=0\,\mathrm{m/s^2}$

①式より

$$N_2'=N_2=50\times(9.8+0)=490=4.9\times100$$
$$=\mathbf{4.9\times10^2\,N}$$ [1]

$t=8.0$ ～ 16.0 s 間　$a_3=\dfrac{0-8.0}{16.0-8.0}=-1.0\,\mathrm{m/s^2}$

①式より

$$N_3'=N_3=50\times(9.8-1.0)=440=4.4\times100$$
$$=\mathbf{4.4\times10^2\,N}$$ [1]

補足 [1] エレベーター内で体重計にのった場合は，質量1 kgの物体の重さが　$mg=1\times g=g=9.8\,\mathrm{N}$ であるから，体重計の針のさす目盛りはそれぞれ次のようになる。

$$N_1' : \frac{50\times(9.8+4.0)}{9.8}\fallingdotseq70\,\mathrm{kg}$$

$$N_2' : \frac{50\times(9.8+0)}{9.8}=50\,\mathrm{kg}$$

$$N_3' : \frac{50\times(9.8-1.0)}{9.8}\fallingdotseq45\,\mathrm{kg}$$

等速の場合（N_2'）の値は，静止の場合と同じである。

73. **Point!** (1) すべりだす直前の摩擦力は最大摩擦力で，その大きさは $F_0=\mu N$ である。これを用いて，斜面方向についてのつりあいの式を立てる。
(2) 斜面上を物体がすべっているとき，斜面と物体の間には動摩擦力がはたらいており，その大きさは常に $F'=\mu' N$ である。この力を考慮して，物体について運動方程式を立てる。

解答 (1) 物体の質量を m とする。傾きの角が θ_0 のとき，物体には重力 mg，最大摩擦力 F_0 および垂直抗力 N がはたらいてつりあう。重力を斜面の方向と垂直な方向とに分解して，力のつりあいを考えると

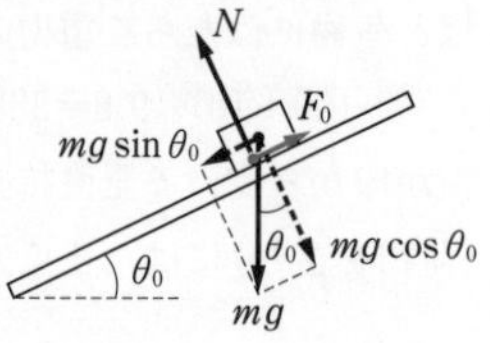

$$F_0=mg\sin\theta_0,\quad N=mg\cos\theta_0$$

また，最大摩擦力は「$F_0=\mu N$」より

$$mg\sin\theta_0=\mu mg\cos\theta_0$$
$$\sin\theta_0=\mu\cos\theta_0$$

よって　$\tan\theta_0=\dfrac{\sin\theta_0}{\cos\theta_0}$ [1] $=\boldsymbol{\mu}$

(2) 斜面に垂直な方向の力のつりあいより

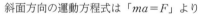

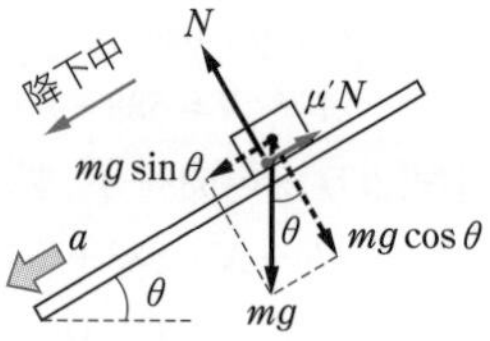

$$N=mg\cos\theta$$

動摩擦力は「$F'=\mu' N$」より

$$\mu' N=\mu' mg\cos\theta$$

斜面方向の運動方程式は「$ma=F$」より

$$ma=mg\sin\theta-\mu' mg\cos\theta$$

よって　$\boldsymbol{a=g(\sin\theta-\mu'\cos\theta)}$

補足 [1] 三角比の相互関係

$$\tan\theta=\frac{\sin\theta}{\cos\theta}$$

74.

Point! 物体A，Bにはたらく力をかき，水平方向については運動方程式を，鉛直方向についてはつりあいの式を立てる。摩擦力は，BがAの上で静止しているときは静止摩擦力，すべりだす瞬間は最大摩擦力「μN」，動いているときは動摩擦力「$\mu' N$」となる。

解答 (1) BはAの上ですべらずに静止しているので，Bには右向きに静止摩擦力 f がはたらき，その反作用としてAには左向きに f がはたらく。A，Bの右向きの加速度の大きさを a とする。

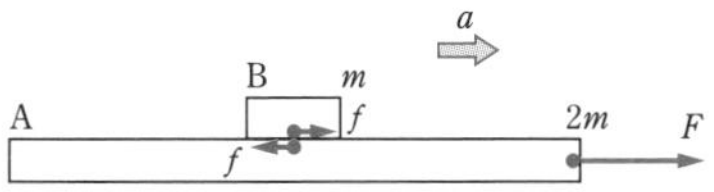

図a

(a) 運動方程式「$ma=F$」を各物体についてかくと

物体A　$2ma=F-f$ ……①

物体B　$ma=f$ ……②

①式＋②式 より　$3ma=F$

よって，A，Bの加速度は　$a=\boldsymbol{\frac{F}{3m}}$ [1] ……③

(b) ③式を②式へ代入すると　$f=m\cdot\frac{F}{3m}=\boldsymbol{\frac{F}{3}}$

(2) BがAから受ける垂直抗力の大きさを N とすると，鉛直方向について力のつりあいより

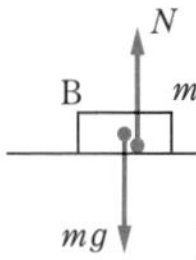

図b

$N=mg$ ……④

加える力の大きさ F を増加させると，(1)(b)より静止摩擦力 f も増加し，最大摩擦力「μN」となった瞬間，BがAの上ですべりだす。つまり，(1)(b)で $F=F_0$ のとき $f=\mu N$ となるから　$\mu N=\frac{F_0}{3}$

④式を代入すると　$\mu mg=\frac{F_0}{3}$

よって　$\boldsymbol{F_0=3\mu mg}$

(3) BがAの上で動いているときは動摩擦力「$\mu' N$」がはたらく。

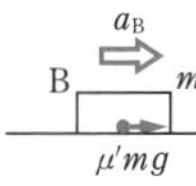

図c

(a) 求める動摩擦力の大きさを f' とすると　$f'=\mu' N$

④式を代入すると　$f'=\boldsymbol{\mu' mg}$　　向きは**右向き**

(b) Aには左向きに $\mu' mg$ がはたらく。

図d

Aの加速度の大きさを a_A とすると，運動方程式は

$2ma_A=F-\mu' mg$

よって　$a_A=\boldsymbol{\frac{F-\mu' mg}{2m}}$ [2]

Bの加速度の大きさを a_B とすると，運動方程式は

$ma_B=\mu' mg$　　よって　$a_B=\boldsymbol{\mu' g}$ [2]

補足 [1] **別解** AとBを質量 $3m$ の1つの物体とみなすと，運動方程式は

$3ma=F$　　よって　$a=\boldsymbol{\frac{F}{3m}}$

[2] **参考** このとき，$F>F_0(=3\mu mg)$ で，$\mu>\mu'$ より $a_A>a_B$ となる。つまり，A，Bとも水平方向右向きに加速し，ともに初速度0であるから，Aの速度 v_A，Bの速度 v_B について，$v_A>v_B$ が成りたつ。このとき，A，Bとも右向きに運動しているが，Aの上からBを見ると左向きに運動して見えるということである。（Aに対するBの相対速度は $v_B-v_A<0$ となる。）

75.

Point! 水中にある物体には，物体が押しのけた水の重さの分だけ鉛直上向きの浮力がはたらき，その大きさは「$F=\rho Vg$」で表される。ρ は水の密度，V は押しのけた水の体積であることに注意する。

解答 (1) 木片の体積は a^3 であるから，木片の質量 m は

$m=\rho_1 a^3$

で表される。よって，木片にはたらく重力の大きさ W は

$W=mg=\rho_1 a^3 g$

となる。木片が完全に水中に沈んでいるとき，押しのけた水の体積も a^3 であるから，浮力の式「$F=\rho Vg$」より浮力の大きさ F は

$F=\rho_2 a^3 g$

ここで，糸の張力の大きさを T とすると，木片にはたらく力は図aのようになり，力のつりあいの式は

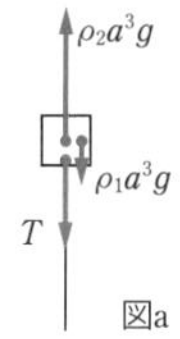

図a

$\rho_2 a^3 g=T+\rho_1 a^3 g$

よって　$T=\rho_2 a^3 g-\rho_1 a^3 g$

$=\boldsymbol{(\rho_2-\rho_1)a^3 g}$

(2) 木片が水面よりも出ている部分の高さを x とすると，木片が押しのけた水の体積は $a^2(a-x)$ であるから，浮力の大きさ F' は

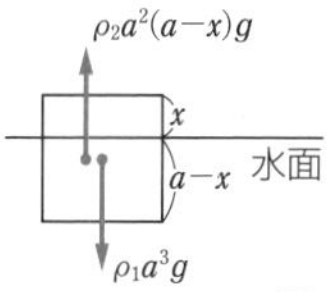

図b

$F'=\rho_2 a^2(a-x)g$

となる。図bのように，重力と浮力のつりあいより

$\rho_2 a^2(a-x)g=\rho_1 a^3 g$

よって，$\rho_2(a-x)=\rho_1 a$ となり，式を整理すると

$x=\boldsymbol{\frac{\rho_2-\rho_1}{\rho_2}a}$

76. **Point!** ばねはかりを外した後の小球の運動では，糸の張力の向きが小球の運動方向と常に垂直になるので，張力がする仕事は0となり，力学的エネルギーが保存される。

解答 (1) ばねはかりにつないだ糸が小球を引く力の大きさを f〔N〕とする。小球にはたらく重力の大きさは mg〔N〕であるから，小球にはたらく力は図aのようになる。ここで，

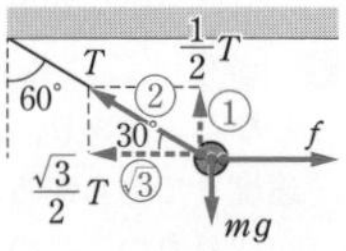

図a

張力 T〔N〕を水平方向と鉛直方向に分解すると，水平成分の大きさは $\frac{\sqrt{3}}{2}T$〔N〕，鉛直成分の大きさは $\frac{1}{2}T$〔N〕となるので，各方向について力のつりあいの式より

水平方向　$f=\frac{\sqrt{3}}{2}T$ ……①

鉛直方向　$\frac{1}{2}T=mg$ ……②

となる。②式より　$T=\boldsymbol{2mg}$〔N〕❶ ……③

(2) ばねはかりが示す値 F〔N〕は，ばねはかりにつないだ糸が小球を引く力の大きさ f〔N〕に等しいので

$F=f$

③式を①式へ代入すると

$F=\frac{\sqrt{3}}{2}\times 2mg=\sqrt{3}\,mg=\boldsymbol{1.7mg}$〔N〕❶

(3) 図bのように，点Bは点Aよりも $\frac{l}{2}$〔m〕高い所にあるので，重力による位置エネルギー「$U=mgh$」より

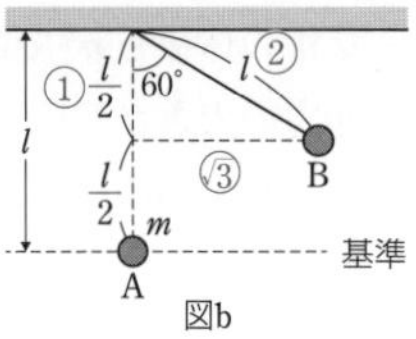

図b

$U=mg\times\frac{l}{2}=\boldsymbol{\frac{1}{2}mgl}$〔J〕

(4) 力学的エネルギー保存則❷より

$0+\frac{1}{2}mgl=\frac{1}{2}mv^2+0$　　よって　$v=\boldsymbol{\sqrt{gl}}$〔m/s〕

補足 ❶ **別解** 図cのように，小球が静止するためには小球がばねはかりにつないだ糸から受ける力と重力の合力が，天井からの糸の張力と一直線上にあり，同じ大きさで逆向きでなければならない。

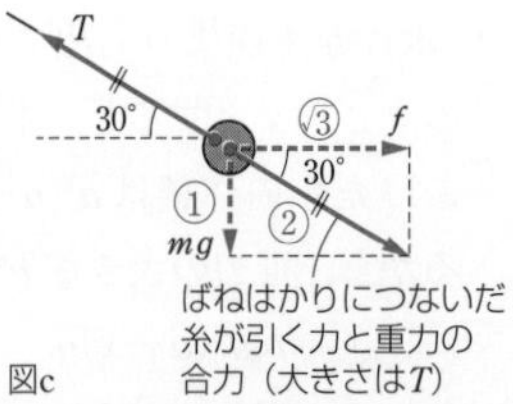

図c

よって，三角比を使うと

$T=\boldsymbol{2mg}$〔N〕

$F=f=\sqrt{3}\,mg=\boldsymbol{1.7mg}$〔N〕

と求めることができる。

❷ **参考** 図dのように，振り子の運動では，糸の張力が小球の運動方向と常に垂直であるため，張力がする仕事は0となる。したがって，力学的エネルギー保存則が成りたつ。

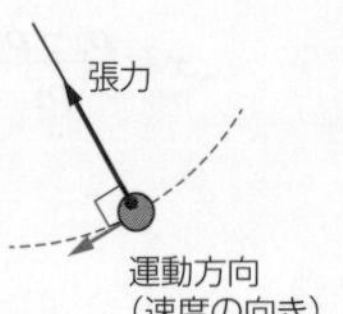

図d

77. **Point!** 重力や弾性力などの保存力が物体にはたらくとき，力学的エネルギーは保存する。一方，動摩擦力などの非保存力が物体にはたらくとき，力学的エネルギーは変化し，その変化は非保存力が物体にした仕事に等しい。この問題では，動摩擦力が物体に負の仕事をするので，力学的エネルギーは減少する。

解答 (1) 点Aにおける小物体の初速が0m/sであるので，運動エネルギーは0Jである。よって，小物体がもつ力学的エネルギーは重力による位置エネルギーとなるから

$E=\boldsymbol{mgH}$〔J〕

(2) 点A，点Bについて力学的エネルギー保存則より

$mgH=\frac{1}{2}mv^2$　　よって　$v=\boldsymbol{\sqrt{2gH}}$〔m/s〕

(3) 動摩擦力がBC間で小物体にした仕事 W〔J〕は，小物体の力学的エネルギーの変化に等しいので

$W=\frac{1}{2}m\cdot\left(\frac{v}{2}\right)^2-\frac{1}{2}mv^2=-\frac{3}{8}mv^2$

ここで，(2)の結果を代入すると

$W=-\frac{3}{8}m\cdot(\sqrt{2gH})^2=\boldsymbol{-\frac{3}{4}mgH}$〔J〕

(4) 仕事の定義式「$W=Fx$」より

$W=-F'L$

ここで，(3)の結果を代入すると

$-\frac{3}{4}mgH=-F'L$

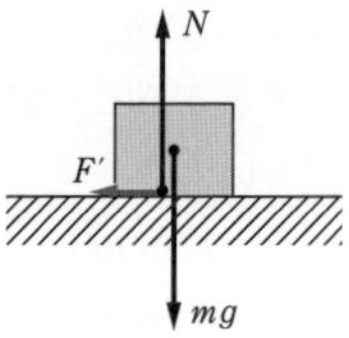

よって　$F'=\boldsymbol{\frac{3mgH}{4L}}$〔N〕❶ ……①

また，小物体が水平面BCから受ける垂直抗力の大きさを N〔N〕とすると（図），鉛直方向の力のつりあいより

$N=mg$ ……②

動摩擦力の式「$F'=\mu'N$」に①式と②式を代入すると

$\frac{3mgH}{4L}=\mu' mg$　　よって　$\mu'=\boldsymbol{\frac{3H}{4L}}$

補足 ❶ **別解** 水平方向右向きを正の向きとして，水平面BCで小物体に生じる加速度を a〔m/s²〕とすると，等加速度直線運動の式「$v^2-v_0{}^2=2ax$」より

$\left(\frac{v}{2}\right)^2-v^2=2aL$　　$a=-\frac{3v^2}{8L}$

ここで，(2)の結果を代入すると

$a=-\frac{3}{8L}\cdot(\sqrt{2gH})^2=-\frac{3gH}{4L}$

運動方程式「$ma=F$」より

$m\left(-\frac{3gH}{4L}\right)=-F'$　　よって　$F'=\boldsymbol{\frac{3mgH}{4L}}$〔N〕

第6章 熱とエネルギー

78. **Point!** 熱量の保存の関係「30°C の水が失った熱量＝15°C の水が得た熱量」を用いる。ここでは,「$Q=mc\Delta T$」の ΔT は温度差を表すので, 正の値になるように代入する。

解答　水の比熱を c〔J/(g·K)〕とおく。30°C の水が失った熱量を Q_1〔J〕とすると,「$Q=mc\Delta T$」より

$$Q_1=150\times c\times(30-t)$$

同様に, 15°C の水が得た熱量を Q_2〔J〕とすると

$$Q_2=100\times c\times(t-15)$$

熱量の保存より $Q_1=Q_2$ であるから

$$150\times c\times(30-t)=100\times c\times(t-15)$$

これを解いて

$$3(30-t)=2(t-15)$$

$$90-3t=2t-30$$

$$5t=120$$

よって　$t=$ **24°C** [1]

補足　1　30°C の水と 15°C の水を混合すると, 混合後の温度 t〔°C〕は $15°C<t<30°C$ になる。

79. **Point!** 熱量の保存の関係「高温の物体が失った熱量＝低温の物体が得た熱量」を用いる。この場合,「高温の物体」は 80°C の湯,「低温の物体」は 20°C の容器と水である。

解答　80°C の湯が失った熱量を Q_1〔J〕とすると,「$Q=C\Delta T=mc\Delta T$」より

$$Q_1=200\times4.2\times(80-44)$$

同様に, 20°C の容器と水が得た熱量を Q_2〔J〕とすると

$$Q_2=(C+285\times4.2)\times(44-20)$$ [1]

熱量の保存より $Q_1=Q_2$ であるから

$$200\times4.2\times(80-44)=(C+285\times4.2)\times(44-20)$$

$$200\times4.2\times36=(C+285\times4.2)\times24$$

$$100\times4.2\times3=C+285\times4.2$$

よって

$$C=300\times4.2-285\times4.2$$

$$=(300-285)\times4.2=\mathbf{63\ J/K}$$

補足　1　$(C+285\times4.2)$ は, 容器と 20°C の水をあわせた熱容量を表す。

80. **Point!** (1)「金属球が失った熱量＝熱量計と水が得た熱量」より求める。
(2) 逃げた熱量は「$Q=C\Delta T$」より求める。熱容量は「金属球＋熱量計＋水」の全体を合計して用いる。

解答　(1) 金属の比熱を c〔J/(g·K)〕とすると, 熱量の保存「失った熱量＝得た熱量」より

$$60\times c\times(73.0-23.0)=(40+200\times4.2)\times(23.0-20.0)$$

よって

$$c=\frac{880\times3.0}{60\times50.0}=\mathbf{0.88\ J/(g\cdot K)}$$

(2) 金属球, 熱量計, 水をあわせた熱容量を C〔J/K〕とすると

$$C=60\times0.88+40+200\times4.2=932.8$$

「$Q=C\Delta T$」より

$$Q=932.8\times(23.0-22.0)\fallingdotseq\mathbf{9.3\times10^2\ J}$$

81. **Point!** −20°C の氷を 10°C の水にする過程は, 温度変化のみの過程と状態変化のみの過程に分けて考えるとよい。温度変化のみの過程では, 比熱を用いて計算し, 状態変化のみの過程では潜熱（ここでは融解熱）を用いて計算する。

解答　(1) −20°C の氷 (50 g) を 0°C の同質量の氷にするのに必要な熱量は,「$Q=mc\Delta T$」および氷の比熱 2.1 J/(g·K) [1] より

$$Q_1=50\times2.1\times\{0-(-20)\}$$

$$=2.1\times1000=\mathbf{2.1\times10^3\ J}$$

(2) 0°C の氷 (50 g) を 0°C の同質量の水にするのに必要な熱量は, 氷の融解熱 3.3×10^2 J/g より

$$Q_2=(3.3\times10^2)\times50$$

$$=165\times10^2$$

$$=1.65\times10^4$$

$$\fallingdotseq\mathbf{1.7\times10^4\ J}$$

(3) 0°C の水 (50 g) を 10°C の同質量の水にするのに必要な熱量は,「$Q=mc\Delta T$」および水の比熱 4.2 J/(g·K) より

$$Q_3=50\times4.2\times(10-0)$$

$$=2100$$

$$=2.1\times1000$$

$$=\mathbf{2.1\times10^3\ J}$$

補足　1　注　氷と水では比熱の値が異なる。

82. **Point!** 物質の状態が変わらないときは，与えた熱量はすべて物質の温度上昇に使われるので，「$Q=mc\Delta T$」が成りたつ。一方，物質の状態が変化するときは，与えた熱量は状態の変化に使われる。

解答 (1)「$Q=mc\Delta T$」を用いて考える。また，$Q=420\times$加熱時間 である。

氷：20 秒間で温度が $0-(-40)=40$K 上昇したので

$$c=\frac{Q}{m\Delta T}=\frac{420\times20}{100\times40}=\mathbf{2.1\ J/(g\cdot K)}$$

水：$(200-100)$ 秒間で温度が $100-0=100$K 上昇したので

$$c=\frac{Q}{m\Delta T}=\frac{420\times(200-100)}{100\times100}=\mathbf{4.2\ J/(g\cdot K)}$$

水蒸気：$(760-740)$ 秒間で温度が $140-100=40$K 上昇したので

$$c=\frac{420\times(760-740)}{100\times40}=\mathbf{2.1\ J/(g\cdot K)}$$

(2) $(100-20)$ 秒間で 0°C の氷 100g が同じ温度の水になったので

$$q_1=\frac{420\times(100-20)}{100}$$
$$=336=3.36\times10^2\fallingdotseq\mathbf{3.4\times10^2\ J/g}$$

(3) $(740-200)$ 秒間で 100°C の水 100g が同じ温度の水蒸気になったので

$$q_2=\frac{420\times(740-200)}{100}$$
$$=2268=2.268\times10^3\fallingdotseq\mathbf{2.3\times10^3\ J/g}$$

83. **Point!** 壁に撃ちこまれる直前の弾丸の運動エネルギーが，すべて発生した熱量になる。なお，「重力の影響は無視してよい」とあるので，弾丸の重力による位置エネルギーは考慮しなくてよい。

解答 壁に撃ちこまれる直前の弾丸の運動エネルギーは，「$K=\frac{1}{2}mv^2$」より

$$K=\frac{1}{2}\times0.100^{❶}\times500^2=12500$$
$$=1.25\times10000=1.25\times10^4\ \mathrm{J}$$

これがすべて熱量 Q になったので　$Q=K=\mathbf{1.25\times10^4\ J}$

また，「$Q=mc\Delta T$」より

$$\Delta T=\frac{Q}{mc}=\frac{1.25\times10^4}{100^{❶}\times0.500}=\mathbf{250K}$$

補足 ❶ 質量の単位に注意。「$K=\frac{1}{2}mv^2$」では単位 kg で，「$Q=mc\Delta T$」では単位 g で用いる。

84. **Point!** 1回の落下で，鉛入り袋に対して重力は mgh〔J〕の仕事をする（重力による位置エネルギーに相当）。この仕事の一部が，鉛粒の温度上昇として使われる。

解答 (1) 1回の落下で重力がする仕事は，鉛入り袋がもつ重力による位置エネルギー（床を基準水平面とする）に等しく❶

$$1.0^{❷}\times9.8\times1.0\ \mathrm{J}$$

よって

$$W=(1.0\times9.8\times1.0)\times50=\mathbf{4.9\times10^2\ J}$$

(2)「$Q=mc\Delta T$」より

$$Q=(1.0\times10^3)^{❷}\times0.13\times(3.0-0)=\mathbf{3.9\times10^2\ J}$$

(3) **床との衝突の際に起こる，鉛粒の変形，分裂や床の温度上昇などに使われた。**

補足 ❶ 重力による位置エネルギーは，物体が基準水平面まで落下する間に重力が物体にした仕事に等しい。

❷ 質量の単位に注意。(1)では単位 kg で，(2)では単位 g で用いる。

85. **Point!** 熱力学第一法則「$\Delta U=Q+W$」を用いる。熱のやりとりがない場合には，$Q=0$ である。また，気体がされた仕事 W と気体がした仕事 W' の間には「$W=-W'$」の関係がある。

解答 (1) 気体がした仕事が 20J なので，気体がされた仕事は　$W=\mathbf{-20\ J}$

(2) 熱力学第一法則「$\Delta U=Q+W$」において，熱のやりとりがないので $Q=0$ である。内部エネルギーの変化 ΔU は

$$\Delta U=0+(-20)=-20\ \mathrm{J}^{❶}$$

よって，気体の内部エネルギーは **20J 減少した**❷。

補足 ❶ 別解 熱力学第一法則「$\Delta U=Q-W'$」を用いて
$\Delta U=0-20=\mathbf{-20\ J}$

❷ 気体が外部に対して 20J の仕事をした分，内部エネルギーは 20J だけ減少した。

86. **Point!** 熱力学第一法則「$\varDelta U=Q+W$」を用いる。$W>0$ の場合，気体は外部から正の仕事をされたことを表し，$W<0$ の場合，気体は外部から負の仕事をされた（すなわち，外部に正の仕事をした）ことを表す。

解答　熱力学第一法則「$\varDelta U=Q+W$」より

$$300=500+W$$

よって　$W=-200$ J

$W<0$ より，200 J のエネルギーは**気体が外部にした仕事となった**[1]。

補足　[1] 気体は 500 J の熱量を得て，そのうちの 300 J は気体自身の内部エネルギーの増加となり，200 J は外部にした仕事となった。

87. **Point!** 熱力学第一法則「$\varDelta U=Q+W$」を用いる。$Q>0$ の場合，気体は熱を吸収したことを表し，$Q<0$ の場合，気体は熱を放出したことを表す。

解答　熱力学第一法則「$\varDelta U=Q+W$」より

-54[1]$=Q+36$

よって　$Q=-90$ J

$Q<0$ より，気体は熱を**放出**した。その熱量は **90 J**

補足　[1] 内部エネルギーは減少したので，マイナスをつける。

88. **Point!** 熱が関与する現象は，すべて不可逆変化である。不可逆変化とは，外部から何らかの操作をしない限り，初めの状態にもどすことができない変化である。

解答　②の運動だけは，真空中での永久運動となる可逆変化。その他は不可逆変化である。

よって　①，③，④

89. **Point!** 熱効率は，与えた熱量のうち仕事に変換された割合を表す。仕事に変換されなかった分の熱量は外部に放出される。

解答　(1)「$e=\dfrac{W'}{Q_{\text{in}}}$」より

$$W=0.20\times(8.0\times10^3)=\mathbf{1.6\times10^3\ J}$$

(2) 与えた熱量のうち，仕事に変換されなかった分の熱量は外部に放出される。よって

$$Q=(8.0\times10^3)-(1.6\times10^3)=\mathbf{6.4\times10^3\ J}$$

90. **Point!** W＝J/s なので，2520 kW とは 2520 kJ/s であり，1 秒当たりに 2520 kJ の仕事ができることを意味している。燃料の 40％ がこの仕事（1 時間分）になる。

解答　ディーゼル機関が，1 時間でする仕事 W は

$W=(2520\times10^3$[1]$)\times3600$[2]　……①

発熱量 Q と熱効率 e〔%〕から，仕事 W を考えると

$$W=\frac{e}{100}\times Q$$

必要な燃料を m〔kg〕とすると　$Q=(4.2\times10^7)\times m$

$$W=\frac{40}{100}\times(4.2\times10^7)\times m \quad \cdots\cdots②$$

①式と②式は等しいので

$$(2520\times10^3)\times3600=\frac{40}{100}\times(4.2\times10^7)\times m$$

$$m=\frac{100\times2520\times10^3\times3600}{40\times4.2\times10^7}$$

$$=540=5.4\times100$$

$$=\mathbf{5.4\times10^2\ kg}$$

補足　[1] 2520 kJ＝2520×10^3 J

[2] 1 時間＝60×60 秒＝3600 秒

第2編 編末問題

91.

Point! 熱量の保存の関係「高温の物体が失った熱量＝低温の物体が得た熱量」を用いる。

解答 (1) 熱量の式「$Q=mc\Delta T$」より

$$\boldsymbol{Q_1=m_1c_1(t_1-t)}\,[\mathrm{J}] \quad \cdots\cdots ①$$

(2) (1)と同様に　$\boldsymbol{Q_2=m_2c_2(t-t_2)}\,[\mathrm{J}]$　……②

(3) 熱量の保存より，①式＝②式 であるから

$$m_1c_1(t_1-t)=m_2c_2(t-t_2)$$

よって　$t=\boldsymbol{\dfrac{m_1c_1t_1+m_2c_2t_2}{m_1c_1+m_2c_2}}\,[°\mathrm{C}]$

92.

Point! 熱量の式「$Q=mc\Delta T$」を用いる。また，ある物体の温度を1K上昇させるのに必要な熱量を熱容量といい，「$C=mc$」と表すことができる。

解答 (1) 熱量の式「$Q=mc\Delta T$」より

$$Q_1=2.0\times10^3\times0.38\times10=7.6\times10^3\,\mathrm{J}$$

$$Q_2=1.0\times10^3\times0.45\times10=4.5\times10^3\,\mathrm{J}$$

$$Q_3=1.0\times10^3\times0.90\times10=9.0\times10^3\,\mathrm{J}$$

$$Q_4=3.0\times10^2\times1.0\times10=3.0\times10^3\,\mathrm{J}$$

$$Q_5=1.5\times10^2\times4.2\times10=6.3\times10^3\,\mathrm{J}$$

よって，$Q_3>Q_1>Q_5>Q_2>Q_4$ となるから　**②**[1]

(2) 熱容量をCとする。熱量の式「$Q=mc\Delta T$」を変形すると，$\Delta T=\dfrac{Q}{mc}=\dfrac{Q}{C}$ となるので，同じ熱量Qを奪った場合，熱容量Cが大きいほど，温度変化の大きさ ΔT は小さくなる。

$$T_1=\frac{Q}{2.0\times10^3\times0.38}=\frac{Q}{7.6\times10^2}$$

$$T_2=\frac{Q}{1.0\times10^3\times0.45}=\frac{Q}{4.5\times10^2}$$

$$T_3=\frac{Q}{1.0\times10^3\times0.90}=\frac{Q}{9.0\times10^2}$$

$$T_4=\frac{Q}{3.0\times10^2\times1.0}=\frac{Q}{3.0\times10^2}$$

$$T_5=\frac{Q}{1.5\times10^2\times4.2}=\frac{Q}{6.3\times10^2}$$

よって，$T_3<T_1<T_5<T_2<T_4$ となるから　**④**[1]

補足 [1] (1)では $Q=C\Delta T$ で ΔT が各物質共通，(2)では $\Delta T=\dfrac{Q}{C}$ でQが各物質共通となるので，(1)ではQがCに比例，(2)では ΔT がCに反比例する。
よって，(1)と(2)で大小関係が逆になる。

93.

Point! 物質の状態が変化するときは，与えられた熱量が状態の変化に使われるため，温度が上昇せず一定となる。また，1gの氷を1gの水に状態を変化させるのに必要な熱量のことを融解熱という。

解答 (ア) グラフ[1]より，25sから150sまでの125秒間では温度が一定であるので，与えられた熱量が0°Cの氷100gを，0°Cの水100gにするために使われたことがわかる。1秒間に280Jの熱を与えているので

$$280\times125=35000=\boldsymbol{3.5\times10^4}\,\mathrm{J}$$

(イ) グラフ[1]より，150sから250sまでの100秒間で，水と熱量計の温度が50°C上昇していることがわかる。この間，与えられた熱量は

$$280\times100=28000\,\mathrm{J} \quad \cdots\cdots ①$$

熱量の式「$Q=mc\Delta T$」より，水が得た熱量を Q_1 とすると

$$Q_1=100\times4.2\times50=21000\,\mathrm{J} \quad \cdots\cdots ②$$

求める熱量計の比熱を $c\,[\mathrm{J/(g\cdot K)}]$ とし，熱量計が得た熱量を Q_2 とすると

$$Q_2=370\times c\times50=18500c\,[\mathrm{J}] \quad \cdots\cdots ③$$

①～③式より

$$28000=21000+18500c$$

よって　$c=0.378\cdots\fallingdotseq\boldsymbol{0.38}\,\mathrm{J/(g\cdot K)}$

補足 [1] 注　0s～25sと，150s～250sで，グラフの傾きが異なるのは，氷と水の比熱の値が異なるためである。

94.

Point! 融解＋温度上昇のような変化が起こるときは，どのような状態変化があるのかを確認して必要な熱量を段階的に表す。

解答 (ア) 湯 100g が 100°C から 0°C になる間に，0°C の氷がすべてとけて 0°C の水になる変化を考えればよい。

熱量の保存より，高温の湯が失った熱量と低温の水が得た熱量とは等しい。必要な氷の質量を m〔g〕として，湯が失った熱量については「$Q=mc\Delta T$」を用いると

$100\times4.2\times(100-0)=336\times m$ [1]

よって　$m=125\fallingdotseq\mathbf{1.3\times10^2}$ **g**

(イ) 0°C の氷を 20°C の水にするためには

0°C の氷 → 融解 → 0°C の水 → 温度変化 → 20°C の水

の過程を経るので，融解と温度上昇に必要な熱量を求めて足しあわせればよい。

$336\times1+1\times4.2\times(20-0)=336+84=420$
$=\mathbf{4.2\times10^2}$ **J**

(ウ) 高温の湯 100g の変化は

100°C の湯 → 温度変化 → 20°C の水

低温の氷 M〔g〕の変化は

0°C の氷 → 融解 → 0°C の水 → 温度変化 → 20°C の水

である。(イ)より M〔g〕の氷の場合，$420\times M$〔J〕の熱が必要であるから，熱量の保存より

$100\times4.2\times(100-20)=420\times M$ [2]

よって　$M=$ **80g**

補足 [1] 右辺は m〔g〕の氷が融解するのに必要な熱量である。
[2] 別解 (イ)の結果を利用せずに熱量の保存を用いて書くと
$100\times4.2\times(100-20)=336\times M+M\times4.2\times(20-0)$
となる。

95.

Point! 失われた力学的エネルギーが，熱エネルギーとして物体の温度上昇に使われる。

解答 (1) 最初，2つの鉛玉がもっていた運動エネルギーは，「$K=\frac{1}{2}mv^2$」より

$\left(\frac{1}{2}\times0.20\times100^2\right)\times2=2000$ J

であり，衝突後静止したので，このエネルギーすべてが失われ，鉛玉の温度上昇に使われる。熱量の式「$Q=mc\Delta T$」より

$2000=(200+200)\times0.13\times\Delta T$ [1]

よって　$\Delta T=38.4\cdots\fallingdotseq$ **38°C**

(2) 地上を重力による位置エネルギーの基準とする。最初，物体がもっていた重力による位置エネルギーは「$U=mgh$」より

$0.40\times9.8\times200=784$ J

地面に衝突する直前，力学的エネルギー保存則より 784J の運動エネルギーを物体がもっていたが，衝突直後，速さが 0.50 倍ではねかえったので，「$K=\frac{1}{2}mv^2$」の式より，v が 0.50 倍 $\left(=\frac{1}{2}\text{倍}\right)$ になると運動エネルギーは $\left(\frac{1}{2}\right)^2=\frac{1}{4}$ 倍 となることがわかる。よって，地面との衝突で失われた運動エネルギーは

$784-784\times\frac{1}{4}=784\times\frac{3}{4}=588$ J

これが氷の融解熱として使われるので，求める氷の質量を m〔g〕とすると

$588=m\times336$

よって　$m=1.75\fallingdotseq$ **1.8g**

補足 [1] 「$Q=mc\Delta T$」を用いる計算で，c の単位が g で書かれているので，m の単位も kg ではなく，g に直すことに注意する。

96.

Point! 熱力学第一法則「$\Delta U=Q+W$」または「$\Delta U=Q-W'$」を用いる。定積変化では $W'=0$，等温変化では $\Delta U=0$，断熱変化では $Q=0$ である。

解答 (1) 定積変化では，体積が一定なので，気体がした仕事 W' は **0J**

熱力学第一法則「$\Delta U=Q-W'$」より，$\Delta U=Q_1$ となる。Q_1〔J〕の熱量を与えたので，内部エネルギーの増加量 $\Delta U=Q_1$〔J〕。したがって，$\mathbf{Q_1}$〔J〕**増加した** [1]。

(2) 熱力学第一法則「$\Delta U=Q-W'$」より，内部エネルギーの増加量 ΔU は，$\Delta U=\mathbf{Q_2-W_2}$〔J〕[2]

(3) 気体の内部エネルギーが変化しなかった($\Delta U=0$)ので，熱力学第一法則「$\Delta U=Q-W'$」より　$W'=\mathbf{Q_3}$〔J〕[3]

(4) 断熱変化では $Q=0$ なので，熱力学第一法則「$\Delta U=Q-W'$」より

$\Delta U=-W_4$

気体がした仕事 $W_4>0$ なので，内部エネルギーは**減少する** [4]。

補足 [1] 定積変化では，与えた熱がすべて内部エネルギーの増加分になる。
[2] 定圧変化では，与えた熱が，内部エネルギーの増加と仕事になる。
[3] 等温変化では与えた熱がすべて仕事になる。
[4] 断熱変化では，外にした仕事の分，内部エネルギーが減少する。

第7章 波の性質

■基礎トレーニング⑤「波のグラフの見方」の解答はp.61

97.

Point! (1) 問題の図(y-x 図)から波の要素(波長λ，振幅A)を読み取る。

(2) 速さ$=\dfrac{移動距離}{経過時間}$ で求める。

解答 (1) 図aのように，波長は[1] $\lambda=$**0.40m**

振幅は $A=$**0.10m**

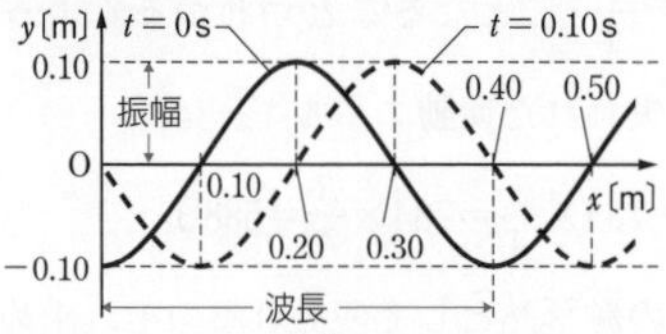

図a

(2) 図aより，$t=0$s のとき $x=0.20$m の位置にある山は，$t=0.10$s では $x=0.30$m の位置に達する。よって

$$v=\frac{0.30-0.20}{0.10-0}=\frac{0.10}{0.10}=\mathbf{1.0m/s}$$

補足 [1] 隣りあう山と山，あるいは谷と谷の間隔など，波1つ分の長さを波長という。

98.

Point! 波の移動距離を求め，波形を平行移動させる。また，波形は1周期経過するごとに同じ形状になることに注意する。

解答 (1) 波の速さは0.50m/sなので，4.0秒間の波の移動距離は

$0.50\times4.0=2.0$m

よって，波の進む正の向きに2.0m平行移動させればよい(**図a**)。

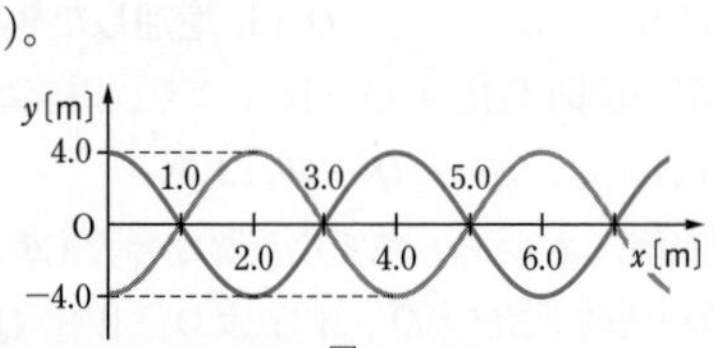

図a

(2) 波形は1周期経過するごとに，同じ形状となる。問題の図(y-x 図)より，正弦波の波長は $\lambda=4.0$m と読み取ることができる。波の速さは

$v=0.50$m/s であるから，「$v=\dfrac{\lambda}{T}$」より

$$T=\frac{\lambda}{v}=\frac{4.0}{0.50}=8.0\text{s}$$

よって $t_0=T=$**8.0s**

99.

Point! **y-x 図から y-t 図をかくには，y-x 図上にわずかに時間が経過したときの波形をかいて，注目している点の媒質が初めにどの向きに動くのかを調べる。振幅や周期を求めて正弦曲線をかけば y-t 図が得られる。**

解答 (1) 問題の y-x 図より波長は $\lambda=2.0$cm である[1]。波の速さは $v=5.0$cm/s であるから，周期は

$$T=\frac{\lambda}{v}[2]=\frac{2.0}{5.0}=0.40\text{s}$$

原点Oでの媒質がどのように時間変化するかを調べる。$t=0$s からわずかに時間が経過したときの波形を問題の図に重ねると，図aのようになる。$t=0$s での変位は y-x 図より $y=0$cm であり，その次の瞬間には下向きに動く(負の向きに変位する)。以上より，原点Oでの媒質の変位の時間変化のグラフ(y-t 図)[3]は**図b**のようになる。

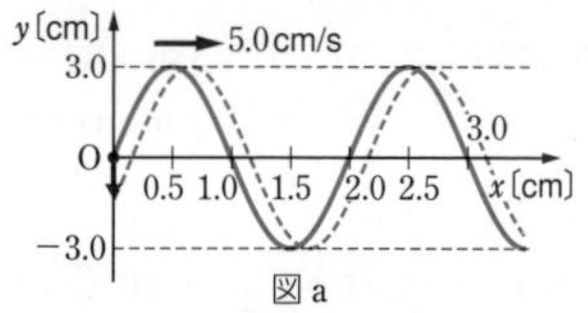

図a

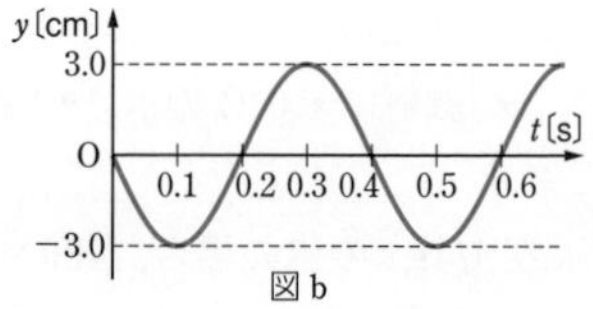

図b

(2) (1)と同様に，$t=0$s からわずかに時間が経過したときの波形を問題の図に重ねると，図cのようになる。$t=0$s での変位は $y=0$cm であり，その次の瞬間には上向きに動く(正の向きに変位する)。以上より，原点Oでの媒質の変位の時間変化は**図d**のようになる。

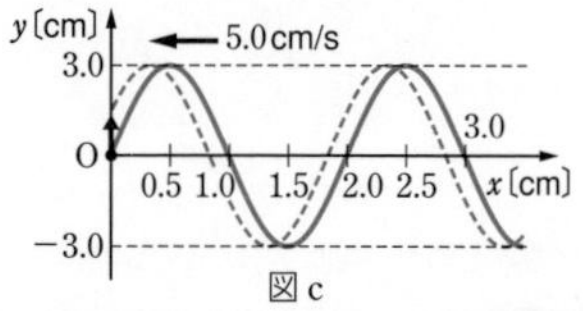

図c

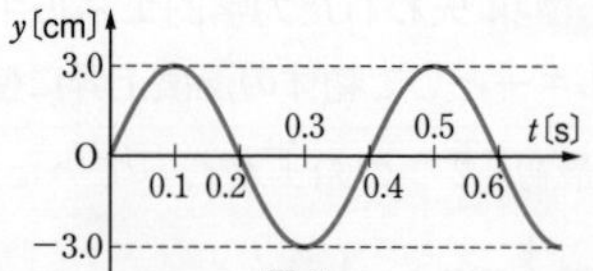

図d

補足 [1] 波長は波1つ分の長さである。

[2] 「$v=\dfrac{\lambda}{T}$」より $T=\dfrac{\lambda}{v}$

[3] y-t 図はある位置の媒質の変位の時間変化を表す(横軸が時間 t)。

100. **Point!** y-t 図は，変位の時間変化を表しており，波形ではないことに注意する。問題での y-t 図から，時刻 $t=0\,\mathrm{s}$ において原点の変位は $y=0\,\mathrm{m}$ で，その後，変位は増加していくことが読み取れる。このような変化をもたらすような波形を推測する。

解答 (1) 周期は，グラフより　$T=\mathbf{0.40\,s}$

振動数は「$f=\dfrac{1}{T}$」より

$$f=\frac{1}{0.40}=\mathbf{2.5\,Hz}$$

波の速さは $v=3.0\,\mathrm{m/s}$ なので，「$v=f\lambda$」より

$$\lambda=\frac{v}{f}=\frac{3.0}{2.5}=\mathbf{1.2\,m}$$

(2) 原点の振動に注目すると，時刻 $t=0\,\mathrm{s}$ で変位 $y=0\,\mathrm{m}$ であるから，①，②の波形のどちらかである。y-t 図より，時間とともに原点の変位は正の向きに増加していくが，①，②の波形についてわずかに時間が経過したときの波形を考えると（図 a），原点の変位が増加するのは②である。よって答えは**②**

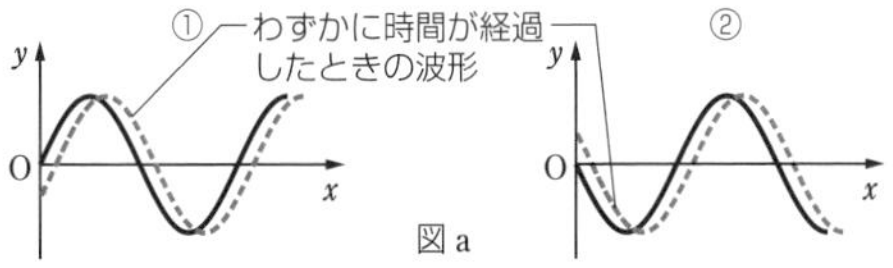

図 a

(3) 振幅 $A=0.15\,\mathrm{m}$，波長 $\lambda=1.2\,\mathrm{m}$，および，(2)の概形をもとにして，$t=0\,\mathrm{s}$ での波形は**図 b**

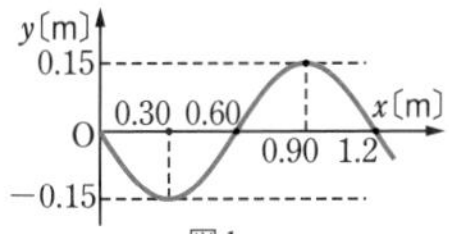

図 b

101. **Point!** 縦波における媒質の変位は，反時計回りに 90° 回転させることによって，横波のように表すことができる。縦波の媒質の，x 軸の正の向きの変位は y 軸の正の向きの変位として表し，x 軸の負の向きの変位は y 軸の負の向きの変位として表す。

解答

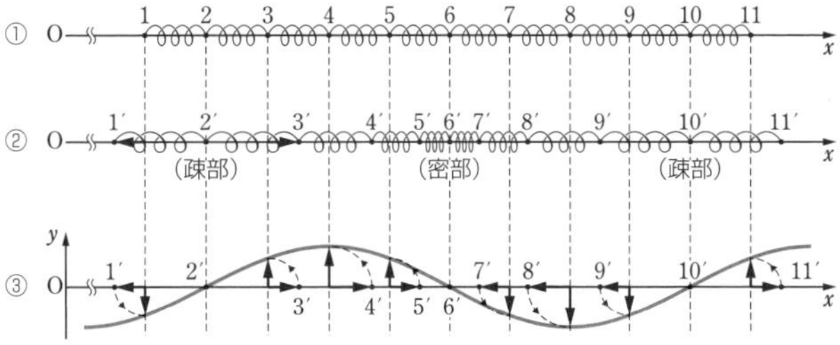

102. **Point!** (1), (2) 横波表示の変位を時計回りに90° 回転させ，縦波の変位にもどして調べる。
(3), (4) 縦波でも，媒質の速さは横波表示の山・谷の点で0となり，変位yが0の点で最大となる。速度の向きを知るには少し後の横波表示の波形をかく。この間の媒質の動きの向きがy軸の正の向きならば，振動の速度はx軸の正の向き（右向き）である。

解答　y軸方向に表された変位をx軸方向にかき直すと図aのようになる[1]。

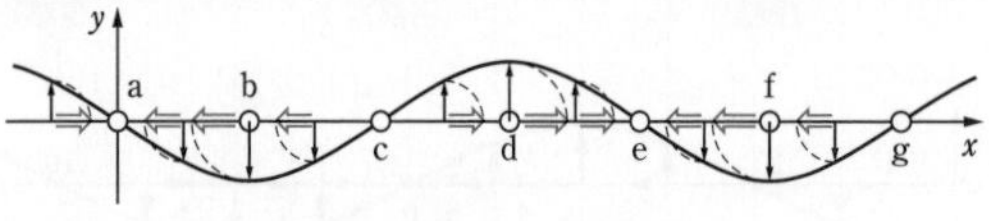

図a

(1) 最も密な点は媒質が周囲から集まる点である。
よって **a，e**

(2) 最も疎な点は媒質が周囲へ遠ざかる点である。
よって **c，g**

(3) 媒質の速度が0の点は媒質の変位の大きさが最大の点である。
よって **b，d，f**

(4) 媒質の速さが最大となるのは，振動の中心を通過するときである。すなわち，変位が0のa，c，e，gである。この4点のうち右向きに動いている点は，少し後の波形をかいて調べる（図b）。
媒質の速度が右向きのとき，これを横波表示にするとy軸の正の向きとなる。媒質の速さが最大となるa，c，e，gのうち，波形をわずかに進めたとき，媒質がy軸の正の向きに動いているのは **a，e**

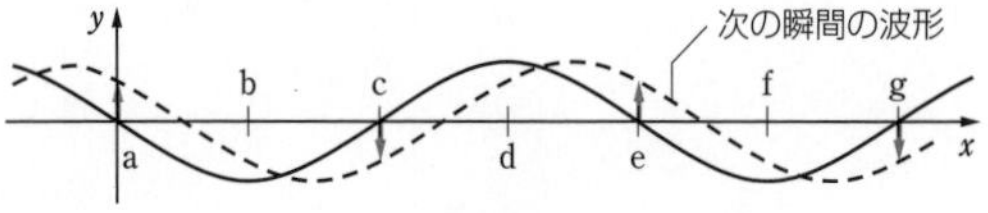

図b

問 縦波が負の向きに進む場合であっても，注目する時刻の波形が同じであれば，媒質の変位のようすは図aと同じになる。よって，(1)～(3)は，正の向きに進む場合と変わらない。

(1) 最も密な点…**a，e**　(2) 最も疎な点…**c，g**
(3) 媒質の速度が0の点…**b，d，f**

次に，媒質の速度については，少し後の波形をかいて調べる（図c）。

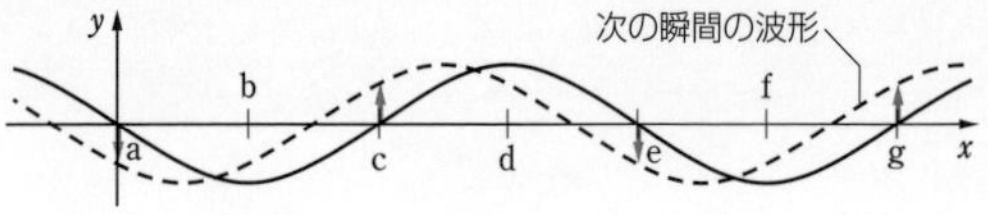

図c

媒質の速さが最大となるa，c，e，gのうち，媒質がy軸の正の向きに動いているのはc，g

(4) 媒質の速度が右向きに最大の点…**c，g**

補足 [1] 点dのようにy軸の正の向きに表された変位は，x軸の正の向きにかき直す。

点bのようにy軸の負の向きに表された変位は，x軸の負の向きにかき直す。

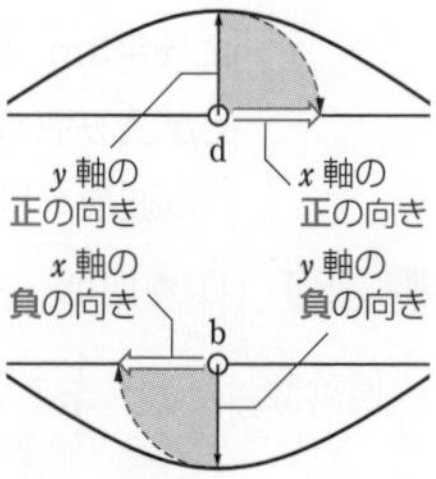

103. **Point!** 波は1周期の間に1波長進むので，$\frac{1}{4}$ 周期では $\frac{1}{4}$ 波長進む。各時刻について2つの正弦波の波形をかき，重ねあわせの原理で合成する。どの時刻でも変位が0の点が合成波の節である。

解答 2つの正弦波の波長はともに，問題の図における横軸の目盛りの4目盛り分である。したがって，各波は $\frac{1}{4}$ 周期ごとに横軸1目盛りだけ右または左に進む。
合成波は2つの波を重ねあわせたもので，定在波になる。定在波の節は変位が0のまま振動しない点のことで，等間隔に並ぶ。
以上より，**図**のようになる[1]。

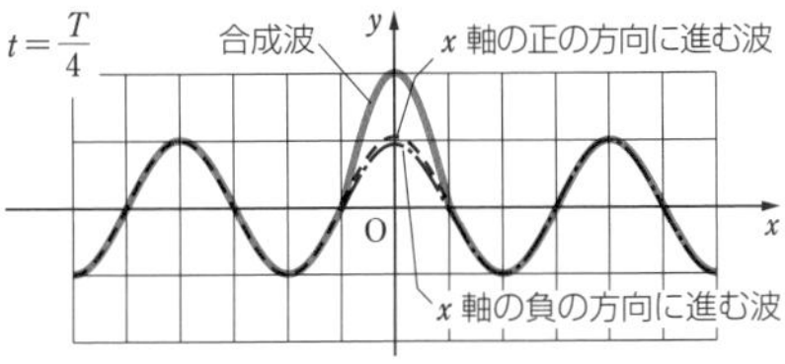

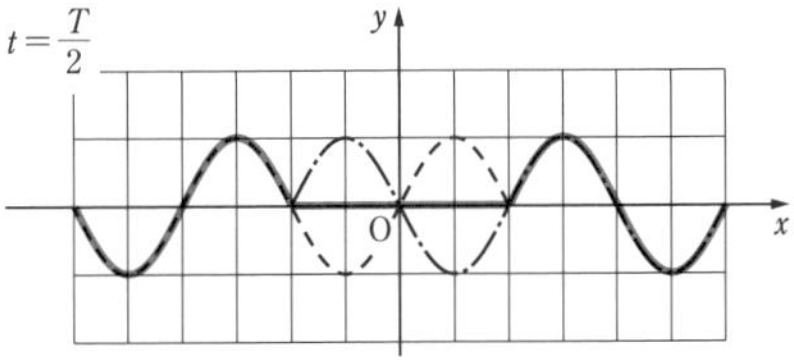

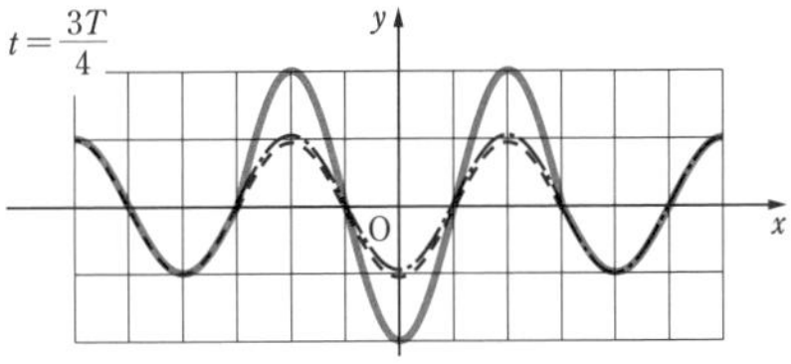

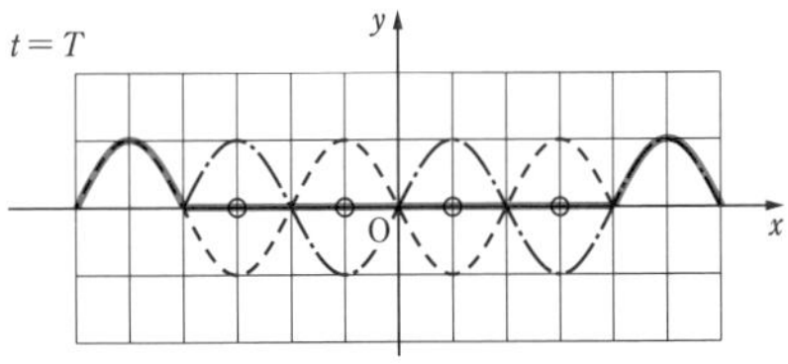

補足 [1] **注** $t=T$ の図では，原点Oなどを節と間違えやすいので注意すること(破線と一点鎖線は合成前の進行波であり，合成波ではない)。

104. **Point!** 反対の向きに同じ速さで進む，波長 λ と振幅 A の等しい波が重なると，定在波ができる。定在波の基本事項をおさえておく。
定在波の振動数(周期)＝進行波の振動数(周期)
腹の位置での振幅＝$2A$
腹と腹(節と節)の間隔＝$\frac{1}{2}\lambda$
隣りあう腹と節の間隔＝$\frac{1}{4}\lambda$

解答 (1) 定在波の振動数は，もとの2つの波(進行波)の振動数と同じであるから

$f=$ **250 Hz**

腹の位置では，もとの2つの波が強めあって振幅が2倍になるから

$A=2\times0.020=$ **0.040 m**

(2) 節と節の間隔は，もとの進行波の波長の半分に等しいから

$d=\frac{1}{2}\lambda=\frac{1}{2}\times0.12=$ **0.060 m**

105. **Point!** 反射波の作図方法は，自由端の場合には，入射波を延長し，自由端を軸に折り返す。固定端の場合には，入射波を延長し，上下反転させたのち，固定端を軸に折り返す。

解答 波の速さは1.0 cm/s であるから，$t=2.0$ s のとき，端点Pをこえてそのまま進んだとした入射波の先端は，端点Pより2.0 cm 右に達している。

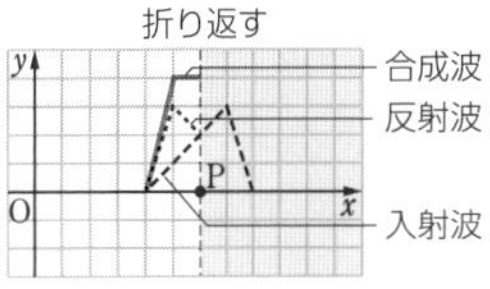

図a

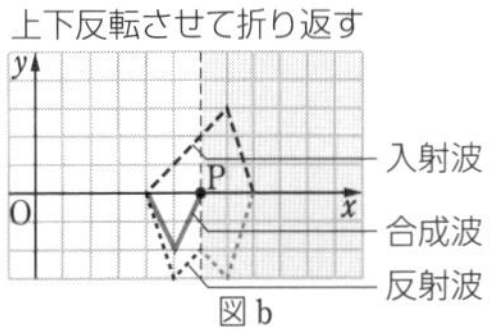

図b

(1) **図a** 自由端では，入射波の延長を，自由端を軸にそのまま折り返したものが反射波となる。合成波の波形は入射波と反射波を重ねあわせの原理を用いて合成したものである。

(2) **図b** 固定端では，入射波の延長を上下反転させて，固定端を軸に折り返したものが反射波となる。合成波は入射波と反射波を重ねあわせたものである。

106. **Point!** 反射波の作図は，自由端の場合には，入射波を延長し，自由端を軸にして折り返す。固定端の場合には，入射波を延長し，上下反転させたのち，固定端を軸に折り返す。

解答 (1) 2.0 秒間に，波は 2.0cm 進む。このときの波形が入射波である。これを延長し，自由端を軸に折り返した波形が反射波である。合成波は，入射波と反射波を重ねあわせると得られる。答えは**図a**

図 a

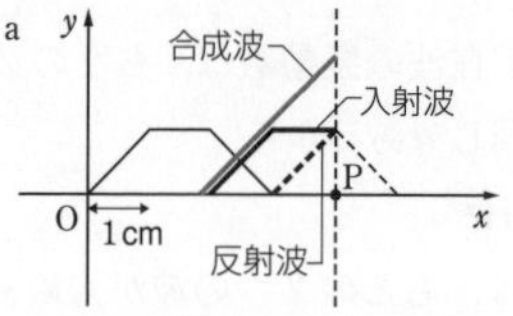

(2) 入射波は(1)と同じである。これを延長し，上下反転させたのち，固定端を軸に折り返した波形が反射波である。合成波は，入射波と反射波を重ねあわせると得られる。答えは**図b**

図 b

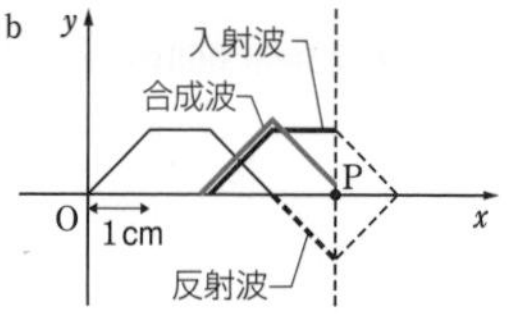

107. **Point!** 自由端では波の山がそのまま山として反射される。固定端では波の山が反転して谷となって反射される。反射波の作図方法は，自由端の場合には，入射波を延長し，自由端を軸に折り返す。固定端の場合には，入射波を延長し，上下反転させたのち，固定端を軸に折り返す。

解答 波の速さは 1.0cm/s であるから，$t=4.0$s のとき，端 AB をこえてそのまま進んだとした入射波の先端は，端 AB より 4.0cm (1 波長分) 右に達している。

(1) **図a** 自由端では，入射波の延長を，端 AB を軸にそのまま折り返したものが反射波となる。合成波の波形は入射波と反射波を重ねあわせの原理を用いて合成したものである❶。

(2) **図b** 固定端では，入射波の延長を上下反転させて，端 AB を軸に折り返したものが反射波となる。合成波は入射波と反射波を重ねあわせたものである❷。

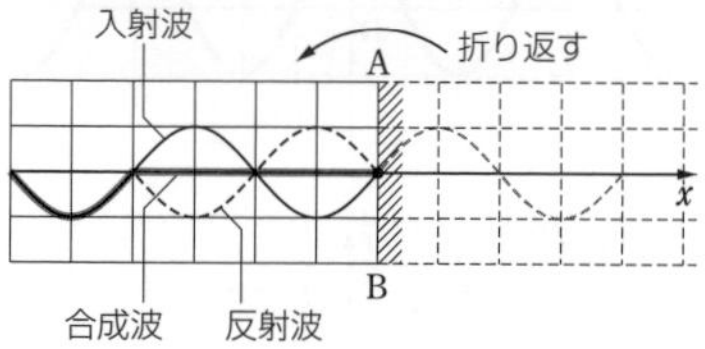

図 a

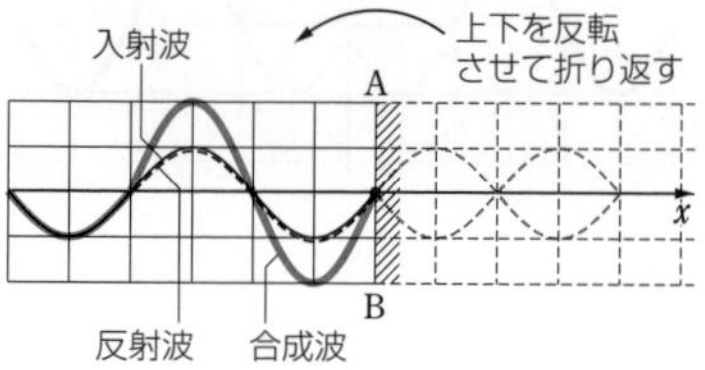

図 b

補足 ❶ 参考 定在波ができるとき，自由端は腹となる。
❷ 参考 定在波ができるとき，固定端は節となる。

108. **Point!** 固定端は節となる。定在波の節は半波長ごとに現れる。

解答 固定端 F は常に変位が 0 の節である。また，定在波の節は半波長ごとに現れるので，節は D，B の位置である。以上より節の位置は **B，D，F**

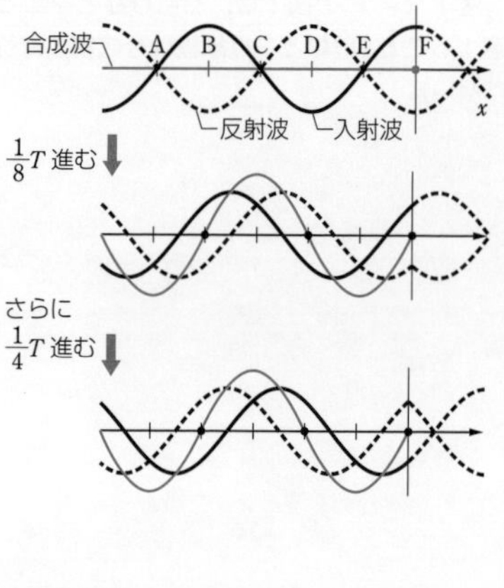

第8章 音の伝わり方と発音体の振動

109. Point! 船の動きをもとに，音が実際に進んだ経路の長さを考え，氷山までの距離を求める。空気中を伝わる音の速さは，船の速さとは無関係で，一定の速さである。

解答 (1) 反響音を聞いたときの船と氷山との距離を x〔m〕とする。音が進んだ経路の長さは $2x$〔m〕だから，等速直線運動の式「$x=vt$」より

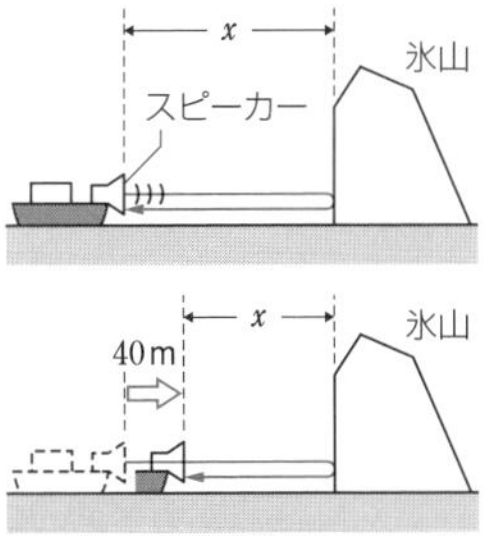

$2x=(3.3\times10^2)\times4.0$

よって

$x=\mathbf{6.6\times10^2\,m}$

(2) 船が進みながら音を出しても，音は静止している空気中を伝わるので，その速さは 3.3×10^2 m/s である。

4.0 秒間に船が進む距離は

$10\times4.0=40\,\text{m}$

であるから，音が進んだ経路の長さは

$(40+x)+x=2x+40$〔m〕

したがって

$2x+40=(3.3\times10^2)\times4.0$

$2x=(3.3\times10^2)\times4.0-40$

よって　$x=660-20=640=6.4\times100=\mathbf{6.4\times10^2\,m}$

110. Point! 振動数と1秒当たりのうなりの回数の式「$f=|f_1-f_2|$」を用いる。

解答 弦楽器の弦と標準おんさとのうなりは毎秒2回であるから[1]

$2=|f-440|$

よって　$f=442\,\text{Hz}$ または $438\,\text{Hz}$

弦楽器の弦と低周波発振器とのうなりは毎秒3回であるから

$3=|f-445|$

よって　$f=448\,\text{Hz}$ または $442\,\text{Hz}$

両者の共通解が求める振動数である。

よって　$f=\mathbf{442\,Hz}$

補足 [1] 参考 振動数のわかっているおんさの音と，楽器の音との間で生じたうなりを聞くことにより，楽器の調律を行うことができる。

111. Point! 振動数と1秒当たりのうなりの回数の式「$f=|f_1-f_2|$」を用いる。おんさの枝に輪ゴムを巻いて鳴らすと，振動数はもとの振動数よりわずかに小さくなる。

解答 おんさAとおんさB(振動数400Hz)とのうなりは毎秒4回であるから

$4=|f_A-400|$

よって　$f_A=404\,\text{Hz}$ または $396\,\text{Hz}$

また，おんさBの枝に輪ゴムを巻くと，振動数はもとの値400Hzより小さくなる[1]。さらに，このときおんさAとおんさBはうなりを生じなかったので，2つのおんさの振動数は等しい。以上より，おんさAの振動数は

$f_A=\mathbf{396\,Hz}$

補足 [1] おんさに輪ゴムをつけると，おんさが振動しにくくなるため，振動数はわずかに小さくなる。

112. Point! 弦が固有振動しているとき，弦には両端が節となる定在波ができている。固有振動の波長は，振動している弦のようすを図示すると求めやすい。

解答 基本振動，2倍振動，3倍振動では，それぞれ，腹が1つ，2つ，3つの定在波ができている(**図a**)。

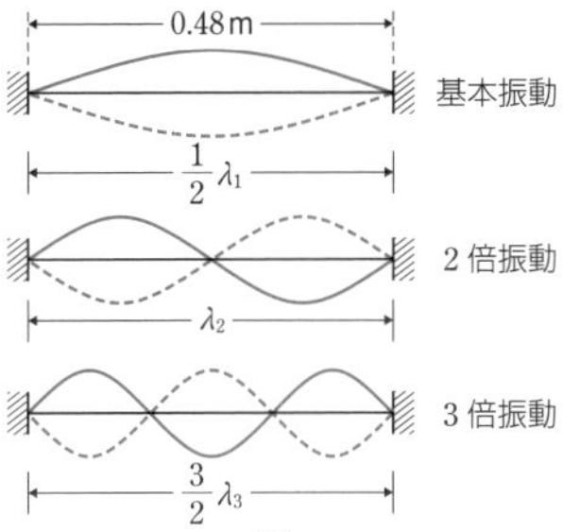

図a

波長は図より求める。

基本振動のとき　$\frac{1}{2}\lambda_1=0.48$　　$\lambda_1=\mathbf{0.96\,m}$[1]

2倍振動のとき　$\lambda_2=\mathbf{0.48\,m}$[1]

3倍振動のとき　$\frac{3}{2}\lambda_3=0.48$　　$\lambda_3=\mathbf{0.32\,m}$[1]

補足 [1] 別解 波長 $\lambda=2\times$(節～節)と考えて

$\lambda_1=2\times\frac{0.48}{1}=\mathbf{0.96\,m}$　　$\lambda_2=2\times\frac{0.48}{2}=\mathbf{0.48\,m}$

$\lambda_3=2\times\frac{0.48}{3}=\mathbf{0.32\,m}$

113.

Point! 弦を伝わる波の波長は，振動のようすを図示すると求めやすい。

解答 (1) 弦の振動のようすは図 a のようになる。
よって

$$\lambda=\frac{2}{3}\times1.2=\mathbf{0.80\,m}$$

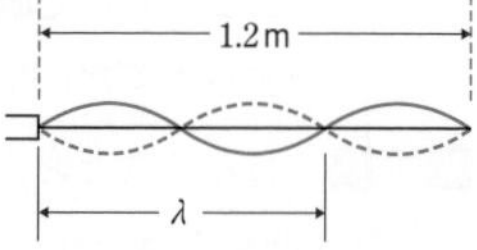

図 a

(2)「$v=f\lambda$」より $v=(1.2\times10^2)\times0.80=\mathbf{96\,m/s}$

(3) 弦の振動のようすは図 b のようになる。よって，このときの波長を λ'〔m〕とすると

$$\lambda'=\frac{1}{2}\times1.2=0.60\,\text{m}$$

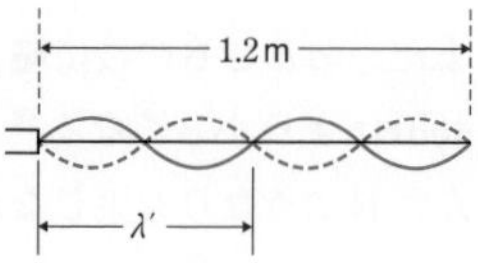

図 b

「$v=f\lambda$」より

$$f=\frac{96}{0.60}=160=1.6\times100=\mathbf{1.6\times10^2\,Hz}\ [1]$$

補足 [1] **別解** (1)，(2)の振動は 3 倍振動なので
$f_3=3f_1$ （f_1：基本振動数）
(3)の振動は 4 倍振動なので

$$f=4f_1=4\times\frac{1}{3}f_3=\frac{4}{3}\times(1.2\times10^2)$$
$$=\mathbf{1.6\times10^2\,Hz}$$

114.

Point! 気柱が固有振動しているとき，管内には管底（閉口端）が節，管口（開口端）が腹となる定在波ができている。管の長さと波長について，次の関係が成りたっている。

閉管：管の長さ＝奇数×$\left(\text{節と腹の間隔 }\dfrac{\lambda}{4}\right)$

開管：管の長さ＝自然数×$\left(\text{腹と腹の間隔 }\dfrac{\lambda}{2}\right)$

解答 〔閉管の場合〕
定在波のようすは**図 a** のようになる。基本振動，3 倍振動[1]の波長をそれぞれ λ_1，λ_3〔m〕とすると

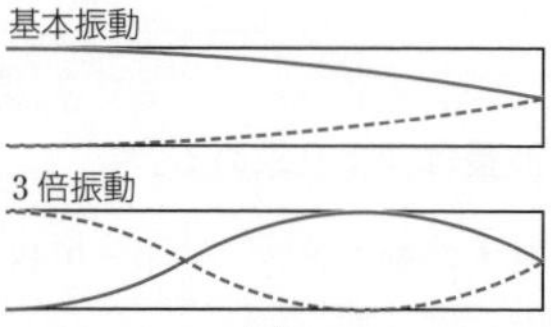

図 a

$$1.2=1\times\frac{\lambda_1}{4}$$

よって $\lambda_1=1.2\times4=\mathbf{4.8\,m}$ [2]

$$1.2=3\times\frac{\lambda_3}{4} \qquad \text{よって}\quad \lambda_3=1.2\times\frac{4}{3}=\mathbf{1.6\,m}\ [2]$$

〔開管の場合〕
定在波のようすは**図 b** のようになる。基本振動，3 倍振動の波長をそれぞれ λ_1'，λ_3'〔m〕とすると

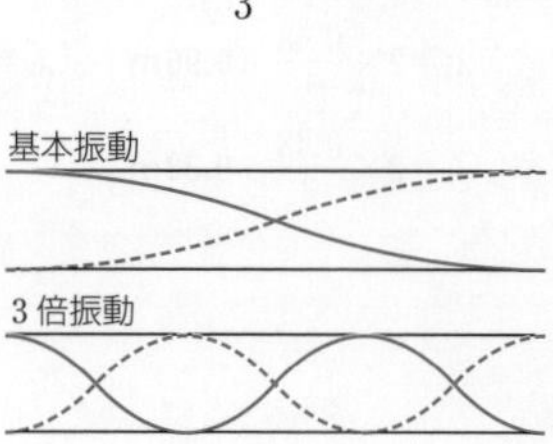

図 b

$$1.2=1\times\frac{\lambda_1'}{2}$$

よって $\lambda_1'=1.2\times2=\mathbf{2.4\,m}$ [3]

$$1.2=3\times\frac{\lambda_3'}{2} \qquad \text{よって}\quad \lambda_3'=1.2\times\frac{2}{3}=\mathbf{0.80\,m}\ [3]$$

補足 [1] **注** 「3 倍振動」といったとき，「振動数が基本振動数の 3 倍」であることを意味する。「固有振動のうち，振動数の小さいほうから 3 番目」という意味ではない。

[2] **別解** 波長 $\lambda=4\times$(節～腹) と考えて
$\lambda_1=4\times1.2=\mathbf{4.8\,m}$　$\lambda_3=4\times0.40=\mathbf{1.6\,m}$

[3] **別解** 波長 $\lambda=2\times$(腹～腹) と考えて
$\lambda_1'=2\times1.2=\mathbf{2.4\,m}$　$\lambda_3'=2\times0.40=\mathbf{0.80\,m}$

115.

Point! 初めて共鳴したときの気柱の長さ $l_1=$**19.0 cm** と 2 回目に共鳴したときの気柱の長さ $l_2=$**59.0 cm** との差が半波長である。開口端補正があるため，開口端の位置が定在波の腹に一致しない点に注意。

解答

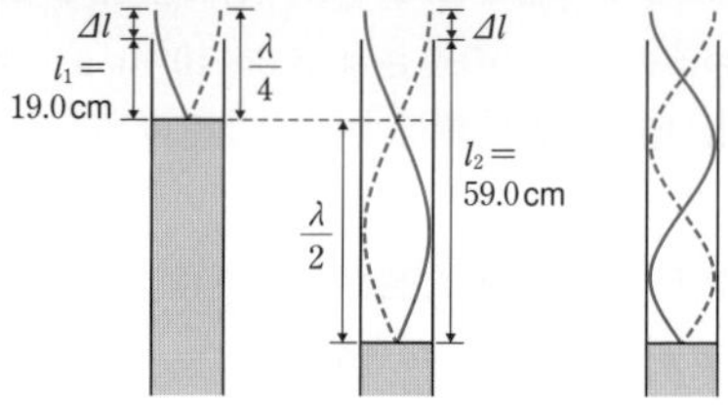

図 a　図 b

(1) 開口端補正があるので，$l_1=\dfrac{\lambda}{4}$ とはならない。

図 a より $\dfrac{\lambda}{2}=59.0-19.0$

よって $\lambda=80.0\,\text{cm}=0.800\,\text{m}$ [1]

$V=f\lambda=420\times0.800=\mathbf{336\,m/s}$

(2) 開口端補正 Δl を求めればよい。図 a より

$$\Delta l=\frac{\lambda}{4}-l_1=20.0-19.0=\mathbf{1.0\,cm}$$

(3) 振動数 420 Hz の場合は気柱の 3 倍振動と共鳴したから，次に 5 倍振動と共鳴する。
その波長を λ' とすると，図 b より

$$59.0+1.0=\frac{\lambda'}{4}\times5$$

よって $\lambda'=48.0\,\text{cm}=0.480\,\text{m}$

したがって振動数 f' は 「$v=f\lambda$」より

$$f'=\frac{V}{\lambda'}=\frac{336}{0.480}=\mathbf{700\,Hz}$$

補足 [1] 速さの単位 m/s にあわせ，波長の単位は m にして代入する点に注意。

第3編 編末問題

116. **Point!** 波長，振動数などの用語が用いられていないが，問題文の記述からそれらの量を読み取ることができる。

解答 波の隣りあう山の間隔が 2.0m より，波長は

$\lambda=2.0\,\mathrm{m}$

10 秒間に 5 回上下に振動したことから，振動数 (単位時間当たりの振動の回数) は　$f=\dfrac{5}{10}=0.50\,\mathrm{Hz}$

「$v=f\lambda$」より　$v=0.50\times2.0=\mathbf{1.0\,m/s}$

117. **Point!** 自由端では入射した波の山がそのまま山として反射されるのに対し，固定端ではそれが谷として反射される。反射波の作図をするとき，自由端では入射波を延長したものを自由端を軸に線対称に折り返す。固定端では，入射波を延長したものを固定端に関して点対称に折り返せばよい。

解答 (1) 図より，振幅 $A=\mathbf{1.0\,cm}$，波長 $\lambda=\mathbf{4.0\,cm}$

また，0.60s でAの山が $x=6.0\,\mathrm{cm}$ から $x=3.0\,\mathrm{cm}$ までの 3.0cm 進むので，波の速さ v は

$v=\dfrac{3.0}{0.60}=\mathbf{5.0\,cm/s}$

波の基本式 「$v=f\lambda$」 より

$5.0=f\times4.0$

よって　$f=\dfrac{5.0}{4.0}=1.25\fallingdotseq\mathbf{1.3\,Hz}$

周期 T は　$T=\dfrac{1}{f}=\dfrac{4.0}{5.0}=\mathbf{0.80\,s}$

(2) $t=0.40\,\mathrm{s}$ より，波の速さが 5.0cm/s であるから

$5.0\times0.40=2.0\,\mathrm{cm}$

だけ x 軸負の向きに波形をずらせばよい。よって，$t=0.40\,\mathrm{s}$ の入射波の波形は**図a**のようになる。

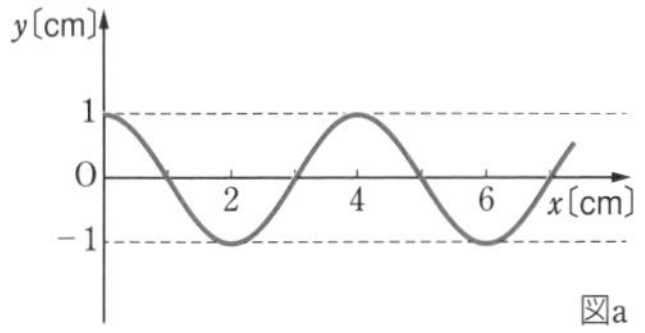

図a

(3) (a) $t=0.40\,\mathrm{s}$ までは $x=1.0\,\mathrm{cm}$ の位置に反射波は到達せず，入射波が通過するだけである。$t=0.40\,\mathrm{s}$ から，0.20s ごとに y-x 図をかくと図bのようになる。このとき，固定端では入射波の延長を上下反転させ，固定端を軸に折り返したものが反射波となる。合成波の波形は入射波と反射波を重ねあわせの原理を用いて合成したものである。

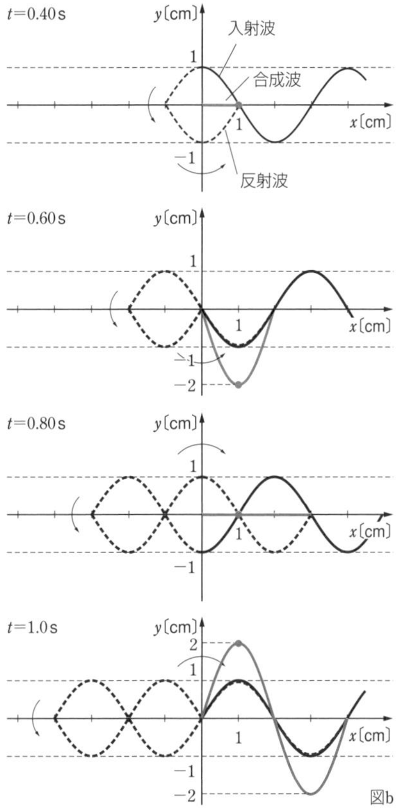

図b

この後，$t=1.2\,\mathrm{s}$ では $x=1.0\,\mathrm{cm}$ の媒質の変位は $t=0.40\,\mathrm{s}$ のときと同じになるので，1 周期 (0.80s) ごとに同じ波形をくり返す。よって，$x=1.0\,\mathrm{cm}$ の変位の時間変化 (y-t 図)は**図c**のようになる。

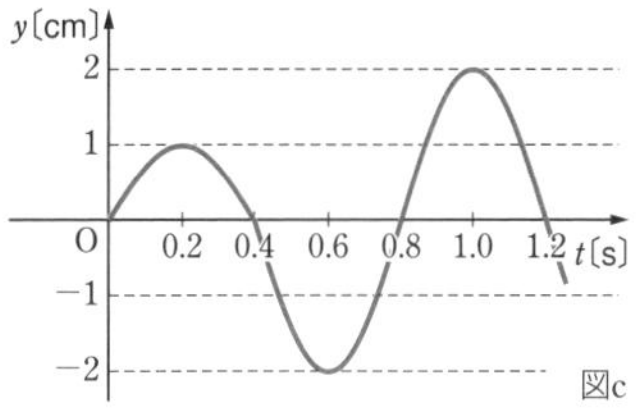

図c

(b) (a)より，$x=1.0\,\mathrm{cm}$ の位置は腹となる。固定端は振動しないので節となり，固定端から半波長 $\left(\dfrac{\lambda}{2}=\dfrac{4.0}{2}=2.0\,\mathrm{cm}\right)$ ごとに節ができる。腹の位置は，節と節の中間である[1]。

節：$\boldsymbol{x}=\mathbf{0\,cm,\ 2.0\,cm,\ 4.0\,cm}$

腹：$\boldsymbol{x}=\mathbf{1.0\,cm,\ 3.0\,cm}$

補足 **1** 参考　自由端の場合は，固定端の場合と比べて節と腹の位置が入れかわる。ちなみに，節～腹の間隔は $\dfrac{\lambda}{4}$ である。

118.

Point! (1) 計測した時間は，水面→海底→水面と往復するのに要した時間であることに注意する。
(2) 波の基本式「$v=f\lambda$」を用いる。

解答 (1) 海底から反射されてきた超音波を観測するまでの時間が 0.100s であったことから，超音波が水面から海底までに伝わる時間は $\dfrac{0.100}{2}=0.0500\,\text{s}$ である。
よって，水面から海底までの深さは

$$1.51\times10^3\times0.0500=\mathbf{75.5\,m}$$

(2) 超音波の波長を λ〔m〕とする。波の基本式「$v=f\lambda$」より

$$1.51\times10^3=1.00\times10^5\times\lambda$$

よって

$$\lambda=\frac{1.51\times10^3}{1.00\times10^5}=\mathbf{1.51\times10^{-2}\,m}$$

119.

Point! 開口端補正のある気柱の共鳴は，連続する2つの共鳴点の間隔が $\dfrac{\lambda}{2}$ になることを利用する。閉管の場合は基本振動，3倍，5倍，…のように奇数倍振動しか起こらない。

解答 (1) (a) 1回目の共鳴のときには図aのように，管内には基本振動が起こっている。よって，$l+\Delta l$ は音の波長 λ の $\dfrac{1}{4}$ 倍に相当する。

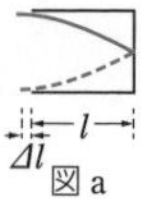

図a

(b) 2回目の共鳴のときに，管内には3倍振動が起こっている。図bより，それぞれの l の差は $\dfrac{\lambda}{2}$ に相当することがわかる。

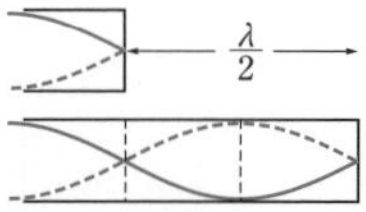

図b

$$43.7-13.7=\frac{\lambda}{2}$$

よって　$\lambda=\mathbf{60.0\,cm}$

(c) 波の基本式「$v=f\lambda$」より，音の速さ v〔m/s〕は

$$v=570\times0.600^{[1]}=\mathbf{342\,m/s}$$

また，(a)の基本振動を考えて

$$13.7+\Delta l=\frac{\lambda}{4}=\frac{60.0}{4}$$

よって　$\Delta l=15.0-13.7=\mathbf{1.3\,cm}$

(2) 図cのように5倍振動が起こっている。

図c

よって，$l+\Delta l$ は波長の $\dfrac{5}{4}$ 倍である。

(3) 音の速さが 360m/s のとき，基本振動（波長を λ_1，振動数を f_1 とする）について振動数を計算すると

$$\frac{\lambda_1}{4}=0.450\,\text{m}\qquad よって\quad \lambda_1=1.80\,\text{m}$$

$$f_1=\frac{360}{\lambda_1}=\frac{360}{1.80}=200\,\text{Hz}$$

これより，3倍振動は 600Hz，5倍振動は 1000Hz になることがわかる。このうち 570Hz より小さい振動数は基本振動の **200Hz** のみである。

補足 [1] 60.0cm＝0.600m
「$v=f\lambda$」を用いるときは波長の単位をmで表し，速さ（m/s）と振動数（Hz）に対応させる。

120.

Point! 音波は縦波（疎密波）である。横波で表された音波を縦波にかき直すことによって，媒質の疎密，すなわち密度が小さいか大きいかを判断する。

解答 (1) 開管でも定在波ができるのは，開口端でも音波が反射されるからである。つまり，管の両端である **A と B** で反射する。
(2) 媒質の位置を縦波のように表すと図aのようになる。これより，密度が最大の位置（密の位置）はAから **20cm** にあることがわかる。
(3) (2)と同様に図をかくと図bのようになる。これより，密度が最小の位置（疎の位置）はAから **20cm** にあることがわかる。
(4) (2)，(3)より，時間によって密度が最大になったり最小になったりする所は，**節**の位置であることがわかる[1]。

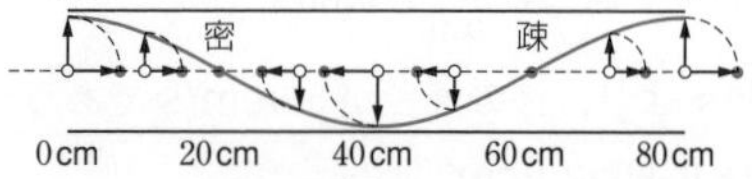

図a

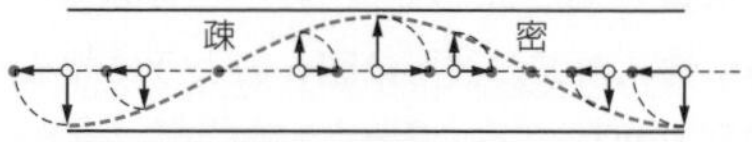

図b

補足 [1] 節の位置では媒質は振動していないが，密度の変化は最大である。

第9章 物質と電気抵抗

121. **Point!** アクリル棒が正に帯電することから，アクリル棒と絹布に電子不足・過剰のどちらが生じているかを考える。また，アクリル棒と塩化ビニル棒の間に引力がはたらくことから，塩化ビニル棒が正・負どちらに帯電しているかを考える。

解答 (1) アクリル棒は正に帯電しているので電子不足の状態になっている。帯電は電子の移動によって生じるので，絹布は電子過剰の状態になり，負に帯電する。

答えは ②

(2) (1)からわかるように，電子の移動はアクリル棒から絹布へである。 答えは ①

(3) アクリル棒(正に帯電)と塩化ビニル棒の間には引力がはたらいたことから，塩化ビニル棒は負に帯電している[1]。(1)と同様に考えると，毛皮は正に帯電している。したがって，絹布(負に帯電)と毛皮の間には引力がはたらく。 答えは ①

補足 [1] 引力がはたらくのは異種の電荷間である。

122. **Point!** Aでは負電荷が減少し，Bではその減少分だけ負電荷が増加する。このような変化は電子の移動によって生じる。

解答 (1) 接触後，AとBはそれぞれ -4.0×10^{-10} C に帯電している。よって，負の電気をもつ電子は，**Aから Bへ -4.0×10^{-10} C 移動した。**

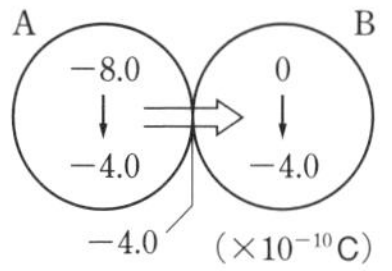

(2) $n=\dfrac{-4.0\times10^{-10}}{-1.6\times10^{-19}}=\dfrac{4.0}{1.6}\times10^{-10+19}=\mathbf{2.5\times10^{9}}$ **個**

123. **Point!** 電流の向き…正の電気が移動する向き。電流の大きさ…単位時間当たりに導線の断面を通過する電気量。1Aの電流が1秒間に運ぶ電気量が1Cである。

解答 自由電子の移動する向きは電流の向きと逆であるから **左向き**

3.2Aの電流は，1秒間に3.2Cの電気量が流れていることになるから，「$Q=n|e|$」より

$$n=\frac{Q}{|e|}=\frac{3.2}{1.6\times10^{-19}}=\mathbf{2.0\times10^{19}}\text{個}$$

124. **Point!** オームの法則「$V=RI$」を用いる(V：電圧，I：電流，R：抵抗)。

解答 (1) オームの法則「$V=RI$」より，抵抗 R は

$$R=\frac{V}{I}=\frac{1.5}{0.30}=\mathbf{5.0\,\Omega}$$

(2)「$V=RI$」より，電流 I は

$$I=\frac{V}{R}=\frac{60}{150}=\mathbf{0.40\,A}$$

(3)「$V=RI$」より，電圧 V は

$$V=RI=(2.0\times10^{3})^{[1]}\times(3.0\times10^{-3})^{[1]}=\mathbf{6.0\,V}$$

補足 [1] $1\,\mathrm{k\Omega}=10^{3}\,\Omega$，$1\,\mathrm{mA}=10^{-3}\,\mathrm{A}$

125. **Point!** グラフ上の適切な点を取り，電圧 V と電流 I の値を読み取る。これをオームの法則「$V=RI$」に代入すれば抵抗値が得られる。

解答 (1) 抵抗線aは電圧 $V=20$ V のとき電流 $I=20\,\mathrm{mA}=2.0\times10^{-2}$ A が流れるから，これをオームの法則「$V=RI$」に代入して

$$20=R_a\times2.0\times10^{-2}$$

よって $R_a=\dfrac{20}{2.0\times10^{-2}}=\mathbf{1.0\times10^{3}\,\Omega}$

同様に，抵抗線bは電圧 $V=40$ V のとき電流 $I=20\,\mathrm{mA}=2.0\times10^{-2}$ A が流れるから

$$40=R_b\times2.0\times10^{-2}$$

よって $R_b=\dfrac{40}{2.0\times10^{-2}}=\mathbf{2.0\times10^{3}\,\Omega}$

(2) 抵抗線aとbを直列接続すると，aとbに同じ電流 I_{ab} が流れる。$I_{ab}=10$ mA のとき，問題のグラフより，aとbに加わる電圧はそれぞれ $V_a=10$ V，$V_b=20$ V である。よって，aとbを直列接続したときの合成抵抗 R_{ab} に加わる電圧 V_{ab} は

$$V_{ab}=V_a+V_b$$
$$=10+20=30\,\mathrm{V}$$

ゆえに，$I_{ab}=10$ mA，$V_{ab}=30$ V を通るグラフをかけばよいので，V〔V〕と I〔mA〕の関係を表すグラフは図[1]のようになる。

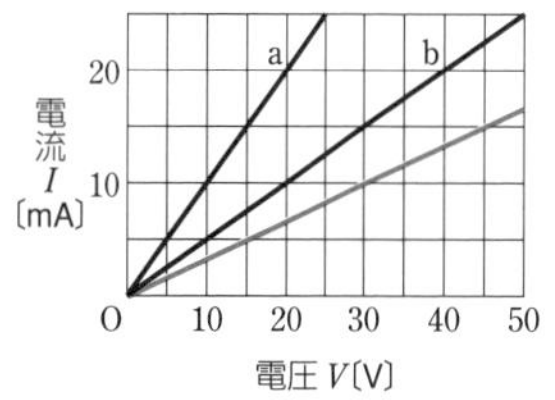

補足 [1] 別解 直列接続の合成抵抗の式「$R=R_1+R_2$」より，抵抗線aとbを直列接続したときの合成抵抗の値 R_{ab} は

$$R_{ab}=R_a+R_b=3.0\times10^{3}\,\Omega$$

よって，オームの法則「$V=RI$」より，V〔V〕と I〔A〕の関係は

$$V=(3.0\times10^{3})I$$

この式より $V=30$ V のとき $I=0.010\,\mathrm{A}=10\,\mathrm{mA}$ となることがわかるので，グラフは図のようになる。

126. **Point！** 抵抗率の式「$R=\rho\frac{l}{S}$」を用いる（R：抵抗，ρ：抵抗率，l：抵抗の長さ，S：抵抗の断面積）。

解答 抵抗率の式「$R=\rho\frac{l}{S}$」より，金属線の長さ l は

$$l=\frac{RS}{\rho}=\frac{5.0\times(2.2\times10^{-7})}{1.1\times10^{-6}}=\mathbf{1.0\,m}$$

127. **Point！** 抵抗率の式「$R=\rho\frac{l}{S}$」より，抵抗値Rは断面積Sに反比例し，長さlに比例する。

解答 長さ 1.0m の銅線をA，長さ 40m の銅線をBとする。Bの断面積は，Aの断面積の $\frac{2.0}{0.50}$ 倍，Bの長さは，Aの長さの $\frac{40}{1.0}$ 倍。

抵抗率の式「$R=\rho\frac{l}{S}$」より，抵抗値Rは断面積Sに反比例し，長さlに比例する。よって，Bの抵抗値は，Aの抵抗値 $3.4\times10^{-2}\,\Omega$ を用いて

$$(3.4\times10^{-2})\times\frac{0.50}{2.0}\times\frac{40}{1.0}=\mathbf{0.34\,\Omega}$$ [1]

補足 **1** **別解** 1.0m の銅線について，「$R=\rho\frac{l}{S}$」より

$$\rho=\frac{RS}{l}=\frac{(3.4\times10^{-2})\times(0.50\times10^{-6})}{1.0}=1.7\times10^{-8}\,\Omega\cdot\mathrm{m}$$

よって，40m の銅線では

$$R=\rho\frac{l}{S}=(1.7\times10^{-8})\times\frac{40}{2.0\times10^{-6}}=\mathbf{0.34\,\Omega}$$

128. **Point！** R_1 と R_2 を流れる電流はともに I である。また，$V_1+V_2=9.0\,V$ である。この２つを組み合わせて用いる。

解答 (1) オームの法則より

$V_1=8.0I$ ……① $V_2=12I$ ……②

$V_1+V_2=9.0\,V$ より

$8.0I+12I=9.0$ したがって $I=\mathbf{0.45\,A}$

(2) ①式と②式より

$V_1=8.0\times0.45=\mathbf{3.6\,V}$，$V_2=12\times0.45=\mathbf{5.4\,V}$

(3) 電圧 9.0V で 0.45A の電流が流れるから，オームの法則より

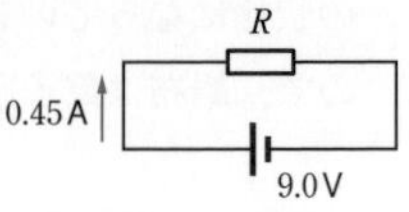

$9.0=R\times0.45$ $R=\mathbf{20\,\Omega}$

別解 (1)~(3)を逆順で解く。

(3) 直列接続の合成抵抗の式「$R=R_1+R_2$」より

$R=8.0+12=\mathbf{20\,\Omega}$

(2) $V_1:V_2=R_1:R_2=8.0:12=2:3$ だから

$V_1=\frac{2}{2+3}\times9.0=\mathbf{3.6\,V}$，$V_2=9.0-3.6=\mathbf{5.4\,V}$

(1) 合成抵抗 20Ω に 9.0V の電圧が加わっているから

オームの法則より $I=\frac{9.0}{20}=\mathbf{0.45\,A}$

129. **Point！** R_1 と R_2 に加わる電圧は電池の電圧に等しい。また，I_1 と I_2 は I が分流したものだから，$I=I_1+I_2$ である。I がわかれば，電池の電圧がわかっているので，合成抵抗が求められる。

解答 (1) $R_1(3.0\,\Omega)$ に加わる電圧は 3.0V だから，オームの法則より

$3.0I_1=3.0$

したがって $I_1=\mathbf{1.0\,A}$

$R_2(6.0\,\Omega)$ についても同様に

$6.0I_2=3.0$

したがって $I_2=\mathbf{0.50\,A}$

(2) $I=I_1+I_2=1.0+0.50=\mathbf{1.5\,A}$

(3) 3.0V の電圧が加わって，1.5A の電流が流れるから，オームの法則より

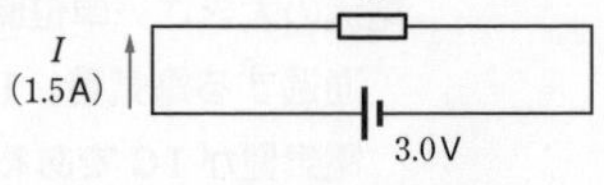

$R\times1.5=3.0$

したがって $R=\mathbf{2.0\,\Omega}$

(4) 合成抵抗 2.0Ω に 4.5A の電流が流れるから

$V=RI=2.0\times4.5=\mathbf{9.0\,V}$

別解 (1)〜(3)を逆順に解いてみる。

(3) 並列接続の合成抵抗の式「$\frac{1}{R}=\frac{1}{R_1}+\frac{1}{R_2}$」より

$$\frac{1}{R}=\frac{1}{3.0}+\frac{1}{6.0}$$

ゆえに　$R=\mathbf{2.0\,\Omega}$

(2) オームの法則より　$I=\frac{3.0}{2.0}=\mathbf{1.5\,A}$

(1) $I_1:I_2=\frac{1}{R_1}:\frac{1}{R_2}=R_2:R_1=6.0:3.0=2:1$ だから

$$I_1=\frac{2}{2+1}I=\frac{2}{3}\times1.5=\mathbf{1.0\,A}$$

$$I_2=I-I_1=1.5-1.0=\mathbf{0.50\,A}$$ [1]

補足 [1] 回路の問題はいろいろな解き方ができることが多い。どうやったら簡単かを考えたり，自分の得意なスタイルを身につけるよう努力するとよい。

130.

Point! 電力の式「$P=IV=I^2R=\frac{V^2}{R}$」および電力量の式「$W=IVt=I^2Rt=\frac{V^2}{R}t$」を用いる。

解答 (1)「$P=IV$」より

$$P=6.0\times(1.0\times10^2)=\mathbf{6.0\times10^2\,W}$$

(2)「$W=IVt$」より

$$W=6.0\times(1.0\times10^2)\times60\ [1]=\mathbf{3.6\times10^4\,J}$$

また，1 Wh は 1 W の電力を 1 時間(1 h) 使用したときの電力量であるから

$$W=(6.0\times10^2)\times\frac{1}{60}\ [2]$$

$$=10\,\mathrm{Wh}$$

$$=\mathbf{1.0\times10^{-2}\,kWh}\ [3]$$

補足 [1] 時間は単位 s で代入することに注意。

[2] 1 分$=\frac{1}{60}$ h である。

[3] 1 kWh$=10^3$ Wh を用いた。

131.

Point! ニクロム線から発生するジュール熱「$Q=\frac{V^2}{R}t$」を，油がすべて吸収すると考える。油の吸収する熱量 Q は，「$Q=mc\Delta T$」で求める。

解答 ニクロム線から発生するジュール熱「$Q=\frac{V^2}{R}t$」と，油が吸収する熱量「$Q=mc\Delta T$」が等しい。t〔s〕かかるとすると

$$\frac{10^2}{5.0}\times t=200\times2.1\times20$$

よって　$t=\frac{200\times2.1\times20\times5.0}{10^2}=\frac{42000}{10^2}=\frac{4.2\times10^4}{10^2}$

$$=\mathbf{4.2\times10^2\,s}$$

132.

Point! 電流，電圧，抵抗の 3 つの値のうち，2 つの値がわかれば，電力を求めることができる。図 1 では，抵抗に流れる電流の大きさを求めてから，電力の式「$P=I^2R$」を用いる。図 2 では，電力の式「$P=\frac{V^2}{R}$」を用いる。

解答 図 1 について，抵抗 R_1 と R_2 の合成抵抗 R は

$$R=10+20=30\,\Omega$$

よって，抵抗を流れる電流 I は，オームの法則より

$$I=\frac{6.0}{30}=0.20\,\mathrm{A}$$

したがって，電力「$P=I^2R$」より

$P_1=0.20^2\times10=\mathbf{0.40\,W}$　　$P_2=0.20^2\times20=\mathbf{0.80\,W}$

図 2 について，抵抗 R_1 と R_2 には，ともに 6.0 V の電圧が加わっているので，電力「$P=\frac{V^2}{R}$」より

$P_1=\frac{6.0^2}{10}=\mathbf{3.6\,W}$　　$P_2=\frac{6.0^2}{20}=\mathbf{1.8\,W}$

第10章 交流と電磁波

133. Point! 磁場の向きは右ねじの法則[1]から求める。

解答 右ねじの法則より P：**南向き**，　Q：**東向き**，R：**鉛直上向き**

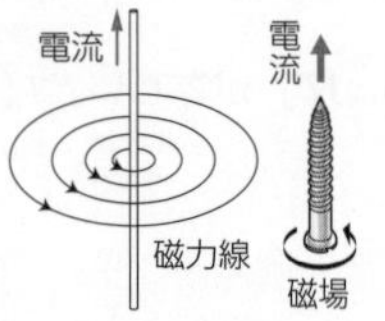

図 a

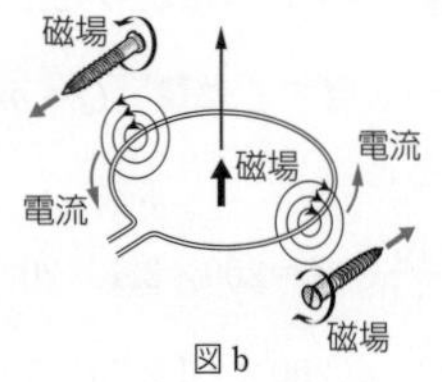

図 b

補足 1 **右ねじの法則**
直線電流では，右ねじの進む向きに電流を流すと，右ねじを回す向きに磁場ができる (図 a)。

134. Point! 磁場中を流れる直線電流は，磁場から力を受け，その向きは電流の向きと磁場の向きのいずれにも垂直になる[1]。電流の向きまたは磁場の向きが逆になると，受ける力の向きも逆になる。

解答 (1) アルミパイプに流れる電流の向きが逆になるので，アルミパイプが磁場から受ける力の向きも逆になる。ゆえに，**左向き**に動く。

(2) 磁場の向きを逆にすれば，アルミパイプが受ける力の向きも(1)と逆になる。ゆえに，**右向き**に動く。

補足 1 電流の向き，磁場の向き，力の向きの関係は，直角に開いた左手の 3 本の指で示すことができる (フレミングの左手の法則)。

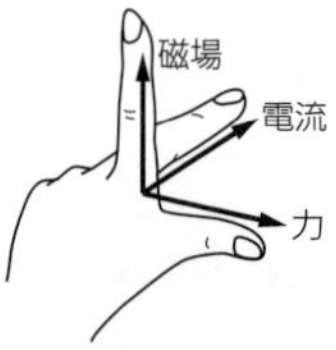

135. Point! コイルを貫く磁力線の数が増加するときと，減少するときとで誘導電流の流れる向きは逆になる。また，磁力線の増減が同じでも，磁力線の向きが逆であれば誘導電流の流れる向きは逆になる。

解答 基本図ではN極を近づけているので，コイルを下向きに貫く磁力線が増加している。

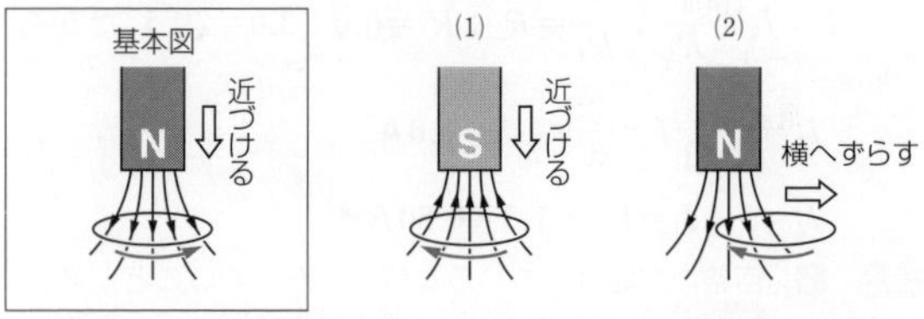

(1) S極を近づけると，コイルを上向きに貫く磁力線が増加する。これは基本図の場合と磁力線の向きが逆なので，誘導電流の向きも逆になり　②

(2) コイルを横へずらすと，コイルを下向きに貫く磁力線が減少する。これは基本図の場合と磁力線の増減が逆なので，誘導電流の向きも逆になり　②

(3) 電磁石のスイッチを入れると，コイルを下向きに貫く磁力線が生じる (増加する)[1]。これは基本図の場合と同様なので，誘導電流の向きも同じになり　①

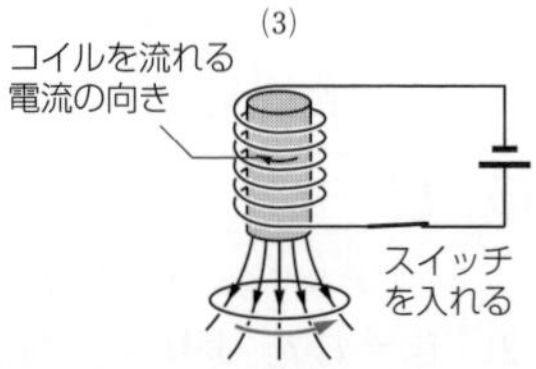

補足 1 右手の親指以外の指先を電流の向きに合わせると，親指の向きがソレノイド内部における磁場の向きになる。

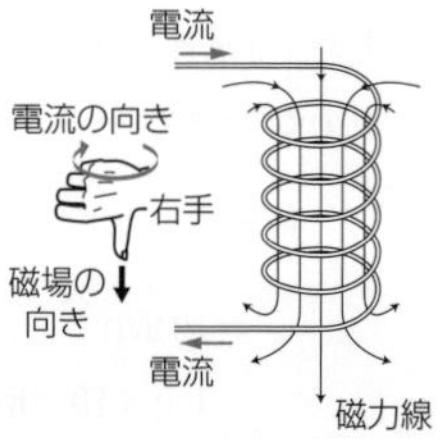

136.

Point! 交流電源に抵抗だけをつないだ場合，抵抗を流れる交流電流は交流電圧といっしょに変動し，オームの法則が適用できる。

解答 (1) 交流電流は交流電圧といっしょに変動するので　$f=$**50 Hz**

(2) オームの法則より[1]

$$I_e=\frac{100\,\mathrm{V}}{100\,\Omega}=\mathbf{1.0\,A}$$

補足 [1] オームの法則を使うときは，電圧・電流とも実効値で使うか，電圧・電流とも最大値で使う。

137.

Point! 抵抗に交流電流が流れるときの電力 $\boldsymbol{P}$ は，実効値を用いると直流の場合と同様に「$\boldsymbol{P=I_eV_e}$」の式で表される。

解答 (1) 電熱器に加わる交流電圧の実効値を V_e とすると，電力 P は「$P=I_eV_e$」となるから

$$I_e=\frac{P}{V_e}=\frac{500}{100}=\mathbf{5.00\,A}$$

(2) オームの法則より　$R=\dfrac{V_e}{I_e}=\dfrac{100}{5.00}=\mathbf{20.0\,\Omega}$

138.

Point! 一次コイルと二次コイルの電圧の比は，巻数の比に等しい。

解答 (1) 二次コイルに生じる電圧を V〔V〕とすると

$3.0:V=2000:100$

$2000\,V=300$

よって　$V=$**0.15 V**

(2) 一次コイルには直流が流れているので，一次コイルがつくる磁力線は常に一定である。したがって，二次コイルを貫く磁力線は変化しないので，二次コイルに生じる電圧は **0 V** である。

139.

Point! 交流の電圧や電流の大きさには実効値が用いられており，オームの法則や電力の計算を直流と同様に行うことができる。
一次コイルと二次コイルの電圧の比は，巻数の比に等しい。

解答 (1) 二次側について，電力の式「$P=I^2R$」より

$P=0.80^2\times2.5=$**1.6 W**

(2) オームの法則より　$V_2=2.5\times0.80=$**2.0 V**

(3) $V_1=100\,\mathrm{V}$，$I_2=0.80\,\mathrm{A}$ とおくと，一次側の電力と二次側の電力とが等しいことより　$I_1V_1=I_2V_2$

よって

$$I_1=\frac{I_2V_2}{V_1}=\frac{0.80\times2.0}{100}=0.016=1.6\times\frac{1}{100}$$

$$=\mathbf{1.6\times10^{-2}\,A}$$

(4) 巻数の比は電圧の比に等しいから

$$\frac{N_1}{N_2}=\frac{V_1}{V_2}=\frac{100\,\mathrm{V}}{2.0\,\mathrm{V}}=50$$

よって　**50 倍**

140.

Point! 一定の電力 $\boldsymbol{P=IV}$ を送電する場合，変圧器で電圧 $\boldsymbol{V}$ を上げることによって，送電電流 $\boldsymbol{I}$ を小さくすれば，送電線（抵抗 $\boldsymbol{R}$）での電力損失 $\boldsymbol{P'=I^2R}$ を小さく抑えることができる。

解答 (1) 送電する電力 P が同じとき，「$P=IV$」より，送電電圧 V を 10 倍にすると送電電流 I は $\mathbf{\dfrac{1}{10}}$ **倍**になる。

(2) 送電線で発生する単位時間当たりのジュール熱 P' は，送電線の抵抗値を R とすると $P'=I^2R$ と表されるから，送電電流 I を $\dfrac{1}{10}$ 倍（送電電圧を 10 倍）にすると，送電線で失われる電力は $\mathbf{\dfrac{1}{100}}$ **倍**になる[1]。

補足 [1] このように，送電電圧が高いほうが，送電中の電力損失が少なくなる。

第4編 編末問題

141. Point! 並列に接続された抵抗に加わる電圧は等しい。オームの法則「$V=RI$」を用いる。

解答 (1) 並列接続の合成抵抗の式 「$\frac{1}{R}=\frac{1}{R_1}+\frac{1}{R_2}$」より

$$\frac{1}{R_{ab}}=\frac{1}{4.0}+\frac{1}{6.0}=\frac{5}{12}$$

ゆえに $R_{ab}=\frac{12}{5}=$ **2.4Ω**❶

(2) (1)で求めた合成抵抗を用いると，回路に流れる全電流を求めることができるので，オームの法則「$V=RI$」より

$24=2.4\times I$ 　ゆえに $I=$ **10A**❶

(3) 抵抗 R_2 には 24V の電圧が加わるので，「$V=RI$」より

$24=6.0\times I_1$ 　ゆえに $I_1=$ **4.0A**❶

(4) 図aのように，抵抗 R_x と並列につながれた抵抗 R_3 に流れる電流を I_2〔A〕とおくと，もう1つの抵抗 R_3 に流れる電流は $4.0+I_2$〔A〕とおけるので，この部分に加わる電圧は，$2.0(4.0+I_2)$〔V〕である。電源の電圧が 20V であるから，2つの R_3 に加わる電圧の和を用いて

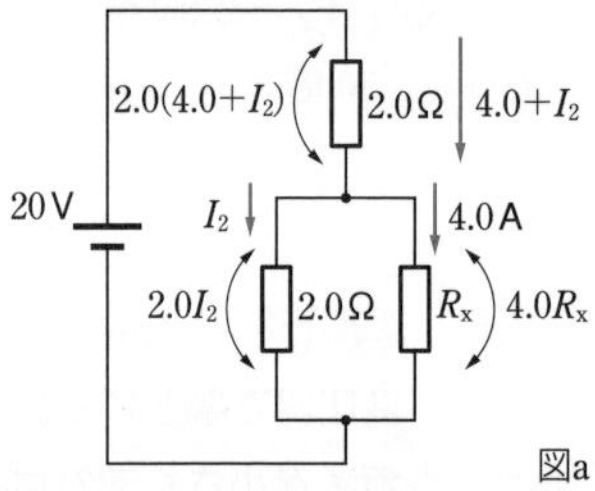

図a

$$20=2.0(4.0+I_2)+2.0I_2$$

と書ける。これを解くと，$I_2=3.0$A となる。また，並列部分に加わる電圧は等しいので，R_x の抵抗値を R_x〔Ω〕とすると「$V=RI$」より

$$4.0R_x=2.0I_2$$

よって $R_x=\frac{1}{2}I_2=\frac{1}{2}\times3.0=$ **1.5Ω**

補足 ❶ 別解 図1において R_1，R_2 は電源に並列に接続しており，それぞれに同じ 24V が加わるので，R_1 に流れる電流を i〔A〕として，「$V=RI$」より

$24=4.0i$ 　ゆえに $i=6.0$A

$24=6.0I_1$ 　ゆえに $I_1=$ **4.0A** ……(3)の解答

したがって，全電流 I は

$I=i+I_1=6.0+4.0=$ **10A** ……(2)の解答

合成抵抗は2つの抵抗を1つにまとめたときの抵抗の値であるから，オームの法則「$V=RI$」の I に全電流を用いると

$24=R_{ab}\times10$

ゆえに $R_{ab}=$ **2.4Ω** ……(1)の解答 と求めることもできる。

参考 並列接続の合成抵抗では，4.0Ω と 6.0Ω を合成して 2.4Ω となったように，合成すると抵抗が減少する。これは，抵抗部分の断面積が増えたことで，電流が流れやすくなったことを意味する。

142. Point! 抵抗率の式「$R=\rho\frac{l}{S}$」および，電力の式「$P=IV=I^2R=\frac{V^2}{R}$」を用いる。

解答 (1) 抵抗率の式 「$R=\rho\frac{l}{S}$」 より，導体棒Aの抵抗 R_1〔Ω〕は $R_1=\rho\frac{l}{S}$〔Ω〕

同様に導体棒Bの抵抗 R_2〔Ω〕は $R_2=\rho\frac{l}{2S}$〔Ω〕

直列接続の合成抵抗の式「$R=R_1+R_2$」より

$$R=\rho\frac{l}{S}+\rho\frac{l}{2S}=\boldsymbol{\frac{3\rho l}{2S}}\text{〔Ω〕}$$

(2) 回路全体の抵抗は，R〔Ω〕と R_L〔Ω〕の直列接続より，$R+R_L$〔Ω〕である。オームの法則「$V=RI$」より

$E=(R+R_L)I$ 　ゆえに $I=\boldsymbol{\frac{E}{R+R_L}}$〔A〕

(3) 電力の式 「$P=I^2R$」 より，抵抗器で消費される電力は $P_L=I^2R_L$〔W〕

(2)の結果を代入すると $P_L=\boldsymbol{\left(\frac{E}{R+R_L}\right)^2R_L}$〔W〕

143. Point! 誘導起電力の大きさは，コイルを貫く磁力線の変化量に比例する。

解答 (1) 交流電圧の周期は，磁場中で回転するコイルの周期と等しい❶。 **1倍**

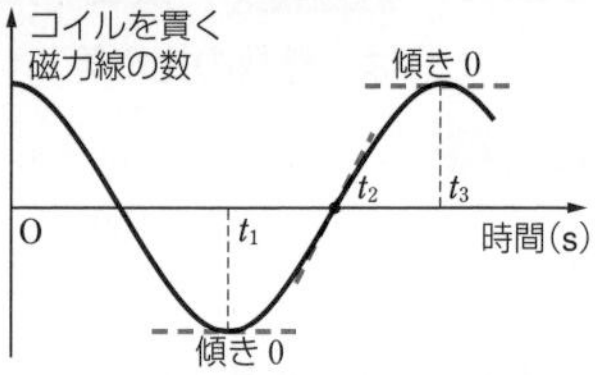

(2) ab 間の電圧の大きさは，コイルを貫く磁力線の変化量に比例する。磁力線の変化量はグラフの傾きに相当するから，t_1～t_3 の各時刻でのグラフの傾きを比較すると，傾きが一番大きい時刻は図より $\boldsymbol{t_2}$

(3) コイルを貫く磁力線が半分になるので，磁力線の変化量が半分になり，電圧も**半分になる。**

補足 ❶ 誘導起電力の向きや大きさもコイルの回転にあわせて周期的に変化する。コイルが1回転すると，誘導起電力の向きや大きさも，再びもとの状態にもどる。

第11章 エネルギーの利用

144. Point! エネルギーの変換にかかわっているものが，何のエネルギーを使って何を行うかを考える。例えば，火薬は化学物質でできているが，点火することにより爆発し，岩石を砕いたりビルを破壊することができる。これは，化学物質中に蓄えられた化学エネルギーを，爆発によって力学的エネルギーに変換している，と考えることができる。

解答 ① **化学エネルギー**　② **熱エネルギー**
③ **核エネルギー**　④ **力学的エネルギー**
⑤ **電気エネルギー**　⑥ **光エネルギー**

145. Point! 火力発電……燃料を燃やして水を沸騰させ，発生した水蒸気でタービンを回している。
原子力発電……核分裂によって生じる熱で，火力発電と同様に水蒸気でタービンを回している。
風力発電……風の力を利用して風車（タービン）を回している。
太陽電池による発電……光を吸収したときに生じる電子を，電流として取り出している。

解答 (1) 火力発電，原子力発電では，ともに蒸気でタービンを回して発電している。……①，②

(2) 火力発電，原子力発電，風力発電では，タービンを介して電気エネルギーを得るが，太陽電池では光から直接電気エネルギーを得る。……④

(3) 火力発電では，燃焼によって化学エネルギーが取り出されている。……①

(4) 原子力発電では，ウランなどの核燃料が用いられる。……②

146. Point! 水力発電では，水の位置エネルギーを電気エネルギーに変換しているが，すべての位置エネルギーを電気エネルギーに変換することはできない。エネルギーの変換効率に注意して解く。

解答 1時間の間に発電に利用された水の質量は $m=3.6\times10^6$ kg である。この水がもつ位置エネルギー U〔J〕は，「$U=mgh$」より

$$U=(3.6\times10^6)\times9.8\times100\ \text{J} \quad \cdots\cdots①$$

位置エネルギー U〔J〕の80%が電気エネルギーに変換されたので，発電した電力量を W〔J〕とすると

$$W=0.80U\ \text{〔J〕}$$

1時間＝60×60s の間に $W=0.80U$〔J〕の電力量を発電したので，1時間の間の平均の電力 P〔W〕は，「$P=\frac{W}{t}$」と①式より

$$P=\frac{0.80U}{60\times60}=\frac{0.80\times(3.6\times10^6)\times9.8\times100}{60\times60}$$
$$=7.84\times10^5 \fallingdotseq \mathbf{7.8\times10^5\ W}$$

147. Point! 太陽定数は，1m² 当たりの太陽光のエネルギー（1秒当たり）を表す。このうちのどれだけが太陽電池により電気エネルギーに変換されるかを考える。

解答 太陽電池 1m² が受ける太陽光のエネルギー（1秒当たり）は

$$1.4\times0.50=0.70\ \text{kW}$$

この20%が電気エネルギーに変換されるので，求める面積を S〔m²〕とすると

$$0.70\times0.20\times S=1$$

よって　$S=\frac{1}{0.70\times0.20}\fallingdotseq\mathbf{7\ m^2}$

148. Point! 原子核が別の原子核に変わる反応を核反応，または原子核反応という。核反応には，質量数の大きな原子核が2個（または少数個）の質量数の比較的大きな原子核に分かれる核分裂と，質量数の小さい原子核どうしが衝突して質量数のより大きな原子核がつくられる核融合がある。核燃料の量が少なければ核分裂は持続しないが，一定の量に達すると連続して反応する（連鎖反応）ようになる。

解答 (ア) ②　(イ) ④　(ウ) ⑥

149. Point! α 線……エネルギーの大きなヘリウム $^4_2$He の原子核で，電離作用が強い。
β 線……エネルギーの大きな電子。
γ 線……波長の短い電磁波で，透過力が強い。

解答 (1) ② (2) ① (3) ③ (4) ① (5) ②
(6) ③ (7) ①

150. Point! (1) α 線，β 線，γ 線のうち，最も電離作用が強いのは α 線，最も透過力が強いのは γ 線である。
(2) 放射線の測定単位には，Bq（ベクレル），Gy（グレイ），Sv（シーベルト）の 3 つがある。

解答 (1) (ア) ① (イ) ③
(2) (ウ) ⑦ (エ) ⑥ (オ) ⑧ (カ) ④

第5編 編末問題

151. Point! 原子核の陽子の数を原子番号，陽子と中性子の総数を質量数という。原子核を表すとき，元素記号の左上に質量数，左下に原子番号を書くことがある。

解答 (1) 陽子の数：**1** 中性子の数：1−1=**0**
(2) 陽子の数：**1** 中性子の数：2−1=**1**
(3) 陽子の数：**17** 中性子の数：35−17=**18**
(4) 陽子の数：**17** 中性子の数：37−17=**20**

152. Point! 365 日（1 年）は，24×365 時間である。1 時間当たりの実効線量にこれをかければよい。

解答 $0.050\times24\times365=438\,\mu\text{Sv}=438\times10^{-3}\,\text{mSv}$
$=0.438\,\text{mSv}\fallingdotseq\mathbf{0.44\,mSv}$

153. Point! モーターで消費される電気エネルギー（電力量）W_2 が，おもりを引き上げる仕事 W_1 に使われている。この際，摩擦などによって熱や音などのエネルギーも発生するため，W_1 は W_2 より小さくなる。

解答 (1) 質量 m〔kg〕の物体を h〔m〕引き上げるとき，外力のする仕事は $W=mgh$〔J〕で与えられる（g〔m/s²〕は重力加速度の大きさ）。
よって
$W_1=0.10\times9.8\times1.0=\mathbf{0.98\,J}$
(2) 電力量の式「$W=IVt$」より
$W_2=0.30\times3.0\times8.0=\mathbf{7.2\,J}$
(3) 以上より，電気エネルギーのごく一部しか仕事に使われていないことがわかる。電気エネルギーの大部分は，摩擦などによって熱や音などのエネルギーに変わったと考えられる❶。……④

補足 ❶ したがって，この実験だけでエネルギー保存則が成りたたないと結論づけることはできない。

特集 基礎トレーニング①
－等加速度直線運動の式の使い方－

1.

Point! 右向きを正の向きとする。点Aで速度が 0m/s となる。
(1), (2) t, v に関する式「$v=v_0+at$」を用いる。

解答

整理してみよう！

	v_0	a	t	v	x
(1)	9.0	−1.5	2.0	?	×
(2)	9.0	−1.5	?	0	×

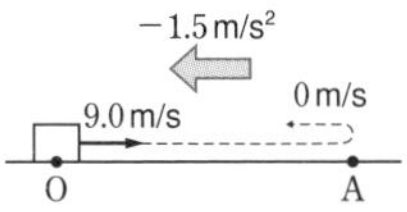

(1) $v_0=9.0\,\mathrm{m/s}$, $a=-1.5\,\mathrm{m/s^2}$, $t=2.0\,\mathrm{s}$ を「$v=v_0+at$」に代入すると，2.0s 後の速度 v〔m/s〕は

$$v=9.0+(-1.5)\times2.0=\mathbf{6.0\,m/s}$$

(2) $v_0=9.0\,\mathrm{m/s}$, $a=-1.5\,\mathrm{m/s^2}$, $v=0\,\mathrm{m/s}$ を「$v=v_0+at$」に代入すると，求める時刻 t〔s〕は

$$0=9.0+(-1.5)\times t \qquad t=\frac{9.0}{1.5}=\mathbf{6.0\,s}$$

2.

Point! 鉛直下向きを正の向きとする。「静かに落とした」とは初速度が 0m/s であることを意味する。
(1) t, v に関する式「$v=gt$」を用いる。
(2) t, y に関する式「$y=\frac{1}{2}gt^2$」を用いる。

解答

整理してみよう！

	v_0	a	t	v	y
(1)	0	9.8	4.0	?	×
(2)	0	9.8	4.0	(39.2)	?

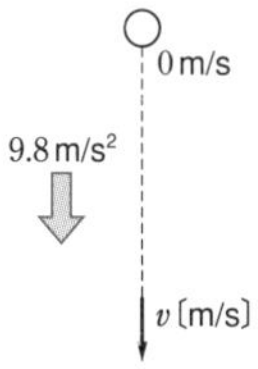

(1) $v_0=0\,\mathrm{m/s}$, $a=g=9.8\,\mathrm{m/s^2}$, $t=4.0\,\mathrm{s}$ を「$v=gt$」に代入すると，4.0s 後の速度 v〔m/s〕は

$$v=9.8\times4.0=39.2\fallingdotseq\mathbf{39\,m/s}$$

(2) $v_0=0\,\mathrm{m/s}$, $a=g=9.8\,\mathrm{m/s^2}$, $t=4.0\,\mathrm{s}$ を「$y=\frac{1}{2}gt^2$」に代入すると，求める距離 y〔m〕は

$$y=\frac{1}{2}\times9.8\times4.0^2=78.4\fallingdotseq\mathbf{78\,m}$$ [1]

補足 [1] 別解 (1)で求めた v を用いて「$v^2=2gy$」より

$$39.2^2=2\times9.8\times y \qquad y=\frac{39.2^2}{19.6}=78.4\fallingdotseq\mathbf{78\,m}$$

注 前に求めた値を計算に使う場合は有効数字を1つ増やして（2桁で答えたい場合は3桁で）代入する。

3.

Point! 落とされた高さは，着地までの落下距離に等しい。v, y に関する式「$v^2=2gy$」を用いる。

解答

整理してみよう！

v_0	a	t	v	y
0	9.8	×	16	?

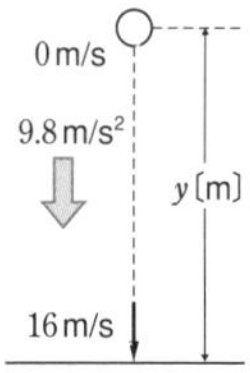

$v_0=0\,\mathrm{m/s}$, $a=g=9.8\,\mathrm{m/s^2}$, $v=16\,\mathrm{m/s}$ を「$v^2=2gy$」に代入すると，求める高さ y〔m〕は

$$16^2=2\times9.8\times y$$

$$y=\frac{256}{19.6}=13.0\cdots\fallingdotseq\mathbf{13\,m}$$

4.

Point! 鉛直下向きを正の向きとする。t, v に関する式「$v=v_0+gt$」を用いる。

解答

整理してみよう！

v_0	a	t	v	y
?	9.8	5.0	60	×

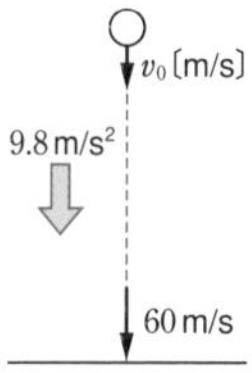

$a=g=9.8\,\mathrm{m/s^2}$, $t=5.0\,\mathrm{s}$, $v=60\,\mathrm{m/s}$ を「$v=v_0+gt$」に代入すると，求める初速度の大きさ v_0〔m/s〕は

$$60=v_0+9.8\times5.0$$

$$v_0=60-49=\mathbf{11\,m/s}$$

5.

Point! 鉛直上向きを正の向きとする。最高点（折り返し地点）では速度が 0m/s になる。t, v に関する式「$v=v_0-gt$」を用いる。

解答

整理してみよう！

v_0	a	t	v	y
35	−9.8	?	0	×

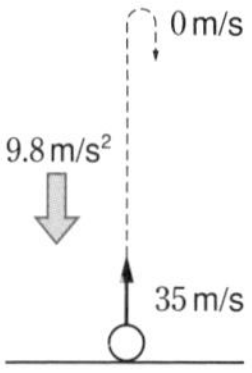

$v_0=35\,\mathrm{m/s}$, $a=-g=-9.8\,\mathrm{m/s^2}$, $v=0\,\mathrm{m/s}$ を「$v=v_0-gt$」に代入すると，求める時間 t〔s〕は

$$0=35-9.8\times t$$

$$t=\frac{35}{9.8}=3.57\cdots\fallingdotseq\mathbf{3.6\,s}$$

6.

Point! 物体が着地または投げ上げたところにもどってくるとき，$y=0$m になる。t，y に関する式「$y=v_0t-\frac{1}{2}gt^2$」を用いる。

解答

整理してみよう！

v_0	a	t	v	y
?	−9.8	3.0	×	0

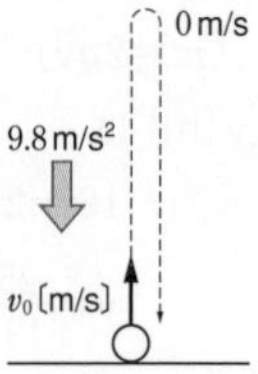

$a=-g=-9.8\,\text{m/s}^2$，$t=3.0\,\text{s}$，$y=0\,\text{m}$ を「$y=v_0t-\frac{1}{2}gt^2$」に代入すると，求める初速度の大きさ v_0〔m/s〕は

$$0=v_0\times3.0-\frac{1}{2}\times9.8\times3.0^2$$

$$v_0=\frac{44.1}{3.0}=14.7\fallingdotseq\mathbf{15\,m/s}$$ ❶

補足 ❶ 別解 鉛直投げ上げ運動は最高点の前後で対称となる。最高点には着地までの半分の時間の 1.5s かかる。1.5s 後に速度が 0m/s となる初速度を「$v=v_0-gt$」を用いて求めると

$$0=v_0-9.8\times1.5$$

$$v_0=9.8\times1.5=14.7\fallingdotseq\mathbf{15\,m/s}$$

特集 基礎トレーニング②
-物体にはたらく力の見つけ方-

1.

Point! 注目している物体に接触している他の物体（糸，面，手など）からは必ず力を受ける。糸は糸の方向へ引く力（張力），面は面と直角に押す力（垂直抗力）および物体の動きを妨げる向きに面と平行にはたらく力（摩擦力）を，それぞれ物体に及ぼす。また，重力は地球と接触していなくても，質量をもつ地表付近のすべての物体に常にはたらいている。いずれも注目物体に作用点がある力だけをかき，その反作用はかいてはいけない。

解答 (1)，(2) 小球に接触しているものは何もないが重力は常にはたらいているので，小球にはたらく力は重力Wだけである❶。答えは**図 a**，**図 b**

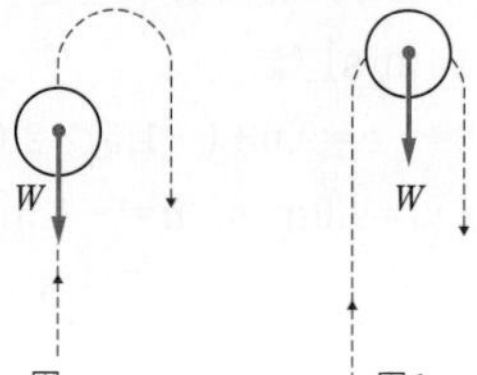

図 a　図 b

(3) 人には鉛直方向に，ロープが引く力T(上向き)と重力W(下向き)がはたらく。TとWがつりあっているので人は静止している❷❸。答えは**図 c**

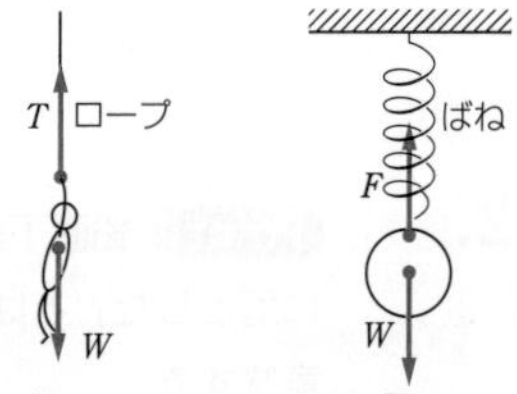

図 c　図 d

(4) 小球には鉛直方向に，ばねが引く力F(上向き)と重力W(下向き)がはたらく。FとWがつりあっているので小球は静止している❹。答えは**図 d**

(5) 物体には，鉛直上方に糸の張力Tと水平面からの垂直抗力Nがはたらき，鉛直下方には重力Wがはたらく。$T+N$とWがつりあっているので，この物体は静止している❺。答えは**図 e**

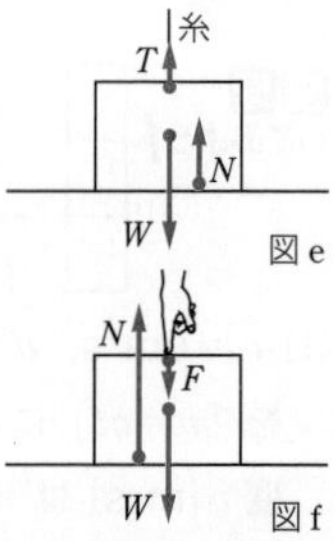

図 e　図 f

(6) 物体には，鉛直上方に水平面からの垂直抗力Nがはたらき，鉛直下方には重力Wと手が押す力Fがはたらく。Nと$W+F$がつりあっているので，この物体は静止している❻。答えは**図 f**

(7) 物体には鉛直方向に，水平面からの垂直抗力N(上向き)と重力W(下向き)がはたらき，水平方向に，糸の張力T(右向き)とばねが引く力F(左向き❼)がはたらく。これらのうちNとWがつりあっているので物体は鉛直方向について静止しており，TとFがつりあっているので水平方向

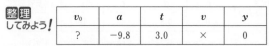

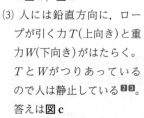

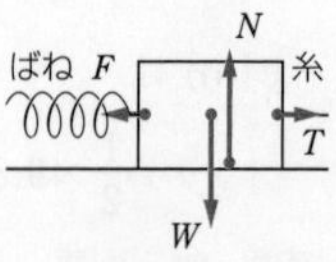

図 g

にも静止している[8]。答えは**図 g**

(8) 物体には鉛直方向に，水平面からの垂直抗力N(上向き)と重力W(下向き)がはたらき，水平方向に，手が押す力$F_{手}$(左向き)とばねが押す力F(右向き[9])がはたらく。これらのうちNとWがつりあっているので物体は鉛直方向について静止しており，$F_{手}$とFがつりあっているので水平方向にも静止している[10]。答えは**図 h**

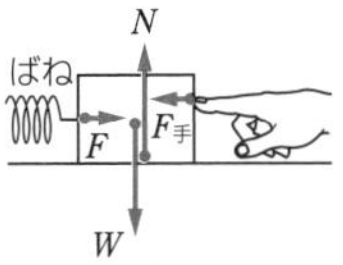

図 h

(9) 荷物Aには，鉛直上方に机Bからの垂直抗力N_1がはたらき，鉛直下方に重力W_Aがはたらく。一方，机Bには，鉛直上方に床からの垂直抗力N_2がはたらき，鉛直下方に重力W_Bと荷物Aが押す力N_1がはたらく[11]。

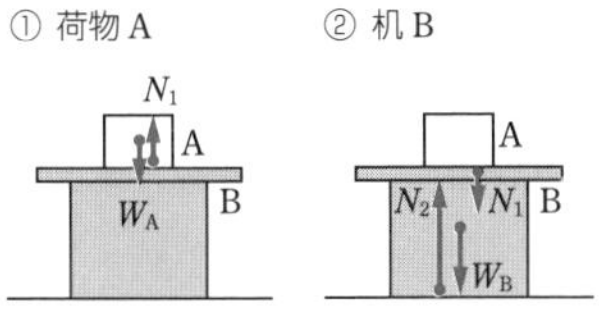

図 i

荷物Aについては，N_1とW_Aがつりあっており，机Bについては，N_2とW_B+N_1がつりあっているので，2物体はともに静止している[12]。答えは**図 i**

(10) 荷物Aには，鉛直上方に糸の張力Tと床からの垂直抗力Nがはたらき，鉛直下方に重力W_Aがはたらく。一方，小球Bには，鉛直上方に糸の張力Tがはたらき[13]，鉛直下方に重力W_Bがはたらく。

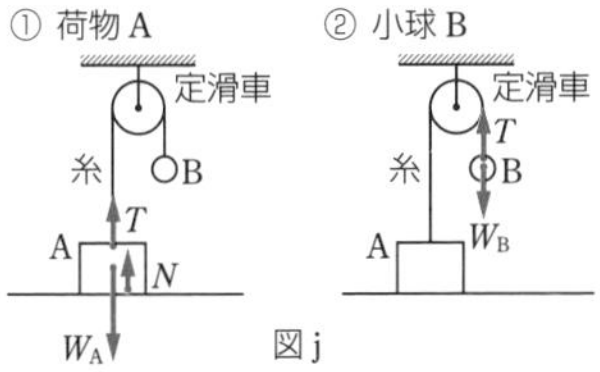

図 j

荷物Aについては，$T+N$とW_Aがつりあっており，小球Bについては，TとW_Bがつりあっているので，2物体はともに静止している[14]。答えは**図 j**

(11) 物体には，斜面と垂直に斜面からの垂直抗力N，鉛直下向きに重力Wがはたらく。重力Wを斜面に平行な向きの成分W_xと垂直な成分W_yに分解すると，斜面に垂直な方向についてNとW_yがつりあっている[15]。斜面に平行な方向については，力はつりあっていない。答えは**図 k**

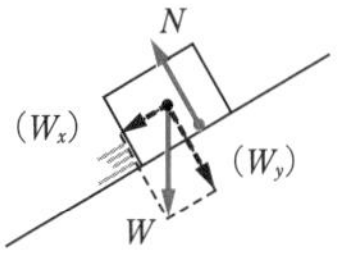

図 k

(12) 物体には，斜面と垂直に斜面からの垂直抗力N，斜面と平行に糸の張力T(斜面の上向き)，鉛直下向きに重力Wがはたらき，この3力がつりあっている。

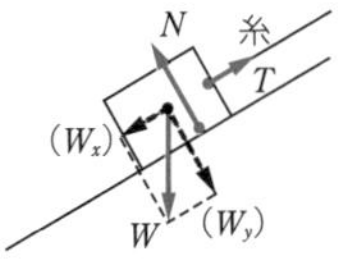

図 l

重力Wを(11)と同様にW_xとW_yに分解すると，斜面に平行な方向についてW_xとTがつりあっている。また斜面に垂直な方向についてNとW_yがつりあっている[16]。答えは**図 l**

(13) 物体には，斜面と垂直に斜面からの垂直抗力N，斜面と平行にばねが押す力F(斜面の上向き)，鉛直下向きに重力Wがはたらき，この3力がつりあっている。

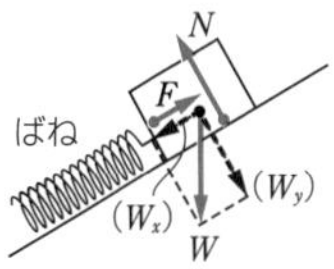

図 m

重力WをW_xとW_yに分解すると，斜面に平行な方向についてW_xとFがつりあっている。また斜面に垂直な方向についてNとW_yがつりあっている[17]。答えは**図m**

(14) 物体には，鉛直方向に水平面からの垂直抗力N(上向き)と重力W(下向き)がはたらき，水平方向に，糸の張力T(右向き)と水平面からの静止摩擦力F(左向き)がはたらく。これらのうちNとWがつりあっているので物体は鉛直方向について静止しており，TとFがつりあっているので水平方向についても静止している[18]。答えは**図 n**

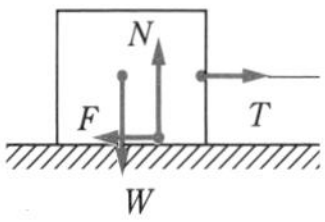

図 n

(15) 物体には，鉛直方向に床からの垂直抗力N(上向き)と重力W(下向き)がはたらき，水平方向に床からの動摩擦力F'(左向き)がはたらく[19]。鉛直方向についてはNとWがつりあっている[20]。水平方向については，力はつりあっていない。答えは**図 o**

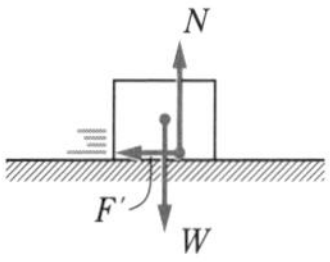

図 o

(16) 物体には斜面と垂直に斜面からの垂直抗力N，斜面と平行に斜面からの静止摩擦力F(斜面の上向き[21])，鉛直下向きに重力Wがはたらき，この3力がつりあっている。重力WをW_xとW_yに分解すると，斜面に平行な方向についてW_xとFがつりあっている。また斜面に垂直な方向についてNとW_yがつりあっている[22]。答えは**図 p**

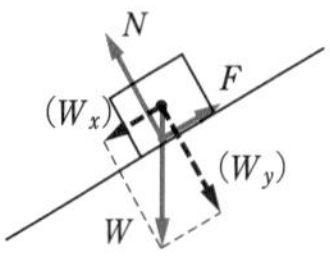

図 p

補足 **1** 注 「小球を投げた上向きの力」が小球に残っていると考えてはいけない。力は物体に残るものではなく，投げる手などとの接触がなくなった瞬間に「投げる力」はなくなる。

2 つりあいの式は　$T-W=0$ または $T=W$

3 注 「人にはたらく力」を考えているので，人がロープに及ぼす力(下向き)を含めてはいけない。

4 つりあいの式は　$F-W=0$ または $F=W$

5 つりあいの式は
$T+N-W=0$ または $T+N=W$

6 つりあいの式は
$N-W-F=0$ または $N=W+F$

7 ばねは伸びているので，縮もうとする向き(左向き)に力を及ぼす。

8 つりあいの式は
鉛直方向 $N-W=0$ 水平方向 $T-F=0$
または $N=W$ $T=F$

9 ばねは縮んでいるので，伸びようとする向き(右向き)に力を及ぼす。

10 つりあいの式は

鉛直方向 $N-W=0$

水平方向 $F-F_{手}=0$

または $N=W$，$F=F_{手}$

11 作用反作用の関係より，机Bが荷物Aに及ぼす力と，荷物Aが机Bに及ぼす力は大きさが等しい（ともに N_1 とした）。

12 つりあいの式は

荷物 A：$N_1-W_A=0$

机 B：$N_2-W_B-N_1=0$

または

荷物 A：$N_1=W_A$

机 B：$N_2=W_B+N_1$

13 一本の糸について，張力の大きさはどこでも等しい （ともに T とした）。

14 つりあいの式は

荷物A：$T+N-W_A=0$

小球B：$T-W_B=0$

または

荷物A：$T+N=W_A$

小球B：$T=W_B$

15 つりあいの式は $N-W_y=0$ または $N=W_y$

16 つりあいの式は

平行成分 $T-W_x=0$ 垂直成分 $N-W_y=0$

または

平行成分 $T=W_x$ 垂直成分 $N=W_y$

17 つりあいの式は

平行成分 $F-W_x=0$ 垂直成分 $N-W_y=0$

または

平行成分 $F=W_x$ 垂直成分 $N=W_y$

18 つりあいの式は

鉛直方向 $N-W=0$ 水平方向 $T-F=0$

または

鉛直方向 $N=W$ 水平方向 $T=F$

19 動摩擦力は，物体の右向きの運動を妨げるように，左向きにはたらく。

20 つりあいの式は $N-W=0$ または $N=W$

21 物体は斜面の下向きへすべりだそうとするので，摩擦力はその動きを妨げる向きにはたらく。

22 つりあいの式は

平行成分 $F-W_x=0$ 垂直成分 $N-W_y=0$

または

平行成分 $F=W_x$ 垂直成分 $N=W_y$

特集 基礎トレーニング③

‐力の分解‐

1.

Point! 特別な角（30°，45°，60°）に関する力の分解では，直角三角形の辺の長さの比を利用する方法（解法1）と，三角比を用いる方法（解法2）のどちらの考え方を用いてもよい。

解答 (1) **解法1**

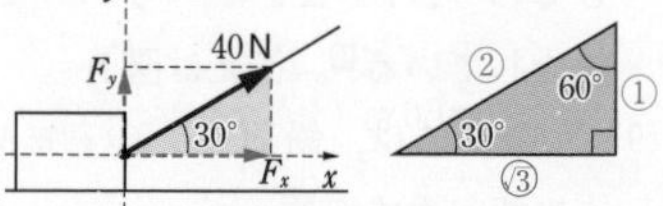

x 軸，y 軸方向の分力の大きさをそれぞれ F_x〔N〕，F_y〔N〕とする。直角三角形の辺の長さの比より

$F_x：40=\sqrt{3}：2$

よって $F_x=40\times\frac{\sqrt{3}}{2}=20\sqrt{3}=20\times1.73=34.6\fallingdotseq35N$

また $F_y：40=1：2$

よって $F_y=40\times\frac{1}{2}=20N$

x 成分は **35N**，y 成分は **20N**

解法2 三角比を用いると

$F_x=40\cos30°=40\times\frac{\sqrt{3}}{2}=20\sqrt{3}\fallingdotseq35N$

$F_y=40\sin30°=40\times\frac{1}{2}=20N$

よって x 成分は **35N**，y 成分は **20N**

(2) **解法1** x 軸，y 軸方向の分力の大きさをそれぞれ F_x〔N〕，F_y〔N〕とする。直角三角形の辺の長さの比より

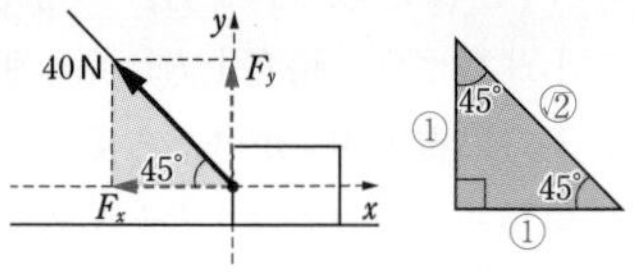

$F_x：40=1：\sqrt{2}$

よって $F_x=40\times\frac{1}{\sqrt{2}}=40\times\frac{\sqrt{2}}{2}=20\sqrt{2}=20\times1.41$

$=28.2\fallingdotseq28N$

また，F_y も同様に $F_y\fallingdotseq28N$

符号を考慮して，x 成分は **−28N**，y 成分は **28N**

解法2 三角比を用いると

$F_x=40\cos45°=40\times\frac{1}{\sqrt{2}}\fallingdotseq28N$

$F_y=40\sin45°=40\times\frac{1}{\sqrt{2}}\fallingdotseq28N$

よって，x 成分は **−28N**，y 成分は **28N**

(3) **解法1** x 軸，y 軸方向の分力の大きさをそれぞれ F_x〔N〕，F_y〔N〕とする。直角三角形の辺の長さの比より $F_x：60=1：2$

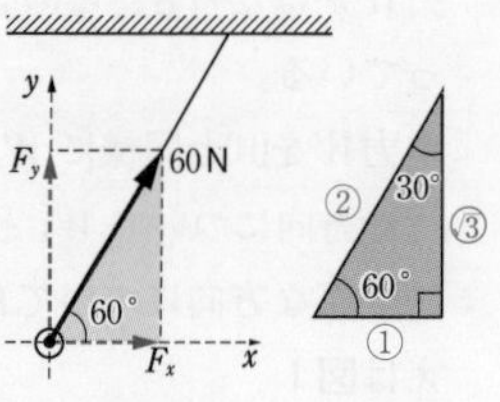

よって　$F_x=60\times\frac{1}{2}=30\,\mathrm{N}$

また　$F_y:60=\sqrt{3}:2$

よって　$F_y=60\times\frac{\sqrt{3}}{2}=30\sqrt{3}=30\times1.73=51.9\fallingdotseq52\,\mathrm{N}$

x 成分は **30N**，y 成分は **52N**

解法2　三角比を用いると

$$F_x=60\cos60^\circ=60\times\frac{1}{2}=30\,\mathrm{N}$$

$$F_y=60\sin60^\circ=60\times\frac{\sqrt{3}}{2}=30\sqrt{3}\fallingdotseq52\,\mathrm{N}$$

よって，x 成分は **30N**，y 成分は **52N**

(4) **解法1**　x 軸，y 軸方向の分力の大きさをそれぞれ F_x〔N〕，F_y〔N〕とする。直角三角形の辺の長さの比より　$F_x:15=1:2$

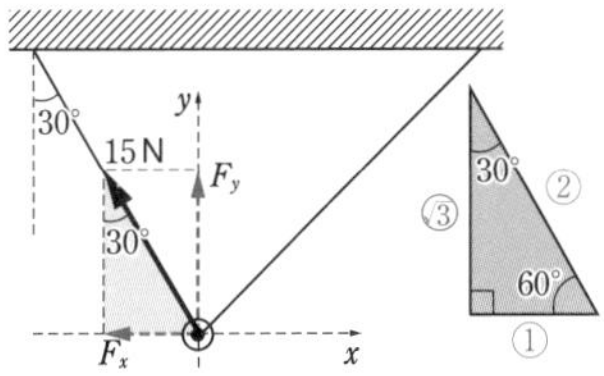

よって　$F_x=15\times\frac{1}{2}=7.5\,\mathrm{N}$

また　$F_y:15=\sqrt{3}:2$

よって

$$F_y=15\times\frac{\sqrt{3}}{2}=7.5\sqrt{3}=7.5\times1.73=12.9\cdots\fallingdotseq13\,\mathrm{N}$$

符号を考慮して，x 成分は **−7.5N**，y 成分は **13N**

解法2　三角比を用いると

$$F_x=15\sin30^\circ=15\times\frac{1}{2}=7.5\,\mathrm{N}$$

$$F_y=15\cos30^\circ=15\times\frac{\sqrt{3}}{2}=7.5\sqrt{3}\fallingdotseq13\,\mathrm{N}$$

よって，x 成分は **−7.5N**，y 成分は **13N**

(5) **解法1**　x 軸，y 軸方向の分力の大きさをそれぞれ F_x〔N〕，F_y〔N〕とする。直角三角形の辺の長さの比より　$F_x:28=1:2$

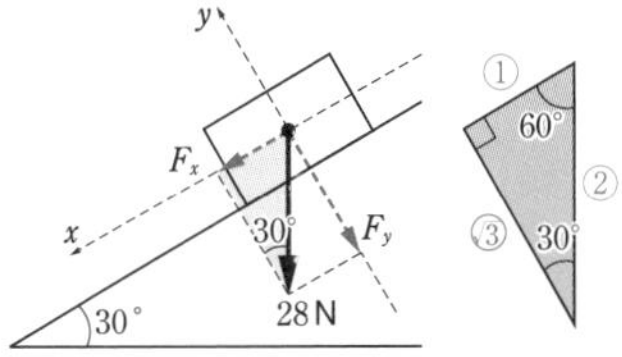

よって　$F_x=28\times\frac{1}{2}=14\,\mathrm{N}$

また　$F_y:28=\sqrt{3}:2$

よって

$$F_y=28\times\frac{\sqrt{3}}{2}=14\sqrt{3}=14\times1.73=24.22\fallingdotseq24\,\mathrm{N}$$

符号を考慮して，x 成分は **14N**，y 成分は **−24N**

解法2　三角比を用いると

$$F_x=28\sin30^\circ=28\times\frac{1}{2}=14\,\mathrm{N}$$

$$F_y=28\cos30^\circ=28\times\frac{\sqrt{3}}{2}=14\sqrt{3}\fallingdotseq24\,\mathrm{N}$$

よって，x 成分は **14N**，y 成分は **−24N**

(6) **解法1**　x 軸，y 軸方向の分力の大きさをそれぞれ F_x〔N〕，F_y〔N〕とする。直角三角形の辺の長さの比より

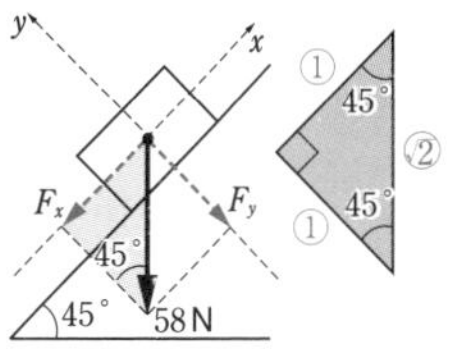

$$F_x:58=1:\sqrt{2}$$

よって　$F_x=58\times\frac{1}{\sqrt{2}}=58\times\frac{\sqrt{2}}{2}=29\sqrt{2}$

$$=29\times1.41=40.89\fallingdotseq41\,\mathrm{N}$$

また，F_y も同様に　$F_y\fallingdotseq41\,\mathrm{N}$

符号を考慮して，x 成分は **−41N**，y 成分は **−41N**

解法2　三角比を用いると

$$F_x=58\sin45^\circ=58\times\frac{1}{\sqrt{2}}\fallingdotseq41\,\mathrm{N}$$

$$F_y=58\cos45^\circ=58\times\frac{1}{\sqrt{2}}\fallingdotseq41\,\mathrm{N}$$

よって，x 成分は **−41N**，y 成分は **−41N**

(7) **解法1**　x 軸，y 軸方向の分力の大きさをそれぞれ F_x〔N〕，F_y〔N〕とする。直角三角形の辺の長さの比より

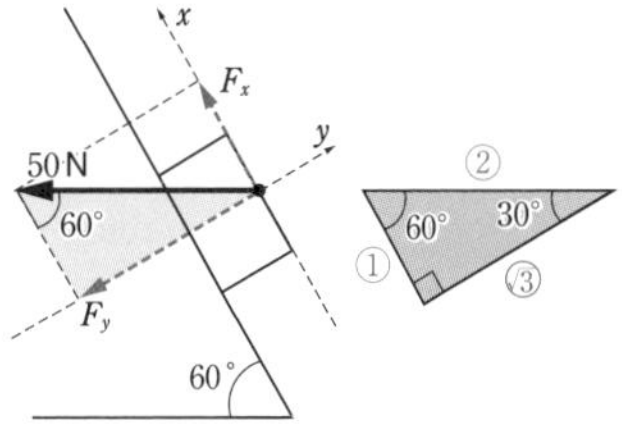

$$F_x:50=1:2$$

よって　$F_x=50\times\frac{1}{2}=25\,\mathrm{N}$

また　$F_y:50=\sqrt{3}:2$

よって

$$F_y=50\times\frac{\sqrt{3}}{2}=25\sqrt{3}=25\times1.73=43.25\fallingdotseq43\,\mathrm{N}$$

符号を考慮して，x 成分は **25N**，y 成分は **−43N**

解法2　三角比を用いると

$$F_x=50\cos60^\circ=50\times\frac{1}{2}=25\,\mathrm{N}$$

$$F_y=50\sin60^\circ=50\times\frac{\sqrt{3}}{2}=25\sqrt{3}\fallingdotseq43\,\mathrm{N}$$

よって　x 成分は **25N**，y 成分は **−43N**

(8) **糸が引く力**

解法1　x 軸，y 軸方向の分力の大きさをそれぞれ $F_{糸x}$〔N〕，$F_{糸y}$〔N〕とする。直角三角形の辺の長さの比より　$F_{糸x}:30=1:\sqrt{2}$

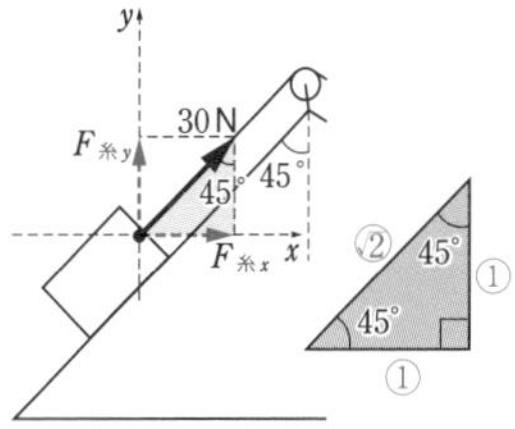

よって　$F_{糸x}=30\times\frac{1}{\sqrt{2}}=30\times\frac{\sqrt{2}}{2}$

$$=15\sqrt{2}=15\times1.41=21.15\fallingdotseq21\,\mathrm{N}$$

また，$F_{糸y}$ も同様に　$F_{糸y}\fallingdotseq21\,\mathrm{N}$

符号を考慮して，糸が引く力の x 成分は **21N**，y 成分は **21N**

解法2 三角比を用いると

$$F_{糸x}=30\sin 45°=30\times\frac{1}{\sqrt{2}}\fallingdotseq 21\,\mathrm{N}$$

$$F_{糸y}=30\cos 45°=30\times\frac{1}{\sqrt{2}}\fallingdotseq 21\,\mathrm{N}$$

よって，糸が引く力の x 成分は **21N**，y 成分は **21N**

垂直抗力

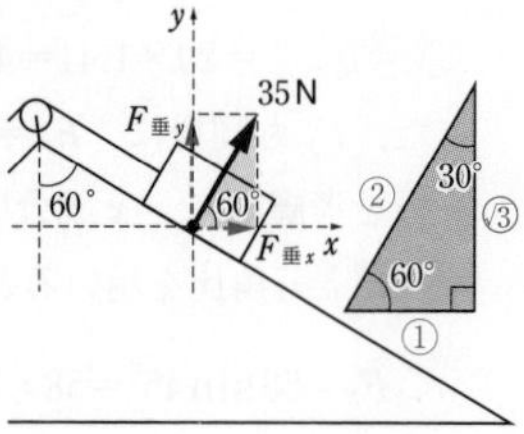

解法1 x 軸，y 軸方向の分力の大きさをそれぞれ $F_{垂x}$〔N〕，$F_{垂y}$〔N〕とする。直角三角形の辺の長さの比より

$$F_{垂x}:35=1:2$$

よって　$F_{垂x}=35\times\frac{1}{2}=17.5\fallingdotseq 18\,\mathrm{N}$

また　$F_{垂y}:35=\sqrt{3}:2$

よって　$F_{垂y}=35\times\frac{\sqrt{3}}{2}=17.5\sqrt{3}=17.5\times 1.73$

$=30.2\cdots\fallingdotseq 30\,\mathrm{N}$

垂直抗力の x 成分は **18N**，y 成分は **30N**

解法2 三角比を用いると

$$F_{垂x}=35\cos 60°=35\times\frac{1}{2}\fallingdotseq 18\,\mathrm{N}$$

$$F_{垂y}=35\sin 60°=35\times\frac{\sqrt{3}}{2}=17.5\sqrt{3}\fallingdotseq 30\,\mathrm{N}$$

よって，垂直抗力の x 成分は **18N**，y 成分は **30N**

(9) **解法1** x 軸，y 軸方向の分力の大きさをそれぞれ F_x〔N〕，F_y〔N〕とする。直角三角形の辺の長さの比より　$F_x:T=1:2$

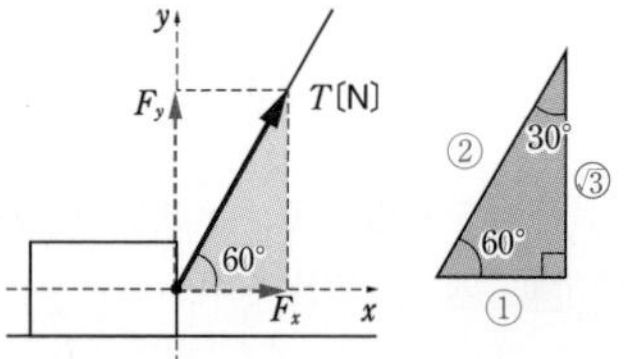

よって　$F_x=T\times\frac{1}{2}=\frac{T}{2}$〔N〕

また　$F_y:T=\sqrt{3}:2$

よって　$F_y=T\times\frac{\sqrt{3}}{2}=\frac{\sqrt{3}}{2}T$〔N〕

x 成分は $\boldsymbol{\frac{T}{2}}$〔N〕，y 成分は $\boldsymbol{\frac{\sqrt{3}}{2}T}$〔N〕

解法2 三角比を用いると

$$F_x=T\cos 60°=T\times\frac{1}{2}=\frac{T}{2}\text{〔N〕}$$

$$F_y=T\sin 60°=T\times\frac{\sqrt{3}}{2}=\frac{\sqrt{3}}{2}T\text{〔N〕}$$

よって，x 成分は $\boldsymbol{\frac{T}{2}}$〔N〕，y 成分は $\boldsymbol{\frac{\sqrt{3}}{2}T}$〔N〕

(10) **解法1** x 軸，y 軸方向の分力の大きさをそれぞれ F_x〔N〕，F_y〔N〕とする。直角三角形の辺の長さの比より

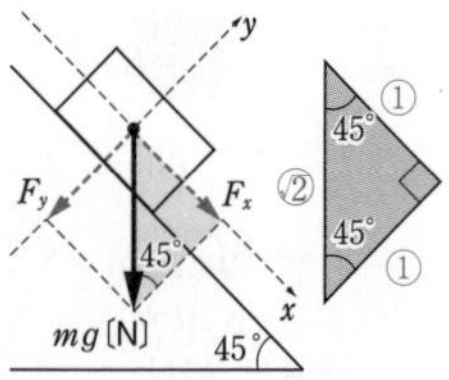

$$F_x:mg=1:\sqrt{2}$$

よって　$F_x=mg\times\frac{1}{\sqrt{2}}=\frac{\sqrt{2}}{2}mg$〔N〕

また，F_y も同様に　$F_y=\frac{\sqrt{2}}{2}mg$〔N〕

符号を考慮して，x 成分は $\boldsymbol{\frac{\sqrt{2}}{2}mg}$〔N〕，

y 成分は $\boldsymbol{-\frac{\sqrt{2}}{2}mg}$〔N〕

解法2 三角比を用いると

$$F_x=mg\sin 45°=mg\times\frac{1}{\sqrt{2}}=\frac{\sqrt{2}}{2}mg\text{〔N〕}$$

$$F_y=mg\cos 45°=mg\times\frac{1}{\sqrt{2}}=\frac{\sqrt{2}}{2}mg\text{〔N〕}$$

よって，x 成分は $\boldsymbol{\frac{\sqrt{2}}{2}mg}$〔N〕，

y 成分は $\boldsymbol{-\frac{\sqrt{2}}{2}mg}$〔N〕

2.

Point! 特別な角（30°，45°，60° など）が与えられていない場合の力の分解では，三角比を用いる。

解答 (1) T_1 について三角比を用いると x 成分は $\boldsymbol{T_1\cos\theta}$〔N〕，$y$ 成分は $\boldsymbol{T_1\sin\theta}$〔N〕

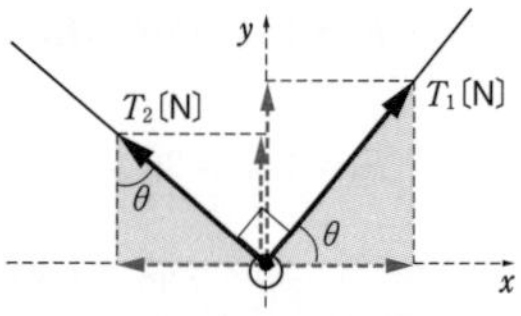

T_2 について三角比を用いると，符号を考慮して，x 成分は $\boldsymbol{-T_2\sin\theta}$〔N〕，$y$ 成分は $\boldsymbol{T_2\cos\theta}$〔N〕

(2) 三角比を用いると符号を考慮して，

x 成分は $\boldsymbol{-mg\sin\theta}$〔N〕，

y 成分は $\boldsymbol{-mg\cos\theta}$〔N〕

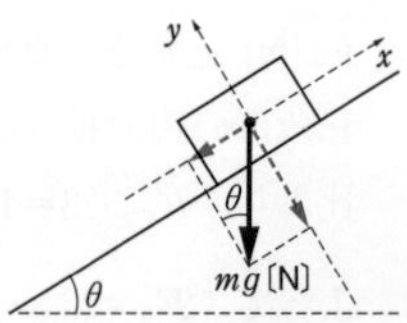

特集 基礎トレーニング④
－運動方程式の立て方－

1. **Point!** 鉛直方向には力がつりあっている。水平方向にはたらく力の差によって加速度が生じる。

解答 **Step⓪** 物体について運動方程式を立てる。

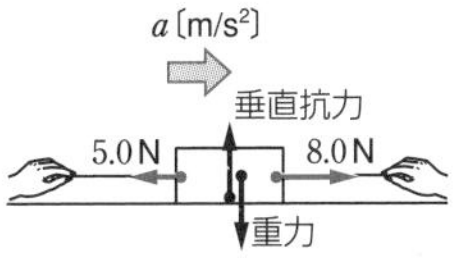

Step❶ 物体にはたらく力は糸1が引く力（水平左向きに5.0N），糸2が引く力（水平右向きに8.0N），重力（鉛直下向き）および垂直抗力（鉛直上向き）の4つである。鉛直方向については，重力と垂直抗力がつりあっている。

Step❷ 水平右向きを正とし，物体の加速度をa〔m/s²〕とする。

Step❸ 物体にはたらく力の運動方向の合力F〔N〕は

$F=8.0-5.0=3.0$N❶

ここで，運動方程式「$ma=F$」に質量 $m=0.40$kg，力 $F=3.0$N を代入して

$0.40\times a=3.0$

よって　$a=7.5$m/s²

$a>0$（正の向き）であるから，加速度は**右向きに7.5m/s²**

補足 ❶ 物体には重力と垂直抗力がはたらいているが，加速度運動の方向に垂直なこの2力は物体の加速には影響せず，運動方程式には用いない。

2. **Point!** 鉛直方向には力がつりあっている。ばねの弾性力によって加速度が生じる。

解答 **Step⓪** 物体について運動方程式を立てる。

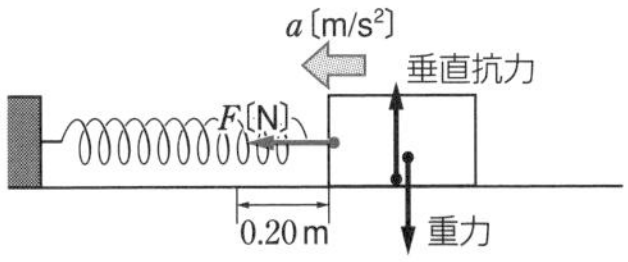

Step❶ 物体にはたらく力は重力（鉛直下向き），垂直抗力（鉛直上向き）とばねの弾性力（水平左向き）の3つある。鉛直方向については，重力と垂直抗力がつりあっている。

Step❷ ばねが縮む向きを正とし，物体の加速度をa〔m/s²〕とする。

Step❸ 物体にはたらく水平方向の力は弾性力のみであり，それをF〔N〕とすると，フックの法則「$F=kx$」を用いて

$F=25\times0.20=5.0$N

ここで，運動方程式「$ma=F$」に質量 $m=2.0$kg，力 $F=5.0$N を代入して　$2.0\times a=5.0$　　$a=2.5$m/s²

$a>0$（正の向き）であるから，加速度は**ばねが縮む向きに2.5m/s²**

3. **Point!** 斜面に垂直な方向では力がつりあっている。斜面に平行な方向では重力の分力によって加速度が生じる。

解答 **Step⓪** 小物体について運動方程式を立てる。

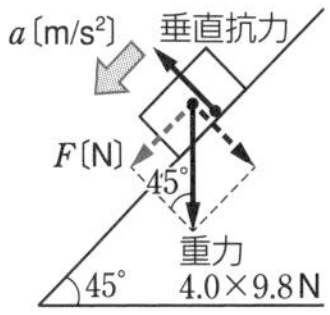

Step❶ 小物体にはたらく力は重力（鉛直下向きに4.0×9.8N）と垂直抗力の2つである。

Step❷ 斜面にそって下向きを正とし，物体の加速度をa〔m/s²〕とする。

Step❸ 重力を斜面方向と，斜面に垂直な方向とに分解する。斜面に垂直な方向については，重力の分力と垂直抗力がつりあっている。したがって，小物体は重力の斜面方向の成分によって加速される。重力の斜面方向の成分をF〔N〕とすると

$$F=4.0\times9.8\times\frac{1}{\sqrt{2}}\text{❶}=4.0\times9.8\times\frac{\sqrt{2}}{2}=19.6\sqrt{2}\text{ N}$$

ここで，運動方程式「$ma=F$」に質量 $m=4.0$kg，力 $F=19.6\sqrt{2}$N を代入して

$4.0\times a=19.6\sqrt{2}$

$$a=\frac{19.6\sqrt{2}}{4.0}=4.9\sqrt{2}=4.9\times1.41$$

$=6.909\fallingdotseq6.9$m/s²

$a>0$（正の向き）であるから，加速度は**斜面方向下向きに6.9m/s²**

補足 ❶

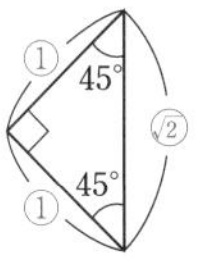

4. Point！ 2物体の運動の場合はそれぞれ別に考え，運動方程式を2つ立てる。

解答 **Step⓪** 物体Aについて運動方程式を立てる。

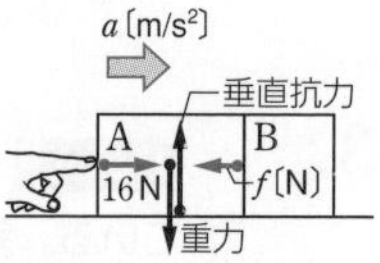

Step❶ 物体Aにはたらく力は重力（鉛直下向き），垂直抗力（鉛直上向き），手から押される力（水平右向きに16N）および接触している物体Bから受ける力（水平左向きにf〔N〕とする）の4つである。鉛直方向については，重力と垂直抗力がつりあっている。

Step❷ 右向きを正とし，物体Aの加速度をa〔m/s²〕とする。

Step❸ 物体Aにはたらく力の運動方向の合力F〔N〕は

$F=16-f$〔N〕

ここで，運動方程式「$ma=F$」に質量 $m=5.0$kg，力 $F=16-f$〔N〕を代入して

$5.0\times a=16-f$ ……①

Step⓪ 物体Bについて運動方程式を立てる。

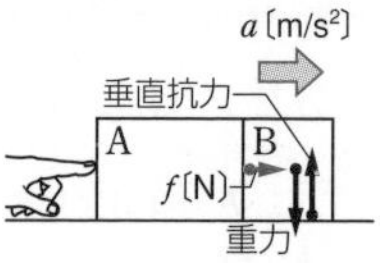

Step❶ 物体Bにはたらく力は重力（鉛直下向き），垂直抗力（鉛直上向き），および接触している物体Aから受ける力[1]（水平右向きにf〔N〕とする）の3つである。鉛直方向については，重力と垂直抗力がつりあっている。

Step❷ 右向きを正とし，物体Bの加速度をa〔m/s²〕とする[2]。

Step❸ 物体Bにはたらく力の運動方向の合力F'〔N〕はf〔N〕のみなので $F'=f$〔N〕

ここで，運動方程式「$ma=F$」に質量 $m=3.0$kg，力 $F'=f$〔N〕を代入して

$3.0\times a=f$ ……②

①式＋②式より $5.0\times a+3.0\times a=16-f+f$

よって $8.0\times a=16$ $a=\frac{16}{8.0}=2.0$m/s²

$a>0$（正の向き）であるから，加速度は**右向きに2.0m/s²**[3]

補足 **1** 物体Aが受ける左向きの力fとは作用・反作用の関係にある。

2 物体A，Bは接触したまま運動するので，同じ加速度となる。

3 別解 2物体が接触，または糸で連結して一体化して運動している場合は，1物体として扱うことができる。物体にはたらく力は重力，垂直抗力と手から押される力（水平右向きに16N）の3力であり，運動方向の合力は右向き16Nの力のみである。運動方程式は

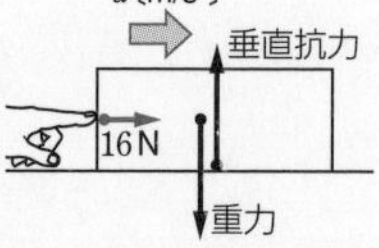

$(5.0+3.0)\times a=16$ よって $a=\frac{16}{8.0}=2.0$m/s²

5. Point！ 鉛直方向には力がつりあっている。運動する向きと動摩擦力のはたらく向きは逆向きである。

解答 **Step⓪** 物体について運動方程式を立てる。

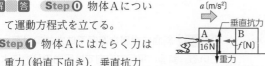

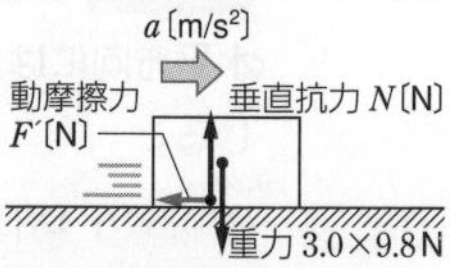

Step❶ 物体にはたらく力は重力（鉛直下向きに3.0×9.8N），垂直抗力（鉛直上向き）と動摩擦力（水平左向き）の3つである。鉛直方向については，重力と垂直抗力がつりあっている。

Step❷ 水平右向きを正とし，物体の加速度をa〔m/s²〕とする[1]。

Step❸ 物体にはたらく力の運動方向の合力F〔N〕は動摩擦力の大きさをF'〔N〕とすると

$F=-F'$〔N〕

ここで，運動方程式「$ma=F$」に質量 $m=3.0$kg，力 $F=-F'$〔N〕を代入して

$3.0\times a=-F'$ ……①

また，垂直抗力の大きさをN〔N〕とすると，鉛直方向の2力のつりあい[2]は鉛直上向きを正とすると

$N-3.0\times 9.8=0$

よって $N=29.4$N となる。動摩擦力の式「$F'=\mu'N$」より $F'=0.50\times 29.4=14.7$N

これを①式に代入して

$3.0\times a=-14.7$

$a=\frac{-14.7}{3.0}=-4.9$m/s²

$a<0$（負の向き）であるから，加速度は**左向きに4.9m/s²**

補足 **1** 物体の運動の向きを正にとると問題が捉えやすい（運動の向きが物体の加速度の向きと必ずしも一致しないことに注意する）。

2 最大摩擦力や動摩擦力が関係する問題では，物体の垂直抗力を求めるために，運動に垂直な方向についての力のつりあいの式を立てる必要がある。

特集 基礎トレーニング⑤
－波のグラフの見方－

1. Point！ ***y*-*x*** 図はある瞬間の波形，***y*-*t*** 図はある場所での振動の時間変化を表す。

解答

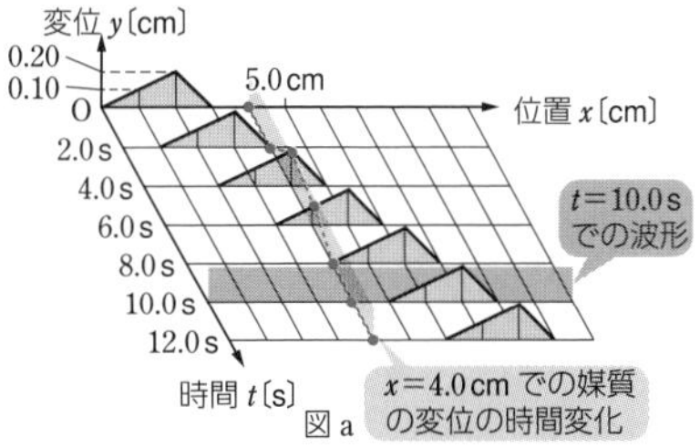

図 a

(1) 図 a の $t=10.0$s の線を x 軸として，その線上の波形をかく❶。

図 b

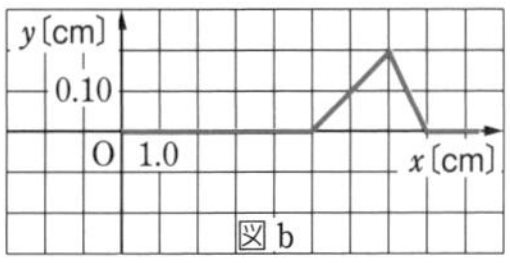

図 b

(2) 図 a の $x=4.0$cm の線を t 軸として，その線上での変位（図中の点）の時間変化を調べる❷。

図 c

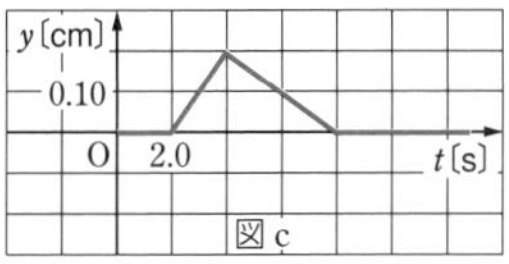

図 c

補足 ❶ 別解 例(1)の $t=6.0$s から $t=10.0$s まで 4.0s 間，すなわち 2.0cm 波は進んだ。例の図 1 を x 軸の正の向きに 2.0cm 平行移動させてもよい。

❷ 別解 $x=4.0$cm は例(2)の $x=5.0$cm から 1.0cm だけ手前にあるので，$x=4.0$cm の媒質は $x=5.0$cm の媒質と同じ変位を 2.0s 前にとっている。よって例の図 2 を t 軸の負の向きに 2.0s 平行移動させてもよい。

2. Point！ ***y*-*x*** 図はある瞬間の波形，***y*-*t*** 図はある場所での振動の時間変化を表す。

解答 (1)「$x=vt$」より，波は 0.10s ごとに $x=20\times0.10=2.0$cm ずつ正の向きに進む❶。
それぞれ答えは**図 a ～ c** のようになる。

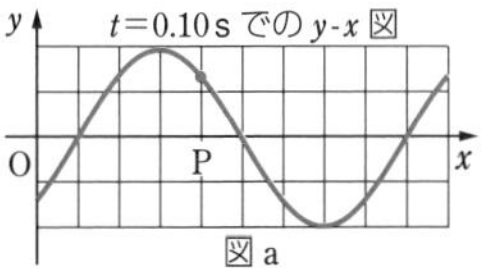

図 a

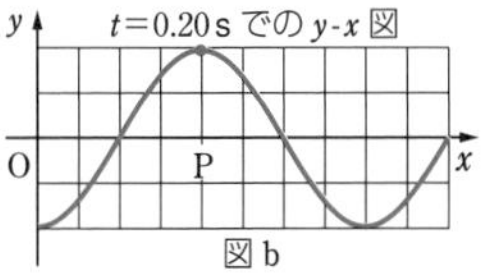

図 b

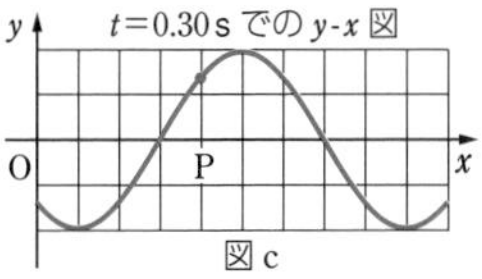

図 c

(2) (1)の図 2，a ～ c の点 P での y 変位をそれぞれの時刻にかくことでグラフがかける❷。

図 d

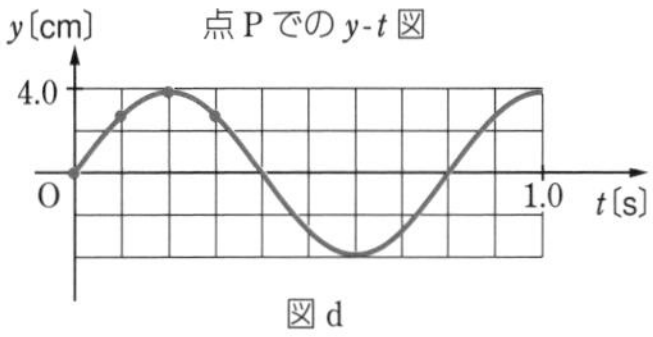

図 d

補足 ❶ 平行移動のときには，波形の中の y 変位が 0m の点（または山や谷の点）を目印とするとわかりやすい。

❷ 図 2 から波長は 16cm とわかる。「$v=\frac{\lambda}{T}$」を用いると周期 T〔s〕は

$$20=\frac{16}{T} \qquad T=\frac{16}{20}=0.80\,\text{s}$$

となる。$t=0$s のとき，点 P の媒質が $y=0$m から y 軸の正の向きに運動していることがわかれば，0.80s を 1 周期としてグラフをかくことができる。

3. Point！ ***y*-*x*** 図から ***y*-*t*** 図を考えるときは，注目している点の媒質が初めにどの向きに動くのかを調べる。

解答 (1)「$x=vt$」より，波は 2.0s で $x=0.50\times2.0=1.0$m 進むので，グラフを x 軸の正の向きに 1.0m だけ平行移動する。$x=0$m の媒質は図のように y 軸の負の向きに 0.20m だけ移動している。**図 a**

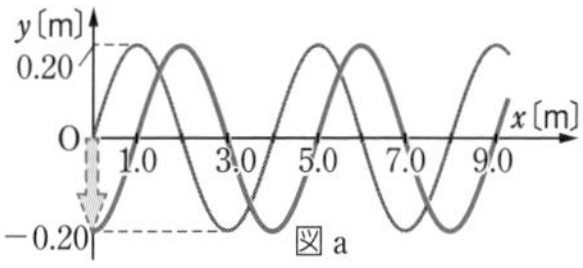

図 a

(2) 0s，2.0s，4.0s での $x=0$ の媒質の y 変位をそれぞれ，㋐，㋑，㋒とすると❶，図 b に示すような振動であることがわかる。よって②

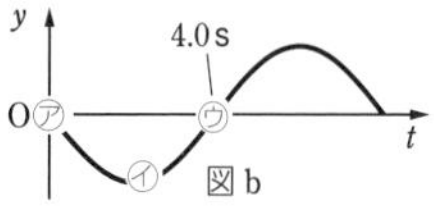

図 b

補足 ❶

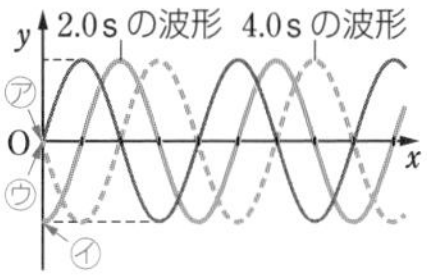

特集 基礎トレーニング⑥
－物理のための数学の基礎－

1.

Point! 数値を $A\times10^n$ の形で表したいときは，まず A の数値を求めてから，その数値に 10 の何乗をかければよいかを考える。

解答 (1) $640=6.4\times100=6.4\times10\times10$
$=\mathbf{6.4\times10^2}$

(2) $0.078=7.8\times0.01=7.8\times\dfrac{1}{100}$
$=7.8\times\dfrac{1}{10^2}=\mathbf{7.8\times10^{-2}}$

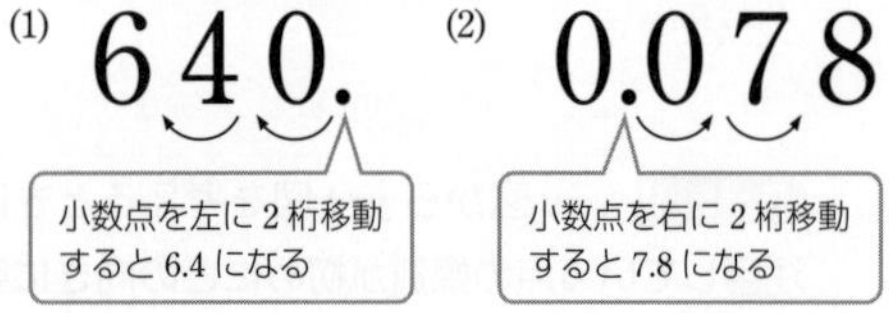
(1)
640.
小数点を左に 2 桁移動すると 6.4 になる
(2)
0.078
小数点を右に 2 桁移動すると 7.8 になる

2.

Point! 指数の計算の規則を用いる。

① $a^m\times a^n=a^{m+n}$ ② $a^m\div a^n=\dfrac{a^m}{a^n}=a^{m-n}$

③ $(a^m)^n=a^{mn}$ ④ $(ab)^n=a^nb^n$

①と③を混同しないように注意する。a^n は a を n 個かけあわせたものであるということを意識すると間違えにくい。

解答 (1) $10^6\times10^{-2}=10^{6+(-2)}$ 1 $=10^{6-2}=\mathbf{10^4}$

(2) $10^7\div10^3=10^{7-3}$ 2 $=\mathbf{10^4}$

(3) $(10^{-3})^5=10^{(-3)\times5}$ 3 $=\mathbf{10^{-15}}$

(4) $(3\times10^8)^2=3^2\times(10^8)^2$ 4 $=9\times10^{8\times2}=\mathbf{9\times10^{16}}$

補足 1 「$a^m\times a^n=a^{m+n}$」を用いた。
2 「$a^m\div a^n=a^{m-n}$」を用いた。
3 「$(a^m)^n=a^{mn}$」を用いた。
4 「$(ab)^n=a^nb^n$」を用いた。

3.

Point! 有効数字に注意して，計算を行う。
① かけ算・わり算…通常，最も少ない有効数字の桁数（四捨五入した後）とする。
② 足し算・引き算…通常，測定値の末位が最も高い位のものに合わせる。

解答 (1) 1.44 の有効数字は 3 桁，2.0 の有効数字は 2 桁であるから，最も少ない桁数は 2 桁である。よって，答えの有効数字は 2 桁となる。計算結果を四捨五入して，有効数字 2 桁で表す。

$1.44\times2.0=2.88\fallingdotseq\mathbf{2.9}$

(2) 5.00 の有効数字は 3 桁，3.0 の有効数字は 2 桁であるから，最も少ない桁数は 2 桁である。よって，答えの有効数字は 2 桁となる。計算結果は割り切れないため，四捨五入して，有効数字 2 桁で表す。

$5.00\div3.0=1.66\cdots\fallingdotseq\mathbf{1.7}$

(3) 末位が最も高い数値は 3.3 であり，その末位は小数第 1 位である。よって，答えの有効数字の末位も小数第 1 位とし，小数第 2 位を四捨五入する。

$1.28+3.3=4.58\fallingdotseq\mathbf{4.6}$

(4) 末位が最も高い数値は 12.4 であり，その末位は小数第 1 位である。よって，答えの有効数字の末位も小数第 1 位とし，小数第 2 位を四捨五入する。

$12.4-3.21=9.19\fallingdotseq\mathbf{9.2}$

4.

Point! π，$\sqrt{2}$ などの定数は，有効数字の桁数を 1 桁多くとって計算する。

解答 (1) 2.0 は有効数字 2 桁であるから，$\sqrt{2}$ は有効数字 3 桁までとって計算する。

$2.0\times\sqrt{2}=2.0\times1.41=2.82\fallingdotseq\mathbf{2.8}$

(2) 2.0 は有効数字 2 桁であるから，π は有効数字 3 桁までとって計算する。

$2.0\times\pi=2.0\times3.14=6.28\fallingdotseq\mathbf{6.3}$

5.

Point! 単位の換算では，「$1\,\mathrm{kg}=1000\,\mathrm{g}=10^3\,\mathrm{g}$」といった単位間の関係式を用いる。「k（キロ）」は 10^3，「m（ミリ）」は 10^{-3}，「c（センチ）」は 10^{-2} を表す。

解答 (1)「$1\,\mathrm{km}=1000\,\mathrm{m}=10^3\,\mathrm{m}$」より
$4.0\,\mathrm{km}=4000\,\mathrm{m}=\mathbf{4.0\times10^3\,m}$

(2) $1\,\mathrm{m}=100\,\mathrm{cm}$ なので，$1\,\mathrm{cm}=\dfrac{1}{100}\,\mathrm{m}=10^{-2}\,\mathrm{m}$ である。
$6.7\,\mathrm{cm}=\mathbf{6.7\times10^{-2}\,m}$

(3)「$1\,\mathrm{kg}=1000\,\mathrm{g}=10^3\,\mathrm{g}$」より
$56\,\mathrm{kg}=56\times10^3\,\mathrm{g}=\mathbf{5.6\times10^4\,g}$

(4)「$1\,\mathrm{mg}=10^{-3}\,\mathrm{g}$」，「$1\,\mathrm{g}=10^{-3}\,\mathrm{kg}$」より
$7.0\,\mathrm{mg}=7.0\times10^{-3}\,\mathrm{g}=(7.0\times10^{-3})\times10^{-3}\,\mathrm{kg}$
$=\mathbf{7.0\times10^{-6}\,kg}$

(5)「$1\,\mathrm{min}=60\,\mathrm{s}$」を変形した「$1\,\mathrm{s}=\dfrac{1}{60}\,\mathrm{min}$」より
$900\,\mathrm{s}=900\times\dfrac{1}{60}\,\mathrm{min}=\mathbf{15\,min}$

(6)「$1\,\mathrm{h}=60\,\mathrm{min}$」，「$1\,\mathrm{min}=60\,\mathrm{s}$」より
$2.0\,\mathrm{h}=2.0\times60\,\mathrm{min}=(2.0\times60)\times60\,\mathrm{s}=7200\,\mathrm{s}$
$=\mathbf{7.2\times10^3\,s}$

6.

Point! 三角比の定義式を用いる。

$\sin\theta=\dfrac{a}{c}$, $\cos\theta=\dfrac{b}{c}$,

$\tan\theta=\dfrac{a}{b}$

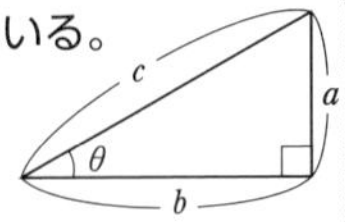

解答 (1) 図 a より　$\sin\theta=\mathbf{\dfrac{4}{5}}$,　$\cos\theta=\mathbf{\dfrac{3}{5}}$,　$\tan\theta=\mathbf{\dfrac{4}{3}}$

(2) 図 b より　$\sin\theta=\mathbf{\dfrac{12}{13}}$,　$\cos\theta=\mathbf{\dfrac{5}{13}}$,　$\tan\theta=\mathbf{\dfrac{12}{5}}$

(3) 図 c より　$\sin\theta=\mathbf{\dfrac{1}{\sqrt{3}}}$,　$\cos\theta=\dfrac{\sqrt{2}}{\sqrt{3}}=\mathbf{\sqrt{\dfrac{2}{3}}}$,

$\tan\theta=\mathbf{\dfrac{1}{\sqrt{2}}}$

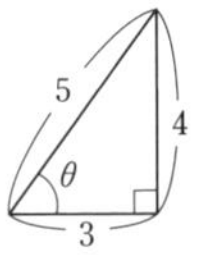

図 a

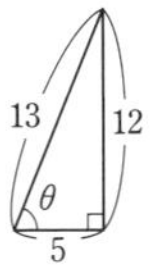

図 b

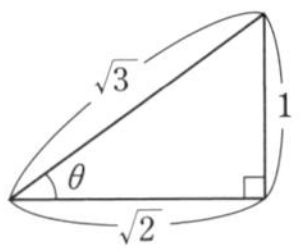

図 c

7.

Point! 直角三角形をかいて，三角比を求める。

解答

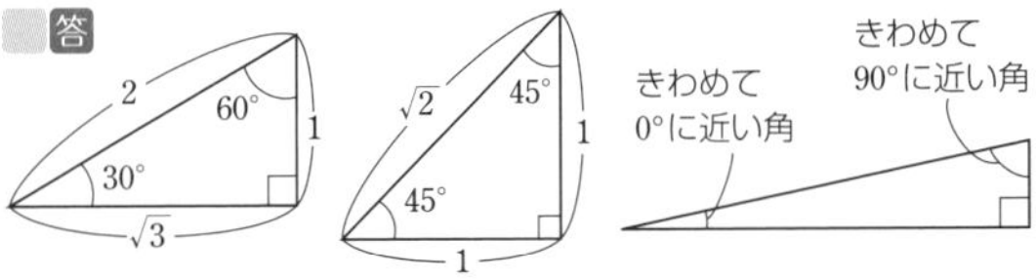

(1) $\sin 30°=\mathbf{\dfrac{1}{2}}$　(2) $\cos 60°=\mathbf{\dfrac{1}{2}}$　(3) $\tan 45°=\mathbf{1}$

(4) $\sin 90°=\mathbf{1}$　(5) $\cos 0°=\mathbf{1}$　(6) $\tan 0°=\mathbf{0}$

8.

Point! 三角比の定義式を用いる。長さがわかっている辺と，未知の辺の比は，sin，cos，tan のうちのどれで表されるかを考える。

解答 (1) $\sin 30°=\dfrac{x}{8}$

よって　$x=8\times\sin 30°=8\times\dfrac{1}{2}=\mathbf{4}$

別解 問題文の三角形は，下図のように辺の長さの比が $1:2:\sqrt{3}$ の直角三角形と相似なので，次の比例式が成りたつ。

$x:8=1:2$

外項の積と内項の積は等しいことから

$x\times2=8\times1$　よって　$x=\mathbf{4}$

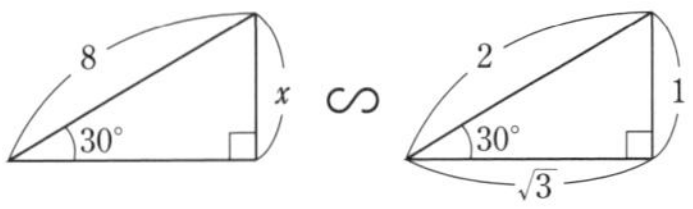

(2) $\tan 60°=\dfrac{x}{2}$ ❶

よって　$x=2\times\tan 60°=2\times\sqrt{3}=\mathbf{2\sqrt{3}}$

別解 直角三角形の辺の長さの比より

$x:2=\sqrt{3}:1$

$x\times1=2\times\sqrt{3}$

よって　$x=\mathbf{2\sqrt{3}}$

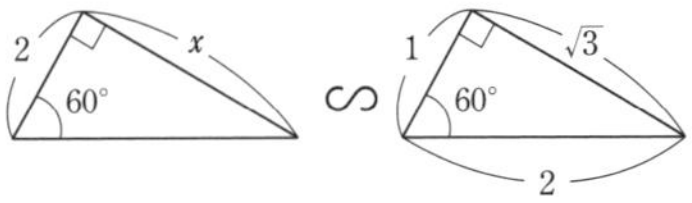

(3) $\cos 45°=\dfrac{5}{x}$ ❷

よって　$x=5\times\dfrac{1}{\cos 45°}=5\times\dfrac{1}{\dfrac{1}{\sqrt{2}}}=\mathbf{5\sqrt{2}}$

別解 直角三角形の辺の長さの比より

$x:5=\sqrt{2}:1$

$x\times1=5\times\sqrt{2}$

よって　$x=\mathbf{5\sqrt{2}}$

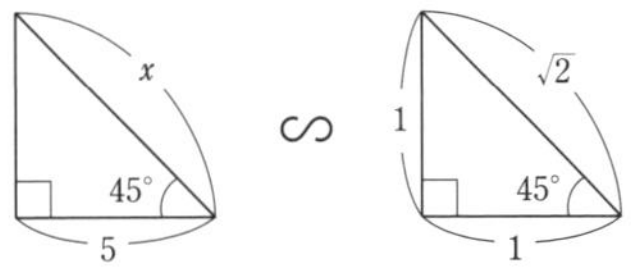

補足 ❶ 右図のようにかきかえるとわかりやすい。

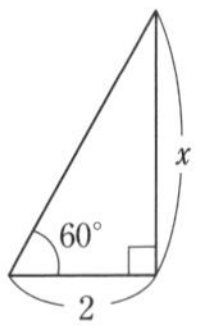

❷ 右図のようにかきかえるとわかりやすい。

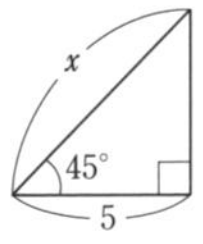

9. **Point!** ベクトルの和 $\vec{a}+\vec{b}$ は，$\vec{a}$，$\vec{b}$ の始点をあわせて，2つのベクトルを隣りあう辺とする平行四辺形の対角線をかく。

解答 (1)

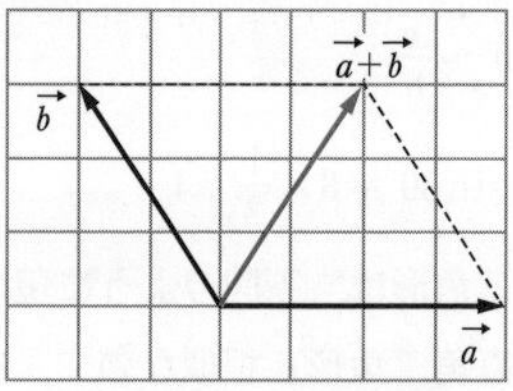

❶

(2)

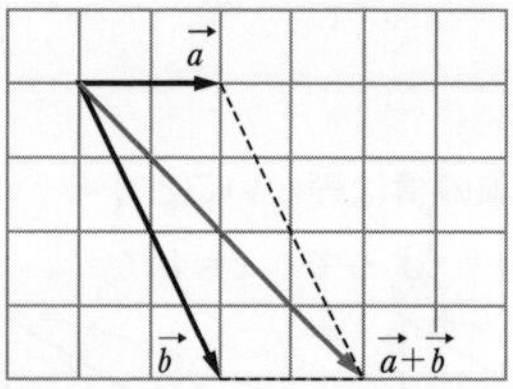

補足 ❶ **別解** 右図のように，$\vec{a}$ の終点に $\vec{b}$ の始点をあわせて，$\vec{a}$ の始点から $\vec{b}$ の終点に向かう矢印をかいてもよい。

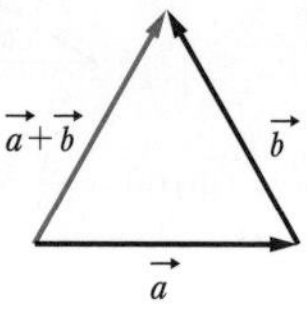

10. **Point!** ベクトルの差 $\vec{a}-\vec{b}$ は，$\vec{a}$，$\vec{b}$ の始点をあわせて，$\vec{b}$ の終点から $\vec{a}$ の終点に向かう矢印をかく。

解答 (1)

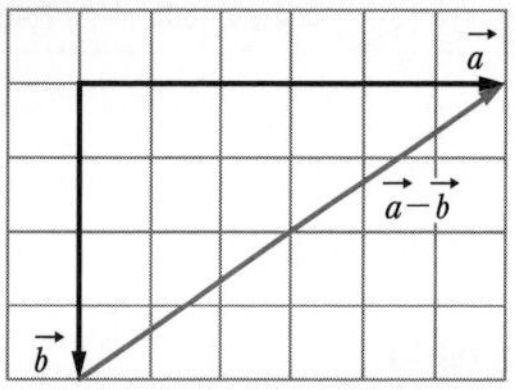

❶

(2)

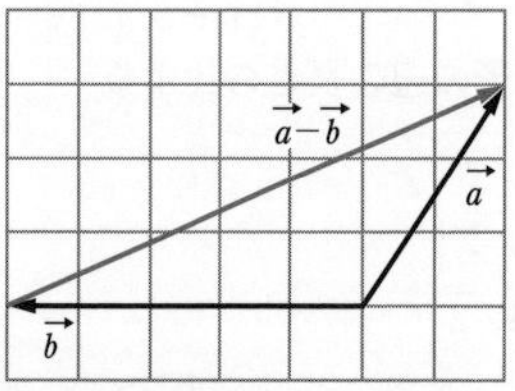

補足 ❶ **別解** 右図のように，ベクトル $-\vec{b}$ をかき，ベクトルの和 $\vec{a}+(-\vec{b})$ を求めてもよい。

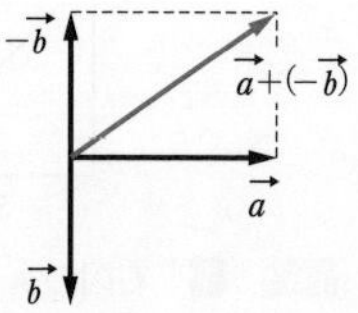

11. **Point!** ベクトルの $\vec{a}$ の x 成分と y 成分は，$\vec{a}$ を x 軸方向と y 軸方向に分解し，その長さを求めて符号をつけたものである（本問では，符号はいずれも正）。

解答 (1) x 成分：

$$4\times\cos 30^\circ=4\times\frac{\sqrt{3}}{2}$$
$$=\mathbf{2\sqrt{3}}$$

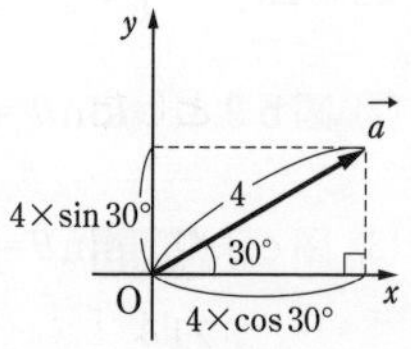

y 成分：$4\times\sin 30^\circ=4\times\dfrac{1}{2}=\mathbf{2}$

別解 $\vec{a}$ と x 軸からなる直角三角形は，辺の長さの比が $1:2:\sqrt{3}$ の直角三角形と相似である。x 成分，y 成分の値をそれぞれ x，y とすると

$y:4:x=1:2:\sqrt{3}$

という比例式が成りたつ。

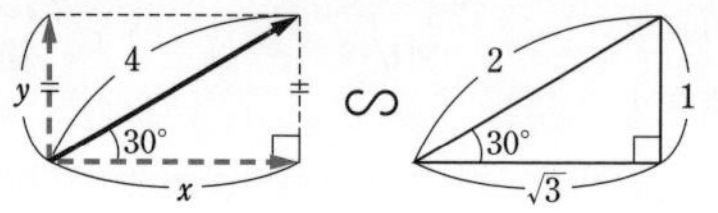

x について

$4:x=2:\sqrt{3}$

$4\times\sqrt{3}=x\times 2$ よって $x=\mathbf{2\sqrt{3}}$

同様に，y について

$y:4=1:2$

$y\times 2=4\times 1$ よって $y=\mathbf{2}$

(2) x 成分：$4\times\cos 45^\circ=4\times\dfrac{1}{\sqrt{2}}$

$$=4\times\frac{\sqrt{2}}{2}$$
$$=\mathbf{2\sqrt{2}}$$

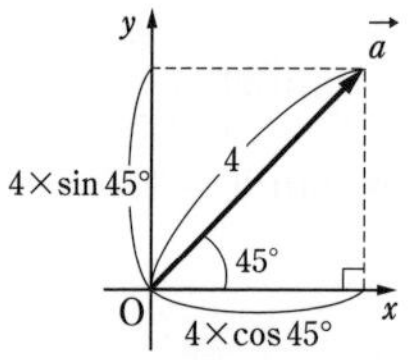

y 成分：$4\times\sin 45^\circ=4\times\dfrac{1}{\sqrt{2}}$

$$=4\times\frac{\sqrt{2}}{2}=\mathbf{2\sqrt{2}}$$

別解 (1)と同様に，直角三角形の辺の長さの比を用いると

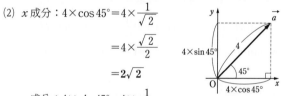

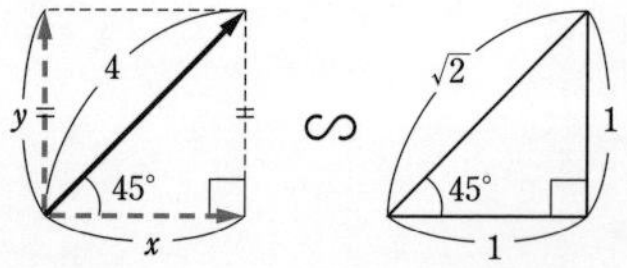

$x:y:4=1:1:\sqrt{2}$

x について

$x:4=1:\sqrt{2}$

$x\times\sqrt{2}=4\times 1$

よって $x=4\times\dfrac{1}{\sqrt{2}}=\mathbf{2\sqrt{2}}$

y についても同様に計算すると $y=\mathbf{2\sqrt{2}}$

特集 巻末チャレンジ問題
－大学入学共通テストに向けて－

154. 問題文の読み取り方 問題文の「月面の実験室での重力加速度の大きさは，地上での大きさの $\frac{1}{6}$」より，地上での重力加速度の大きさを g としたとき，月面上では $\frac{1}{6}g$ であるとわかる。

Point! 地上であっても月面であっても，浮力は「物体が排除した液体の重さ」に等しい。ただし重さはその場所（天体）の重力加速度によって変わるので，排除した液体の体積（沈んでいる部分の体積）が同じであっても，浮力の大きさはその場所（天体）によって異なる。

解答 (ア) 水の密度を ρ，物体Aの体積を V_A，地上での重力加速度の大きさを g とする。浮力の式「$F=\rho Vg$」より，地上と月面での浮力をそれぞれ求めると

地上：$\rho V_A g$

月面：$\rho V_A\times\frac{1}{6}g=\frac{1}{6}\rho V_A g$

よって月面での浮力の大きさは地上での浮力の大きさより小さい。

(イ) 物体Bの質量を m，地上で物体Bが水に浮かんだときに水面下に沈んでいる部分の体積を V_B，月面で同様にしたときに水面下に沈んでいる部分の体積を V_B' とする。水に浮かんだとき，

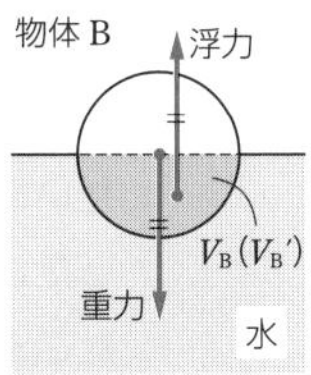

物体Bにはたらく浮力と重力がつりあうので，地上と月面での力のつりあいをそれぞれ考えると

地上：$\rho V_B g-mg=0$　　よって　$V_B=\frac{m}{\rho}$

月面：$\rho V_B'\times\frac{1}{6}g-m\times\frac{1}{6}g=0$　　よって　$V_B'=\frac{m}{\rho}$

ゆえに $V_B=V_B'$ となるので，地上と月面で水面下に沈んでいる部分の体積は等しい。したがって，月面では問題文の図2(b)のように浮かぶ。

以上より，最も適当なものは⑤。

155. 問題文の読み取り方 (1)「一郎さんの仮説と花子さんの仮説が両方正しい」より，$W=k_1h=k_2v$ とわかる。
(2) 図2より，グラフの傾きは一定でないことがわかる。

Point! 実験結果から導かれた関係式とグラフの両方をあわせて考える。実際に実験を行う際は，さまざまな条件の中で変化させる条件は1つだけにしてデータをとり，結果を比較する。

解答 (1) 一郎さんと花子さんの仮説がともに正しければ $k_1h=k_2v$ となる。

よって　$\frac{h}{v}=\frac{k_2}{k_1}=$一定 [1]

ゆえに，最も適当なものは③。

(2) 実験によって得られた v-h 図のグラフの傾きが一定にならないので両方の仮説を正しいとした(1)の結果が成りたっていない。よって，少なくとも一方の仮説は正しくないことになる。

ゆえに，最も適当なものは④。

(3) くぎが打ちこまれた後の石の底面の高さを基準として，落とされる前の石の底面までの距離をはかればよい。

よって，最も適当なものは②。

(4) 仕事が高さに比例するかどうかを調べるためには，落下させる石自体は変えずに，落下させる高さのみを変化させて調べればよい。まず同一条件ならば必ず同じ仕事をすることを確認するために**ア**の実験を行い，次に高さの条件のみを変えた**イ**の実験を行う。

よって，最も適当なものは①。

補足 [1] $\frac{h}{v}=$一定　なので v-h 図は下図の通り。

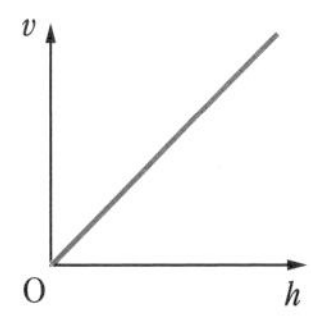

156. **問題文の読み取り方** アルミニウム球の温度が $T_1=42.0$°C，水の温度が $T_2=20.0$°C とかかれているので，アルミニウムから水へと熱が移動することがわかる。

Point! 熱の移動がアルミニウム球と水の間だけなので，熱量の保存の関係より「アルミニウム球が失った熱量＝水が得た熱量」となる。

解答 (ア) アルミニウム球が失った熱量を Q_A〔J〕とすると，熱量の式「$Q=mc\Delta T$」より

$Q_A=100\times0.90\times(T_1-T_3)$ [1]

同様に，水が得た熱量を Q_W〔J〕とすると

$Q_W=M\times4.2\times(T_3-T_2)$ [1]

熱量の保存の関係より $Q_A=Q_W$ であるから

$100\times0.90\times(T_1-T_3)=M\times4.2\times(T_3-T_2)$ ……①

ここで，$T_1=42.0$°C，$T_2=20.0$°C は定数なので，M の値によって T_3 が変化する。

水の温度上昇 T_3-T_2 を $\Delta T_W=T_3-T_2$ とおき直すと，$T_3=T_2+\Delta T_W$ だから，①式より

$90(T_1-T_2-\Delta T_W)=4.2M\Delta T_W$

ここで，$T_1-T_2=22.0$°C なので

$90(22.0-\Delta T_W)=4.2M\Delta T_W$

$90\times22.0=(90+4.2M)\Delta T_W$ ……②

つまり，$\Delta T_W(=T_3-T_2)$ が小さくなるのは M を大きくした場合である[2]。

(イ) $\Delta T_W=T_3-T_2=1.0$°C なので，②式に代入すると

$90\times22.0=(90+4.2M)\times1.0$

$$M=\frac{90\times22.0-90\times1.0}{4.2\times1.0}=\frac{90\times21.0}{4.2}=450\,\mathrm{g}$$

以上より，最も適当なものは①。

補足 [1]

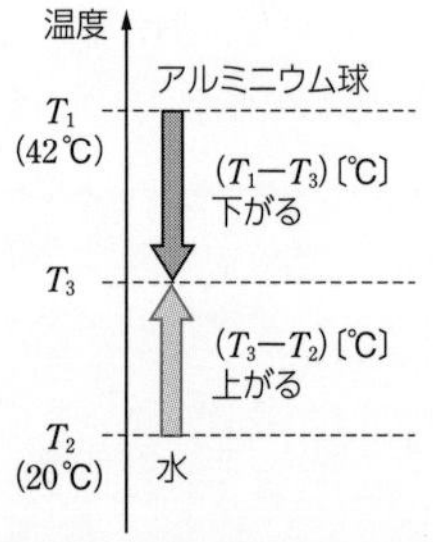

[2] 低温の水の中に高温のアルミニウム球を入れたときの水の温度上昇を考えると，水が大量にあれば，アルミニウム球の影響は相対的に小さくなり，水の温度上昇は小さくなるはずである。つまり，(ア)の答えは計算なしでも推定できる。

157. **問題文の読み取り方** 「基本振動」とあるので，開口端が腹，閉口端が節となる定在波を図示すればよい。

Point! 定在波の腹から隣の腹までの距離は $\frac{\lambda}{2}$（半波長），腹から隣の節までの距離は $\frac{\lambda}{4}$ である。

解答 閉管に生じた基本振動の定在波を図示すると，図のようになるので，この音波の波長を λ とすると

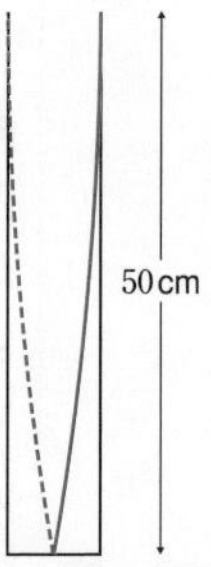

$\frac{\lambda}{4}=0.50$

$\lambda=2.0\,\mathrm{m}$

波の基本式「$v=f\lambda$」より

$v=480\times2.0=960\,\mathrm{m/s}$ [1]

よって，最も適当なものは He（ヘリウム）であるから②。

補足 [1] 定在波の腹の位置は，開口端よりも少し外にある（開口端補正）。図では開口端補正を考えていないので，実際の音波の波長 λ は 2.0m よりも少し長く，波の基本式より音の速さも 960m/s より少し大きくなる。よって，表1で音の速さが 970m/s の He（ヘリウム）が最も適当である。

158. **問題文の読み取り方** 「糸の長さを長くすると，マイクロフォンの電圧変化の表示Mがしだいに右側に移動し」とあるので，糸が長くなったことによって，音が伝わる時間も長くなったことがわかる。

Point! 波の振動数 f は，周期 T を使って「$f=\frac{1}{T}$」と表すことができる。

解答 (ア) 実験で使われた音の周期は，スピーカーに加えた電圧の周期と等しい。図2，図3より曲線Sの周期 T を読み取ると $T=2\,\mathrm{ms}$ である。

よって，最も適当なものは③。

(イ) 振動数の式「$f=\frac{1}{T}$」より $f=\frac{1}{0.002\text{[1]}}=500\,\mathrm{Hz}$

よって，最も適当なものは②。

(ウ) 例えば，図2の曲線Mについて，$t=2\,\mathrm{ms}$ のとき山であった部分が，図3では $t=3\,\mathrm{ms}$ のときにずれているので

$3-2=1\,\mathrm{ms}$

よって，最も適当なものは②。

(エ) 糸の長さが　175−55=120cm=1.2m　だけ長くなったことによって，音が伝わる時間が 1ms (=0.001s) 長くなっているので，求める速さは

$$\frac{1.2}{0.001}=1200\,\text{m/s}$$

よって，最も適当なものは④。

補足 1　2ms=0.002s として代入する。

159. **問題文の読み取り方** 束1と束2には同じ大きさの電流が流れているとかかれているので，2つの束の違いは，AB間の銅線の本数，すなわち断面積の大きさだけだとわかる。

Point! 束1のAB間は1本の細い銅線だけでつながっているため，断面積が束2と比べて $\frac{1}{10}$ 倍になっている。このとき，束1で発生するジュール熱が束2と比べてどうなるかを，抵抗率の式「$R=\rho\frac{l}{S}$」およびジュール熱の式「$Q=I^2Rt$」を用いて考える。

解答　束1，束2のAB間の長さは同じだから，抵抗率の式「$R=\rho\frac{l}{S}$」より，抵抗値 R は銅線の断面積 S に反比例する。図より，束1の断面積は束2の断面積の $\frac{1}{10}$ 倍であるから，束1の抵抗値は束2の抵抗値の10倍である。

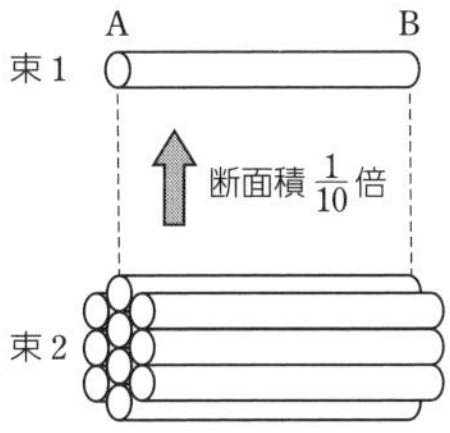

また，束1と束2には同じ大きさの電流が流れているので，ジュール熱の式「$Q=I^2Rt$」より，AB間で発生するジュール熱は抵抗値 R に比例する。したがって束1と束2の抵抗値の関係から，束1で発生するジュール熱は束2で発生するジュール熱の10倍である。

よって，最も適当な数値は④。

160. **問題文の読み取り方** 「電熱線Aを入れた水の温度のほうが高かった」とあるので，電熱線Aで生じたジュール熱のほうが大きいということがわかる。ジュール熱 Q は電力 P と時間 t を使って「$Q=Pt$」と書けるので，各電熱線で生じた電力 P を考えればよい。

Point! 電力の式は「$P=IV=I^2R=\frac{V^2}{R}$」の3通りで表すことができる。直列接続のときは電流 I が同じで，並列接続のときは電圧 V が同じであるので，どの公式を使うと各電熱線で生じた電力を比較しやすいかを考える。

解答　(1) 電熱線Aと電熱線Bは直列に接続されているので，それぞれに流れる電流 I は同じである(**ア**は正しくない)。電力の式「$P=I^2R$」より電流 I が同じであれば，抵抗値 R の大きいほうが電力が大きくなり，生じるジュール熱も大きくなるので，電熱線Bよりも電熱線Aのほうが抵抗値は大きい(**イ**は正しくない)。また，オームの法則「$V=RI$」より電流 I が同じであれば，抵抗値 R の大きいほうが電圧が大きくなるので，電熱線Bよりも電熱線Aに加わる電圧のほうが大きい(**ウ**は正しい)。以上のことから，最も適当なものは③。

(2) 電熱線Cと電熱線Dは並列に接続されているので，それぞれに加わる電圧 V は同じである(**ウ**は正しくない)。電力の式「$P=IV$」より電圧 V が同じであれば，流れる電流 I の大きいほうが電力が大きくなり，生じるジュール熱も大きくなるので，電熱線Dよりも電熱線Cのほうが流れる電流は大きい(**ア**は正しい)。また，オームの法則「$V=RI$」より電圧 V が同じであれば，電流 I の小さいほうが抵抗値は大きくなるので，電熱線Cよりも電熱線Dのほうが抵抗値は大きい(**イ**は正しい)。以上のことから，最も適当なものは④。

特集 巻末チャレンジ問題
-思考力・判断力・表現力を養う問題-

161. **問題文の読み取り方** 調べたいのは水面から橋までの高さ y〔m〕である。「小石とストップウォッチを用いることにした。」とあるので，小石を使った何かの時間 t〔s〕を測定し，それを利用すればよいとわかる。

Point! 落体の運動の式を利用する。初速度を考慮する必要のない自由落下の式を用いる。

解答 小石を橋の上から静かにはなして川に落とす。「静かに」落とすので，初速度 0m/s の自由落下運動と考えることができる。
その後，着水するまでの時間を測定し t〔s〕とする。重力加速度の大きさを g〔m/s^2〕とすると，自由落下の式「$y=\frac{1}{2}gt^2$」より，水面から橋までの高さを求めることができる。

162. **問題文の読み取り方** 調べたいのは初速度 v_0〔m/s〕ともとの高さから最高点までの高さ y〔m〕である。「ストップウォッチを用いて」とあるので，ボールを使った何かの時間 t〔s〕を測定し，それを利用すればよいとわかる。「ボールを真上に投げ上げた」とあるので，鉛直投げ上げの式を用いる。

Point! 最高点までの時間をストップウォッチで測るのは難しいため，最高点までの時間ともとの高さにもどってくるまでの時間の関係を利用する。

解答 鉛直投げ上げでは，投げ上げてから最高点に達するまでと，最高点からもとの高さにもどってくるまでの時間は同じである。つまり，投げ上げの瞬間からもとの高さにもどってくるまでの時間を測り，それを 2 でわると最高点に達するまでの時間を知ることができる。
最高点に達するまでの時間を t〔s〕，初速度を v_0〔m/s〕，重力加速度の大きさを g〔m/s^2〕とすると，「$v=v_0-gt$」より

$$0^{❶}=v_0-gt$$

ゆえに，初速度は $v_0=gt$〔m/s〕と求まる。
また，最高点までの高さ y〔m〕は，「$v^2-v_0{}^2=-2gy$」より

$$0^2-(gt)^2=-2gy$$

ゆえに，最高点までの高さは $y=\frac{gt^2}{2}$〔m〕と求まる。

補足 ❶ 最高点での速度は 0m/s である。

163. **問題文の読み取り方** グラフより，縦軸にとった物理量が一定であることがわかる。

Point! 縦軸が x，v，a それぞれの場合について，物体がどのような運動をしているのかイメージする。

解答 (1) 縦軸が x の場合，問題の図は x-t 図となる。これは各時刻の位置を表しているので，どの時刻でも位置が変わっていないことがわかる。つまり，一直線上で静止している。
よって，答えは③

(2) 縦軸が v の場合，問題の図は v-t 図となる。これは各時刻の速度を表しているので，どの時刻でも速度が変わっていないことがわかる。つまり，等速直線運動をしている。
よって，答えは①

(3) 縦軸が a の場合，問題の図は a-t 図となる。これは各時刻の加速度を表しているので，どの時刻でも加速度が変わっていないことがわかる。つまり，等加速度直線運動をしている。
よって，答えは②

164. **問題文の読み取り方** 問題文の「質量が等しく，体積の異なる 2 つの物体 A，B」より，水に沈めたときに A，B にはたらく重力の大きさは同じだが，A，B が受ける浮力の大きさは異なることがわかる。

Point! 物体 A と B それぞれが受ける浮力によって水にはたらく力を考える。

解答 (1) 物体にはたらく浮力は，体積が大きいほど(排除している水の体積が大きくなるため)大きくなる。また，浮力の反作用が水にはたらく❶ため，体積の大きい物体Bを沈めたほうがより大きな浮力の反作用を受け，**物体Bが下がるようにてんびんが傾く**。

(2) それぞれの物体では，重力＝浮力＋糸からの張力 が成りたっている❷。また，糸からの張力はばねの弾性力と等しい。ここで，浮力はAのほうが小さく，重力は物体A，Bで等しいため，糸からの張力＝ばねの弾性力 は物体A側にあるばねのほうが大きくなる。よって，ばねの伸びは**物体A側**のほうが大きくなる。

補足 ❶ ❷

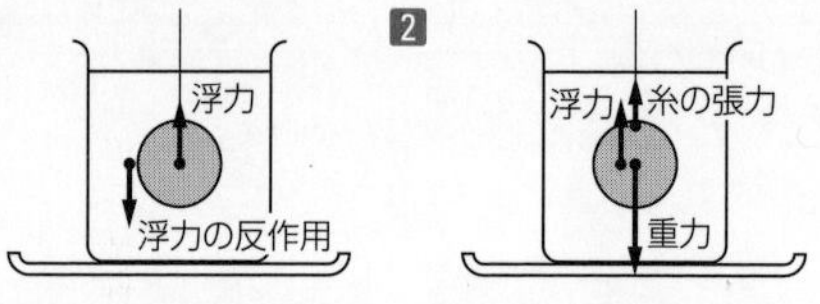

165. 問題文の読み取り方 「氷はとけて水になると体積が小さくなるし…。」という発言から，氷がとけて水になると，密度が大きくなることが読み取れる。

Point! 浮力は氷が排除している水の重さに等しいということと，氷がとけて水になると密度が大きくなるということを踏まえたうえで，それぞれのケースについて状況を整理する。

解答 (1) 氷に関する力のつりあいから，氷の重さと，氷が排除している水の重さが等しいことがわかる。氷は水より密度が小さく，氷がとけて水になると，排除していた水と同じ体積となる。よって水面の高さは**変わらない**。

(2) 水の密度を ρ〔kg/m³〕，氷の密度を ρ'〔kg/m³〕，重力加速度の大きさを g〔m/s²〕とすると，氷の立方体の重さは $\rho' h^3 g$〔N〕，浮力の大きさは $\rho h^2 dg$〔N〕となる。氷に関する力のつりあいより

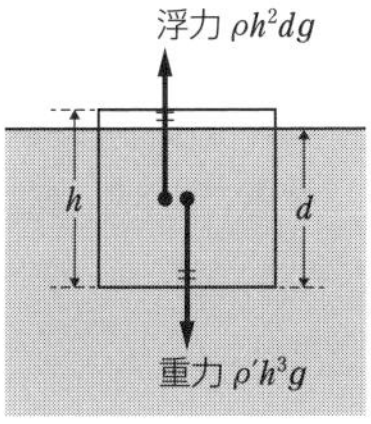

$$\rho h^2 dg - \rho' h^3 g = 0$$

$$\rho' = \frac{d}{h}\rho$$

よって，氷の密度は水の密度の $\boldsymbol{\frac{d}{h}}$ **倍**となる。

(3) 氷がとけて水になると，体積は小さくなる。いま，氷が排除している水の体積は氷の体積に等しいので，氷がとけると，体積が小さくなった分だけ水面の高さは**下がる** 1。

補足 1 鉄球の体積は変わらないので，水面の高さに影響しない。

166. 問題文の読み取り方 「物質 3 は 100K から 200K，200K から 300K の間はそれぞれ傾きが異なる 1 次関数，300K 以上では一定の熱容量を示す」とあるので，図 1 のグラフにおいて，物質の温度を上昇させるのに必要な熱量はどのように表されるかを考える必要がある。

Point! 熱量の式「$Q=C\Delta T$」を用いる。ただし，熱容量 C〔J/K〕が変化する場合は，縦軸に熱容量，横軸に温度をとったグラフにおいて「面積」が熱量を表す。

解答 (1) 物質 1，2，3 の温度を 200K から 250K まで上昇させるのに必要な熱量をそれぞれ Q_1，Q_2，Q_3〔J〕とする。

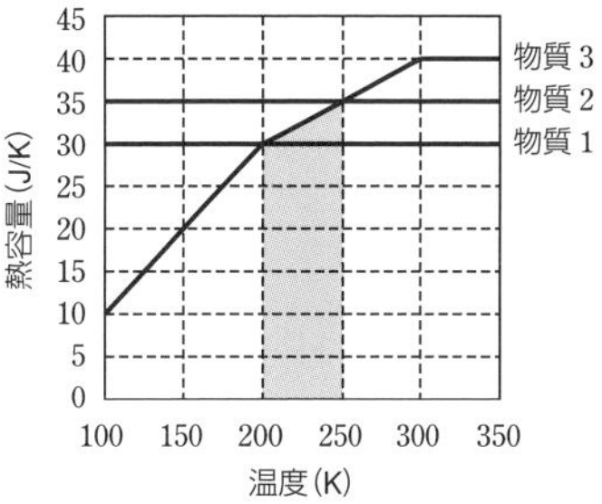

熱量の式「$Q=C\Delta T$」より物質 1 について

$$Q_1 = 30 \times (250-200) = \mathbf{1.5 \times 10^3\ J}$$

物質 2 について

$$Q_2 = 35 \times (250-200) = 1750 \fallingdotseq \mathbf{1.8 \times 10^3\ J}$$

これらは，図のグラフにおいて，温度が 200K から 250K までのグラフと横軸の間の面積を表している。物質 3 は，温度を 200K から 250K まで上昇させる間に熱容量も変化するので，図で示された色のついた部分の面積より

$$Q_3 = (30+35) \times (250-200) \times \frac{1}{2} = 1625 \fallingdotseq \mathbf{1.6 \times 10^3\ J}$$

(2) 問題文の図 1 のグラフの面積から物質 3 の温度を 100K から 200K まで上昇させるのに必要な熱量は

$$(10+30) \times (200-100) \times \frac{1}{2} = 2000\ \mathrm{J}$$

物質 3 の温度を 200K から 300K まで上昇させるのに必要な熱量は

$$(30+40) \times (300-200) \times \frac{1}{2} = 3500\ \mathrm{J}$$

物質 3 の温度を 300K から 350K まで上昇させるのに必要な熱量は

$$40 \times (350-300) = 2000\ \mathrm{J}$$

となる。問題文の図 2 のグラフで温度を 100K から 200K まで上昇させるのに必要な熱量に比べて，200K から 300K まで上昇させるのに必要な熱量が

$\frac{3500}{2000} = 1.75$ 倍で，300K から 350K まで上昇させるのに必要な熱量が $\frac{2000}{2000} = 1$ 倍となる曲線は　**b**

167. **問題文の読み取り方** (1) 問題文の「腹の数が3個の定在波が発生した。」より，3倍振動とわかり，波長をλ_3とすると $L=\frac{3}{2}\lambda_3$ となることがわかる。

Point! 弦に生じる定在波の波長は図示して求めるとよい。データを整理してグラフをかく場合，比例などの式で表しやすい形になるように軸のとり方を工夫すると現象を理解しやすくなる。

解答 (ア) **固有振動**

(イ) **固有振動数**

(ウ) 腹1個分が半波長なので **$2L$**〔m〕

(エ) $\boldsymbol{\frac{2L}{n}}$〔m〕

(オ) 波の基本式「$v=f\lambda$」より　$f_n=\boldsymbol{\frac{v}{\lambda_n}}$〔Hz〕

(1) 腹2個分が1波長なので，

この波の波長λは

$$\lambda=0.9\times\frac{2}{3}=0.6\,\text{m}$$

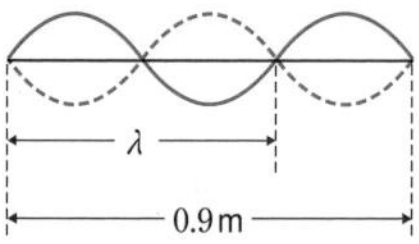

「$v=f\lambda$」より

$$v=100\times0.6=\mathbf{60\,m/s}$$

(2) 横軸をm，縦軸をfとするグラフ：**図a**

横軸をm，縦軸をf^2とするグラフ：**図b**

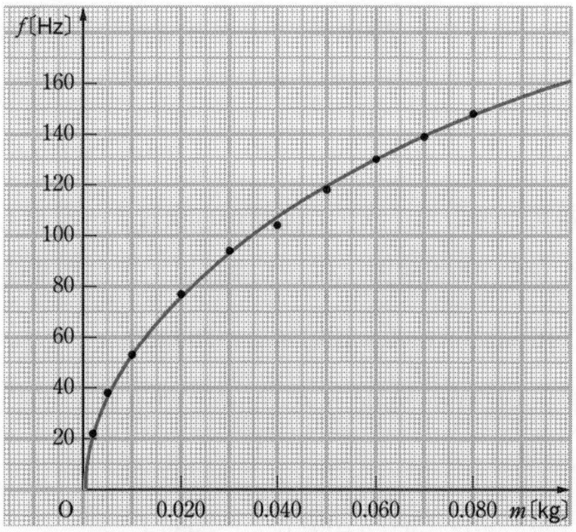

図a　mとfのグラフ

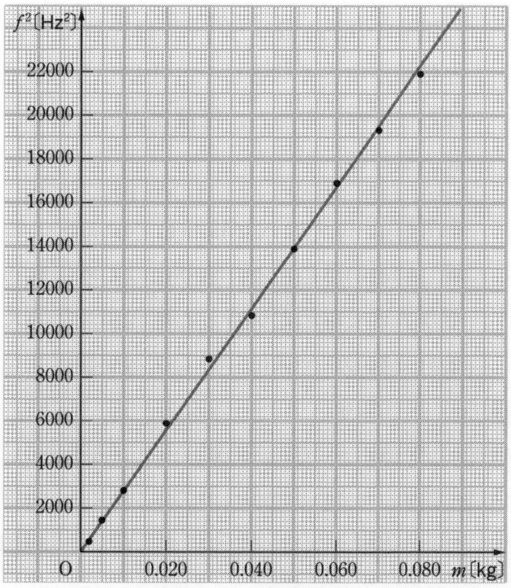

図b　mとf^2のグラフ

(3) **m-f^2のグラフよりf^2はmに比例する。よってfは$\sqrt{m}$に比例する。つまり振動数は質量の平方根に比例することが，実験結果より推測される。**

168. 問題文の読み取り方 (4) 問題文の「グラフから推定される抵抗Rの抵抗値」より，(2)で作成したグラフの傾きから抵抗値を求めればよい。

Point! 実験から得られた測定値は誤差を含むので，測定値からグラフをかくときは線の上下に均等に測定点が散らばるように線を引く。そうして得られた線上の適当な2点を選んで値を読み取り，傾きを計算すると抵抗値が求められる。

解答 (1) 電流計は回路のはかろうとする部分に直列に，電圧計は回路のはかろうとする部分に並列に接続する(**図a**)。

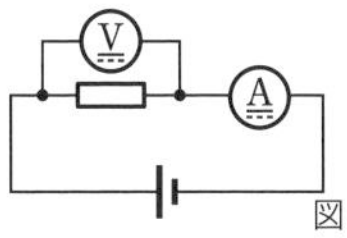

図a

(2) 横軸には実験で変化させた量の電圧 V をとり，縦軸にはその結果変化した電流 I をとる(**図b**)。

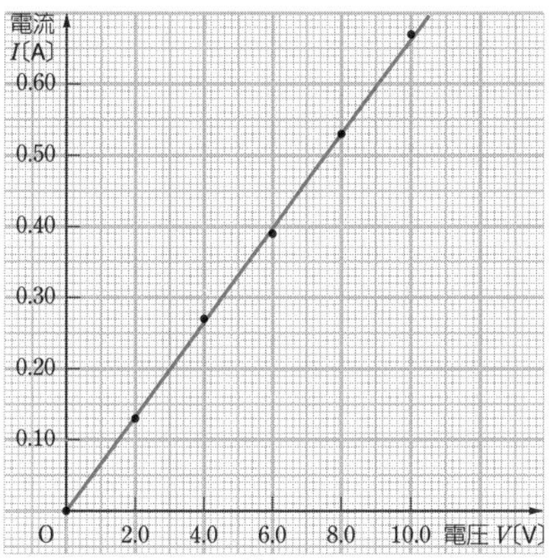

図b

(3) **抵抗Rを流れる電流の大きさ I は，抵抗Rの両端にかかる電圧の大きさ V に比例する。**

(4) (2)で求めたグラフより，$V=0.0\,\mathrm{V}$ のとき $I=0.00\,\mathrm{A}$，$V=9.0\,\mathrm{V}$ のとき $I=0.60\,\mathrm{A}$ である。求める抵抗値を R とすると，オームの法則「$V=RI$」より(2)で求めたグラフの傾きは $\dfrac{1}{R}$ である。

よって $\dfrac{1}{R}=\dfrac{0.60-0.00}{9.0-0.0}=\dfrac{0.60}{9.0}$

$R=\dfrac{9.0}{0.60}=15\,\Omega$

ゆえに ④。

改訂版
リードLightノート物理基礎
解答編

※解答・解説は，数研出版が作成したものです。

編　者　数研出版編集部
発行者　星野 泰也
発行所　数研出版株式会社
〒101-0052 東京都千代田区神田小川町2丁目3番地3
〔振替〕00140-4-118431
〒604-0861 京都市中京区烏丸通竹屋町上る大倉町205番地
〔電話〕代表 (075)231-0161
ホームページ https://www.chart.co.jp
印刷 寿印刷株式会社

乱丁本・落丁本はお取り替えいたします。 240303

26080A

数研出版
https://www.chart.co.jp